2016 年 4 月 12 日，首都生态文明和城乡环境建设动员大会召开

2016 年 11 月 29 日，中央第一环境保护督察组督察北京市工作动员会召开

2016 年 6 月 16 日，中共中央政治局委员、北京市委书记郭金龙访问意大利，出席北京市与意大利环境、领土与海洋部环保合作文件签署仪式

2016 年 12 月 17 日，市委副书记、代市长蔡奇到市环保监测中心，查看启动实施空气重污染红色预警工作情况

2016 年 12 月 31 日，在中石化南丰路加油站，环境保护部部长陈吉宁夜查北京空气重污染橙色预警应对工作

2016 年 5 月 26 日，市政协主席吉林，市委常委、秘书长、副市长张工出席市政协雾霾治理问题提案办理协商会

2016 年 10 月 25 日，市生态文明体制改革专项小组召开全体会议，审议《北京市环境保护督察方案（试行）》《北京市环境保护工作职责分工（试行）》两份改革文件。专项小组组长、市委常委、秘书长、副市长张工和专项小组副组长、副市长林克庆出席会议并讲话

2016 年 7 月 15 日，市环保局局长陈添参加《市民对话“一把手”》访谈节目

北京市环保局 2016 年建议提案办理工作会议

《2015 年北京市环境状况公报》新闻通报会

在 2016 年北京“两会”期间，市环保局与网民互动

北京邮电大学完成燃气锅炉低氮燃烧改造
（右下角为 ULN 系列低氮燃烧器）

丰台区新村街道“煤改电”变压器
更换及户外线施工

大兴区魏善庄镇农户散煤采暖改为空气源热泵热水采暖

空气源热泵热水采暖系统室内热水散热器

北京南口满仓种养殖专业合作社关停前

北京南口满仓种养殖专业合作社关停后

出租车更换“三元催化转化器”

首都机场完成 3 号航站楼廊桥机位电能替代飞机辅助动力装置（APU）地面电源、空调装置建设

新机场施工工地保洁“洗扫吸”一体车

超大流量大气辐射环境自动监测站

使用应急处置机器人开展辐射反恐应急演练

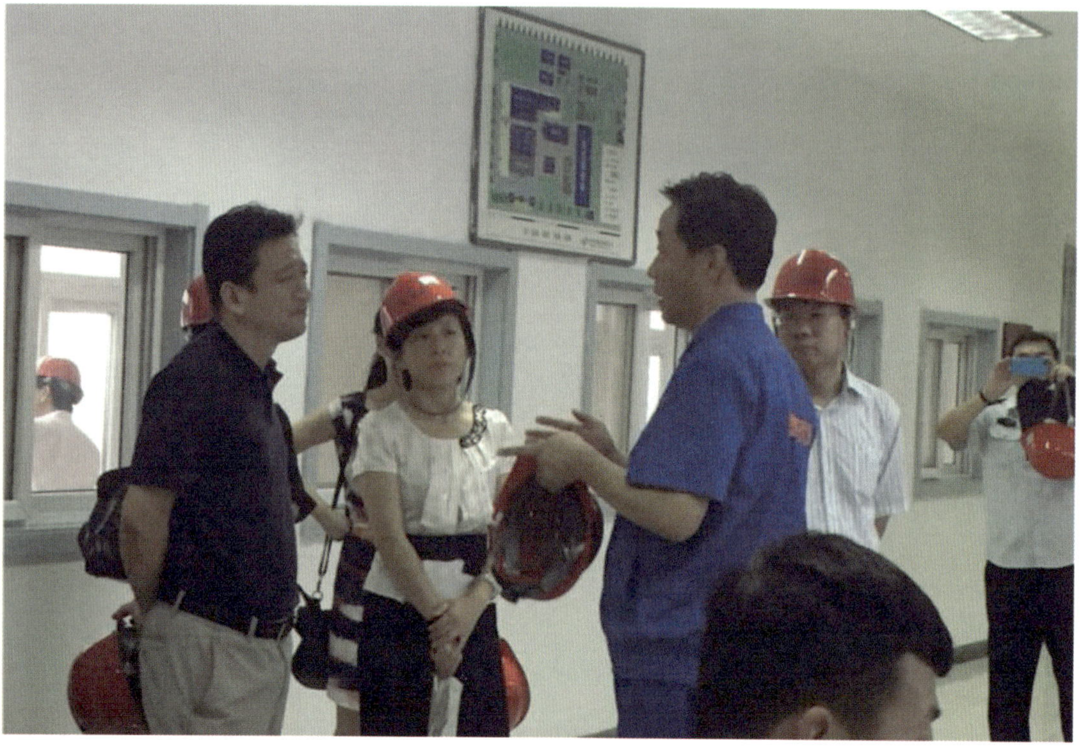

2016 年 7 月 18 日，北京市环保局和北京市人大城建环保委赴北京生态岛科技有限责任公司调研危废条例立法

2016 年 10 月 17 日，大广高速甲醛泄漏事故处置现场

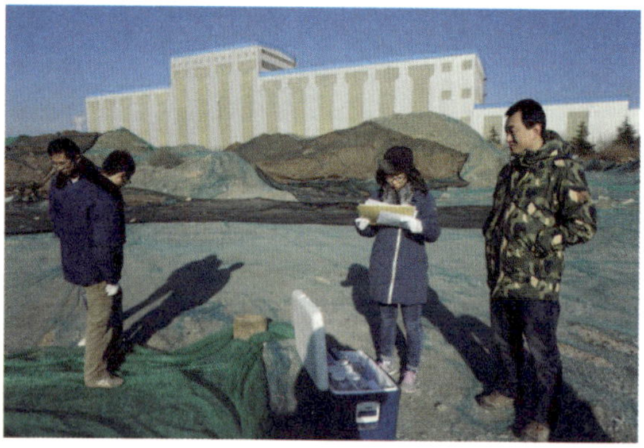

2016 年 12 月 13 日，首钢特钢 15 号、16 号污染地块治理后监督性抽测

新建空气质量监测设施

2016 年 12 月 15 日，京津联合执法查处超标车辆
（《人民日报》贺勇 摄）

2016 年 11 月 4 日，石景山区环保局
查封非法洗衣厂

2016 年 12 月 5 日，中央第一环境保护督察组组长马驭、副组长赵英民在高碑店再生水厂调研

2016 年 3 月 29 日，北京市环保局赴河北省廊坊市检查合作治污情况

2016年5月24日，联合国环境规划署在总部内罗毕发布《北京空气污染治理历程：1998—2013年》

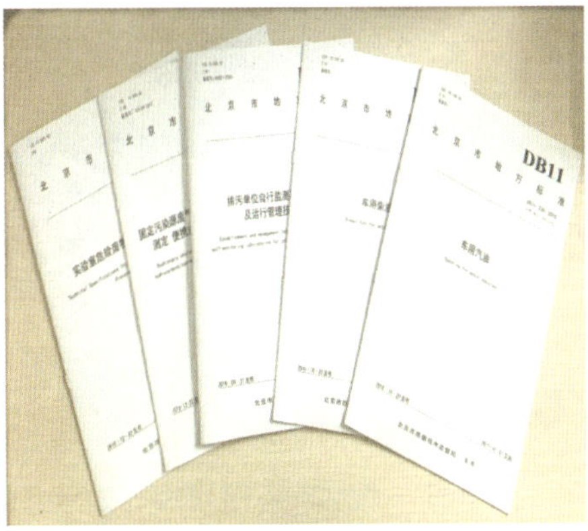

2016年发布的5项标准

2016年8月24日，新闻媒体在顺义区采访“煤改气”情况

2016 年 8 月 3 日，第一届“北京环保儿童艺术节”启动仪式暨打击乐儿童剧《寻找最后一滴水》首演在北京民族文化宫大剧院拉开帷幕

2016 年 6 月 1 日，北京环境文化周上，国际奥委会委员杨扬受聘为北京第八位环保公益大使

2016 年 2 月 2 日，北京市环保局局机关举办新春茶话会

2016 年 7 月 4 日，北京市环境保护局纪念中国共产党建党 95 周年大会

2016 年 12 月 21 日，北京市环保局领导到直属单位巡视整改工作

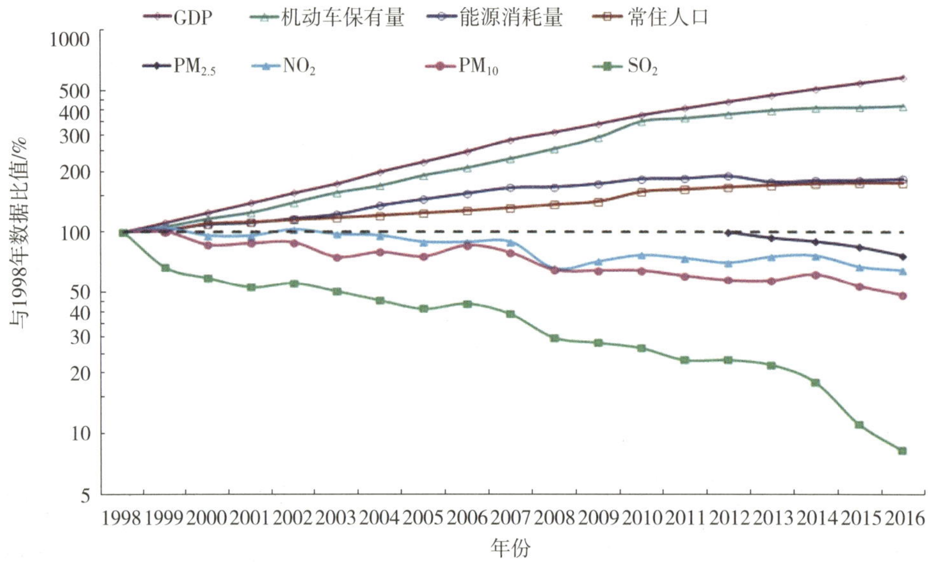

2016 年北京市 GDP、机动车保有量、常住人口、能源消耗量分别为 1998 年数据的 584%、421%、174%、183%（数据来源：北京市统计局）；2016 年北京市 $PM_{2.5}$ 年均浓度为 2012 年数据的 76%，2016 年 NO_2、PM_{10}、SO_2 年均浓度分别为 1998 年数据的 65%、49%、8%（数据来源：北京市环保局）。

北京市 1998—2016 年经济社会发展与空气污染物浓度下降对比图

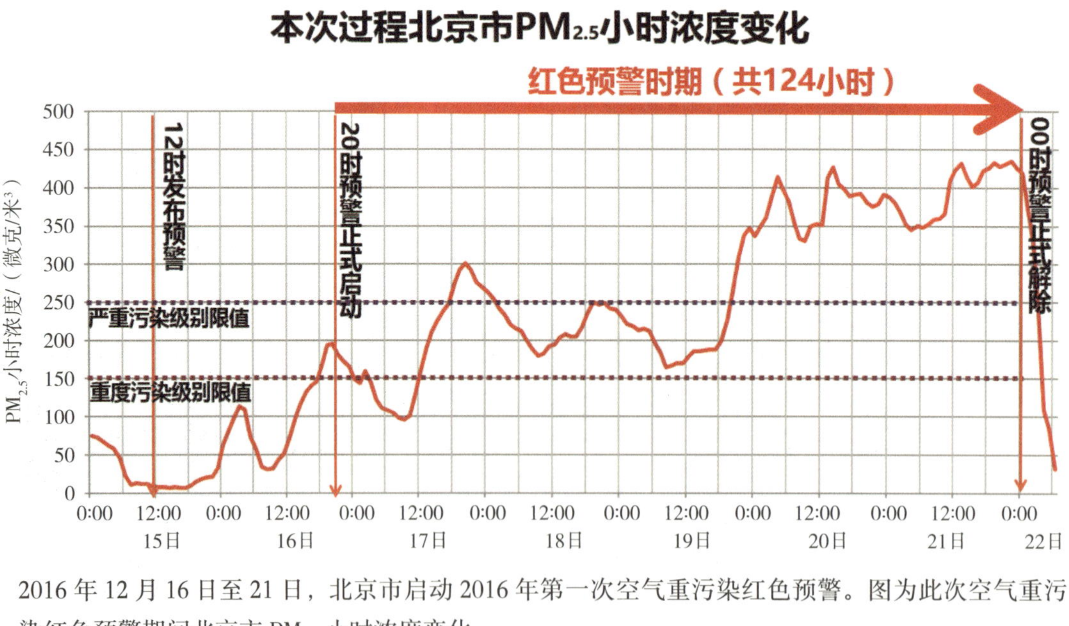

2016 年 12 月 16 日至 21 日，北京市启动 2016 年第一次空气重污染红色预警。图为此次空气重污染红色预警期间北京市 $PM_{2.5}$ 小时浓度变化

北京环境年鉴

2017

《北京环境年鉴》编纂委员会　编

中国环境出版集团·北京

图书在版编目（CIP）数据

北京环境年鉴. 2017 /《北京环境年鉴》编纂委员会编.
—北京：中国环境出版集团，2018. 12
ISBN 978-7-5111-3871-2

Ⅰ. ①北… Ⅱ. ①北… Ⅲ. ①环境科学—北京—2017—年鉴
Ⅳ. ① X-121

中国版本图书馆 CIP 数据核字（2018）第 294058 号

出 版 人 武德凯
责任编辑 周 煜 宋慧敏
责任校对 任 丽
封面设计 宋 瑞

出版发行 中国环境出版集团
（100062 北京市东城区广渠门内大街 16 号）
网 址：http：//www.cesp.com.cn
电子邮箱：bjgl@cesp.com.cn
联系电话：010-67112765（编辑管理部）
010-67138929（环境科学分社）
发行热线：010-67125803，010-67113405（传真）
印 刷 北京盛通印刷股份有限公司
经 销 各地新华书店
版 次 2018 年 12 月第 1 版
印 次 2018 年 12 月第 1 次印刷
开 本 787×1092 1/16
印 张 22.25 彩插 16
字 数 630 千字
定 价 128.00 元

《北京环境年鉴》编纂委员会

《北京环境年鉴》

主　　编　周扬胜

审　　稿　王大卫

特约审稿　（按姓氏笔画为序）

乔淑芳　　张　峰　　陈维敏

《北京环境年鉴》编辑部

编辑说明

一、《北京环境年鉴》是一部综合性资料工具书，是北京市环境保护事业年度信息、资料、史实的汇总。《北京环境年鉴》每年一卷，2017卷为总第一卷。

二、2017卷反映的是2016年北京市环境保护事业的情况，力求全面、客观、真实记载年度内基本史实，体现出年度特征。

三、《北京环境年鉴》采用分类编辑方法，内容按栏目、分目、条目三级结构编排。全卷设26个基本栏目，并附条目索引。

四、《北京环境年鉴》由北京市环境保护局组织编纂，机关处（室）、直属各单位，各区环保局，相关委办局，相关央企及市属国有重点企业供稿，由特约编辑组稿，经所在单位编委审核后，由编辑部汇总编辑、主编统稿完成。

基本栏目

特辑
重要文件
经济、社会、环境公报
市人大城建环保委员会工作
市政协城建环保委员会工作
综合政务
体制改革与人事
规划与财务
法制标准
环境影响评价管理
大气污染防治
水污染防治
自然生态与农村环境保护
土壤、固体废物污染防治
放射性、噪声污染防治和电磁辐射环境管理
污染源综合管理与环境应急
环境监测
环保督察与环境监察
京津冀环境协同治理
科技、国际合作
宣传教育
党建纪检群团
部门与行业环境保护
北京市各区环境保护
2016 年北京市环保大事记
北京市环保局重要文件目录

目　录

2016 年北京市环境保护工作综述

特　辑

重要文件

经济、社会、环境公报

市人大城建环保委员会工作

市政协城建环保委员会工作

综合政务

体制改革与人事

规划与财务

法制标准

环境影响评价管理

大气污染防治

水污染防治

自然生态与农村环境保护

土壤、固体废物污染防治

放射性、噪声污染防治和电磁辐射环境管理

污染源综合管理与环境应急

环境监测

环保督察与环境监察

京津冀环境协同治理

科技、国际合作

北京市各区环境保护

2016 年北京市环保大事记

北京市环保局重要文件目录

索　引

2016 年 北京市环境保护工作综述

2016 年是“十三五”规划开局之年，是深入实施五年清洁空气行动计划、京津冀大气污染防治强化措施关键之年，也是全面落实国家“水十条”的第一年。全市贯彻落实习近平总书记视察北京重要讲话精神、李克强总理重要批示指示、张高丽副总理来京调研大气污染防治座谈会上重要讲话要求，以生态文明建设为统领，坚决落实党中央、市委市政府关于京津冀协同发展、城市规划建设管理、环境保护的决策部署，牢固树立和贯彻落实创新、协调、绿色、开放、共享的发展理念，紧紧围绕建设国际一流的和谐宜居之都的战略目标，以大气污染防治为重点，打好三大污染治理战役，严密组织污染减排，努力防范环境安全风险，严格执法监督，推进环保体制机制改革，接受中央环保督察，提高治理能力，使得主要污染物排放总量持续下降，大气、水环境质量持续改善。

一、纵深推进大气污染治理，空气质量持续改善

冬季清洁取暖加快推进。实施郊区能源清洁化战略，完成总容量 8488 蒸吨 / 小时的燃煤锅炉清洁能源改造和 663 个村“散煤改清洁能源”工程，将全年燃煤总量压减到 1000 万吨以内，提前一年完成国家下达的压煤任务。在全国率先开展燃气锅炉“低氮”治理，累计治理 3249 台燃气锅炉。

控车减油综合施策。公交等八大行业新增的 5500 多辆重型柴油车全部“戴口罩”，安装了颗粒物捕集器，减少颗粒物排放 15% 左右。在“消灭”全部黄标车的基础上，淘汰老旧机动车 44 万辆。实施政府补贴政策，4.3 万余辆使用两年以上的出租车全部更换了三元催化转化器。制发第六阶段车用汽油、柴油标准，并做好供应准备。制发国Ⅰ、国Ⅱ标准轻型汽油车工作日五环路内限行、空气重污染橙色以上预警全市禁行的措施。

工业结构调整和污染治理成效显著。退出 335 家一般制造业和污染企业，清退了“散乱污”企业 4477 家。继续实施企业环保技改工程，炼油石化、汽车制造等行业减排挥发性有机物 1.37 万吨。

依法依规应对空气重污染。修订发布《北京市空气重污染应急预案（2016 年修订）》，严格机动车管控，优化施工工地、工业企业停限产措施，分区实施弹性教学等应急措施。全年共启动 17 次预警，12 月 16 日至 21 日首次启动了红色预警。

探索研究施工扬尘第三方治理。全市 1540 个建筑施工工地、135 家混凝土搅拌站安装视频监控系统。加大新工艺推广力度，城市道路清扫保洁新工艺作业率提高到 87%。

联防联控扎实推进。5.02 亿元资金重点支持廊坊、保定治理燃煤污染。搭建京津冀及周边地区大气污染联防联控信息共享平台。深入天津、河北、内蒙古等地调查研究，提出煤炭运输“公转铁”、减少京西北过境大货车污染的措施建议，纳入京津冀 2017 年大气污染防治工作方案。

2016 年是我市四年来空气质量改善幅度最大的一年，实现“四降一增一减”。“四降”

是：空气中的 $PM_{2.5}$ 浓度为 73 微克 / 米 ^{3}，同比下降 9.9%，超额完成市委、市政府下达的下降 5% 的任务；空气中的二氧化硫、二氧化氮和 PM_{10} 浓度分别为 10 微克 / 米 ^{3}、48 微克 / 米 ^{3} 和 92 微克 / 米 ^{3}，同比分别下降 28.6%、4.0% 和 9.8%。"一增"是：空气质量优良天数提高到 198 天，同比增加 12 天。"一减"是：重污染天数下降到 39 天，同比减少 7 天。

二、着力推进水污染防治，水环境质量稳中有进

加强统筹，完善机制。制定年度水污染防治 88 项重点任务，并分解落实。将 88 项重点任务纳入市政府绩效管理及督察办公平台，按月督察、通报水环境状况和重点工作进展；按季度分析形势，查找突出问题并发预警函，提出解决措施。认真落实中央领导要求，牵头建立京津冀及周边地区水污染防治协作机制，会同河北省制订实施潮白河下段水质改善方案。继续实施水环境区域补偿，全年各区共需缴纳跨界断面补偿资金 7.1 亿元，其中上游补偿给下游 4.3 亿元，市级统筹 2.8 亿元。实施"河长制"，建立市、区、街乡镇三级的"河长制"组织体系，督促落实"三查三清三治"责任。

全力保护饮用水水源。调整划定饮用水水源保护区 321 个，保护区面积占全市面积的 8%。完成区级饮用水水源保护区标识设置。开展 14 个区级及以上饮用水水源环境状况年度评估，水质整体良好。按季度公开饮用水水源、自来水厂出厂水、城市末梢水水质情况。实施加油站防渗漏改造。

努力消除黑臭水体、减少劣Ⅴ类水质水体。基本完成污水处理设施建设第一个三年行动计划，启动第二个三年行动计划，全市污水日处理能力达到 612 万吨，污水处理率提高到 90%。划定畜禽禁养区，关闭、搬迁、治理 379 家规模化养殖场。补贴农村污水处理设施，基本解决了运行难的问题。25 家工业园区污水集中处理设施安装自动在线监控装置。加强竣工验收管理，确保居民小区水污染防治设施与主体工程同步竣工验收，解决污水直排问题。向社会公示 57 条（段）黑臭水体，出台奖励补贴资金管理办法，推进截流治污等工作，全年消除 25 条（段）黑臭水体。

2016 年，全市水环境质量不断改善。密云水库等城市集中式地表饮用水水源水质稳定达到国家标准，25 个地表水国家考核断面中达到或优于Ⅲ类的比例为 40%，劣于Ⅴ类的水体断面比例为 48%，地表水主要污染指标年均浓度均有所下降。

三、多措并举推进污染减排，超额完成国家下达的任务

强化污染减排组织管理。制发污染减排计划，将四项主要污染物减排列为年度经济社会发展的约束性指标，分解落实到各单位，加强调度、督察检查。在延续污染减排统计、监测、考核体系的同时，完善了污染减排的指标体系、调度体系、核算体系，发挥污染减排服务环境质量改善的作用。编制本市"十三五"时期污染减排方案。

注重污染减排的基础数据管理。编印《北京市环境统计数据手册（2015 年度）》，扩充调查指标，增加重点调查单位，巩固环境统计的基础性数据作用。更新大气污染源排放清单（2015 年），包括燃烧源、工艺过程、扬尘、移动源等 11 类污染源。

二氧化硫、氮氧化物、化学需氧量和氨氮等四项主要污染物排放总量分别为 6.02 万吨、12.34 万吨、14.91 万吨、1.52 万吨，同比分别下降 15.4%、10.3%、7.7% 和 8.1%，完成国家下达的分别削减 11.6%、8.4%、2.9% 和 3.2% 的任务。

四、加强土壤污染防治，土壤环境保持总体清洁

制发《北京市土壤污染防治工作方案》。成立编制工作小组，对标国家"土十条"，编制土壤污染防治工作方案，并报市政府发布实施。方案明确未来一个时期全市土壤污染防治工

作的目标指标、措施任务，成为统领我市土壤污染防治工作的纲领性文件。制订土壤环境质量详查方案，开展业务培训，做好前期准备工作。

治理修复污染场地。对近年来调整退出的工业企业，进行原厂区摸底调查，对首钢特钢等 13 块场地进行场地环境评价，确认 9 块污染场地需要治理修复。对焦化厂等 3 块场地的污染治理、修复方案进行技术审核。

五、严格环境安全监管，有效保障环境安全

严格辐射安全监管。对辐照装置、伽马刀、后装机等放射源的装源、倒源、运输等活动，加大监督检查力度。开展核安全文化集中宣贯行动，创建 76 家“辐射安全规范单位”。完成朝鲜核试验应急监测任务。编制放射性废物库安全风险评估报告，释疑安全风险等级，维持现有贮存模式。安全收贮废旧放射源 183 枚、放射性废物 6950 升。原子高科公司历史遗留的 835 枚废旧放射源，全部送往中核 404 公司安全处置。

加强危险废物环境监督。严格监管危险废物重点产生单位、集中处置单位，执行转移联单等管理制度，开展规范化管理督察考核。针对焚烧飞灰处置能力不足问题，协调推进设施建设前期工作；启用临时应急处置设施，协调天津接受处置垃圾焚烧飞灰。联合公安部门开展打击涉危险废物环境违法犯罪行为专项行动，立案查处 18 起环境违法行为。

严密防范环境风险。聚焦集中式饮用水水源地、“工业大院”、危险化学品生产企业，开展环境安全隐患排查与整治专项行动。做好“两节”“两会”等重要敏感时期的环境应急值守，全年妥善处置了 32 起环境突发事件。整治中高考期间噪声污染。

六、深化环保改革，推进依法行政

接受中央环保督察。中央第一环境保护督察组于 2016 年 11 月 29 日至 2016 年 12 月 29 日对北京市开展了为期一个月的环境保护督察工作。2016 年 11 月 29 日，北京市召开中央第一环境保护督察组督察北京市工作动员会。督察组组长马馼、副组长赵英民分别就督察重点和安排讲话，市委书记郭金龙作动员讲话，动员会由代市长蔡奇主持。督察期间，督察组与 22 名现任和退休市领导、19 名市级部门和有关区主要负责同志进行个别谈话；走访 29 个部门和单位，赴 16 个行政区开展下沉督察，调阅资料 7436 份，受理来电举报 2889 件、来信举报 1149 件，经梳理合并分批向北京市交办有效举报 2346 件。北京市认真落实办理中央第一环境保护督察组转办件，截至 2017 年 1 月，2346 件转办件全部办结并公开处理结果，责令整改企业 1220 家，立案处罚 824 家，拘留 28 人，约谈 624 人，问责 45 人。

加快推进深化改革。生态文明体制改革专项小组办公室统筹推进，制订《关于全面提升生态文明水平推进国际一流和谐宜居之都建设的实施意见》、生态文明体制改革路线图时间表、生态环境监测网络建设方案、环境保护督察方案、环境保护职责分工、领导干部自然资源资产离任审计试点工作意见、党政领导干部生态环境损害责任追究实施细则等“一揽子”改革文件，开展自然资源资产负债统计、自然资源资产离任审计试点，以及生态环境损害赔偿、省级环保机构监测监察垂直管理调查研究。

落实国务院“放管服”要求。狠抓审批制度改革，取消 2 项许可事项、2 项非许可审批事项，清理规范 6 项审批中介服务。对符合“一会三函”试点的交通基础设施等公共服务类建设项目，简化审批流程。对环境影响登记表类的建设项目，只需做出环保承诺即可直接备案。对不符合首都功能定位、未取得总量指标、环境基础设施不完善、污染物排放量未能“减二增一”的建设项目，不予环保批准。

报告环保目标任务完成情况。依新修订的《中华人民共和国环境保护法》规定，受市政府委托，12 月 29 日，市环保局局长首次在市十四届人大常委会第三十二次会议上报告本市

环境状况和环境保护目标完成情况。

认真办理人大议案。经市十四届人大四次会议主席团讨论决定，将“大力推进公共治理，科学防治大气污染”议案交由市政府办理。市政府制定了议案办理工作方案。7月26日，城建环保委员会召开第二十三次（扩大）会议，市环保局就市政府关于“大力推进公共治理，科学防治大气污染”议案办理情况进行汇报。9月13日，副市长张工在市十四届人大常委会第二十九次会议上报告“大力推进公共治理，科学防治大气污染”议案办理情况，接受市人大常委会的审议。

严格行政执法。以“法不容污”的态度严惩违法排污行为，开展了以“治散煤”“净四气”“降三尘”为重点的“大气污染执法年”活动，环保部门共立案查处企事业单位和其他经营者环境违法行为2943起、超标机动车10184辆，罚款超过1.5亿元。运用按日计罚、查封扣押等手段，查处了349起重大环境违法案件，并在媒体曝光，提高震慑力。

规范行政行为。编制公开权力清单、责任清单。政务网站改版升级，作为信息公开的主渠道，全年共主动公开信息1.68万条，依申请公开194件。制订实施依照法定途径分类处理信访问题的意见及清单，将各类信访问题分类导入法定途径处理。畅通以12369热线为主的举报渠道，全年共受理4.5万多件投诉，全部按时办结，解答群众咨询10万余件。实施有奖举报，办结有效举报线索367件，奖励50名市民。

七、强化管理手段，提升环境保护治理能力

强化规划引领。编制印发《北京市“十三五”时期环境保护和生态建设规划》，编制《通州区生态环境保护专项规划》。完成国家“十二五”时期环境保护规划本市落实情况的评估。

完善政策，加大投入。制定“以奖代补”政策，加快燃气锅炉低氮燃烧改造。制定实施国Ⅰ、国Ⅱ车型鼓励淘汰补贴政策。对使用两年以上出租车更换三元催化器实施补贴政策。安排财政支持资金20亿元，用于燃煤锅炉清洁能源改造、燃气锅炉低氮燃烧改造、老旧机动车淘汰、工业企业环保技改等重点治污工程。

加强法规标准建设。开展《北京市危险废物污染环境防治条例》的立项论证、立法调研。稳步推进排污许可证管理办法的制订工作。启动大气污染防治条例修订的调研工作。依法废止《北京市密云水库怀柔水库和京密引水渠水源保护管理条例》。制（修）订发布车用汽油、车用柴油等5项地方环保标准，全市地方环保标准达到63项（其中强制性标准42项），在全国体系最为完整、标准限值总体最严，发挥了“倒逼”污染治理、引导转型升级的作用。

夯实监测基础。在全国率先完成了空气质量监测网络升级，形成新一代“4+1”监测网络。在公开监督性监测信息的同时，监督200余家重点排污单位在企事业单位环境信息公开平台、单位网站上公开自行监测信息。

强化科技支撑。编制4个重点行业的污染防治最佳实用技术指南、环保技术目录。燃气锅炉低氮燃烧技术装备研发与示范、大气氨排放特征及控制对策、细颗粒物基准监测技术等重点课题研究达到预期效果，为深入治理大气污染、带动环保产业发展提供了支撑。

构建环保宣传统一战线。举办新闻发布活动59次，接待境内外媒体采访124次，参加《市民对话“一把手”》访谈，组织“清洁空气在行动”各区一把手专访14场。“环保北京”、“京环之声”和“北京环境监测”组成的“环保北京”微矩阵，共发布信息1.6万余条，三网粉丝超过400万人，“京环之声”“北京环境监测”被评为中国十大环保政务微博，“京环之声”微信公众号持续占据“中国政务绿色公号周榜”榜首，被评为“2016年最具创意绿色公号”。密切监控舆情，辟除“2016年度十大雾霾谣言”。开展环境文化周等17项公益活动，吸引市民线上线下广泛参与。通过北京环

保联合会的市级枢纽型组织功能，发起成立绿色传播联盟。

加强交流合作。市领导与意大利环境、领土与海洋部部长举行会晤。与意大利、丹麦、美国加利福尼亚州等环保部门，以及世界银行、亚洲开发银行等国际机构，围绕大气污染治理、水环境建设、环境规划、区域协作，签署了 5 份合作协议。同首尔、东京、巴黎等友好城市，在空气质量监测预警技术、细颗粒物和挥发性有机物的来源解析等方面开展交流。在第二届联合国环境大会期间，联合国环境规划署发布《北京空气污染治理历程：1998—2013 年》。

八、努力打造忠诚、干净、担当的环保队伍

认真抓好市委巡视整改。2016 年，市委第七巡视组对中共市环保局党组进行了专项巡视，并反馈了巡视意见。成立巡视整改工作领导小组，按照巡视整改要求，逐项查明原因、定准性质、明确责任、制定整改措施，按时上报巡视整改报告，向干部职工通报。巡视意见涉及的三大方面、九个重点问题均已纠正，巡视整改取得阶段性成效。办结巡视组移交问题线索 6 件，执纪问责 2 个直属单位和相应干部。针对选人用人存在的问题，不仅及时调整处级领导干部、充实直属单位领导班子，而且制订干部交流轮岗实施意见、直属单位领导班子建设意见等。

深入学习贯彻党的十八届六中全会精神，扎实开展“两学一做”学习教育。学习贯彻《关于新形势下党内政治生活的若干准则》和《党内监督条例》，把贯彻落实六中全会精神同“两学一做”学习教育结合起来，作为一项重大政治责任，成立领导小组，制定实施方案，分季度推进。坚持“基础在学”，落实“关键在做”等要求。

加强党风廉政建设。召开党风廉政建设工作会议，组织签订党风廉政建设责任书。制订《关于推进领导干部落实党风廉政建设主体责任全程记实工作的意见》的落实意见。开展“每月一课”“每周一例”，以案说纪、以案释例。逢提必谈，新任职处级干部做出廉政承诺。紧盯“四风”新动向，开展“为官不为”“为官乱为”问题专项治理和“整治查处侵害群众利益不正之风和腐败问题”专项工作，对各单位严格落实市纪委年节假期间“十个严禁”要求。

坚持思想从严、制度从严。把学习总书记系列重要讲话特别是视察北京工作的重要讲话精神摆放在首位。坚定理想信念，牢固树立“四个意识”，自觉坚持党的基本路线，始终同以习近平同志为核心的党中央保持高度一致，做政治上的“明白人”，严守政治纪律和政治规矩。完善议事规则、理论学习、调查研究等制度。认真落实“三会一课”、谈心谈话等制度。通过民主生活会、日常谈话等，多咬耳扯袖、红脸出汗，及时提醒和批评。

加强机构人事管理。市环保局大气污染综合治理协调处加挂水污染综合治理协调处牌子，承担京津冀及周边地区水污染防治协作、联防联控的具体联络协调工作，并相应增加了行政编制及领导职数。撤销总量处、水和生态处、污染防治处，设置污染源综合管理处、水环境管理处、生态环境管理处、土壤环境管理处。市环保局机关、监察总队全年共调整任用处级干部 50 人，其中提拔任职 19 人。通过公务员考录、公开遴选、面向社会招考等方式引进局系统岗位需要的各类人才共 37 人。

（《北京环境年鉴》编辑部根据 2016 年北京市环境保护局工作总结修改）

特 辑

市政府报告　重要会议　市政府白皮书（清洁空气）　环保规划

市政府报告

2016年政府工作报告（摘编）

北京市市长　王安顺

一、“十二五”时期经济社会发展回顾

……

京津冀协同发展实现良好开局。坚决贯彻落实《京津冀协同发展规划纲要》，制定实施我市贯彻意见。有序疏解非首都功能，发布修订新增产业的禁止和限制目录，不予办理的工商登记业务累计1.3万件；关停退出一般制造和污染企业1006家，退出低端市场228家。……

……

加快破解难题，实施精细管理，“大城市病”治理全面展开。严格落实大气污染防治条例，制定实施清洁空气行动计划，建立区域大气污染联防联控机制，压减燃煤近1400万吨，淘汰全部黄标车，淘汰老旧机动车183.2万辆，细颗粒物浓度比2012年下降15.8%，四项主要污染物减排超额完成目标任务。实施“建管限”综合治堵措施，加大轨道交通建设力度，新增运营里程218公里、总里程达到554公里，城市路网进一步完善。制定实施垃圾、污水处理设施建设两个三年行动计划，新增生活垃圾日处理能力1.2万吨、污水日处理能力120万吨，生活垃圾资源化率提高到55%，再生水年利用量达到9.5亿立方米。完成平原地区造林105万亩*，新增城市绿地4850公顷，森林覆盖率、林木绿化率达到41.6%和59%，比2010年分别提高了4.6和6个百分点。

……

……五年的团结奋斗，使我们进一步做好首都工作的认识体会有：

……

必须始终坚持走生态文明之路。坚持节约资源和保护环境的基本国策，坚守生态保护红线、环境质量底线、资源消耗上限，加大污染治理和生态建设力度，着力补齐“短板”，不断提升城市治理能力，缓解人口资源环境矛盾，提高绿色发展水平。

……

我们也清醒认识到，发展中不平衡、不协调、不可持续的问题依然存在，前进道路上还有不少困难和挑战。主要是：人口资源环境矛盾突出，治理大气污染、交通拥堵等“大城市病”还需要下更大力气……

---

* 编者注：1亩≈666.7平方米。

二、“十三五”时期的主要目标和任务

……

生态环境质量显著提升。生产方式和生活方式绿色、低碳水平进一步提升。单位地区生产总值能耗、水耗持续下降，城乡建设用地控制在2800平方公里以内，碳排放总量得到有效控制。主要污染物排放总量持续削减，生活垃圾无害化处理率达到99.8%以上，污水处理率高于95%，重要河湖水生态系统逐步恢复，森林覆盖率达到44%，环境容量生态空间进一步扩大。

……

三、2016年重点任务

……

2016年政府工作的总体要求是：全面贯彻落实党的十八大和十八届三中、四中、五中全会精神，深入学习贯彻习近平总书记系列重要讲话和对北京工作的重要指示精神，认真贯彻落实中央经济工作会议、中央城市工作会议精神，按照“五位一体”总体布局和“四个全面”战略布局，牢固树立和贯彻落实创新、协调、绿色、开放、共享的发展理念，适应经济发展新常态，坚持改革开放，坚持稳中求进工作总基调，坚持稳增长、调结构、惠民生、防风险，加快疏功能、转方式、治环境、补短板、促协同，着力加强结构性改革，构建“高精尖”经济结构，保持经济运行在合理区间，维护首都社会和谐稳定，努力实现“十三五”良好开局。

……

……

综合各方面因素，全市经济社会发展的主要预期目标是：地区生产总值增长6.5%；一般公共预算收入增长6.5%以上；居民消费价格涨幅控制在3.5%左右；城镇登记失业率控制在3%以内；城乡居民可支配收入增长与经济增长同步；万元地区生产总值能耗、水耗和二氧化碳排放分别下降3.5%、3%左右和4%，细颗粒物浓度下降5%左右。为实现上述目标，重点抓好以下几方面工作：

（一）积极推动京津冀协同发展

坚持把推动京津冀协同发展作为全市工作的头等大事，认真落实《京津冀协同发展规划纲要》和《“十三五”时期京津冀国民经济和社会发展规划》，确保完成年度目标任务。

有序疏解非首都功能。严格落实2015版新增产业禁限目录，制定实施产业、市场、公共服务、行政事业单位四类非首都功能疏解方案，完成300家一般制造和污染企业退出任务……

……继续实施京津风沙源治理、太行山绿化工程，新增10万亩京冀生态水源林，持续治理永定河、潮白河、拒马河等跨界河流。积极搭建“4+N”功能承接平台，加快推进曹妃甸首钢京唐二期等重大项目，抓好天津滨海－中关村科技园区建设，引导绿色产业项目向张承生态功能区布局。……

……

全力做好2022年冬奥会筹备工作。坚持绿色办奥、共享办奥、开放办奥、廉洁办奥，制定筹备工作总体规划，确定路线图和时间表。……

（二）全面深化改革开放

坚持问题导向，扭住关键、精准发力、狠抓落实，以深化改革破解制约发展的瓶颈问题，以扩大开放拓展发展空间。

……

（三）大力推进创新发展

……完善绿色消费政策，扩大节能减排产品、新能源汽车、有机农产品等绿色消费。……保持有效投资力度，着力补齐基础设施短板，重点投向水环境、大气、交通、棚户区改造、养老等领域，抓好市重点工程，提高投资的精准性。……

……深入实施“互联网+”行动，围绕城

市交通、公共安全、生态环境等15项重点领域，推进一批示范项目。……

（四）加快城乡区域协调发展步伐

……制定更加严格的机动车使用、人口增长、企事业单位规模等管控措施，加快退出低端业态。落实核心区基础设施建设和环境改造提升方案，强化资金支持，推进老城区平房院落修缮改造和环境整治。优化老城用地结构，统筹利用疏解腾退土地，实现减人增绿，切实降低建设规模和开发强度，防止功能和人口过度聚集。

加快市行政副中心建设。突出绿色、宜居、人文、智慧发展，注重创业就业与居住功能均衡……推进水环境治理，建设城市公园、湿地及公共绿地，改善生态环境，全面提升副中心城市品质。

……

（五）着力构建绿色发展新格局

坚持生态优先，完善生态文明制度体系，着力解决生态环境突出问题，推动绿色低碳循环发展。

持续提升空气质量。完善大气污染防治责任落实机制，修订空气重污染应急预案，重点治理农村散煤、高排放机动车和城乡结合部污染，做好联防联控，巩固深化治理成效。实施400个村“煤改清洁能源”，完成总容量3000蒸吨/小时左右燃煤锅炉清洁能源改造。淘汰20万辆高排放机动车，提高公交、环卫、邮政等行业新能源车使用比例。深化治理城乡结合部，两年全部清退南部四区“小散乱污”企业。组织开展“大气污染执法年”行动，建立健全大气环境质量监测网络，严厉打击环境违法行为。

突出抓好水资源管理。实行最严格的水资源管理制度，全面推进节水型城市建设。做好南水北调江水调度保障和运行管理，加快黄村水厂等设施建设，启动农村饮水安全巩固提升工程，增强供水安全保障能力。实施水污染防治工作方案，落实新一轮污水处理设施建设三年行动计划，加大污水直排治理力度，提高污泥处理能力，防治农业面源污染。加强水源地保护，综合治理凉水河、清河等流域水系，着力解决支流沟渠“脏乱臭”问题，建设27条生态清洁小流域。大力实施雨洪利用工程，加快建设“海绵城市”。

着力扩展生态环境容量。新建城市绿地400公顷，提高公园绿地500米服务半径覆盖率。新增造林16万亩，加强平原造林后期管护，完成山区森林健康经营60万亩。完善资源有偿使用和生态补偿制度，推进全国生态文明先行示范区建设。加强土壤污染防治与修复。统筹山水林田湖生态养护，开展湿地保护与恢复工程。加快2019年世界园艺博览会重点项目和配套设施建设，启动招展招商和宣传推介工作，带动花卉绿色产业发展。

促进资源节约循环高效使用。强化约束性指标管理，实施能源资源总量和强度双控。加快发展节能环保绿色产业，建设资源循环利用体系。抓好公共建筑能耗限额管理，支持发展超低能耗建筑。完善生活垃圾分类与再生资源回收体系，严格餐厨垃圾和建筑垃圾收运管理，统筹推进垃圾处理设施建设，生活垃圾资源化率达到56%。大力倡导勤俭节约、绿色低碳，推动形成绿色发展方式和生活方式。

（六）坚决推进城市治理取得新进展

坚持依法治理、共同治理，创新城市管理方式，提高城市治理能力，不断提升服务保障水平。

严格控制人口规模。坚持疏管结合、综合施策，落实人口调控措施，以功能疏解带动人口疏解，坚决遏制人口过快增长。大力整治地下空间和群租房，加强直管公房管理。持续开展“拆违打非”，拆除违法建设1500万平方米。出台实施居住证制度，落实积分落户政策。完善人口综合监测体系，提高人口调控预警能力。

加快治理交通拥堵。落实缓解交通拥堵行动计划，全力抓好建设、管理、服务，中心城绿色出行比例提高到71%。持续加大交通设施建设力度，开工建设2条新线，推进15条在建线路建设。加快兴延高速等项目建设，建成广渠路二期，完善中心城次干路、支路网络，完成100项疏堵工程。切实加强交通管理，降低机动车使用强度。完善差别化停车收费，开展停车治理专项行动，集中整治交通堵点、乱点，严厉查处交通违法行为。创新交通服务，增设50公里公交专用道，优化步行和自行车出行环境，新增公共自行车1万辆，提升交通智能化服务水平。

提高城市管理精细化、法治化水平。落实中央深入推进城市执法体制改革、改进城市管理工作的指导意见，提高管理、执法和服务水平。坚持重心下移、职能下沉、资源下放，强化街道统筹职能，加快构建“大城管”城市综合管理格局。推动网格化体系规范化建设，实现城市管理、社会服务管理、社会治安三网融合，广泛应用信息技术改善服务管理，建设智慧城市。加强城市服务管理标准化建设，做好试点示范。强化市政设施运行管护，推进地下综合管廊建设，完善气象灾害防御体系，提高防灾减灾和应急能力。下大力气治理城市痼疾顽症，综合整治100条街巷胡同，提升重点区域、重点大街景观水平，保持市容市貌整洁有序。

……

重要会议

【综述】 2016年，中央政治局常委、国务院副总理张高丽在京主持召开大气污染防治工作座谈会；市委、市政府召开首都生态文明和城乡环境建设动员大会；市委书记郭金龙组织召开京津冀及周边地区大气污染防治协作小组第六次会议暨水污染防治协作小组第一次会议；市委书记郭金龙组织召开京津冀及周边地区大气污染防治协作小组第七次会议。

【张高丽主持召开大气污染防治工作座谈会】 1月4日下午，中央政治局常委、国务院副总理张高丽主持召开大气污染防治工作座谈会并作重要讲话。中央政治局委员、北京市委书记郭金龙出席会议并讲话。国家发展改革委、公安部、财政部、环境保护部、住房城乡建设部、交通运输部、国务院研究室、中国气象局、国家能源局等中央有关部门，北京市有关领导，以及北京市有关部门和各区主要负责同志约90人参加会议。

会议传达学习了习近平总书记、李克强总理关于做好大气污染防治工作的重要批示指示精神，听取北京市关于大气污染防治工作情况的汇报，以及中央有关部门的意见建议，并研究部署下一阶段重点工作，市长王安顺汇报北京市近年来大气污染防治工作情况、存在的问题和下一步工作安排、有关政策建议。环境保护部部长陈吉宁介绍全国大气污染防治行动计划实施以来的主要工作进展，以及下一步工作安排。围绕推进大气污染防治和加大对北京市工作的支持力度，国家发展改革委、公安部、财政部等中央有关部门负责同志提出意见建议。

张高丽副总理充分肯定北京市近年来大气污染防治工作的成效，要求坚决贯彻党中央、国务院的决策部署，把京津冀及周边地区特别是北京作为重点的重点，针对存在的问题、薄弱环节和冬季大气污染物排放增加的情况，采取法律、经济、技术和行政等更加强化的防控手段措施，把大气污染防治工作做实、做好、做出成效，让人民群众看得到、感受到空气质量改善的成效，绝不辜负人民群众的殷切期望。

郭金龙表示，将坚决贯彻落实习近平总书记、李克强总理、张高丽副总理的重要指示批示精神，进一步提高对做好首都大气污染防治工作的认识，努力增强攻坚克难的勇气，加大落实污染治理的属地责任，更加有力有效地抓紧抓好大气污染防治，努力取得空气质量改善的新成效。

【首都生态文明和城乡环境建设动员大会】 4月12日上午，市委、市政府召开首都生态文明和城乡环境建设动员大会，部署打击违法建设、大气污染治理、城乡结合部安全隐患问题整治、污水治理和园林绿化、交通治理、环境整治和垃圾处理等生态文明和城乡环境建设相关工作，明确2016年首都生态环境建设时间表、路线图。市委书记郭金龙出席并讲话，市长王安顺与各区长签订责任书。中央有关部门、驻京部队和北京市领导，市“两院”负责人，市委、市政府有关部委办局、各区负责人，市级群众团体、市属国有企业、高校、新闻单位负责人，各区有关部门、街道、乡镇负责人和部分专家、市民代表、执法人员代表等1400余人参加大会。

会议强调，生态文明和城乡环境建设是一项民生工程，要坚持共建共享，促进全民广泛参与。要继续走好新时期群众路线，下大力气解决好群众关心的重点难点问题，将“人人看到问题”转变为“人人参与解决问题”。要创新监督方式，完善奖励政策，让破坏环境的行为无所遁形。要加大宣传力度，讲好环境故事，积极倡导绿色低碳生活方式。各区各部门要牢固树立服务意识，为中央单位、驻京部队参与、支持首都生态环境建设搭建平台，创造优良工作环境。要加强组织领导，严格落实责任。各区党委、政府要落实属地责任，层层分解责任到人。市各部门要深化重点问题研究，加强工作协调配合，积极帮助支持各区破解难题。

【京津冀及周边地区大气污染防治协作小组第六次会议暨水污染防治协作小组第一次会议】 5月20日下午，京津冀及周边地区大气污染防治协作小组第六次会议暨水污染防治协作小组第一次会议召开，中央政治局常委、国务院副总理张高丽出席会议并作重要讲话。中央政治局委员、北京市委书记、京津冀及周边地区大气污染防治协作小组组长郭金龙主持会议。京津冀及周边地区大气和水污染防治协作小组副组长、各成员单位负责同志，有关中央国家机关、军委后勤保障部、国有相关企业负责同志等参加会议。北京市各区政府、市相关部门负责同志，河北省唐山市、廊坊市、保定市、沧州市负责同志等列席会议，参加会议人员共约150人。

会议传达了习近平总书记、李克强总理关于加强生态环境保护和大气、水污染防治工作的重要指示精神，审议并原则通过《京津冀大气污染防治强化措施（2016—2017年）》《京津冀及周边地区水污染防治协作小组工作规则》《京津冀及周边地区落实〈水污染防治行动计划〉2016—2017年实施方案》，总结京津冀及周边地区大气和水污染防治工作进展并部署下一步重点工作。中国工程院院士贺克斌介绍实施《大气污染防治行动计划》情况的中期评估结果。北京市、天津市、河北省、河南省政府负责同志分别介绍本地区2015年大气和水污染防治进展及下一阶段工作计划。环境保护部部长陈吉宁分析当前空气质量形势、介绍大气和水污染防治行动计划工作进展及下一步工作安排。

张高丽副总理充分肯定京津冀及周边地区大气和水污染防治工作成效，并对进一步做好京津冀及周边地区大气和水污染防治工作提出要求，强调各地区各部门要抓好责任落实，加强统筹协调，加大政策支持，建立科学监控体系，强化环境执法监管，加快补齐生态环境“短板”，为建设美丽中国做出新的贡献。

郭金龙表示，坚决贯彻落实张高丽副总理重要讲话精神，进一步深化大气和水污染防治工作，努力取得更大成效。

【京津冀及周边地区大气污染防治协作小组第七次会议】 10月20日下午，京津冀及周边地区大气污染防治协作小组第七次会议在北京会议中心召开，协作小组组长、市委书记郭金龙主持会议并讲话。京津冀及周边地区大气污染防治协作小组各成员单位负责同志，协作小组办公室、中央有关企业相关负责同志，环境保护部有关司局，北京市各区政府、市相关部门，天津武清区，河北省唐山市、廊坊市、保定市、沧州市等城市相关领导约170人参加会议。

会议传达了习近平总书记、李克强总理、张高丽副总理关于做好大气污染防治工作的重要指示批示精神，听取协作小组办公室主任、北京市委常委、副市长张工关于京津冀及周边地区大气污染防治工作进展及下一步工作安排情况的汇报，京、津、冀、晋、蒙、鲁、豫七省（区、市）政府相关负责同志交流本地区大气污染防治工作情况。协作小组副组长、环境保护部部长陈吉宁介绍推动落实“大气十条”和京津冀大气污染防治强化措施工作情况，肯定了取得的工作成效，并对下一步工作提出要求。

郭金龙要求，要进一步认清形势、增强自觉、聚焦重点、精准施策，确保完成全年工作任务，坚决打赢今冬明春空气质量保卫战。

（高志强）

【市人大常委会听取和审议市政府关于本市环境状况和环境保护目标完成情况的报告】 2016年12月29日，北京市第十四届人民代表大会常务委员会第三十二次会议听取和审议了市人民政府关于本市环境状况和环境保护目标完成情况的报告。北京市环境保护局局长方力受市政府委托作了报告。

报告以2015年本市环境状况和环境保护目标完成情况为主，兼顾2016年上半年情况。报告指出，2015年以来，市政府深入落实习近平总书记系列重要讲话精神和对北京工作的重要指示，将环境保护作为建设生态文明、治理“大城市病”、保障和改善民生、推动京津冀协同发展的重要内容，严格依法依规治污染、抓减排、保安全、促协同，在经济社会持续健康发展的同时，取得了环境质量进一步改善的积极成效。

报告指出，我市环保工作虽然取得了一定的进展和成效，但环境质量与中央要求、人民群众期盼相比，仍有较大差距。随着工业企业调整搬迁、燃煤锅炉改用清洁能源，污染特征从“工业生产型”向“生活消费型”转变，城市正常运转和市民生活产生的污染物所占比重越来越大，进一步削减污染排放的难度越来越大。不仅需要政府主导，更需要全社会共同、有效参与。下一步，市政府将深入学习总书记关于生态文明建设的重要思想，牢靠树立“绿水青山就是金山银山”的强烈意识，认真贯彻党中央、市委的决策部署，深入推进环境保护工作，坚决打赢环境污染治理这场攻坚战，推动加快国际一流的和谐宜居之都的建设步伐。

（白文杰）

市政府白皮书（清洁空气）

2016年北京市政府重点工作情况汇编之治理大气污染篇

北京市环境保护局

2016年，是“十三五”的开局之年，更是落实国家“大气十条”的关键之年，北京市深入贯彻习近平总书记系列重要讲话精神和对北京工作的重要指示，紧紧围绕“五位一体”总体布局和“四个全面”战略部署，牢固树立创新、协调、绿色、开放、共享的发展理念，从建设生态文明、治理“大城市病”、保障和改善民生、推动京津冀协同发展的高度出发，加快疏功能、转方式、治环境、补短板、促协同，以$PM_{2.5}$污染治理为重点，以超常规的措施和力度推进大气污染防治工作。

一、总体情况

市委、市政府高度重视大气污染防治工作，2013年以来，针对$PM_{2.5}$污染问题，全面贯彻落实国家“大气十条”，制定出台了《北京市2013—2017年清洁空气行动计划》和

“两年强化措施”，依据 $PM_{2.5}$ 来源解析“对症下药”，聚焦燃煤、机动车、工业、扬尘等重点领域，不断加强组织领导，积极推进政策创新，进一步强化法治建设，健全公共治理体系，综合运用法律、经济、技术、行政等手段，推进大气污染科学治理、综合治理。

2013—2016 年，是北京市大气污染防治力度最大、措施最丰富、成效最显著的几年，全市组织完成的重点治理工程约是过去十年来的总和。特别是 2016 年，在全市上下的共同努力下，以超常规的措施推进大气污染防治工作，工程方面，全市总容量 8488 蒸吨 / 小时锅炉“煤改气”、663 个村“散煤改清洁能源”、4.3 万辆出租车更换三元催化器、5500 余辆重型柴油车“戴口罩”、在全国率先实施 1500 余台燃气锅炉低氮燃烧改造等工程，完成量均达到历年最大；全市燃煤总量预计压减到 1000 万吨以内，提前一年完成国家下达的燃煤消耗总量压减目标。政策层面，针对重点问题，峰谷电价政策拓展到全市，“煤改电”等政策进一步丰富、完善；京六车用燃油标准、国Ⅰ国Ⅱ排放标准轻型汽油车五环路（不含）以内道路工作日限行等重大政策相继出台。监管层面，大幅增加大气环境监测站点数量，建设覆盖全市的小型趋势站监测网络，修订了《北京市空气重污染应急预案》，环境监管能力得到进一步提升。

在北京市经济社会平稳健康发展的同时，空气质量实现持续改善。2016 年，全市二氧化硫、二氧化氮、PM_{10}、$PM_{2.5}$ 四项污染物浓度分别为 10 微克 / 米 ^{3}、48 微克 / 米 ^{3}、92 微克 / 米 ^{3} 和 73 微克 / 米 ^{3}，同比分别下降 28.6%、4.0%、9.8% 和 9.9%。空气质量达标天数（优和良）198 天，同比增加 12 天，达标率为 54%；共发生空气重污染 39 天，同比减少 7 天。

2016 年与 2013 年相比，空气中二氧化硫、二氧化氮、PM_{10}、$PM_{2.5}$ 年均浓度累计分别下降了 63.0%、14.3%、14.8% 和 18.9%。空气质量达标天数从 176 天增加到 198 天，达标率从 48.2% 提高到 54.0%；空气重污染天数从 58 天减少到 39 天，发生率从 15.9% 降低到 10.6%。

北京市大气污染防治工作同时也得到了来自国际社会的肯定，2016 年 5 月，在联合国环境大会上，联合国环境规划署对北京市 1998—2013 年的大气污染防治工作给予了高度评价，“为全球其他发展中经济体创造了可借鉴的经验”，这也进一步坚定了我们治理大气污染的信心和决心。

二、措施与成果

2016 年，北京市坚决贯彻落实党中央、国务院的工作部署，并以中央环保督察为契机，针对问题、补齐短板，聚焦重点区域、重点领域、重点时段，打响农村散煤、高排放车、城乡结合部治理三大战役，推进南部四区强化治理，狠抓“大气污染执法年”行动，推动周边省区市联防联控、联合应急，促进社会公众主动参与、积极减排。总体上，全市上下协同治污、共同治污的思想更加统一，啃“硬骨头”、敢于闯关的精气神不断提升，工作措施的力度持续加大，推进了北京市空气质量持续向好、稳步改善。

（一）强化社会共治，推进建设共同防治体系

北京市不断健全完善大气污染防治体制机制，政府主导、企业施治、公众参与的社会共治局面基本形成，组织协调、联合调度、督察考核等工作机制更加健全完善。同时，全面做好中央环保督察组在京督察各项保障工作，推进落实环保行业监管、属地监管责任，推进重点环境问题切实解决。

1. 强化发挥政府主导作用。

在市级统筹协调方面，北京市成立了以市长为组长的市大气污染综合治理领导小组，常务副市长任总指挥的空气重污染应急指挥部，建立了副市长分工负责机制，统筹推进大气污染防治工作。像定期分析经济形势一样，市政府每季度听取分析大气污染防治进展。连续四年每年年初，召开街乡镇以上主要负责同志参加的全市生态文明和城乡环境建设大会，部署

大气污染防治工作。市人大、市政协专题调研并听取审议关于大气污染防治方面的议案、提案办理情况。

在强化部门、属地管理方面，研究制定“大气污染防治专项责任清单”和“北京市环境保护工作职责分工”，进一步落实各部门、各区环保职责。将空气质量改善、清洁空气行动计划重点任务等指标列入全市和各区经济社会发展主要指标，与各区签订大气污染防治目标责任书，把重点任务目标层层分解，确保任务到人、责任到人。

在深化督察考核方面，建立了以环境质量改善为目标导向的绩效考评制度，分值逐年提高，实现对各区及各部门考核全覆盖，传导环境保护压力，增强责任意识。按照国家《环境保护督察方案》的有关要求，研究制定《北京市环境保护督察方案》，开展全面督察、延伸督察、下沉督察。

2. 督促企业落实治污主体责任。一是北京市已经建成了污染源自动监控系统，对重点排污单位实施 24 小时连续监控。二是搭建了“北京市企业事业单位环境信息公开平台”，重点工业企业实现率先公开。三是健全完善环境违法企业“黑名单”制度，在政府采购、工程招投标、财政奖补等方面予以限制或禁止。

3. 强化信息公开、鼓励引导市民依法有序参与。大气污染防治是一项需要全民参与、全社会共治的行动，北京市强化政府环境信息公开工作，通过多种渠道发布空气质量实时监测数据、对人体健康的影响和建议措施以及执法监察等政府环境信息，保障公众的环境知情权。同时，积极鼓励市民依法有序参与，践行绿色生活方式，推动全社会形成强大的环保“正能量”。搭建“京环之声”大气污染防治公众参与平台，积极组织开展“少开一天车”“清新过节　少放烟花”等贴近群众、贴近生活、贴近实际的公益活动；聘请李晨、杨扬等名人作为“环保公益大使”，充分发挥名人示范效应；成立北京环保联合会，推动环保组织成为做好本市环保工作的重要力量；出台“有奖举报”管理办法，鼓励公众积极举报大气污染违法行为，最高奖励金额达 5 万元；新闻媒体发挥“聚光灯”作用，宣传成效、曝光违法、倡导绿色生产生活，生态环保理念在广大公众中逐步“入心化行”。

（二）坚持精准治污，用硬措施完成硬任务

近年来北京市空气质量持续改善，进一步证明我们的治理方向是正确的，污染减排是硬道理。针对农村散煤、高排放车、城乡结合部存在的突出问题，打好三大战役，提升施工扬尘、道路扬尘等精细化管理水平，健全完善科学的大气污染防治技术体系。

1. 着力“禁控改”，大力压减燃煤。一是燃煤锅炉清洁能源改造再创新高。2016 年的改造工作是历年来规模最大、力度最强的，全市共完成燃煤锅炉清洁能源改造总容量 8488 蒸吨 / 小时，是年初任务的 2.8 倍。继 2015 年城六区实现基本无燃煤锅炉后，通州区在远郊区率先实现基本无燃煤锅炉。二是大力推进散煤清洁能源替代。按照因地制宜、宜电则电、宜气则气的原则，农村地区实施了 663 个村“散煤改清洁能源”；朝阳、海淀、丰台、石景山四区完成民用散煤清洁能源替代 7.5 万户。全市燃煤总量预计压减到 1000 万吨以内，提前一年实现国家下达的五年煤炭消费总量控制目标。

2. 强化“退改限”，全面控车减油。一是加强高排放车治理，全市共淘汰（含转出）老旧机动车 42.4 万辆，累计为约 4.3 万辆出租车更换三元催化器。二是严格标准，出台了第六阶段车用汽柴油标准，于 2017 年 1 月 1 日起实施。三是严格高排放车管控，发布了国Ⅰ、国Ⅱ排放标准轻型汽油车五环路（不含）以内道路工作日限行政策，将于 2017 年 2 月 15 日起实施，并配套出台了提前报废国Ⅰ、国Ⅱ轻型汽油车的补助政策和相关银行购车优惠贷款产品。全市 5500 余辆新增公交车、环卫车、旅游车、邮政车、渣土车、班车、校车、机场巴士等 8 类重型柴油车全部安装壁流式颗粒捕集器（DPF）。

3. 加速“治停退”，深化治污减排。调整

退出印刷、铸造、家具等行业污染企业335家，五年退出1200家的任务提前一年完成；印发实施《关于集中开展清理整治违法违规排污及生产经营行为有关工作的通知》，全市完成4000余家违法违规排污及生产经营行为企业清理整治。在全国率先实施1500余台燃气锅炉低氮燃烧改造，单台减排氮氧化物50%以上。组织实施了100多项环保技改项目工程，完成重点行业挥发性有机物减排1.37万吨。

4. 采取“人技防”，加强清洁降尘。全市1500余个建筑施工工地安装视频监控系统；关闭16家非法新建、资质失效搅拌站，累计已关闭82家不符合要求搅拌站。每月对全市60条主要道路进行尘土残存量检测并对外公布情况，全市道路清扫保洁“吸、扫、冲、收”新工艺作业率已达87%。积极探索扬尘污染防治第三方代管制度，在第二机场建设工程中率先试点实施。

5. 发挥经济杠杆的调节作用。实施以空气质量改善为导向的区级转移支付政策，加大财政资金支持力度，保障农村散煤治理、燃煤锅炉清洁能源改造、老旧机动车淘汰、工业企业环保技改等治污工程实施。制定《北京市燃气（油）锅炉低氮改造以奖代补资金管理办法》，对燃气（油）锅炉低氮改造项目进行补贴；实施“电采暖”峰谷电价和农村地区“煤改清洁能源”补助政策，加大对农村散煤治理支持力度。加大排污收费力度，全年排污费开单金额6.18亿元，其中施工扬尘、挥发性有机物排污费开单金额达3.97亿元，并实行阶梯式、惩罚式征收，用价格杠杆撬动企业治污减排，倒逼高排放、重污染行业转型、改造、升级。

6. 发挥标准约束作用。针对燃煤锅炉、燃气锅炉、石化等主要污染行业，以及机动车等，从综合性标准制定向更加精细化的分行业标准转变，地方大气污染标准已达39项，标准体系全国最全、标准限值全国最严，部分标准限值达到了国际先进水平。开展《建筑类涂料与胶黏剂挥发性有机物含量限值标准》前期工作，推进在产品领域实施挥发性有机物源头控制。特别是抓好新标准的贯彻实施，针对汽车制造、印刷、家具等重点行业挥发性有机物治理，以宣传促企业提高环保意识，以执法促企业自查整改，以标准倒逼排污单位加快治理、转型升级。

7. 全面加强监测网络建设。北京市已经基本完成大气环境质量监测网络建设升级，地面监测站在原有35个站点的基础上增加近一倍，在全国创新性、率先建成空气质量趋势监测网，监测范围覆盖城市、农村、工业企业集中区、交通干道等各种类型，为进一步全面、准确、科学掌握北京市空气质量状况提供了充分的技术保障。

（三）实施“四统一”，提高空气重污染应急能力

北京市不断加大大气污染防治力度，但遇极端不利气象条件，特别是秋冬季，仍会发生空气重污染。在加强长期治理、从根本上切实减少污染物排放总量的同时，短期应急、从浓度上“削峰降速”也必不可少。

1. 修订完善北京市空气重污染应急预案。按照环境保护部关于空气重污染应急“四统一”（统一预报、统一标准、统一响应、统一联动）要求，本市又修订发布了《北京市空气重污染应急预案（2016年修订）》，进一步规范预警分级、优化启动程序、加大减排力度、减轻社会影响，强化高排放机动车停、限行措施，优化调整中小学、幼儿园停课措施，进一步优化完善工业企业、建筑工地停产、停工等措施。12月16日至21日，本市启动了新预案实施后的首次红色预警。

2. 逐步提高空气重污染预报的准确性。依托今年升级建设的大气环境质量监测网络，密切跟踪全市空气质量变化趋势，强化分析研判；遇重污染过程，在每日连续滚动预报的基础上，进一步加密会商频次。在环境保护部的统一组织下，会同周边省市加强空气质量预报会商，提高对重污染及程度预测的科学性、准确性，突出预判能力。

3. 不折不扣落实应急减排措施。一旦出现不利气象条件预测出现空气重污染，提前启动

应急预案，市空气重污染应急专项指挥部办公室通过电视电话会议等形式进行实时调度，并通过市政府应急值守平台、电话、短信等方式向34个成员单位下发书面预警启动通知；市领导带队多次进行督察，深入一线督促各部门行业监管、各区属地监管职责落实以及各项具体措施落实情况；市政府督查室会同市环保局、市监察局组成市级督察组，市各部门组成专项督察组，各区政府主要领导带队组成区级督察组，市各执法部门全员出动、严格执法，严格督促机动车限行、工地停工、企业停限产、道路清扫保洁等措施落实，对应急措施启动不及时、落实不到位的单位，严格追究责任。

4. 积极主动做好宣传引导。在空气重污染应对中，注重发挥宣传引导作用，积极利用微博、微信等群众关注度较高的新媒体形式，提前组织专家解读，及时回应社会关注，提高重污染应急工作透明度，引导市民做好健康防护。

2016年，本市共启动空气重污染预警17次36天；其中，蓝色预警6次6天，黄色预警7次16天，橙色预警3次8天，红色预警1次6天。全社会积极响应、共同参与，为空气重污染期间“削峰、降速”做出了巨大的贡献。

（四）坚持铁腕治污，进一步加大环境监管执法力度

贯彻新修订的《中华人民共和国环境保护法》、《中华人民共和国大气污染防治法》和《北京市大气污染防治条例》，全面组织实施“大气污染执法年”专项行动，严厉查处环境违法行为。

1. 全面组织开展“大气污染执法年”活动。市、区两级环保、城管、质监、工商、交管等执法部门协调联动，切实抓紧抓好“治散煤”、“净四气”（燃煤废气、挥发性有机物废气、工业废气和机动车尾气）、“降三尘”（施工扬尘、道路扬尘、因烧致尘）等执法监管工作。全市环保部门全年共立案处罚固定源大气环境类违法行为1394起，处罚金额4082万元；检查各类移动源1156.2万辆次，查处违规车1万辆次，处罚金额454.4万元。全市城管执法部门针对“三烧、三尘”等违法问题，立案查处1.3万起，罚款5000万元。

2. 全面推进网格化环境监管模式。2016年年底，全市已初步建立了区、街道（乡镇）、社区（村）三级网格化环境监管体系，划分基础网格2.2万余个，配备网格员4.6万余名。通过实施环境监管网格化管理，有效解决环境监管中存在的盲区死角，推动环境监管关口前移、工作落地。

3. 切实加大违法行为曝光力度。充分利用《中华人民共和国环境保护法》赋予的连续处罚、查封扣押、停产限产等新手段，严厉查处具有典型意义的环境违法案件，全年按日计罚4起，查封扣押341起，行政拘留移送2起。组织实施环保有奖举报，推行环保执法人员“双随机”抽查制度，公开曝光“十大典型案例”，扩大执法效果，达到查处一个、震慑一批、影响一片的目的。

（五）聚焦“2+4”，健全完善大气污染联防联控机制

针对大气污染传输的客观规律，在京津冀及周边地区大气污染防治协作小组领导下，区域联防联控协作机制更加完善，区域大气污染治理更加深入。

1. 加快组织编制区域大气污染防治中长期规划。明确区域大气污染防治的路线图、时间表；进一步深化信息共享机制，加快推动联合立法、统一标准、环评会商等重点工作。

2. 共同抓好重污染天气应对。在环境保护部的领导下，加强对传输通道城市“高架源”排放监管；与天津市和河北省唐山市、保定市、廊坊市、沧州市等“2+4”城市，率先建立空气重污染应急联动机制，实施重污染应急联动减排措施，减少污染在城市间的传输。

3. 务实推进结对合作治污机制。形成北京、廊坊、保定共同治理的长效机制，支持廊坊、保定两市治污资金共5.02亿元，专项用于对于区域空气质量影响较大的燃煤锅炉淘汰、“高架源”污染治理等，为区域合作治理大气污染做出示范。

4. 深入组织开展联动执法。严格落实《京津冀今冬明春大气污染防治督导检查工作方案》，开展“三联”（地域、时间、人员）、“四重”（以高架源、重污染应急、燃煤散烧、移动源为重点内容）京津冀联动执法，严厉打击涉气企业偷排偷放、超标排放、弄虚作假等环境违法行为。

三、挑战与对策

（一）挑战

尽管过去四年，北京市采取一系列大气污染治理措施，减排效益不断释放，空气质量实现持续改善，但与国家标准和广大市民的期盼还有一定差距，特别是秋冬季节空气重污染依然多发，空气质量持续改善的难度越来越大，大气污染治理进入了啃“硬骨头”的攻坚阶段。

一是大气污染物排放量超出环境承载能力。随着人口、机动车、能耗、建筑施工的增长，城市正常运行和市民日常生活带来的“刚性”污染必然增长，成为必须直面的挑战。人口方面，基数大、增长快。2015年全市常住人口达到2170万，人口主要集中在6000多平方公里的平原地区，人口密度过大。机动车方面，保有量大、增长快，在全国所有城市中，北京市机动车保有量位居第一。能源消耗方面，总量大、增长快。作为快速发展的北方特大城市，北京市能源消耗一直保持着较快的增长速度，2015年达到6852万吨标准煤。城市建设方面，规模大、高位运行。近年来，北京市建筑开复工面积保持在每年2亿平方米、施工工地4000个左右，点多、量大、面广。此外，还存在一定规模的化工以及相当数量低端“散、乱、差”等污染企业。从区域来看，北京周边地区正处于工业化、城镇化加速推进的时期，水泥、钢铁、炼油、石化等高污染企业数量多、规模大，燃煤总量大，相互间会有传输影响。

二是污染类型和结构发生变化。随着近些年的治理，北京市污染源治理重点呈现“由大到小”“由生产型向生活型”“由市区到郊区”的变化，特别是从大的集中排污单位，转向与市民生活密切相关的散煤供暖，城乡结合部、农村地区、工业大院的散煤治理，点多、量大、面广、分散，减排难、监管难。治污手段从主要依靠工程减排治理，转向更多地依靠法律、经济、技术等手段，更加注重管理的法制化、精细化，更加注重公共政策引导的有效性。

三是地理气象条件不利。从地理方位上看，北京市地处华北平原西北端，三面环山，只有东南方向是平原，地形呈典型的“簸箕状”，大气污染物扩散条件差。从气象条件上看，北京市不沿海，多年平均年降水量不足500毫米，不利于大气污染物沉降。春季多风沙，秋冬季节多静稳、逆温天气。多年统计，全年出现高温高湿、静风逆温等极端不利气象条件的天数，约占20%，不仅不利于清除污染，而且造成污染快速积累，极易形成重污染。

虽然形势严峻，但我们也有一定的有利条件，机遇与挑战并存。一是在国家层面，党中央、国务院对北京的大气污染防治工作高度重视，京津冀及周边地区大气污染防治协作机制正在不断完善、效果逐步释放。二是在北京市层面，市委、市政府坚决贯彻落实党中央、国务院决策部署，全市上下凝心聚力、攻坚克难。三是在全社会层面，公众越来越理性、越来越科学看待大气污染，环保意识的觉醒从思想上向行动上转变，凝聚广泛共识。

（二）对策

2017年，是完成国家“大气十条”下达目标任务的收官之年，也是解决一段时间以来形成的大气污染治理突出矛盾、啃下“硬骨头”、突破“瓶颈”的非常时期。北京市将认真贯彻习近平总书记系列重要讲话精神和对北京工作的重要指示，坚决落实中央环保督察组的整改要求，坚持问题导向，在不折不扣地完成《北京市2013—2017年清洁空气行动计划》《京津冀大气污染防治强化措施（2016—2017年）》的基础上，采取力度更大、针对性更强的措施，出重拳、使全力，坚决打赢这场硬仗。

一是综合施策，抓好工程减排。重点是“治散煤”“治高排放车”“治城乡结合部”。在“治散煤”方面，以城乡结合部和农村地区为重点，到2017年年底，基本实现朝阳、海淀、丰台、石景山区和房山、大兴、通州区平原地区“无煤化”，基本淘汰平原地区10蒸吨及以下燃煤锅炉。同时，实施国内最严的燃气锅炉大气污染物排放标准，推进燃气锅炉脱硝治理。在“治高排放车”方面，聚焦国Ⅰ、国Ⅱ轻型汽油车等高排放车，采取政府补贴，工作日五环路（不含）以内道路限行，空气重污染橙色、红色预警时全市禁行等措施，推动加快淘汰，力争基本解决国Ⅰ、国Ⅱ轻型汽油车污染问题。2017年起实施第六阶段车用汽柴油标准，供应高品质的油品，减少单车污染排放。研究采取综合手段，引导过境大货车绕行北京。在“治城乡结合部”方面，加快去非首都功能的污染产能。“以退促降”，修订并严格执行污染生产工艺退出目录，抓好规模以上污染企业的淘汰退出。结合棚户区改造、拆除违法建设、清理工业大院等工作，加快完成违法违规排污及生产经营行为企业的清理整治工作。“以治促降”，聚焦挥发性有机物，加快完成石化、汽车制造、电子等行业的有机废气治理工程，在建筑涂装等领域推广使用低挥发性有机物含量的涂料。

二是落实职责，抓好管理减排。严格落实“北京市环境保护职责分工”“大气污染防治专项责任清单”，加大环保督察问责力度，组织北京市各级党委、政府及其有关部门履职尽责，特别是组织街乡镇加强环保工作，推进网格化环境监管体系建设，将大气污染防治责任落到实处，着力解决“最后一公里”的执行力问题。实施排污许可证制度，督促排污单位公开排污信息，接受社会公众监督。深入开展大气污染执法检查，综合运用上限处罚、按日计罚、查封扣押、限产停产、移送司法等严厉措施，严查严管非法生产销售使用劣质散煤、工业企业环保设施不正常运行、排污单位和重型柴油车污染物超标排放等违法排污行为。落实国务院环保督察实施方案，加大北京市环保督察力度，同时，加大典型违法案例的公开曝光力度，提高震慑力，付出经济成本、声誉成本，“倒逼”其守法合规、技改升级。

三是积极应对，抓好应急减排。受不利地理气象条件、区域污染传输、排污总量大等因素影响，空气重污染不可能在短期内消除。为减少空气重污染对公众健康的影响，削减空气重污染的“累积”，需要进一步强化应急管理。通过地面自动监测、卫星遥感技术，以及同环境保护部、兄弟省市加密预报会商，做好空气质量的精准预报，以及一周的空气质量变化趋势分析，提高预测预报的科学性、准确性。一旦需要启动重污染应急预警，严格落实新修订的《北京市空气重污染应急预案》，提前预警、提前启动、提前实施，做好公交、地铁运力保障等服务措施。特别是橙色、红色预警时，确保应急减排措施落实到位，力争早减排、早见效。

四是团结协作，抓好协同减排。发挥京津冀及周边地区大气污染防治协作机制作用，特别是共同实施京津冀空气重污染应急联动强化措施，开展联动执法，携手应对区域空气重污染。按照环境保护部统一部署，对近周边城市，深化合作治污机制，支持保定、廊坊加快农村地区散煤清洁化治理、市区燃煤锅炉清洁能源改造、工业企业污染治理。对周边地区污染传输通道、“高架源”排放，实施协同联动治理，努力减少污染传输。

五是宣传引导，抓好共同减排。全社会共同减排是防治大气污染的重要保障。通过传统媒体、新媒体、自媒体主动发声，以群众听得懂、记得住的语言，以动漫等喜闻乐见的方式，发布空气质量和应急预警信息，分析大气污染成因，宣传工作进展和成效，以实打实的舆论宣传回应社会关切。加强与非政府组织的沟通合作，增进交流互信，消除舆论杂音，努力形成“同呼吸、共责任、齐努力”的良好氛围。实施有奖举报制度，鼓励市民积极监督。

深入开展“清洁空气·为美丽北京加油”等环保公益活动，吸引社会公众支持和参与大气污染防治，践行绿色生活方式，形成强大的环境保护合力。

从发达国家及大城市治理历程看，大气污染治理是一个长期、艰巨、复杂的过程，必须坚持不懈、久久为功。我们将在党中央、国务院的坚强领导下，以高度的政治责任感，进一步加大治理力度，攻坚克难、铁腕治污，狠抓各项措施任务的落实，为加快建设国际一流的和谐宜居之都做出更大的贡献！

备注：市政府白皮书为北京市“两会”期间对外公布。

环保规划

《北京市“十三五”时期环境保护和生态建设规划》（概要）

2016年12月28日，市政府印发了《北京市“十三五”时期环境保护和生态建设规划》（下称《规划》）。“十三五”期间，北京市将围绕首都城市战略定位和京津冀协同发展，落实国家《“十三五”生态环境保护规划》，聚焦大气、水、土壤污染防治三个重点，全面推进环境污染防治，推进形成绿色发展格局，持续加强环境风险防控，努力提升环境治理能力。

根据《规划》，到2020年，主要污染物排放总量持续削减，大气和水环境质量明显改善，土壤环境质量总体清洁，生态环境质量保持良好，环境安全得到有效保障。主要指标为：

环境质量指标。空气中$PM_{2.5}$年均浓度比2015年下降30%左右，降至56微克/米^{3}左右；达到或好于Ⅲ类水体比例稳定在24.0%，劣Ⅴ类水体比例下降到28.0%。

污染物排放总量指标。与2015年相比，全市二氧化硫、氮氧化物和挥发性有机物排放总量分别减少30%、20%和20%以上；化学需氧量和氨氮排放总量分别减少14%和16%以上。

《规划》提出三个方面共九项主要任务：

在推进形成绿色发展格局方面。（1）开展联防联控，推动京津冀环境管理一体化，完善区域协作机制，打造协同发展精品区域，重点做好2022年北京冬奥会的绿色环境保障和北京城市副中心生态环境的规划建设管理。（2）落实首都城市战略定位，疏解非首都功能产业，控制用能、用水、建设规模。到2020年，全市能源消费总量控制在7651万吨标准煤以内，用水总量控制在43亿立方米以内，城乡建设用地控制在2800平方公里以内。（3）拓展绿色发展空间，划定生态保护红线，推进生态环境建设，加强自然保护区管护。继续实施平原38万亩绿化工程；加强森林抚育，实施300万亩中幼林抚育工程；恢复湿地8000公顷，新增湿地3000公顷。2020年全市森林覆盖率提高到44%。

在全面开展环境污染防治方面。（1）大气污染协同减排。深化现有大气防治措施、拓展防治新领域、探索防治新方法，推进交通运输、能源生产和消费、工业和工艺过程、城市建设和管理、农业及生活服务业等领域的污染综合治理。2017年1月起实施第六阶段车用油品标准；到2020年，公交行业新能源、清洁能源车辆比例力争达到70%，新能源、清洁能源环卫车辆比例达到55%。到2020年年底，全市平原地区基本实现平房采暖“无煤化”，基本实现无燃煤锅炉。2017年年底前，完成全市50个重点区域、200个重点行政村的“散、乱、污”企业清理整治。（2）水污染防治。保障饮用水水源安全，聚焦黑臭水体，重点在城乡结合部和远郊区，综合治理生活污水、工业废水、农业污水和城市面源污染，加大再生水等水资源调配、补给力度，改善水环境质量。全市新改扩建污水处理厂或再生水厂44座。到2020年，全市城镇污水处理能力达到726万米^3/日，全市再生水利用量达到12亿立方米；全市新建和改造污染管网1347公里，基本实现建成区和城乡结合部污水全收集。（3）土壤污染防治。摸清土壤环境状况，加强土壤污染预防，实施农用地分类管理，严格污染地块风险管控。2018年年底前，查明农用地土壤环境状况；2020年年底前，完成重点行业企业用地土壤环境调查与评价，掌握污染地块分布及环境风险情况。

在持续加强环境风险防控方面。（1）切实加强核与辐射安全监管。（2）严格危险废物和化学品管理。（3）提高环境应急处置能力。

《规划》明确四项保障措施：

在构建多元共治体制机制方面。按照中央提出的“党政同责、一岗双责、终身追责”要求，厘清落实各级党委、政府属地责任和有关部门环保责任，建立健全考核评价和责任追究机制。构建企业环境信用评价制度，将企业环境行为纳入社会信用体系。健全政府环境信息公开机制；利用各类媒体加大对生态环境保护政策法规标准的解读，全面、客观、及时宣传环境保护和生态建设工作进展，回应社会关切，营造同呼吸、共责任、齐努力的浓厚氛围。

在发挥经济政策引导作用方面。拓展环保投融资渠道，推进环境经济政策创新。制定实施有利于保护环境、推动绿色发展的经济政策，支持重点污染源治理、老旧机动车淘汰、“煤改清洁能源”、污水处理设施建设等一批重点项目。

在完善环境监测监管体系方面。构建先进的环境监测体系和完备的环境监管体系。制定生态环境监测网络建设方案，完善监测制度，推进监测数据共享，努力建设高水平的生态环境监测网络；推动建立街道（乡镇）环保管理机构，落实污染源属地监管职责，构建“市—区—街道（乡镇）”三级监管网络。

在强化生态环境保护管理方面。健全严格的法规标准体系，提高科技支撑能力，加强国际交流与合作。制定实施排污许可证管理办法，推进排污权有偿使用，制定餐饮、有机化学品制造等行业排放标准；开展细颗粒物形成机理、大气污染源排放特征和源解析、土壤污染迁移转化规律及其生态效应等方面研究。

重要文件

市委、市政府印发的重要文件

中共北京市委　北京市人民政府关于全面提升生态文明水平推进国际一流和谐宜居之都建设的实施意见

京发〔2016〕2号

（2016年1月14日）

加快推进生态文明建设是党中央、国务院作出的重大决策部署，是坚持以人为本、增进全市人民福祉的必然选择，是落实首都城市战略定位、加快建设国际一流的和谐宜居之都的必然要求，也是转变经济发展方式、缓解资源环境约束、实现首都经济社会可持续发展的必由之路。为深入贯彻落实《中共中央　国务院关于加快推进生态文明建设的意见》和《中共中央　国务院关于印发〈生态文明体制改革总体方案〉的通知》精神，全面提升本市生态文明水平，加快建设国际一流的和谐宜居之都，现提出如下实施意见。

一、总体要求

（一）指导思想。深入贯彻党的十八大和十八届二中、三中、四中、五中全会精神，认真学习贯彻习近平总书记系列重要讲话和对北京工作的重要指示精神，立足首都城市战略定位，牢固树立创新、协调、绿色、开放、共享的发展理念，按照“五位一体”总布局和中央城市工作会议部署，转变城市发展方式，加强统筹协调，完善城市治理体系，提高城市治理能力，把生态文明建设放在更加突出的位置，坚持人口资源环境相协调、经济社会生态效益相统一，协同推进新型工业化、信息化、城镇化、农业现代化和绿色化，以正确处理人与自然关系为核心，以优化国土空间开发格局为基础，以实施创新驱动战略为动力，以健全生态文明制度体系为支撑，着力解决“大城市病”等突出问题，建设和谐宜居、富有活力、独具特色的现代化城市，加快构建资源节约型、环境友好型社会，努力走出一条人口经济密集地区内涵集约可持续发展的新路子。

（二）基本原则。节约优先，绿色发展。牢固树立尊重自然、顺应自然、保护自然的理念，处理好城市建设、经济发展与资源环境的关系，把节约放在资源开发利用的优先位置，把保护放在生态环境建设的优先位置，大力推进绿色发展、低碳发展、循环发展。

深化改革，制度先行。把改革贯穿于生态文明建设的各领域、各环节，不断深化生态文明体制改革，加快建立系统完善的生态文明制度体系，着力破解制约人口资源环境协调发展的深层次矛盾和问题，用制度引导、规范和约束资源开发行为，用制度保护生态环境。

创新驱动，文化支撑。把科技创新作为推

进生态文明建设的强大动力，着力发挥科技创新引领作用。把生态文明纳入社会主义核心价值观建设之中，加大生态文化宣传教育力度，全面倡导勤俭节约、绿色低碳、文明健康的生活方式和消费模式。

政府引导，多方参与。统筹政府、社会、市民三大主体，提高各方推动城市发展的积极性。充分发挥政府统筹协调、组织推进作用。坚持激励和约束并举，落实各方主体责任，实现共治共管。坚持以人民为中心的发展思想，让全体市民在生态文明共建过程中有更多获得感。

区域协同，共建共享。牢固树立京津冀一盘棋的思想，服从和服务于区域整体功能定位，将生态文明建设作为协同发展的重点领域和重要突破口，着力扩大生态空间，共创共享良好的区域生态环境。

（三）主要目标。到 2020 年，经济社会发展与资源环境承载能力更加协调，生态文明主流价值观在全社会得到广泛弘扬，生态文明建设水平显著提升，率先形成人与自然和谐发展的现代化建设新格局。

国土空间开发格局更趋优化。常住人口总量、空间开发强度、城市建设规模得到有效控制，经济、人口布局更趋均衡，生态空间得到较好保护和拓展。全市范围内城乡建设用地规模实现负增长，生态红线区面积占全市国土面积比例达到 70% 左右。

能源资源利用效率大幅提高。能源消耗水平持续下降，能源消费总量控制在 7700 万吨标准煤左右，万元地区生产总值能耗比 2014 年下降 18% 左右。低碳城市建设取得明显成效，二氧化碳排放总量在 2020 年左右达到峰值，万元地区生产总值二氧化碳排放比 2014 年下降 20% 左右。水资源利用效率大幅提高，新水用量控制在 31 亿立方米以内，万元地区生产总值水耗比 2014 年下降 18% 左右。

生态环境质量实现总体改善。京津冀生态环境协同保护取得重大突破，大气环境质量得到有效改善，$PM_{2.5}$ 年均浓度比 2015 年下降 15% 左右。重点流域水环境和水生态得到改善修复，重要水功能区水质达标率达到 77%，全面消除城市建成区黑臭水体。生态建设质量进一步提升，森林覆盖率达到 44%，城市建成区人均公园绿地面积达到 16.5 平方米以上。土壤环境质量保持总体稳定并持续改善，环境风险得到全面控制，生物多样性得到有效保护。

生态文明制度建设取得重大进展。率先建成源头有效预防、过程科学控制、损害必须赔偿、责任必须追究的生态文明制度体系，自然资源资产产权、国土空间用途管制、资源环境生态红线、资源有偿使用和生态补偿机制等关键制度和法规标准体系建设取得决定性成果，跨区域生态环境保护协作机制基本形成。

二、优化国土空间开发格局

树立空间均衡理念，紧紧围绕“四个中心”的首都城市战略定位，以资源环境承载能力为底线，坚持集约发展，框定总量、限定容量，以治理“大城市病”、优化提升首都核心功能为主线，科学合理布局和整治生产空间、生活空间、生态空间。

（四）优化提升首都核心功能。统筹空间、规模、产业三大结构，适时调整修改《北京市主体功能区规划》，更加凸显超大型城市特点，打造生产空间集约高效、生活空间宜居适度、生态空间山清水秀的和谐共生发展格局。进一步提升城六区服务保障能力，推进实施老城重组，通过疏解存量和改造提升，降低人口密度，增加生态空间，提升城市品质。延续城市历史文脉，划定历史文化保护线，加强旧城整体保护和城市文化遗产连片、成线保护，着力恢复“一轴一线”魅力景观，发掘古都历史文化，更好展示古都风貌。科学建设市行政副中心和房山、顺义、昌平、大兴等重点区域，打造错位发展、产城融合、宜居宜业、职住合一的发展新区。创新城乡结合部地区发展模式，探索城镇集中建设区与周边城乡结合部改造捆绑实施政策。坚持把增强生态服务功能放在第一位，积极推进门头沟、平谷、怀柔、密云、延庆等区生态涵养能力建设，进一步提升生态屏障、水源涵养、休闲游憩服务功能。重点小城镇要立足资源禀赋、区位条件，重点发展符合功能定位的科研、教育、文化、旅游等产业。

（五）全面提升城市宜居性。尊重城市发展规律，统筹规划、建设、管理三大环节，提高城市工作的系统性。综合考虑城市功能定位、文化特色、建设管理等多种因素，做好城市总体规划修改工作，建立健全全市统筹的空间规划体系和规划编制机制。以主体功能区为基础统筹各类空间性规划，推动经济社会发展规划、城乡规划、土地利用规划、生态环境保护规划、水资源利用规划等“多规合一”试点。统一土地分类标准，科学划定生态保护红线和城市增长边界，确定生态红线区、集中建设区和限制建设区，实行“两线三区”全域空间管控。按照水资源和环境容量刚性约束要求，制定完善控制人口规模的政策措施，合理调控人口总量和分布。严格控制城乡建设用地总量规模，合理划定生产空间、生活空间、生态空间，在重点功能区之间建设大尺度森林、绿地和水系等生态隔离带，恢复和提升河湖水系生态功能，坚决遏制城市无序连片拓展。严格规划执行的严肃性和权威性，分类制定严格的建设用地标准。强化城镇化过程中的绿色低碳智能理念，实行绿色规划、设计、施工标准，高标准建设城市供排水、交通、能源、垃圾处理等基础设施系统，划定基础设施建设控制线。推动绿色建筑规模化发展，新建建筑全面执行绿色建筑设计、施工、运行管理标准，政府投资的公共建筑和大型公共建筑达到二星级及以上绿色建筑标准，鼓励既有建筑实施绿色改造，2020 年绿色建筑占城镇建筑比例达到 25% 以上，建成一批绿色建筑示范区。

（六）加快建设美丽乡村。编制乡镇、村庄规划，明确不同区位、不同类型镇村的发展定位、目标和建设重点等。建立完善以绿色生态为导向的农业补贴制度，调整农业结构，推进发展特色农业，分区分片打造功能多样化、设施现代化、生产生态化、经营标准化、田园景观化的现代农业体系，融合发展高品质的生态休闲农业和乡村旅游服务业。统筹推进农村清洁能源改造，扩大“煤改电”“煤改气”等清洁能源利用范围。继续实施农宅抗震节能改造，推广适用于农村的建筑结构技术体系。加强农村供水、污水和垃圾处理等基础设施建设，建立健全农村基础设施长效管护机制。优化完善农村卫生、文化等公共服务便民设施。强化乡镇政府环境保护属地责任，加强村庄绿化美化，开展山水林田路综合治理、农村环境集中连片整治、农房及院落风貌整治专项行动。做好传统建筑民居、井泉沟渠、古树名木等特色乡村历史文化的传承，加强传统村落民居的保护和修缮。加强农村精神文明建设，扎实推进文明镇村创建工作。

三、全面实施创新驱动战略

把创新作为引领绿色发展的核心动力，坚持有舍有得、进退有序，大力推广节能环保低碳先进适用技术，加快推动生产方式绿色化，大幅提高经济绿色化程度，从根本上缓解经济发展与资源环境的矛盾，增强城市持续发展能力。

（七）加快构建高精尖经济结构。坚持“瘦身健体”，突出高端化、服务化、集聚化、融合化、低碳化，优化发展服务经济、知识经济、绿色经济、总部经济，综合提升劳动、信息、知识、技术、管理、资本的效率和效益，降低资源能源要素投入强度。深化科技体制机制改革，充分发挥中关村国家自主创新示范区引领支撑和辐射带动作用，完善产学研协同创新机制和“一区多园”统筹发展机制，优化创新创业生态链，加快建设具有全球影响力的科技创新中心，释放城市发展新动能。全面推进文化体制机制创新，积极发展文化创意产业，深入推进文化创意和设计服务与相关产业融合发展。严格执行并不断完善新增产业的禁止和限制目录，严控新增不符合首都功能的产业。组织实施《〈中国制造 2025〉北京行动纲要》，聚焦高精尖产品，推动绿色智能发展。适时修订《工业污染行业、生产工艺调整退出及设备淘汰目录》，加快淘汰污染大、耗能耗水较高的行业和生产工艺。实施“互联网+”行动计划，推动新一代信息技术与重点行业领域的融合发展，加快催生新技术、新产品、新模式、新业态。推动生产性服务业向专业化和价值链高端延伸。坚持规范化、连锁化、便利化、品牌化、特色化的发展方向，着力提高生活性服务业品质。

（八）全面推进产业绿色化改造。大力推行生态设计和建筑产业现代化，发展适合本市的装配式混凝土结构和钢结构成套技术。全面推行绿色清洁生产，总结推广服务业清洁生产试点经验，推动重点领域建立健全节能、降耗、减污、增效的长效发展机制。制定重点产业技术改造投资指南和重点项目实施计划，组织实施一批能效提升、资源节约、节水治污、循环利用等专项技术改造项目，提升产业绿色化水平。组织开展农业、工业和服务业循环经济示范行动，分类推广循环经济典型模式。按照节能减排、绿色低碳、资源循环利用要求，完成19个市级工业园区绿色低碳循环改造。推广新型配送模式，积极发展绿色物流。

（九）积极发展绿色产业。以节能、环保、资源循环利用和低碳排放领域为主要方向，支持企业与高校、科研院所共建共享协同创新中心，突破一批关键技术，研发一批新型装备产品。完善节能低碳创新服务平台，以能源清洁高效利用、水资源梯级利用、废弃物智能分拣回收、挥发性有机物治理等为重点，积极推广先进适用的节能环保低碳技术和产品，组织实施节能环保低碳产业重大技术装备产业化工程。创新商业模式，支持互联网、物联网、大数据、云计算等新一代信息技术与节能环保低碳产业融合发展，积极培育一批行业龙头企业和专业服务企业。深入推进城镇供水、污水处理、垃圾清运、园林绿化等市政公用领域市场化改革。

四、大幅提升资源利用效率

把节约作为破解资源瓶颈约束、保护生态环境的根本之策，将节约理念落实到生产、流通、消费各环节，强化资源循环再生利用，以尽量少的资源推动经济社会可持续发展。

（十）全面提升能效水平。实施全民节能行动计划，采取更严格的节能降耗措施，继续强化能源消费总量和能耗强度控制，确保2020年本市能效水平继续保持全国领先地位。提高居住建筑节能设计标准，推广超低能耗建筑，基本完成具有改造潜力的既有建筑节能综合改造。实施卓越能效计划，新建项目能效须达到国际先进水平，进入本市市场的电器产品能效水平不得低于Ⅱ级。扩大重点用能单位范围，健全节能管理制度，推行节能自愿承诺机制，强化能源消费计量、管控、在线监测的智能化管理。健全节能低碳产品和技术装备推广机制，持续推广先进适用的节能新技术、新产品。全面淘汰能效不达标的电机、内燃机、锅炉等用能设备以及高耗能、高污染的建材产品，实现燃气电厂、燃气锅炉余热余压收集再利用。继续开展节约型公共机构创建活动，切实发挥其示范作用。

（十一）率先全面建成节水型社会。坚持以水定城、以水定地、以水定人、以水定产的原则，实施最严格的水资源管理制度，建立完善市、区两级取用水总量控制指标体系，到2020年全市用水总量控制在43亿立方米以内，实现生产用新水负增长、生活用水控制增长、生态用水适度增长。各区完成节水型区创建工作。禁止发展高耗水产业，狠抓农业、工业、洗车、洗浴等重点行业节水，大力普及推广节水和水循环利用技术、器具和工艺。实施农业灌溉用水量控制和定额管理制度、高耗水工业企业计划用水和定额管理制度，建立重点监控用水单位名录。全面完成再生水厂建设任务，进一步增强再生水替代清洁水的能力。科学合理开展水资源统筹调度，实行分质分类供水。

（十二）强化土地集约高效利用。实施最严格的节约用地制度，强化土地利用总体规划和年度计划管控，实行建设用地总量控制和减量化管理。开展全市土地利用现状调查，制定解决存量土地问题的工作方案。全面盘活低效和闲置建设用地，科学进行土地二次开发。统筹地上地下空间开发，推进建设用地的多功能立体开发和复合利用，提高空间利用效率。开展土壤环境治理行动，做好污染土壤监测、调查与评估工作。积极开展农村土地综合整治。

（十三）推动资源循环利用。实施循环发展引领计划，加快构建各类废物分类收集、再生利用、无害化处理的全过程管理体系。积极推进生活垃圾计量收费，加快建设资源化处理设施，到2020年，基本实现人均生活垃圾产生量零增长和原生垃圾零填埋，生活垃圾焚烧比例达到70%。鼓励实行餐厨垃圾、建筑垃圾收集和运输特许经营，推动餐厨垃圾、建筑垃圾、园林废弃物资源化、规范化处置。强化医疗垃圾、飞灰等危险废物分类管理，全部实现安全处置。推动水泥生产企业向协同处置固体废物的环保企业转型。制定再生资源回收目录，加强生活垃圾分类回收和再生资源回收的衔接。创新再生资源回收模式，充分运用物联网等新技术，建立再生资源智能化回收体系。推动建立资源再生产品和原料推广使用制度，扩大政府采购示范应用范围，推广使用再生产品。

五、努力改善生态环境质量

聚焦大气污染、水污染、生态系统退化等问题，加大环境治理、生态系统保护与修复力度，使蓝天常在、青山常在、绿水常在，让人民群众在良好的环境中生产生活。

（十四）有效治理空气污染。全面落实清洁空气行动计划，以治理$PM_{2.5}$和臭氧为重点，持续推进控车节油、压减燃煤、治污减排、清洁降尘等措施，逐步消除重污染天气，实现空气质量持续改善。严格控制机动车增量，实施国家第六阶段机动车污染物排放标准和车用燃油标准，淘汰国Ⅱ以下标准老旧机动车，城市货运车全部达到国Ⅳ以上标准，实施新能源汽车推广计划，基本实现全市公交车使用新能源或低排放车辆。继续压减燃煤，严格杜绝劣质散煤，完成燃气、燃煤设施低氮改造，2020年煤炭消费总量削减至900万吨以下。深入开展石油化工、包装印刷等重点行业挥发性有机物治理，开展餐饮油烟、露天烧烤等低矮面源污染专项治理。加强畜禽粪污治理和化肥减量利用，控制农业领域氨排放。建设信息化监控系统，严格控制施工工地、道路扬尘污染。杜绝秸秆、垃圾、草木、园林废弃物露天焚烧。严格控制建筑高度和密度，科学规划城市通风廊道，提升城市的通透性。进一步加强污染天气预测预警，完善污染天气应急响应机制。

（十五）全面改善水环境和水生态。制定水污染防治工作方案及新一轮污水处理和再生水利用设施建设三年行动方案，加大水污染防治力度。编制城市水系统综合规划，调整划定饮用水水源保护区。建设完善地下水监测系统，减少地下水开采，实施地下水回灌补源，平水年地下水开采规模控制在17亿立方米以内。大力推广农业节水、节肥、节药等先进技术，打造生态农业园区，控制农业面源污染。治理污泥堆放点，开展非正规排污口污水直接排放综合治理。建设“海绵城市”，推动有条件的区域建设雨水吸纳、蓄渗和利用设施。进一步深化污水设施建设与运营机制改革，重点推进污水管网建设。实施雨污分流改造工程，提高城市建成区污水管网覆盖范围。高标准建成一批污水处理厂、再生水厂和污泥处理设施，2020年全市污水处理率提高到95%以上，全市污泥基本实现无害化、资源化处置。开展水环境综合治理，划定水体保护线，实现清河、凉水河、坝河、通惠河等河流还清。保障生态水源供给，建设滨河森林和沿河湿地工程，尽快恢复永定河流域生态功能。

（十六）着力提升城乡绿化美化品质。继续推进森林、绿地建设，划定绿地系统线，构建城市绿网系统，提高生态系统稳定性和生态服务功能。加快推进湿地恢复建设，扩展城市湿地系统，恢复和新建湿地1.1万公顷。完善矿山地质环境保护和土地复垦制度，实施低质生态公益林升级改造和20万亩宜林荒山绿化。建立生物多样性监测评估与预警体系，分区分类制定保护方案。创新推动第一、第二道绿化隔离地区建设，在平原地区建设一批郊野公园和森林公园，打造主要铁路干线和重要道路两侧绿色景观廊道。在永定河、北运河、潮白河、泃河、拒马河等重要水系两侧，加宽加厚绿化带。到2020年，全市新增城市绿地2300公顷，平原地区森林覆盖率达到30%以上，建成各类绿道1000公里以上。

（十七）切实改善市容市貌。加强“脏、乱、差”环境综合治理，加大力度拆除违法建设。统筹推进城市地下综合管廊建设，实施架空线入地工程。积极推进城市立体绿化，鼓励实施公共建筑屋顶绿化，推动建筑墙体和立交桥垂直绿化。加强噪声管理，营造宁静的生活环境。结合产业疏解转移和转型升级，推动环境综合整治和改造提升。充分利用建筑物周边空地，建设一批“口袋公园”，改造提升50个城市老旧公园，营造绿色休憩空间。

（十八）积极应对气候变化。全面加强二氧化碳排放控制，力争“十三五”期间二氧化碳排放尽早达到峰值。持续推动能源结构低碳化，构建以天然气、电力为主体的清洁低碳、安全高效的现代能源体系，推广使用地热、太阳能、风能等可再生能源，2020年可再生能源利用比重达到8%左右。抓好建筑、工业、交通等重点领域的碳减排工作，推动主要行业碳排放水平接近或达到世界先进水平。推进植树造林，增加森林面积，持续提升森林生态效益和碳汇功能。积极开展低碳产业园区、低碳社区、低碳乡镇建设，实施近零碳排放区示范工程，建设低碳城市。加强气候变化综合评估和风险管理，完善气候变化监测预警信息发布体系，建立完善职业化的救灾救援队伍。构建“韧性”城市，提高城市规划、建设及安全运行的气候变化适应能力，提高农业与林业适应能力，提升公共卫生领域适应气候变化的服务水平。

六、健全生态文明制度体系

把制度建设作为生态文明建设的重要任务，加快建立健全生态文明制度体系，充分发挥制度引导、规范、约束作用，推动生态文明理念转化为各类主体的实际行动。

（十九）实施自然资源资产产权和国土空间用途管制制度。理顺自然资源开发与环境保护的权责关系，建立有效防范破坏生态环境和浪费自然资源的基本制度。坚持资源公有、物权法定，清晰界定全市国土空间各类自然资源资产的产权主体，建立统一的确权登记系统，对自然生态空间统一进行确权登记。探索编制全市和各区自然资源资产负债表。按照所有者、监管者分开的原则，建立权责明确的自然资源产权体系，明确各类自然资源产权主体权利和监管者的责任。建立健全国土空间用途管制相关法规、规章和制度，明确各类国土空间开发、利用与保护的边界，细化界定各类自然资源资产用途。理顺和完善自然保护区、风景名胜区等的保护管理体制，落实国家公园管理体制。

（二十）严守资源环境生态红线制度。树立底线思维，严格将各类开发活动限制在资源环境承载能力之内。树立山水林田湖是一个生命共同体的理念，统筹全市生态资源，统一确定生态保护红线。严格执行红线管理，建立天然林保护、湿地保护、沙化土地封禁保护制度。科学确定市、区两级能源消费总量、碳排放总量、用水总量、新水用量、建设用地总量等控制指标，确保完成国家下达的相关约束性目标。完善最严格的耕地保护制度和土地节约集约利用制度，按各区主体功能定位确定土地开发强度和分配指标，合理安排年度土地利用计划，探索实行耕地轮作休耕制度。逐步建立覆盖所有主要污染物的总量控制体系，将大气、水、土壤等环境质量“只能更好、不能变坏”作为政府环保责任红线，相应确定污染物排放总量限值和环境风险防控措施。按区域、行业和重点排放单位分别确定污染物排放总量控制目标和质量达标要求，实施污染物排放许可制，建立完善环境质量监测预警机制。

（二十一）完善资源有偿使用和生态补偿机制。全面建立覆盖各类全民所有自然资源资产的有偿出让制度，严禁无偿或低价出让。建设完善全市自然资源资产交易平台。完善土地有偿使用制度，扩大国有土地有偿使用范围，减少非公益性用地划拨，改革产业用地供应方式。完善地价形成机制和评估制度，健全土地等级价体系。深化水、电、气等资源产品价格改革，分类推行阶梯价格制度。按照谁污染、谁付费原则，适时提高主要污染物排污以及垃圾、污水处理等收费标准。坚持谁受益、谁补偿的原则，探索建立多元化的生态补偿机制，在重点领域、重点区域实现率先突破。实施区域管理和流域管理相结合的跨界断面水质生态补偿机制。实施耕地保护补偿机制。

（二十二）加快推行第三方市场化机制。扩大碳排放权交易市场范围，做好与全国统一碳排放权交易市场的衔接，努力建设全国碳交易中心。建立健全排污权交易制度，逐步强化以企业为单元进行总量控制、通过排污权交易获得减排收益的机制。推行水权交易制度，合理界定和分配水权，开展地区间、流域间、流域上下游、行业间、用水户间等水权交易。大力推广合同能源管理、合同节水管理、环境绩效管理和碳资产管理等新机制。推行环境污染第三方治理，通过政府购买服务、政府和社会资本合作（PPP）等方式，引导社会力量参与环境污染治理。配合国家有关部门，推动建立统一的绿色产品标准、认证、标识等管理与评价体系。探索开展建筑物能效标识认证。

（二十三）建立损害补偿和责任追究制度。科学界定生态保护者与受益者权利义务，加快形成生态损害者赔偿、受益者付费、保护者得到合理补偿的运行机制。研究生态系统服务价值测算方法，逐步开展价值评估计算。建立生态环境损害赔偿和第三方评估机制。完善体现生态文明要求的领导干部政绩考核机制，实行领导干部任期内资源消耗、环境损害和生态效益责任制，探索对领导干部实行自然资源资产和环境责任离任审计。

七、建设生态文化首善之区

加大生态文化培育和弘扬力度，激发广大市民的积极性、主动性、创造性，使生态文明理念有效转化为全社会自觉行动，加快实现生活方式绿色化，努力建设生态文化首善之区。

（二十四）全面加强生态文明宣传教育。制定发布节能低碳循环全民行动计划，继续打造“节能环保低碳大篷车”品牌，持续推进生态文明理念进社区、进学校等“十进”活动。组织好节能宣传周、低碳日、世界环境日等主题活动。把生态文明纳入教育体系、党政干部培训体系和首都精神文明创建考评体系。鼓励创作一批体现生态文明主流价值观的文艺作品，创建一批生态文明宣传教育示范基地。充分运用各类媒体，普及生态文明法律法规、科学知识，报道先进典型，曝光反面事例，形成人人、事事、时时崇尚生态文明的社会氛围。

（二十五）推行绿色生活方式和消费模式。完善首都市民文明公约，提高公众节约意识、环保意识、生态意识。积极推动绿色商场、超市、餐饮等建设，进一步丰富绿色产品和服务供给。深入开展反过度包装、反食品浪费、反过度消费行动，积极引导消费者减少一次性用品使用。大力推广绿色低碳出行，倡导绿色生活和休闲模式。推广绿色办公模式，开展节约型办公区建设。发挥政府机关和公共机构的表率作用，到2020年，政府绿色采购比例达到90%以上。

（二十六）鼓励公众积极参与。完善公众参与制度，及时准确披露各类环境信息，扩大公开范围，保障公众知情权，维护公众环境权益。进一步健全建设项目环境影响评价信息公开机制。实施重点排污单位环境信息公开发布制度。完善重大决策专家咨询和公众建言机制，支持各类研究机构开展重大问题研究。进一步发挥社会组织和志愿者作用，组织开展形式多样的生态文明志愿行动。

八、协同推进京津冀生态环境保护

落实京津冀协同发展战略，以区域大气污染防治、水生态系统修复为重要突破口，加快推进京津冀一体化合作，协同提升区域生态文明建设水平，共建生态修复环境改善示范区。

（二十七）推动生态环境规划标准有机统一。坚持统一规划、严格标准、联合管理、改革创新、协同互助的原则，建立完善协作共赢机制，确保生态环境保护领域取得率先突破。以加强大气污染防治、扩大生态系统空间、改善水环境质量为重点，推动建立跨区域规划衔接机制，共同落实京津冀生态环境保护规划，共筑区域生态屏障。

（二十八）加强生态环境区域联防联控。建立跨界的大气、地表水、地下水等环境监测预警和应急协调机制，强化跨区域联动执法、环评会商的联防联控工作制度。加强资源能源联合调度与协同保障，积极推动建立京津冀水资源统一调配机制。探索区域生态廊道共建机制，完善跨区域森林防火、农业林业有害生物防治等联防联控体系。推动建立健全京津冀气候变化监测预警机制，明确极端气候条件下的应对措施。

（二十九）开展生态环境区域合作共建。协同推进实施永定河、潮白河、北运河、大清河、蓟运河、拒马河等跨界河流的绿色生态河流廊道治理。协同张（家口）承（德）地区开展饮用水水源地保护，合作建设生态清洁小流域。推动京津保中心区过渡带成片森林和湿地建设。在稳步推动八达岭国家公园体制试点建设的基础上，积极推动构建野三坡—百花山、海坨山、雾灵山区域等环首都国家公园体系。推动怀柔区、密云区、延庆区与河北省张家口市、承德市共建生态文明先行示范区。推动平谷区与天津蓟县及河北廊坊三河市、大厂县、香河县共建京津冀国家生态文明先行示范区。推动建立京津冀区域间横向生态补偿机制，促进协同治污。加强再生资源和工业固体废物处置利用区域合作，推动规划建设一批再生资源回收分拣中心和“城市矿产”示范基地，打造一批特色区域循环经济联合体。

（三十）强化资源环境领域协同创新。围绕区域大气污染联防联控、水环境治理、资源循环利用和极端气候监测预警等方面，加强关键技术联合攻关和集成应用。联合建立节能环保低碳产业联盟，共同承担京津冀资源环境领域重大项目。支持本市企业、科研机构加强节能环保低碳技术转移和服务输出，积极参与津冀高耗能、高排放行业的绿色改造，合作共建产业创新示范园，协同推动周边地区传统产业升级。

九、全面夯实各项基础工作

将强化管理、提升服务作为落实推进生态文明建设各项重点任务的关键举措，坚持问题导向，针对薄弱环节，全面加强法规标准、统计监测、监管审查和执法监督等各项基础工作，为推进生态文明建设提供有力保障。

（三十一）完善法规标准体系。全面清理现行法规规章中与加快推进生态文明建设不相适应的内容，加强法律法规间的衔接。制定修订空间规划、能源节约、水资源管理、森林资源管理、生态补偿、土壤保护、应对气候变化等方面的地方性法规和规章。全面推进资源环境领域标准化管理，制定完善与生态红线相适应的生态环境标准体系。实施能效、水效等“领跑者”制度。

（三十二）加强统计监测。整合现有能源、水资源、园林绿化等信息资源，建立全市资源环境监测预警平台。建立生态文明综合评价指数，探索编制资源环境承载能力监测预警报告，定期对全市资源承载能力、环境容量和生态环境质量状况进行分析评估。建立污染源排放清单和温室气体清单，推行环境污染第三方监测评价机制，健全覆盖京津冀区域范围所有资源环境要素的监测网络体系。对资源消耗和环境容量超过或接近承载能力的地区，予以预警并依法采取限制性措施。

（三十三）强化执法监督。加强法律监督、行政监察，对各类环境违法违规行为实行“零容忍”，加大查处力度，严厉惩处违法违规行为，曝光典型案例。强化对浪费能源资源、违法排污、破坏生态环境等行为的执法监察和专项督察。严格落实水影响评价制度、取水许可、用地预审、节能评估、环境影响评价等审查机制。完善公众监督机制，鼓励媒体、社会组织和公众对资源环境问题进行监督。

十、切实加强实施保障

推进生态文明建设是一项战略性系统工程。要进一步健全生态文明建设组织领导体制和工作机制，坚持依法治理，勇于探索创新，采取有力保障措施，加快推动生态文明建设。

（三十四）加强组织领导。市委、市政府建立生态文明建设统筹协调机制，负责顶层设计、组织协调，研究解决重大问题。市发展改革委建立日常工作跟踪调度机制，深化政策研究，加强各领域、各区域生态文明建设的系统谋划与推进。市有关部门要按照职责分工，抓好专项任务落实。各级党委、政府要切实担负起辖区生态文明建设的主体责任，抓好区域内各项工作的组织落实；加强市区两级协调配合，切实形成行业有效指导、逐级管理推动、各方共建共享的工作格局。

（三十五）抓好任务落实。各区要将生态文明建设任务纳入“十三五”规划，抓紧提出本辖区生态文明建设行动计划或实施方案。市有关部门要按照职责分工，切实担负起落实推进责任，细化制定专项行动计划或方案，编制重点工程项目清单，明确时间进度，扎实推进各项工作。

（三十六）健全考核评价机制。把资源消耗、环境损害、生态效益等指标全面纳入经济社会发展综合评价体系，建立完善各区、各行业差异化考核评价机制。严格实施大气污染治理、水污染防治、节能减碳等领域专项考核评价制度。以区为单元，推动建立空间规划、用途管制、领导干部自然资源资产和环境责任离任审计等考核评价机制。

（三十七）引导社会多元投入。统筹利用中央预算内财政资金、市级节能减排专项资金和市政府固定资产投资，加大对生态文明建设领域重点工作的支持力度。发挥财政资金引导作用，推动政府和社会资本合作（PPP），积极引导社会资本参与生态文明建设。配合国家有关部门设立京津冀生态环境保护建设基金，研究建立本市生态文明建设发展基金，鼓励社会资本发起设立绿色产业基金。建立绿色金融体系，鼓励金融机构引入环境评价要素，加大对生态文明建设的投融资支持。完善对节能低碳、生态环保项目的各类担保机制，加大风险补偿力度。在环境高风险领域建立环境污染强制责任保险制度。建立绿色评级体系以及公益性的环境成本核算和影响评估体系。

（三十八）深化国际合作。与国际友好城市加强可持续发展方面的交流合作，引进先进技术装备和管理经验。支持本市节能环保企业“走出去”，通过设立海外研发中心、开展跨国并购、与国际企业和机构共建联合实验室等措施，融入全球创新网络。积极参与国际气候变化合作，规范利用国际援助资金、国外优惠贷款，支持环境治理、节能减碳等项目实施。承办好2016年中美气候智慧型/低碳城市峰会。

各区、各部门和各单位要充分认识加快推进生态文明建设的重大意义，牢固树立“绿水青山就是金山银山”的理念，切实增强自觉性和主动性，突出区域特色、行业特色和路径特色，努力使本市生态文明建设走在全国前列，让市民感受到实实在在的变化。各区、各部门和各单位要于每年3月将上年度贯彻落实本意见的情况向市委、市政府报告，同时抄送市发展改革委。市委、市政府将适时组织开展专项督查。

北京市人民政府关于印发《北京市进一步加快推进污水治理和再生水利用工作三年行动方案（2016年7月—2019年6月）》的通知

京政发〔2016〕17号

各区人民政府，市政府各委、办、局，各市属机构：

现将《北京市进一步加快推进污水治理和

再生水利用工作三年行动方案（2016年7月—2019年6月）》印发给你们，请认真组织实施。

北京市人民政府
2016年5月5日

北京市进一步加快推进污水治理和再生水利用工作三年行动方案

（2016年7月—2019年6月）

为深入贯彻落实《中共中央 国务院关于加快推进生态文明建设的意见》（中发〔2015〕12号）和《国务院关于印发水污染防治行动计划的通知》（国发〔2015〕17号）精神，进一步提升本市污水处理能力和水资源循环利用水平，有效保障首都水环境安全，特制定本方案。

一、指导思想

全面落实党的十八大和十八届三中、四中、五中全会精神，深入学习贯彻习近平总书记系列重要讲话和对北京工作的重要指示精神，认真落实中央城镇化工作会议、中央城市工作会议精神，牢固树立创新、协调、绿色、开放、共享的发展理念，严格遵循“节水优先、空间均衡、系统治理、两手发力”的新时期治水方针，以生态文明建设为统领，以改善水环境质量为核心，以中心城区、北京城市副中心、城乡结合部地区、重要水源地村庄和民俗旅游村庄等为重点，坚持点面结合、建管并重、政策集成、政企协同、创新驱动的工作原则，强化各区主体责任，加快推进污水治理和再生水利用工作，全面提升水环境质量，为建设国际一流的和谐宜居之都提供有力支撑。

二、工作目标

在黑臭水体治理方面，到2017年年底，基本消除中心城区、北京城市副中心及其上游地区、其他新城建成区黑臭水体；到2018年年底，基本消除全市范围内的黑臭水体。

在污水治理和再生水利用工作方面，到2019年年底，全市污水处理率达到94%，中心城区和北京城市副中心的建成区基本实现污水全处理，其他新城污水处理率达到93%，2019年北京世园会园区、环球主题公园、北京新机场、北京2022年冬奥会场馆等重点区域以及城乡结合部地区、重要水源地村庄和民俗旅游村庄基本实现污水处理设施全覆盖；全市再生水利用量达到11亿立方米；全市污泥无害化处理和资源化利用水平得到进一步提升。

三、主要任务

利用三年时间，全市新建、改造污水管线1081公里，新建再生水管线472公里，升级改造污水处理厂14座，新建再生水厂27座，解决760个村庄的污水收集、处理问题，治理141条黑臭水体河段。

（一）加强中心城区污水处理和再生水利用设施建设

实施东坝、垡头、五里坨、丰台河西等污水处理厂升级改造工程，主要出水指标达到地表水Ⅳ类标准；新建上庄再生水厂，实现中心城区污水处理设施全覆盖。结合棚户区、老旧小区、道路微循环等改造工程，综合施策，改造中心城区雨污合流管线256公里。中心城区及周边的城乡结合部地区新建污水管线272公里，新建、改造污水处理站和再生水站共21座，该地区污水处理能力得到有效提高。

（二）加快北京城市副中心污水处理和再生水利用设施建设

在通州区新建污水管线222公里、再生水厂8座，升级改造污水处理厂2座，加快污水处理站和再生水站建设，基本实现北京城市副中心建成区污水全处理，解决320个村庄的污水收集、处理问题。

（三）加强其他城镇地区污水处理和再生水利用设施建设

新建、改造污水管线331公里，新建再生水厂18座，升级改造污水处理厂8座，新增再生水生产能力39万米^3/日。

（四）加强其他农村地区污水处理和再生水利用设施建设

各有关区政府要结合实际制定农村污水治理规划及实施方案，采用“城带村”“镇带村”“联村”“单村”等方式，加快推进污水处理和再生水利用设施建设和既有设施的修复改造，实现重要水源地村庄和民俗旅游村庄污水处理设施全覆盖。

（五）全面治理黑臭水体

对全市范围内141条、共665公里黑臭水体河段进行治理，其中治理建成区黑臭水体河段57条、共241公里。各区政府要按照“一河一策”的原则制定具体工作方案，采取控源截污、垃圾清理、清淤疏浚、水系连通、生态修复等措施，扎实推进黑臭水体治理工作。

（六）扩大再生水利用范围

努力解决再生水从生产到利用“最后一公里”问题，全市新建再生水管线472公里。对全市再生水进行统一调度，逐步增加城乡结合部地区河湖、湿地的再生水补水量，进一步扩大全市生态环境、市政市容、工业生产、居民生活等领域的再生水利用量。

（七）推广污泥资源化利用

加快推进污泥资源化利用工作，鼓励将污泥衍生产品用于沙地荒地治理、园林绿化、土壤改良、生态修复、能源利用等项目；加大与周边省区市的合作力度，拓展污泥资源化利用空间。

（八）加强其他污染源监督管理

认真落实《北京市水污染防治工作方案》（京政发〔2015〕66号），强化源头减污、控污、治污。加强对全市工业园区及污水排放企业的排污管理和环境执法工作，依法取缔不符合本市产业政策的项目；加强畜禽养殖厂、垃圾渗滤液处理设施、粪便消纳站配套污水处理设施建设及监管，确保设施正常运行、污染物排放稳定达标。

四、工作路径及支持政策

（一）建设路径

坚持集中处理与分散处理相结合，科学规划设计，探索建立符合首都特点、城乡统筹的污水处理和再生水利用设施体系，切实保障首都水环境安全。

在城镇地区，要加大污水管线建设和截污纳管力度，积极做好污水处理和再生水利用设施升级改造工作，进一步提高污水处理和再生水利用工作水平。

在农村地区，要通过以下四种方式开展建设：

“城带村”建设方式。充分发挥现有大中型污水处理和再生水厂的骨干作用，通过扩大管网覆盖范围，接纳处理其周边村庄产生的污水。

“镇带村”建设方式。着力增强城镇污水处理和再生水厂的处理能力，通过修建镇与村相连的污水管线，接纳处理其周边村庄产生的污水。

“联村”建设方式。对于地理位置临近的村庄，要通过修建村与村相连的污水管线，实现污水适度集中处理。

“单村”建设方式。对于不具备“城带村”“镇带村”“联村”建设条件的村庄，人口规模较大的，可建设污水处理站或再生水站；人口规模较小的，可采用建设人工湿地、污水净化槽等方式处理污水，也可建设污水临时贮存池，定期进行收集、处理。

（二）建设、运营及投融资模式

深入推进污水处理和再生水利用设施市场化建设、专业化运营改革。中心城区继续采用现行的特许经营模式，进一步完善污水处理和再生水利用设施体系。在其他区积极推行分区授权的特许经营模式，即各有关区政府按照流域和区域相结合的原则，将本区划分为若干区域，通过公开招标、竞争性谈判等方式确定各区域特许经营主体，采用政府与社会资本合作（PPP）等模式开展污水处理和再生水利用设施建设、运营；各区域特许经营主体在设施建设和运营管护工作中，应当优先聘用符合条件的当地村民，充分调动其参与污水治理的积极性。

1. 中心城区

中心城区污水处理和再生水利用设施建设项目沿用《北京市加快污水处理和再生水利

用设施建设三年行动方案（2013—2015年）》（京政发〔2013〕14号，以下简称第一个三年行动方案）确定的投融资模式，即由市政府固定资产投资和特许经营主体筹资共同解决项目征地、工程建设资金及50%的拆迁资金，其中，50%的征地资金和25%的拆迁资金由市政府固定资产投资安排，并作为特许经营主体的融资资本金；其余50%的拆迁资金由项目所在地区政府承担。市财政部门要将相关区政府开展征地拆迁工作和拆迁资金落实情况与市财政转移支付挂钩，对落实情况较好的给予一定补贴。

2. 北京城市副中心及通州区其他区域

实行政府建网、企业建厂、市级补贴、考核付费的工作模式。

政府建网。北京城市副中心的污水、再生水管线建设资金全部由市政府固定资产投资安排，相关拆迁资金由通州区政府承担。通州区其他城镇地区由市政府固定资产投资安排建设资金的90%，拆迁资金和其余建设资金由通州区政府承担；通州区其他农村地区由市政府固定资产投资安排建设资金的30%，拆迁资金和其余建设资金由通州区政府承担。

企业建厂。北京城市副中心的污水处理和再生水厂建设项目，与中心城区投融资模式保持一致；通州区其他区域的污水处理和再生水厂（站）建设资金由特许经营主体承担，征地拆迁资金由通州区政府及有关乡镇政府统筹解决。

市级补贴。北京城市副中心的污水处理费全部上缴市级财政，由市级财政统筹安排该区域污水处理和再生水利用设施运营经费；通州区其他城镇地区在全面征收污水处理费的基础上，运营经费不足部分由区、镇政府统筹解决；其他农村地区按照生态涵养发展区相关标准进行补贴。

考核付费。通州区政府要按照特许经营协议，对各区域特许经营主体的服务质量进行考核，并根据考核结果支付服务费用。

3. 其他城镇地区

其他城镇地区实行政府建网、企业建厂、区镇付费的工作模式。

政府建网。其他城镇地区的污水和再生水管线建设项目（包括采用“城带村”“镇带村”方式建设的农村污水和再生水管线建设项目）沿用第一个三年行动方案确定的有关政策，即生态涵养发展区城镇地区的污水和再生水管线建设项目，由市政府固定资产投资安排建设资金的90%，城市发展新区为70%，其余建设资金及拆迁资金由相关区、镇政府统筹解决。海淀山后地区和丰台河西地区继续执行现行政策。

企业建厂。污水处理和再生水厂（站）建设资金由特许经营主体承担，征地拆迁资金由相关区、镇政府统筹解决。

区镇付费。在全面征收污水处理费的基础上，设施运营经费不足部分由区、镇政府统筹解决。

4. 其他农村地区

其他农村地区实行厂网共建、市区补贴、考核付费的工作模式。

厂网共建。污水处理和再生水厂（站）建设资金由相关特许经营主体承担；污水处理和再生水管线建设项目，由市政府固定资产投资安排建设资金的30%，其余建设资金及拆迁资金由相关区、乡镇政府承担或与区域特许经营主体共同承担。鼓励由区域特许经营主体统一负责污水处理和再生水利用设施的建设、运营工作。

市区补贴。市级财政对生态涵养发展区农村地区的污水处理和再生水厂（站）运营经费给予70%的补贴，城市发展新区为60%，城市功能拓展区为50%，补贴基数为3元/米^3，不足部分由相关区、乡镇政府统筹解决。

考核付费。各有关区政府要按照特许经营协议，对各特许经营主体的服务质量进行考核，并根据考核结果支付服务费用。

（三）相关支持政策

1. 优化项目审批流程

将污水处理和再生水利用设施建设项目相关审批权限由市级下放至区级，即由各区发展改革部门出具建设项目前期工作函或立项批复，相关审批部门根据该函（批复）并联办理审批手续，不互为前置条件；经规划部门批复同意的项目选址方案，具备施工条件的，要加快开工建设。市有关部门要加强对各区审批工作的政策指导，确需市级审批的，要按照“绿色通道”项目有关政策加快办理。

2. 创新用地方式

在符合土地利用规划和土地用途管制的前提下，积极探索利用农村集体建设用地开展污水处理和再生水利用设施建设的新模式，规划、国土部门要给予政策支持。

3. 加强黑臭水体治理资金保障

各有关区政府要切实落实主体责任，建立黑臭水体治理专项资金保障机制；市级财政要采取以奖代补的方式，对黑臭水体治理中涉及的清淤工程给予全额资金补贴。

4. 完善污水处理费征收政策

做好全市污水处理费征收管理相关工作，逐步调整城镇污水处理费征收标准，启动农村地区污水处理费征收试点相关工作。

5. 建立自建设施运营经费保障机制

市有关部门和各区政府要研究制定自建污水处理和再生水利用设施运营经费补贴政策，保障设施运营需求。按照保本微利的原则，鼓励自建污水处理和再生水利用设施运营单位在再生水利用指导价格范围内，与用户协商确定再生水供水价格。

五、保障措施

（一）加强组织领导

继续设立由分管副市长任组长的污水治理和再生水利用工作协调小组（以下简称市协调小组）。市水务局、市发展改革委、市财政局、市规划委、市环保局、市国土局、市住房城乡建设委等部门为协调小组成员单位。市协调小组办公室设在市水务局，负责具体协调推进工作，办公室主任由市水务局局长担任。各区政府要继续建立相应的工作机制，切实抓好本区工作任务的落实。

（二）严格落实责任

市政府每年与市有关单位和区政府签订污水治理和再生水利用工作目标责任书，并将完成情况纳入市政府绩效考核。各区政府作为本行政区水环境治理的责任主体，要依据本方案制定具体实施方案，将任务分解到区有关部门和各乡镇政府，明确标准、责任人和完成时限，于2016年5月中旬报送市协调小组办公室备案，并于2016年6月底前，出台本区污水处理和再生水利用设施市场化建设、专业化运营改革方案。各区政府要于每年10月底前，向市协调小组办公室报送下一年度工作计划；市协调小组办公室要汇总编制本市下一年度工作计划，报请市协调小组审定后印发实施。各特许经营主体要按照特许经营协议的规定，认真履行设施建设、运营责任。市政府督查室要加强对年度任务落实情况的督查考核。

（三）加强联合执法

水行政主管部门要认真履行行业监管责任，加大对违法排放污水行为的查处力度，并在市、区两级牵头建立水环境监管执法部门联动机制，切实增强执法效果。环保部门要在做好水环境质量监督性监管工作的同时，加大对污染源及自建污水处理和再生水利用设施的监管力度，并将垃圾渗滤液处理、粪便消纳等设施纳入重点排污户监管范围，依法查处违法违规行为。住房城乡建设部门要严格开发建设项目配套污水处理设施建设和验收管理，全市在建、新建住宅项目和其他排放污水的建设项目必须配套建设污水处理设施，并实现达标排放；配套建设的污水处理设施应与主体工程同步竣工验收，水污染防治设施未建成、未经工程验收或未达到工程验收标准的住宅项目和其他排放污水的建设项目，一律不得投入使用。其他各有关部门、单位要积极配合监管执法工作。监察部门要加强监督，依法依规查处监管执法过程中的失职渎职等行为。

（四）强化技术支撑

充分发挥本市在水环境治理方面的技术和产业优势，积极引导污水处理和再生水利用、污泥无害化处理和资源化利用、设施运行监控等领域的科技创新，加快成果推广应用，提高治理能力和水平。市水务局要组织编制《污水处理和再生水利用工作技术导则》，指导项目实施主体根据不同区域的生态地理特征和受纳水体要求，采用符合当地实际的污水处理技术。各区政府要积极邀请有关科研和设计单位参与污水治理和再生水利用规划设计、技术咨询等工作，不断提高设施建设、运营的科学化水平。市、区水行政主管部门要建立市、区两级污水处理和再生水利用设施在线监控系统，实现对污水处理量、出水水质、运行状态的在线监控。

（五）引导社会共治

主动接受人大依法监督和政协民主监督；支持公众、社会组织依法有序监督水环境治理工作，并组织志愿者开展相关公益活动；加强对水环境治理工作的宣传报道，定期向社会公布本方案的推进落实情况，营造全社会共同参与治理的良好氛围。

北京市人民政府关于印发《北京市地方级自然保护区调整管理规定》的通知

京政发〔2016〕37号

各区人民政府，市政府各委、办、局，各市属机构：

现将《北京市地方级自然保护区调整管理规定》印发给你们，请认真贯彻执行。

北京市人民政府

2016年8月9日

北京市地方级自然保护区调整管理规定

第一条　为切实加强本市地方级自然保护区建设和管理，有效保护重要生态系统和生物多样性，大力推进生态文明建设，根据《中华人民共和国自然保护区条例》《国家级自然保护区调整管理规定》等，制定本规定。

第二条　地方级自然保护区是指对本市行政区域内具有代表性的自然生态系统、珍稀濒危野生生物物种、重要地质遗迹等进行特殊保护和管理，并经市政府依法批准建立的市级、区级自然保护区。

第三条　本规定适用于本市行政区域内市级、区级自然保护区的范围调整、功能区调整及名称更改。

范围调整是指自然保护区外部界限的扩大、缩小或内外部区域间的调换。

功能区调整是指自然保护区的核心区、缓冲区、实验区等功能区范围的调整。

名称更改是指自然保护区原名称中的地名更改或保护对象的改变。

第四条　市环境保护行政主管部门负责地方级自然保护区调整的综合协调和监督管理工作。市园林绿化、规划和国土资源管理、农业等有关行政主管部门在各自职责范围内，负责地方级自然保护区调整管理工作。

第五条　自然保护区调整应坚持绿色发展理念，牢固树立底线思维，严守生态保护红线。

调整自然保护区原则上不缩小核心区、缓冲区面积，不破坏生态系统和生态过程完整性，不损害生物多样性，不改变自然保护区性质，确保保护对象得到有效保护。对面积偏小，不能满足保护需要的自然保护区，应逐步扩大保护范围。

除扩大保护范围外，自批准建立或调整自然保护区之日起，原则上5年内不得进行调整。

调整自然保护区应当避免与各级风景名胜区、地质公园、湿地公园、森林公园等在范围上产生新的重叠。

第六条　存在下列情况的地方级自然保护区，可以申请进行调整：

（一）自然条件变化导致主要保护对象生存环境发生重大改变；

（二）在批准建立之前已存在建制村等人口密集区，且不具备保护价值；

（三）国家、市级重大工程建设需要（国

家、市级重大工程包括国务院或市政府审批、核准的建设项目，列入国务院或市政府批准的规划且近期将开工的建设项目）。

确因所在地地名、主要保护对象发生重大变化，可以申请名称更改。

第七条 主要保护对象属于下列情况的，调整时不得缩小自然保护区核心区面积或对核心区内区域进行调换：

（一）国内同类型中的典型自然生态系统，且为国家珍稀濒危类型；

（二）国内唯一或极特殊的自然遗迹，且遗迹的类型、内容、规模等具有国内对比意义；

（三）国家一级重点保护物种。

第八条 确因国家、市级重大工程建设需要调整自然保护区的，原则上不得调出核心区、缓冲区。

建设单位应当开展工程建设生态风险评估，并将有关情况向社会公示。

除国防重大建设工程外，自然保护区因重大工程建设调整后，原则上不得再次调整。

第九条 调整地方级自然保护区范围，由自然保护区所在地的区政府或市政府有关自然保护区行政主管部门向市政府提出申请。由市政府有关自然保护区行政主管部门提出申请的，应征求自然保护区所在地的区政府意见。由区政府提出申请的，应征得市政府有关自然保护区行政主管部门的同意。

调整地方级自然保护区功能区或更改名称，由自然保护区所在地的区政府向市政府有关自然保护区行政主管部门提出申请，并抄送市环境保护行政主管部门。

第十条 调整地方级自然保护区的申报材料包括：申报书、综合科学考察报告、总体规划及附图、调整论证报告、彩色挂图、音像资料、图片集及有关附件。

申报材料的相关要求，由市环境保护行政主管部门会同市政府有关自然保护区行政主管部门制定。

第十一条 因国家、市级重大工程建设需要调整地方级自然保护区范围或功能区的，除按本规定第十条要求提供材料外，还需提供以下材料：

（一）有关工程建设的批准文件；

（二）市政府有关自然保护区行政主管部门的审核意见；

（三）自然保护区管理机构和自然保护区所在地及其周边公众意见；

（四）工程建设对自然保护区影响的专题论证报告；

（五）涉及人员的生产、生活情况及安置去向报告；

（六）生态保护与补偿措施方案及相关协议。

上述材料可作为编制建设项目环境影响报告书及项目审批的依据。

第十二条 地方级自然保护区评审委员会负责地方级自然保护区范围和功能区调整的评审工作。

地方级自然保护区范围和功能区调整评审，按照地方级自然保护区评审标准和程序进行。

第十三条 地方级自然保护区评审委员会在组织材料初审、实地考察、遥感监测过程中，发现存在下列情况的，不予评审，并及时通知申报单位：

（一）申报程序不完备；

（二）申报材料内容不全面、不真实；

（三）自然保护区内存在环境违法行为。

第十四条 地方级自然保护区范围调整申请，经评审通过后，由市环境保护行政主管部门提出审批建议，报市政府批准；

名称更改申请，由市政府有关自然保护区行政主管部门提出审批建议，报市政府批准；

功能区调整申请，经评审通过后，由市政府有关自然保护区行政主管部门批准，报市环境保护行政主管部门备案。

第十五条 地方级自然保护区范围调整经批准后，由市环境保护行政主管部门公布其面积、四至范围和功能区划图，自然保护区所在地的区政府应当在公布之日起 3 个月内组织完成勘界立标，予以公告；

功能区调整经批准后，由市政府有关自然保护区行政主管部门公布，自然保护区所在地的区政府应当在公布之日起3个月内组织完成勘界立标，予以公告；

名称更改经批准后，由申报单位予以公告。

第十六条 有关单位和个人存在下列行为之一的，由市环境保护行政主管部门或市政府有关自然保护区行政主管部门责令限期整改，并依法查处：

（一）未经批准，擅自调整、改变自然保护区的名称、范围或功能区的；

（二）未按照批准方案调整自然保护区范围或功能区的；

（三）申报材料弄虚作假、隐瞒事实的。

因擅自调整导致保护对象受到严重威胁和破坏的，市环境保护行政主管部门或市政府有关自然保护区行政主管部门对相关责任人员，可向其所在单位、上级行政主管部门或者监察机关提出行政处分建议。

对破坏特别严重、无法修复、失去保护价值的地方级自然保护区，可按照批准设立的程序报请市政府批准，取消其自然保护区资格，并依纪依法追究相关责任人员责任。

北京市人民政府
关于印发《北京市空气重污染应急预案（2016年修订）》的通知

京政发〔2016〕49号

各区人民政府，市政府各委、办、局，各市属机构：

现将《北京市空气重污染应急预案（2016年修订）》印发给你们，请结合实际认真组织实施。

北京市人民政府

2016年11月12日

北京市空气重污染应急预案
（2016年修订）

为进一步完善空气重污染应急机制，不断提高环境管理精细化水平，切实减缓污染程度、保护公众健康，按照京津冀及周边地区大气污染防治协作小组统一要求，结合本市实际，在对《北京市空气重污染应急预案》进行修订完善的基础上，制定《北京市空气重污染应急预案（2016年修订）》（以下简称《应急预案》）。

一、预警分级

根据《环境空气质量指数（AQI）技术规定（试行）》（HJ 633—2012）分级方法，按照环境保护部关于统一京津冀城市重污染天气预警分级标准有关规定，依据空气质量预测结果，综合考虑空气污染程度和持续时间，将空气重污染预警分为4个级别，由轻到重依次为蓝色预警（四级）、黄色预警（三级）、橙色预警（二级）和红色预警（一级）。

（一）蓝色预警（四级）：预测全市空气质量指数日均值（24小时均值，下同）>200将持续1天，且未达到高级别预警条件时。

（二）黄色预警（三级）：预测全市空气质量指数日均值＞200将持续2天及以上，且未达到高级别预警条件时。

（三）橙色预警（二级）：预测全市空气质量指数日均值＞200将持续3天，且出现日均值＞300时。

（四）红色预警（一级）：预测全市空气质量指数日均值＞200将持续4天及以上，且日均值＞300将持续2天及以上时；或预测全市空气质量指数日均值达到500及以上，且将持续1天及以上时。

二、应急措施

根据空气重污染预警级别，采取相应的健康防护引导、倡议性减排和强制性减排措施。对因沙尘暴形成的空气重污染，按照《北京市沙尘暴灾害应急预案》执行；对因臭氧引发的空气重污染，及时发布健康防护提示。

（一）蓝色预警（四级）

1. 健康防护引导措施。

（1）儿童、老年人和呼吸道、心脑血管疾病及其他慢性疾病患者减少户外活动。

（2）中小学、幼儿园减少户外活动。

2. 倡议性减排措施。

（1）公众尽量乘坐公共交通工具出行，减少机动车上路行驶；驻车时及时熄火，减少车辆原地怠速运行时间。

（2）加大对施工工地、裸露地面、物料堆放等场所实施扬尘控制措施力度。

（3）加强道路清扫保洁，减少交通扬尘污染。

（4）拒绝露天烧烤。

（二）黄色预警（三级）

1. 健康防护引导措施。

（1）儿童、老年人和呼吸道、心脑血管疾病及其他慢性疾病患者尽量留在室内，避免户外活动。

（2）中小学、幼儿园停止户外体育课、课间操、运动会等活动。

（3）环保、卫生计生、教育等部门和各区政府分别按行业和属地管理要求，加强对空气重污染应急、健康防护等方面科普知识的宣传。

2. 倡议性减排措施。

（1）公众尽量乘坐公共交通工具出行，减少机动车上路行驶；驻车时及时熄火，减少车辆原地怠速运行时间。

（2）加大对施工工地、裸露地面、物料堆放等场所实施扬尘控制措施力度。

（3）加强道路清扫保洁，减少交通扬尘污染。

（4）拒绝露天烧烤。

（5）减少涂料、油漆、溶剂等含挥发性有机物的原材料及产品使用。

3. 强制性减排措施。

在保障城市正常运行的前提下：

（1）在常规作业基础上，对重点道路每日增加 1 次及以上清扫保洁作业。

（2）停止室外建筑工地喷涂粉刷、护坡喷浆、建筑拆除、切割等施工作业。

（三）橙色预警（二级）

1. 健康防护引导措施。

（1）儿童、老年人和呼吸道、心脑血管疾病及其他慢性疾病患者尽量留在室内，避免户外活动；一般人群减少户外活动。

（2）中小学、幼儿园停止户外课程和活动。

（3）医疗卫生机构加强对呼吸类疾病患者的防护宣传和就医指导。

2. 倡议性减排措施。

（1）公众尽量乘坐公共交通工具出行，减少机动车上路行驶；驻车时及时熄火，减少车辆原地怠速运行时间。

（2）加大对施工工地、裸露地面、物料堆放等场所实施扬尘控制措施力度。

（3）加强道路清扫保洁，减少交通扬尘污染。

（4）减少涂料、油漆、溶剂等含挥发性有机物的原材料及产品使用。

（5）企事业单位可根据空气污染情况实行错峰上下班。

3. 强制性减排措施。

在保障城市正常运行的前提下：

（1）在常规作业基础上，对重点道路每日增加 1 次及以上清扫保洁作业。

（2）停止室外建筑工地喷涂粉刷、护坡喷浆、建筑拆除、切割、土石方等施工作业。

（3）在实施工作日高峰时段区域限行交通管理措施基础上，国Ⅰ和国Ⅱ排放标准轻型汽油车（含驾校教练车）禁止上路行驶。

（4）建筑垃圾、渣土、砂石运输车辆禁止上路行驶（清洁能源汽车除外）。

（5）对纳入空气重污染橙色预警期间制造业企业停产限产名单的企业实施停产限产措施。

（6）禁止燃放烟花爆竹和露天烧烤。

（四）红色预警（一级）

1. 健康防护引导措施。

（1）儿童、老年人和呼吸道、心脑血管疾病及其他慢性疾病患者尽量留在室内，避免户外活动；一般人群尽量避免户外活动。

（2）室外执勤、作业等人员可采取佩戴口罩等防护措施。

（3）中小学、幼儿园采取弹性教学或停课等防护措施。

（4）医疗卫生机构组织专家开展健康防护咨询、讲解防护知识，加强应急值守和对相关疾病患者的诊疗保障。

2. 倡议性减排措施。

（1）公众尽量乘坐公共交通工具出行，减少机动车上路行驶；驻车时及时熄火，减少车辆原地怠速运行时间。

（2）加大对施工工地、裸露地面、物料堆放等场所实施扬尘控制措施力度。

（3）加强道路清扫保洁，减少交通扬尘污染。

（4）大气污染物排放单位在确保达标排放基础上，进一步提高大气污染治理设施的使用效率。

（5）减少涂料、油漆、溶剂等含挥发性有机物的原材料及产品使用。

（6）企事业单位可根据空气污染情况采取错峰上下班、调休和远程办公等弹性工作方式。

3. 强制性减排措施。

在保障城市正常运行的前提下：

（1）在常规作业基础上，对重点道路每日增加 1 次及以上清扫保洁作业。

（2）停止室外建筑工地喷涂粉刷、护坡喷浆、建筑拆除、切割、土石方等施工作业。

（3）国Ⅰ和国Ⅱ排放标准轻型汽油车（含驾校教练车）禁止上路行驶；国Ⅲ及以上排放标准机动车（含驾校教练车）按单双号行驶（纯电动汽车除外），其中本市公务用车在单双号行驶基础上，再停驶车辆总数的 30%。

（4）建筑垃圾、渣土、砂石运输车辆禁止上路行驶（清洁能源汽车除外）。

（5）对纳入空气重污染红色预警期间制造业企业停产限产名单的企业实施停产限产措施。

（6）禁止燃放烟花爆竹和露天烧烤。

（7）协调加大外调电力度，降低本市发电负荷。

三、应急响应

（一）预警发布

红色、橙色预警由市空气重污染应急指挥部办公室（以下简称指挥部办公室）向市应急办提出发布预警建议，由市应急办分别报市应急委主任、市空气重污染应急指挥部（以下简称指挥部）总指挥批准后组织发布，由指挥部办公室下达预警及响应措施指令。黄色、蓝色预警由指挥部办公室主任批准，由指挥部办公室组织发布并下达预警及响应措施指令。红色、橙色预警原则上提前 24 小时发布，特殊情况至少提前 12 小时发布；黄色、蓝色预警根据空气质量预测情况及时发布。

指挥部办公室、市委宣传部、市突发事件预警信息发布中心要及时通过电视、广播、报刊、网络、手机等多种渠道发布预警信息，方便公众及时了解预警情况，加强自身健康防护。

（二）预警响应

指挥部各成员单位在接到预警及响应措施指令后，要立即组织开展应对工作，进行督促检查，并及时向指挥部办公室报告应急措施落实情况。市有关部门要加强对本行业应急措施实施的组织管理。各区政府要按照属地管理原则组织本辖区街道（乡镇）和区属相关部门严格落实应急措施。

市、区有关部门要加强预警期间的执法检查，特别是加大对企业停产限产、施工工地扬尘管控、渣土运输车辆遗撒、机动车限行、露天焚烧、违法使用经营性燃煤及劣质散煤等行为的执法检查力度，发现环境违法行为依法从严处罚。

（三）预警调整

指挥部办公室可根据污染程度变化和最新预测结果，提出预警调整建议，按预警发布程序报批后，适时提高或降低预警级别。

（四）预警解除

红色、橙色、黄色预警按期解除时，不再另行报批，由指挥部办公室直接发布解除指令，蓝色预警在空气质量好转时自动解除。预警解除时间需提前或延长时，由指挥部办公室按预警发布程序报批。

四、组织保障

（一）加强组织领导

指挥部在市应急委的统一领导下开展工作，总指挥由市政府常务副市长担任，副总指挥由市政府分管环保工作的副市长和副秘书长担任；成员单位由市有关部门、各区政府和北京经济技术开发区管委会组成；指挥部办公室设在市环保局，办公室主任由市环保局局长担任。市有关部门要加强对本行业空气重污染应急的组织管理和督促检查。各区政府和北京经济技术开发区管委会要按照属地管理原则，切实承担空气重污染应急主体责任，细化分解任务，严格组织实施。

（二）完善配套措施

指挥部各成员单位要按照《应急预案》总体要求，结合部门和辖区实际，认真制定空气重污染应急分预案，在《应急预案》发布后20日内报指挥部办公室备案，并向社会公布实施。市相关部门要同时制定空气重污染预警期间停产限产企业名单和保障民生、城市正常运行、重大活动的企业和建设项目名单，负责定期更新，并及时报指挥部办公室备案。列入停产限产名单的企业要按照“一厂一策”原则制定应急预案。

（三）强化应急值守

指挥部各成员单位要建立完善应急值守制度，保证应急值守系统顺畅。黄色预警时，各成员单位要保持备班备勤；橙色预警时，各成员单位要加强在岗值守；红色预警时，各成员单位要全天（含节假日）值守。红色预警期间，指挥部办公室可抽调有关成员单位人员联合办公，开展应急指挥、调度、协调、督查等工作。

（四）严格督查考核

指挥部各成员单位要制定督查工作方案，督促本行业、本辖区应急措施落实。各街道（乡镇）要强化属地监管职能，组织辖区执法力量，有针对性地开展现场执法检查，发现问题及时督促整改。市政府督查室、市监察局、市环保局要对应急措施落实情况进行督促检查，对因工作不力、效率低下、履职缺位等导致应急措施未有效落实的，依据相关规定追究有关单位和人员责任。

（五）加强宣传引导

市委宣传部要会同指挥部各成员单位，充分利用各类媒体，加强空气重污染应急宣传引导工作。要加大对空气重污染成因的解读力度，及时向社会发布空气重污染应对工作信息，主动回应社会关切，努力争取社会各界的理解和支持。倡导市民低碳生活、绿色出行，减少含挥发性有机物的原材料及产品使用，拒绝露天烧烤和露天焚烧垃圾，不燃放烟花爆竹，积极参与大气污染防治，营造全社会共同应对空气重污染的良好氛围。

（六）强化公众监督

指挥部各成员单位要拓展公众参与渠道，自觉接受公众监督。要及时发布空气质量状况、公布应急分预案、公开应急措施等，保障公众的知情权、参与权。要引导公众依法监督各项应急措施落实，鼓励对各类环境问题和隐患进行举报（举报电话12345、12369、96310）。

《应急预案》自2016年12月15日起实施，《北京市空气重污染应急预案》（京政发〔2015〕11号）同时废止。

附件：

1. 北京市空气重污染应急指挥部成员名单

2. 北京市空气重污染应急指挥部办公室成员名单

3. 北京市空气重污染应急职责分工

附件1　北京市空气重污染应急指挥部成员名单

总指挥：市政府常务副市长

副总指挥：

张　工　市政府副市长

刘印春　市政府副秘书长

成　员：

陈　添　市环保局局长

严力强　市委宣传部副部长

董　旭　市政府督查室主任

李　奕　市教委副主任
李　洪　市经济信息化委副主任
杨玉香　市监察局副局长
于建华　市环保局总工程师
王承军　市住房城乡建设委副主任
李如刚　市城市管理委员会副主任
逯福全　市交通委委员
张世清　市水务局副局长
耿玉田　市卫生计生委副主任
钱　凯　市国资委副主任
戴明超　市园林绿化局副局长
马惠民　市城管执法局副局长
梁　丰　市气象局副局长
杨超远　市公安局治安管理总队副总队长
刘　昶　市公安局公安交通管理局副局长
杨东风　市公安局警务航空总队总队长
陈之常　东城区常务副区长
姜立光　西城区副区长
甘靖中　朝阳区常务副区长
王际祥　海淀区副区长
刘　宇　丰台区常务副区长
富大鹏　石景山区副区长
张满仓　门头沟区副区长
吴会杰　房山区常务副区长
崔松光　通州区常务副区长
张晓峰　顺义区副区长
李志杰　昌平区副区长
邵　恒　大兴区常务副区长
李永生　平谷区副区长
王　弢　怀柔区副区长
杨　珊　密云区常务副区长
张　远　延庆区常务副区长
陈小男　北京经济技术开发区管委会副主任

附件2　北京市空气重污染应急指挥部办公室成员名单

主　任：
陈　添　市环保局局长
常务副主任：
于建华　市环保局总工程师
副主任：
李　奕　市教委副主任
李　洪　市经济信息化委副主任
王承军　市住房城乡建设委副主任
李如刚　市城市管理委员会副主任
逯福全　市交通委委员
耿玉田　市卫生计生委副主任
钱　凯　市国资委副主任
马惠民　市城管执法局副局长
梁　丰　市气象局副局长
刘　昶　市公安局公安交通管理局副局长

附件3　北京市空气重污染应急职责分工

一、北京市空气重污染应急指挥部职责

1. 积极贯彻落实《中华人民共和国突发事件应对法》《中华人民共和国大气污染防治法》《北京市实施〈中华人民共和国突发事件应对法〉办法》《北京市大气污染防治条例》等相关法律法规；

2. 研究制定本市应对空气重污染的政策措施和指导意见；

3. 负责具体指挥本市空气重污染应急处置工作，依法指挥协调各区政府做好工作；

4. 负责指挥协调《应急预案》组织实施工作，督促检查市有关部门和各区政府空气重污染应急工作的落实情况；

5. 分析总结本市空气重污染应对工作，制定工作规划和年度计划；

6. 组织开展本指挥部所属应急队伍的建设管理及应急物资储备保障等工作；

7. 承办市应急委和市大气污染综合治理领导小组交办的其他事项。

二、北京市空气重污染应急指挥部办公室职责

1. 组织落实市空气重污染应急指挥部决定，协调和督促成员单位做好空气重污染应急相关工作；

2. 承担市空气重污染应急指挥部应急值守工作；

3. 收集分析工作信息，及时上报重要信息；

4. 组织开展本市空气重污染应急风险评估控制、隐患排查整改工作；

5. 负责组织发布黄色、蓝色预警，向市应急办提出发布红色、橙色预警的建议，解除红色、橙色和黄色预警；

6. 配合有关部门做好市空气重污染应急指挥部新闻发布工作；

7. 组织拟订（修订）与市空气重污染应急指挥部职能相关的专项、部门应急预案，指导成员单位制定（修订）空气重污染应急分预案；

8. 组织开展本市空气重污染应急演练；

9. 组织开展本市空气重污染应急宣传教育与培训；

10. 负责市空气重污染应急指挥部应急指挥技术系统的建设管理工作；

11. 负责联系市空气重污染应急指挥部专家顾问组；

12. 承担市空气重污染应急指挥部的日常工作。

三、北京市空气重污染应急指挥部成员单位职责

（一）市交通委

1. 按照《应急预案》要求编制本部门空气重污染应急分预案，细化分解任务，空气重污染发生时负责组织实施；

2. 会同市公安局公安交通管理局制定《关于应对空气重污染采取临时交通管理措施的通告》；

3. 负责及时组织公共交通运输保障；

4. 按照不同预警级别措施要求，负责落实部分高污染排放车辆停驶等措施；

5. 对分预案措施落实情况进行督查。

（二）市公安局公安交通管理局

1. 按照《应急预案》要求编制本部门空气重污染应急分预案，细化分解任务，空气重污染发生时负责组织实施；

2. 建立备案名单管理制度，做好对停驶公务车辆和不适用限行措施的社会保障车辆的相关备案工作；

3. 按照《应急预案》要求，通过北京交通广播、电子显示屏等媒介及时向公众告知空气重污染期间采取的交通管理措施，负责国Ⅰ和国Ⅱ排放标准轻型汽油车（含驾校教练车）禁止上路行驶、机动车单双号行驶的监管执法工作，加大对违反规定上路行驶车辆的检查执法力度；

4. 协助市交通委制定《关于应对空气重污染采取临时交通管理措施的通告》；

5. 对分预案措施落实情况进行督查。

（三）市经济信息化委

1. 按照《应急预案》要求编制本部门空气重污染应急分预案，细化分解任务，空气重污染发生时负责组织实施；

2. 制定空气重污染预警期间保障民生和城市正常运行的企业名单，以及空气重污染红色、橙色预警期间制造业企业停产限产名单，并组织制定“一厂一策”应急预案；会同相关部门指导各区政府和北京经济技术开发区管委会制定相应区级名单；

3. 按照《应急预案》要求，组织制造业大气污染物排放重点企业落实停产限产措施；

4. 对分预案措施落实情况进行督查。

（四）市住房城乡建设委

1. 按照《应急预案》要求编制本部门空气重污染应急分预案，细化分解任务，空气重污染发生时负责组织实施；

2. 制定空气重污染预警期间保障民生和城市正常运行的建设项目名单，会同相关部门指导各区政府和北京经济技术开发区管委会制定相应区级名单；

3. 按照《应急预案》要求，组织落实建筑工地扬尘控制措施；组织落实停止室外建筑工

地喷涂粉刷、护坡喷浆、建筑拆除等施工作业；组织落实工地建筑垃圾、渣土、砂石运输等重型车辆禁止上路行驶措施；

4. 对分预案措施落实情况进行督查。

（五）市水务局

1. 按照《应急预案》要求编制本部门空气重污染应急分预案，细化分解任务，空气重污染发生时负责组织实施；

2. 制定空气重污染预警期间保障民生和城市正常运行的水务建设项目名单，会同相关部门指导各区政府和北京经济技术开发区管委会制定相应区级名单；

3. 按照《应急预案》要求，组织落实水务建设项目停止室外建筑工地喷涂粉刷、护坡喷浆、建筑拆除等施工作业；配合落实工地建筑垃圾、渣土、砂石运输等重型车辆禁止上路行驶措施；

4. 对分预案措施落实情况进行督查。

（六）市园林绿化局

1. 按照《应急预案》要求编制本部门空气重污染应急分预案，细化分解任务，空气重污染发生时负责组织实施；

2. 制定空气重污染预警期间保障民生和重大活动的园林绿化建设项目名单，会同相关部门指导各区政府和北京经济技术开发区管委会制定相应区级名单；

3. 按照《应急预案》要求，组织落实园林绿化建设项目停止室外建筑工地喷涂粉刷、护坡喷浆、建筑拆除等施工作业；配合落实工地建筑垃圾、渣土、砂石运输等重型车辆禁止上路行驶措施；

4. 对分预案措施落实情况进行督查。

（七）市城市管理委员会

1. 按照《应急预案》要求编制本部门空气重污染应急分预案，细化分解任务，空气重污染发生时负责组织实施；

2. 按照《应急预案》要求，增加道路清扫保洁频次；配合落实工地建筑垃圾、渣土、砂石运输等重型车辆禁止上路行驶措施；

3. 对分预案措施落实情况进行督查。

（八）市城管执法局

1. 按照《应急预案》要求编制本部门空气重污染应急分预案，细化分解任务，空气重污染发生时负责组织实施；

2. 按照《应急预案》要求，组织开展施工扬尘、道路遗撒、露天烧烤和焚烧以及无照售煤等违法行为的执法检查，会同有关部门对建筑垃圾、渣土、砂石运输等重型车辆停运情况进行检查；

3. 对分预案措施落实情况进行督查。

（九）市教委

1. 按照《应急预案》要求编制本部门空气重污染应急分预案，细化分解任务，空气重污染发生时负责组织实施；

2. 加强对在校学生空气重污染健康防护知识的宣传，按照《应急预案》要求，会同各区教育主管部门组织中小学、幼儿园减少或停止户外课程和活动，采取弹性教学或停课等防护措施；

3. 对分预案措施落实情况进行督查。

（十）市卫生计生委

1. 按照《应急预案》要求编制本部门空气重污染应急分预案，细化分解任务，空气重污染发生时负责组织实施；

2. 组织开展空气重污染健康防护知识的宣传，负责组织医疗卫生机构做好相关疾病患者的诊疗和应急值守工作；

3. 对分预案措施落实情况进行督查。

（十一）市气象局

1. 按照《应急预案》要求编制本部门空气重污染应急分预案，空气重污染发生时负责组织实施；

2. 向指挥部及相关部门提供气象监测预报信息，与市环保局共同进行空气重污染会商预报。

（十二）市国资委

1. 按照《应急预案》要求编制本部门空气重污染应急分预案，配合行业主管部门督促有关市属国有企业制定空气重污染应急分预案；

2. 配合行业主管部门，督促有关市属国有企业制定和落实“一厂一策”应急预案。

（十三）市烟花办（设在市公安局治安管理总队）

1. 按照《应急预案》要求编制烟花爆竹禁放方案，细化分解任务，空气重污染发生时负责组织实施；

2. 负责协调市安全监管局开展烟花爆竹销售管理；负责通知市安全监管局及时组织停止配送、销售烟花爆竹；负责通知公安部门加强巡逻检查，及时发现和制止违法违规燃放烟花爆竹的行为。

（十四）市政府督查室

1. 按照《应急预案》要求编制督查分预案，空气重污染发生时负责组织实施；

2. 按照《应急预案》要求，负责督查各成员单位职责落实情况。

（十五）市监察局

1. 按照《应急预案》要求编制监察分预案，空气重污染发生时负责组织实施；

2. 按照《应急预案》要求，负责监察各成员单位工作人员履行职责情况。

（十六）市委宣传部

1. 按照《应急预案》要求编制宣传分预案，空气重污染发生时负责组织实施；

2. 按照《应急预案》要求，配合做好预警信息发布，负责组织媒体宣传、舆情引导等工作。

（十七）市公安局警务航空总队

按照《应急预案》要求编制分预案，负责空中巡视，对环境污染违法行为进行取证。

（十八）各区政府

1. 按照《应急预案》要求编制本区空气重污染应急分预案，细化分解任务，并组织区属相关部门、各街道（乡镇）制定应急预案；

2. 完善本区预警发布程序，根据辖区空气质量监测预报情况，发布本区范围内空气重污染预警信息；

3. 加强对社会公众空气重污染健康防护知识的宣传，组织落实辖区中小学和幼儿园弹性教学或停课、机动车限行、施工工地停工、道路清扫保洁、制造业企业停产限产、禁放禁烧等各项应急措施；

4. 制定本辖区保障民生、城市正常运行、重大活动的企业和建设项目名单，以及空气重污染红色、橙色预警期间制造业企业停产限产名单并动态更新；

5. 组织开展分预案宣传、培训、演练和应急值守工作；

6. 对分预案措施落实情况进行督查。

北京市人民政府
关于应对空气重污染采取临时交通管理措施的通告

京政发〔2016〕54号

为应对空气重污染、保护公众健康，市政府决定，当市空气重污染应急指挥部发布空气重污染红色、橙色预警时，对在本市行政区域内道路行驶的机动车（含临时号牌车辆）采取临时交通管理措施。现就有关事项通告如下：

一、在空气重污染橙色预警期间，执行以下交通管理措施：

（一）建筑垃圾、渣土、砂石运输车辆全天禁止在本市行政区域内道路行驶（清洁能源车除外）。

（二）国Ⅰ和国Ⅱ排放标准轻型汽油车（含驾校教练车）全天禁止在本市行政区域内道路行驶。

二、在空气重污染红色预警期间，执行以下交通管理措施：

（一）本市各级党政机关和本市所属社会团体、事业单位和国有企业的公务用车在单双号行驶措施的基础上，再停驶车辆总数的30%。

（二）建筑垃圾、渣土、砂石运输车辆全天禁止在本市行政区域内道路行驶（清洁能源车除外）。

（三）国Ⅰ和国Ⅱ排放标准轻型汽油车（含驾校教练车）全天禁止在本市行政区域内道路行驶。

（四）每天3时至24时，国Ⅲ及以上排放标准机动车（含驾校教练车）按车牌尾号实行单号单日、双号双日行驶（单号为1、3、5、7、9，双号为2、4、6、8、0），“二〇〇二”式号牌和车牌尾号为英文字母的机动车按双号管理。同时，本市暂停实施工作日高峰时段区域限行交通管理措施；但工作日7时至9时、17时至20时，禁止外省区市机动车在本市五环路以内道路（含五环路）行驶。

三、以下本市机动车不受上述交通管理措施的限制：

（一）警车、消防车、救护车、工程救险车及执行任务的解放军和武警部队车辆。

（二）公共电汽车、省际客运车辆及大型客车、京B号段号牌出租汽车（不含租赁车辆）、小公共汽车、邮政专用车、持有市交通运输管理部门核发的旅游客车营运证件的车辆、经市公安交通管理部门核定的单位班车和学校校车。

（三）车身喷涂统一标识并执行公务的行政执法车辆、环保应急监测车辆和清障专用作业车辆。

（四）环卫、园林、道路养护的专项作业车辆，殡仪馆的殡葬车辆。

（五）悬挂“使”字头号牌车辆及经批准临时入境的车辆。

（六）纯电动汽车（以可充电电池作为唯一动力来源、由电动机驱动的汽车），持有残疾人通行证的小型客车，保障城市正常运转和生产生活必需品供应且持有通行证的载货汽车。

四、外省区市进京的省际旅游大型客车、“绿色通道”车辆、邮政专用车、经有关部门核准并备案为本市运送生产生活物资的车辆，不受上述交通管理措施的限制，但仍须办理进京通行证件。每天6时至24时，除省际旅游大型客车和邮政专用客车外，其他车辆禁止在本市六环路以内道路（不含六环路）行驶。

五、以下外省区市进京机动车不受上述交通管理措施限制：

（一）进京执行任务的警车、救护车及解放军和武警部队车辆。

（二）持道路运输证件的省际客运车辆、悬挂“领”字号牌车辆及经批准临时入境的车辆。

六、市空气重污染应急指挥部原则上提前24小时发布空气重污染红色、橙色预警，特殊情况至少提前12小时发布，并通过电视、广播、报刊、网络、手机等渠道广泛宣传。由公安交通管理等部门做好应对空气重污染交通管理工作。

七、在采取临时交通管理措施期间，除执行本通告规定外，本市其他交通管理措施仍然有效。对违反规定行驶的机动车，公安交通管理部门将依法处理。

八、本通告自2016年12月15日起实施，《北京市人民政府关于应对空气重污染采取临时交通管理措施的通告》（京政发〔2015〕34号）同时废止。

特此通告。

北京市人民政府

2016年11月16日

北京市人民政府关于公布密云水库怀柔水库和京密引水渠饮用水水源保护区范围的通知

京政发〔2016〕55号

各区人民政府，市政府各委、办、局，各市属机构：

根据《中华人民共和国水污染防治法》《北京市水污染防治条例》有关规定，现将密云水库、怀柔水库和京密引水渠饮用水水源保护区范围（见附件）予以公布。有关区政府和市有关部门要按照公布的水源保护区范围，切实加强饮用水水源保护，确保饮用水安全。

北京市人民政府

2016年11月28日

附件

密云水库怀柔水库和京密引水渠饮用水水源保护区范围汇总表

序号	水源名称	一级保护区范围	二级保护区范围	准保护区范围
1	密云水库	密云水库环库公路以内（荞麦峪西侧至口门子村、城子以南至黄土洼以北、前保峪岭至老爷庙背水一侧及鲶鱼沟南背水一侧划定的区域除外），以及环库公路以外的近水地带	一级保护区之外至密云水库的向水坡范围以内以及密云水库调节池的汇水范围以内	二级保护区以外上游河道的流域
2	怀柔水库	怀柔水库主坝分水线、长副坝、怀沙公路、京通铁路、怀黄35千伏高压线、山脊线一圈以内	一级保护区之外至怀柔水库的向水坡范围以内	二级保护区以外上游河道的流域
3	京密引水渠	从密云水库龚庄子闸到团城湖南闸段规划渠道上口线两侧各水平外延100米以内地区。 密云水库调节池及入调节池的尾水渠道上口线两侧各水平外延100米以内地区	—	—

北京市人民政府
关于印发《北京市“十三五”时期环境保护和生态建设规划》的通知

京政发〔2016〕60号

各区人民政府，市政府各委、办、局，各市属机构：

现将《北京市“十三五”时期环境保护和生态建设规划》印发给你们，请认真贯彻执行。

北京市人民政府

2016年12月28日

北京市“十三五”时期环境保护和生态建设规划

序　言

“十三五”时期是落实首都城市战略定位、率先全面建成小康社会的关键时期，做好环境保护和生态建设工作意义重大。要牢固树立“绿水青山就是金山银山”的理念，持续加大生态环境保护力度，全力推进大气、水、土壤污染防治工作，加快形成崇尚绿色发展、绿色生活的社会风尚，确保生态环境质量明显改善。

“十三五”时期环境保护和生态建设规划主要依据环境保护法律法规、中央关于加快推进生态文明建设的意见、《国务院关于印发“十三五”生态环境保护规划的通知》和国家大气、水、土壤污染防治行动计划，以及《北京市国民经济和社会发展第十三个五年规划纲要》等编制。

第一章　“十二五”时期取得的主要成就

“十二五”时期，市委、市政府坚决贯彻落实党中央、国务院关于生态文明建设的决策部署，主动顺应广大市民对改善环境质量的期待，持续加大污染治理攻坚力度，不断加强生态环境建设，圆满完成了“十二五”环保规划各项目标任务。

一、环境质量水平稳步提升

空气中二氧化硫（SO_2）、二氧化氮（NO_2）、可吸入颗粒物（PM_{10}）和总悬浮颗粒物（TSP）等主要污染物年均浓度平均下降27.4%，其中二氧化硫浓度值优于国家环境空气质量标准一级限值。细颗粒物（$PM_{2.5}$）浓度比2012年下降15.8%。密云水库等主要集中式饮用水水源地水质稳定达到国家标准。不达标水体断面中的化学需氧量（COD）、氨氮（NH_3-N）年均浓度分别下降16.0%、23.6%。区域环境噪声、交通噪声分别稳定在55分贝（A）、70分贝（A）以下。全市林木绿化率、森林覆盖率分别提高到59%、41.6%。

二、保护和发展进一步协调

制订《新增产业的禁止和限制目录》《不符合首都功能定位的工业行业调整、生产工艺和设备退出目录》，退出1370家污染企业，大幅压减燃煤发电和水泥产能。严格建设项目污染物排放量"减二增一"管理，严控污染增量，持续推进能源清洁化、机动车低排放化、污水资源化。完成平原地区百万亩造林、城市增绿等工程，松山、百花山等自然保护区被评为全国优秀自然保护区。

三、污染物总量减排力度明显增强

四大燃气热电中心基本建成，完成核心区12.32万户平房采暖"煤改电"、全市总容量1.97万蒸吨/小时燃煤锅炉清洁能源改造，核心区基本实现"无煤化"、城六区基本无燃煤锅炉；淘汰183.2万辆老旧机动车（含全部黄标车）。实施污水处理设施建设三年行动计划，新增处理能力120万米^3/日；开展永定河等水系综合整治，推行跨区界断面水质考核、水环境区域补偿。二氧化硫、氮氧化物、化学需氧量和氨氮等主要污染物排放总量分别下降31.81%、30.39%、19.34%和24.96%，超额完成国家下达的污染物减排任务。

四、有效防范环境安全风险

新增医疗废物和垃圾焚烧飞灰的无害化处理能力分别达到1.64万吨/年、0.96万吨/年，基本实现医疗废物和工业危险废弃物无害化处置。污染场地环境管理体系达到国内领先水平，修复污染土壤360多万立方米。严格管理和监督检查，在用放射源和射线装置全部安全受控，废旧放射源和放射性废物全部安全收贮。聚焦重点行业，开展环境安全隐患排查与整治专项行动，妥善处置各类环境突发事件。

五、环境治理能力不断提高

完善环境保护统筹调度、考核评价、督促检查等机制。修订实施大气、水污染防治地方性法规，制（修）订43项全国最严的排放限值标准，出台提高排污收费标准等38项经济政策，完成细颗粒物源解析等重大课题研究，法规约束、标准引领、政策引导、科技支撑能力全面增强。全市环境监测系统实现标准化建设，环境质量监测网络进一步完善，重点污染源自动监测系统建成投入使用。环境监察规范化水平进一步提高，持续保持环保执法高压态势，企业环保意识明显增强。

专栏1 "十二五"北京市主要污染物减排情况

主要污染物	2010—2015年历年排放总量/万吨						累计削减比例/%	十二五目标/%	目标完成率/%
	2010	2011	2012	2013	2014	2015			
二氧化硫	10.44	9.79	9.38	8.70	7.89	7.12	31.81	13.4	237
氮氧化物	19.77	18.83	17.75	16.63	15.10	13.76	30.39	12.3	247
化学需氧量	20.03	19.32	18.65	17.85	16.88	16.16	19.34	8.7	222
氨氮	2.20	2.13	2.05	1.97	1.90	1.65	24.96	10.1	247

六、初步形成共防共治格局

不断拓宽政府环境信息公开范围，重点排污单位环境信息、建设项目环境影响评价文件等信息及时更新；实施有奖举报，鼓励市民监督环境违法行为，公众参与环境保护的渠道进一步拓宽。加强环境保护和生态建设宣传，利用“环保北京”微博、“京环之声”微信公众号等媒体，加强与公众互动交流。创建 26 家环境教育基地，环境保护纳入干部培训教育体系。开展形式多样的环境公益活动，广大市民主动参与环境保护、积极践行绿色生活理念的意识大幅提升。

七、区域联防联控深入推进

坚持将大气污染联防联控作为京津冀协同发展的优先领域。牵头建立京津冀及周边地区大气污染防治协作机制，建立健全信息共享、执法联动、合作治污、联合宣传、空气重污染监测预警和应急响应联动等机制，推动出台京津冀区域加大天然气、优质煤、国Ⅴ标准油品供应等政策。

第二章　指导思想和规划目标

一、指导思想

全面贯彻落实党的十八大和十八届三中、四中、五中、六中全会精神，认真学习贯彻习近平总书记系列重要讲话和对北京重要指示精神，牢固树立创新、协调、绿色、开放、共享的发展理念，准确把握新时期首都发展阶段性特征，以生态文明建设为统领，以改善环境质量为核心，以保障环境安全为底线，以大气、水和土壤污染防治为重点，综合运用法律、经济、技术、行政手段，推进污染源头管控，补齐生态环境短板，增强环境治理能力，努力为建设国际一流的和谐宜居之都奠定良好的环境基础。

专栏 2 “十二五”规划主要指标完成情况

类别	序号	指　标	2010 年	2015 年	变化情况
环境质量	1	二氧化硫浓度 /（微克 / 米 ^{3}）	32	13.5	-57.8%
	2	二氧化氮浓度 /（微克 / 米 ^{3}）	57	50	-12.3%
	3	可吸入颗粒物浓度 /（微克 / 米 ^{3}）	121	101.5	-16.1%
	4	总悬浮颗粒物浓度 /（微克 / 米 ^{3}）	288	220.5	-23.4%
	5	细颗粒物浓度 /（微克 / 米 ^{3}）	—	80.6	—
	6	不达标水体中化学需氧量浓度 /（毫克 / 升）	9.18	7.71	-16.0%
	7	不达标水体中氨氮浓度 /（毫克 / 升）	7.43	5.68	-23.6%
	8	区域环境噪声平均值 / 分贝（A）	54.1（市区） 53.5（远郊区）	53.3	—
	9	道路交通噪声平均值 / 分贝（A）	70.0（市区） 68.0（远郊区）	69.2	—
污染减排	10	二氧化硫排放量 / 万吨	10.44	7.12	-31.81%
	11	氮氧化物排放量 / 万吨	19.77	13.76	-30.39%
	12	化学需氧量排放量 / 万吨	20.03	16.16	-19.34%
	13	氨氮排放量 / 万吨	2.20	1.65	-24.96%
生态建设	14	生态环境质量级别	良好	良好	—
	15	森林覆盖率 /%	37.0	41.6	增加 4.6 个百分点

二、主要原则

系统防治。坚持源头预防、过程管控和末端治理相结合的全过程管理思路，将保护生态环境贯穿到生产、生活各领域，构建统筹城乡、多行业综合治理、各项污染物协同减排的生态环境治理格局。

多元共治。坚持问题导向，加快推进生态文明体制改革，创新环境保护和生态建设体制机制，凝聚社会共识，形成政府、企业、公众之间责权明晰、共同防治的环境治理体系，不断提高生态环境治理能力。

依法严治。借鉴国际经验，制定实施严格的环境保护法规标准和政策措施，健全完善与生态环境建设治理要求相适应的法规体系，努力营造科学立法、人人守法、严格执法的环境保护氛围。

区域协同。将环境保护和生态建设作为城市规划建设管理、疏解非首都功能的前置性约束条件，推进京津冀区域生态建设和环境管理一体化，加快促进区域功能转型，努力实现经济社会发展与资源环境相协调。

三、目标指标

到2020年，主要污染物排放总量持续削减，大气和水环境质量明显改善，土壤环境质量总体清洁，生态环境质量保持良好，环境安全得到有效保障。

环境质量。空气中细颗粒物年均浓度比2015年下降30%左右，降至56微克/米^{3}左右，全市空气质量优良天数比例达到56%以上；水体达到或好于Ⅲ类的比例稳定在24%，劣Ⅴ类水体比例降至28%；区域环境噪声平均值力争控制在55分贝（A）以内，交通噪声平均值力争控制在70分贝（A）以内。

污染物排放总量。与2015年相比，全市二氧化硫、氮氧化物和挥发性有机物排放总量分别减少30%、20%和20%以上；化学需氧量和氨氮排放总量分别减少14%和16%以上。

生态环境建设。生态保护红线区面积比例达到国家要求，森林覆盖率提高到44%。

第三章　推进形成绿色发展格局

一、积极开展联防联控

（一）推动环境管理一体化。充分利用京津冀及周边地区大气、水污染防治协作机制，配合国家有关部门做好联防联控顶层设计。推动区域绿色货运体系建设，逐步统一区域机动车排放和油品标准。重点行业和燃煤锅炉分步实施国家大气污染物特别排放限值。积极推进上下游横向生态保护补偿，推动重点河流水污染共同防治，促进区域环境保护和生态建设政策相互协调。配合建立京津冀生态环保基金。针对可能产生重大环境影响的重点行业规划、园区建设规划和重大工程项目，开展环评会商试点并逐步推广。积极配合京津冀区域生态环境监测网络建设，健全区域环境污染事故应急联动机制。配合编制京津冀统一的空气重污染应急预案，实现统一空气质量预报、统一预警标准、统一应急响应联动。

（二）完善区域协作机制。建立京津冀环境信息共享平台，共享环境质量、重点污染源数据。加强环境保护和生态建设相关政策、技术和经验的沟通交流与相互借鉴。建立执法联动机制，联合检查秸秆焚烧、燃煤及机动车油品质量、机动车排放污染、边界区域污染源等，共同打击违法排污行为。制定区域大气污染防治中长期规划，完善北京市、天津市与河北省保定市、廊坊市、唐山市、沧州市合作治理大气污染机制。建立区域流域水污染治理协作机制，推进区域水源保护和上下游联合治污。加强生态建设协同，实施北部生态屏障和东南部生态林带建设，推进环首都国家公园体系建设，构建良好的京津冀区域生态空间格局。围绕区域生态环境保护领域的重大政策、重点工作等开展协同宣传动员。

（三）着力在重点区域实现突破。全面推动京津冀生态涵养区保护和建设，2022年冬奥会场馆建设广泛应用节能环保技术和产品，采用绿色环保建材，使用清洁能源，减少场馆和其他设施建设、运行的环境影响，大力保护场馆周边自然生态系统，构建冬奥会绿色环境保障体系。按照绿色、低碳、环保、可持续的发展理念，统筹北京城市副中心、东部各区与廊坊北部三县的规划建设，编制区域生态环境保护规划，强化区域生态保护红线刚性约束，加大生态环境建设力度，构建蓝绿交织、清新明亮、水城共融、多组团集约紧凑发展的生态城市格局，共同打造京津冀协同发展示范区。

二、严格落实首都城市战略定位

（一）疏解非首都功能。严格环境准入标准，不断完善新增产业的禁止和限制目录，不再发展一般性制造业和高端制造业中不具备比较优势的生产加工环节，不再新增高耗水农业项目。根据《北京市工业污染行业、生产工艺调整退出及设备淘汰目录》，退出铸造、锻造、沥青防水卷材等行业的全部产能，以及使用有机溶剂涂料的家具制造、木制品加工工艺。以重点污染物削减为核心，修订工业污染行业、生产工艺调整退出及设备淘汰目录，退出排污强度大、排放重金属等有毒有害污染物行业的产能。

（二）控制用能总量。严格控制能源消费总量，推进能源结构清洁化。深入推进建筑、工业、交通运输等重点领域的节能降耗工作，实施能源消耗总量、消耗强度“双控”机制。在生活领域推广使用各类节能产品。到2020年，全市能源消费总量控制在7651万吨标准煤以内，万元地区生产总值能耗比2015年下降17%，清洁优质能源比重提高到90%以上，新能源和可再生能源比重提高到8%以上，形成以电力和天然气为主体、新能源和可再生能源为辅助的能源供应体系。

（三）控制用水总量。按照以水定城、以水定地、以水定人、以水定产的原则，进一步严格水资源开发利用红线管理制度，实施全市用水总量调控。重点压减种植业、养殖业及高耗水工业、服务业用水规模，形成生产用水负增长、生活用水控制增长、生态用水适度增长的量水发展新模式，提升水环境容量。到2020年，全市用水总量控制在43亿立方米以内，万元地区生产总值水耗比2015年下降15%。

（四）控制建设规模。将环境保护要求纳入城市总体规划、土地利用规划、主体功能区规划等各类空间规划，划定城市增长边界，统筹城乡建设和生态空间管控。严控建设用地规模，坚持集约发展，注重开发强度管控，大力压缩全市开复工总面积。到2020年，全市城乡建设用地控制在2800平方公里以内。

三、努力拓展绿色发展空间

（一）划定生态保护红线。依法将自然保护区、饮用水水源保护区、重要水源涵养区、具有代表性的自然生态系统区域、珍稀濒危野生动植物自然分布区域、大气环境改善重要区域等生态空间划入生态保护红线区，明确四至边界、土地权属和用地性质。完善生态保护红线管理制度，制定生态保护红线区管理办法。实施生态保护红线区分级管控，一级保护区禁止与生态保护无关的一切开发建设活动；二级保护区以生态维护为重点，实行“负面清单”管理，限制开发建设活动。

（二）推进生态环境建设。扩大森林绿地面积，提升生态价值。加强西、北部生态涵养区的生态保护和建设，结合自然保护区、风景名胜区等重点生态功能区保护，强化生态服务和水源涵养功能；实施京津风沙源治理、“三北”防护林建设、太行山绿化等重大生态工程，实施低质生态公益林升级改造和封山育林，全面完成全市宜林荒山绿化，巩固首都绿色生态屏障。完善平原地区主要道路、河流两侧绿色生态廊道，继续推进实施平原38万亩绿化任务。加强森林抚育，实施300万亩中幼林抚育工程。到2020年，全市森林覆盖率达到44%，形成山区绿屏、平原绿网、屏网相连、绿满京华的城市森林格局。

扩大绿色休闲空间，推动城区多元增绿，加快道路绿地景观、滨水绿廊和公园绿地建设。重点加强城市西部地区绿化建设，大力推进北京城市副中心公园绿地体系建设，构建二道绿隔地区郊野森林公园环，建设环京森林湿地公园环。整体推进功能性小城镇绿地系统建设，实现村庄周围园林化、村内道路林荫化、河渠公路风景化、基本农田林网化。

推进湿地恢复建设。北部地区以妫水河—官厅水库、翠湖—温榆河、潮白河、泃河为重点，南部地区以房山长沟—琉璃河、大兴长子营、通州马驹桥—于家务为节点，恢复和建设大面积、集中连片生态湿地和湿地公园，恢复湿地8000公顷，新增湿地3000公顷，构建“一核、三横、四纵”湿地格局。

（三）加强自然保护区建设。提高自然保护区管理养护水平，使全市自然保护区面积不减少、质量有改善，进一步提升生态服务功能。编制自然保护区人为干扰负面清单，加强对人为干扰活动的监管，规范自然保护区内的人类活动。将自然保护区作为生物多样性保护的重要载体，实施自然保护区生态保育工程，支持国家级、市级自然保护区加强保育能力建设。建立自然保护区生态环境动态评估机制，定期评估自然保护区保护效果。

第四章　全面开展环境污染防治

一、深化大气污染协同减排

（一）推进交通运输系统污染减排。控制机动车使用强度。坚持机动车总量控制政策，在新增机动车中进一步提高新能源车比例。引导降低机动车使用强度，建设以轨道交通为主的公共交通体系，进一步提高公共交通运能和效率，鼓励绿色出行。到2020年，中心城区绿色出行比例达到75%以上。

优化机动车排放结构。力争提前执行机动车新车第六阶段排放标准。2016年起，全市公交、环卫、邮政、旅游、渣土运输等行业以及机场、火车站、班车、校车新增重型柴油车，全部安装壁流式颗粒捕集器。2017年1月起实施第六阶段车用油品标准。按照末位淘汰原则，加快退出低排放标准机动车。严格执行新增出租车“8改6”强制淘汰制度，到2020年，全市在用燃油出租车力争达到国Ⅴ及以上标准。引导出租车更新为新能源、混合动力等低排放车辆。推动城市公交、郊区客运、省际客运、环卫、旅游、建筑垃圾运输、邮政、机场巴士等行业车辆基本更新为新能源或国Ⅳ及以上标准车辆。其中，公交行业新能源、清洁能源车辆比例力争达到70%，新能源、清洁能源环卫车辆比例达到55%。

严格对机动车排放和油品的监管。完善新车达标检查制度，开展新车环保一致性和在用符合性检查。通过路检路查、入户抽查、激光遥测等手段，以重型柴油车为重点，严查在用车辆尾气超标排放行为。严格机动车年检场环保管理制度，加强远程监控、现场巡查。督促机动车维修企业落实责任，保证超标车辆维修后达标排放。鼓励燃油出租车定期更换三元催化器。加强进京路口检查，禁止未达标车辆驶入本市。加快构建京津冀高效密集的铁路网和便捷通畅的公路网，减少外埠货运车辆过境。2020年起，外埠过境的小客车、重型柴油车应达到国Ⅲ排放标准。严格生产销售领域的车用油品、车用尿素溶液的监管，确保本市销售的车用油品符合相应标准。推动非道路动力机械使用车用油品或品质不低于车用油品的油料。加强对成品油储油、发油、卸油、售油等环节油气排放情况的执法检查，实施规模以上加油站油气回收在线监控改造工程，实现远程监测、管理和控制。

实施其他领域交通减排。除特殊车型外，机场地面支持设备和车辆全部使用电能，原有设备和车辆加快更新改造。飞机在登机、下客阶段以地面电源、地面空调替代辅助动力装置。鼓励进京铁路机车改用高品质柴油。

（二）基本实现能源消费清洁化。推进平房居民“煤改清洁能源”。按照整村连片、集中实施、因地制宜的原则，以“煤改气”“煤改电”“太阳能+辅助热源”等多种改造方式，替代75万户城乡结合部和农村地区居民用生活散煤。到2017年年底，朝阳、海淀、丰台、石景山区全境和房山、大兴、通州区的平原地区基本实现平房采暖“无煤化”；到2020年年底，全市平原地区基本实现平房采暖“无煤化”。创新服务手段，完善配套政策，推动居民生活方式转变，防止散煤采暖反弹。

基本完成燃煤设施清洁能源改造。优化燃气电厂运行模式，非采暖季调峰发电、采暖季“以热定电”。以天然气为主体、外埠电厂余热和工业废热等为补充，推进远郊区各类燃煤设施清洁能源改造。华能（三期）燃气热电机组建成投入使用，燃煤发电机组关停，实现全市发电用能清洁化。2017 年，房山、大兴、通州区平原地区基本实现无燃煤锅炉，其他远郊区平原地区基本淘汰 10 蒸吨 / 小时以下燃煤锅炉；燕山石化水煤浆锅炉停止运行，完成第三热力车间燃煤设施清洁能源改造。2020 年年底前，实现全市平原地区基本无燃煤锅炉；商业、住宿、餐饮等各类经营性服务行业的燃煤设施全部改用清洁优质能源；设施农业的燃煤量削减 50%，保留部分全部使用优质煤。

实施燃气锅炉低氮燃烧改造。严格执行《锅炉大气污染物排放标准》（DB11/139—2015），在用燃气锅炉实施低氮燃烧技术改造或高效脱硝治理。到 2017 年年底，基本完成全市在用燃气锅炉改造，实现氮氧化物达标排放。

（三）削减工业污染排放总量。加大落后产能退出力度。淘汰建材、化工、机械、印刷等行业污染排放大的企业，退出有机溶剂型涂料生产、沥青类防水材料生产、人造板生产企业，以及使用有机溶剂型涂料的家具制造、木制品加工工艺。石化行业不再新增原油一次加工能力，炼油规模控制在 1000 万吨以内。以处置城市危险废物为核心，适度保留水泥产能。开展清理整治违法违规排污及生产经营行为专项行动，2017 年年底前，完成全市 50 个重点区域、200 个重点行政村的“散、乱、污”企业清理整治。

推进重点行业环保技术改造升级。在石化行业实施泄漏检测修复工程，将各密封点的泄漏率控制在 1% 以下，严格控制无组织排放。加强各类设施的运行维护，确保有组织排放稳定达标。完善石化生产装置开停车、检修维修及非正常状态下的污染物排放管理制度，减少污染物非正常排放。汽车制造、印刷、家具制造、机械电子、交通运输设备、金属制品以及通用设备制造等行业，要使用低挥发性有机物含量的原辅材料，升级生产工艺和喷涂设备，实施有机废气密闭收集和深度治理，确保废气排放达标。

构建清洁循环发展的产业体系。2017 年年底前，19 个市级以上工业园区全部建成生态工业园区，实现能源梯级利用、废弃物排放最小化、产业循环式组合。鼓励符合首都城市战略定位的工业企业入驻工业园区，实现清洁发展。在石化、汽车制造、机械电子等重点行业，开展强制性清洁生产审核，鼓励开展自愿性清洁生产审核。到 2020 年，完成 400 家以上企业的清洁生产审核，其中强制性审核 150 家，实现节能降耗减排的全过程管理。

（四）全面防治“三尘”污染。多措并举控制施工扬尘。构建有效的施工扬尘管理体系。严格执行《绿色施工管理规程》（DB11/513—2015），全面控制扬尘污染。对未达到扬尘控制要求的施工企业，高限征收扬尘排污费，并纳入企业信用体系。推广使用预拌混凝土（砂浆）方式，推进市政、水务工程分段施工和轨道交通密闭作业。研究推进施工工地场界环境空气中颗粒物浓度的在线监测、评价和考核，鼓励企业采用高效自动洗轮机、多功能抑尘射雾器、高空喷雾抑尘装置等新技术，进一步减少扬尘污染。大力推动新建建筑装配式建造，保障性住房和政府投资的民用建筑全部采用装配式建造，不断提高商品房开发项目装配式建造比例，推行结构装修一体化成品交房，到 2020 年，实现装配式建筑占新建建筑的比例达到 30% 以上。禁止出租、使用排放超标施工机械，鼓励更换电动叉车等低排放施工机械，划定禁止高排放非道路施工机械使用区域。

减少城市道路和郊区公路扬尘。制定实施道路扬尘治理方案，组织开展道路分级清扫保洁，严格城市道路保洁考核标准，按季度公布各区道路清扫保洁情况。推广城市道路机械清扫保洁组合新工艺，到 2020 年，城市道路机械清扫新工艺作业率达到 92%。落实公路养护单位责任，加大郊区公路的除尘清扫保洁力度，有效减少路面积尘。

加强其他领域扬尘管理。修订混凝土搅拌站绿色生产管理规程，进一步严格扬尘控制要求，原则上五环路内不再保留混凝土搅拌站。对使用水泥、砂石等粉状物料的企业，开展储存和运输全密闭改造，减少无组织排放。建立源头严控、过程严管、后端严惩的施工运输车辆管理体系，在京使用的外埠牌照施工运输车辆，要达到《建筑垃圾运输车辆标识、监控和密闭技术要求》(DB 11/T1077—2014)。严格运输企业资格管理，严禁道路遗撒。完善建筑垃圾运输车辆管理信息平台，实现对运输车辆的全过程监管。采取绿化、覆盖、铺装等措施，整治裸露地面、废弃矿山和砂石坑、建筑渣土等扬尘污染。

（五）拓展大气污染治理新领域。治理农业氨污染。发展高效现代农业，有序压缩农业生产和养殖业规模。保留的种植业要改进农业生产技术，降低农药、化肥等使用强度和总量，减少设施农业的挥发性有机物和氨排放。全面完成规模化养猪场、养牛场粪污治理，探索开展畜舍废气收集处理。

开展生活和服务业污染防治。研究制定餐饮行业大气污染物排放地方标准，治理油烟、挥发性有机物污染。推进饮食服务经营场所和单位食堂安装高效油烟净化设施，并确保正常使用。制定经济政策，鼓励更新使用油脂分离度达到 95% 的家用吸油烟机。汽车维修等服务业要加强大气、水、危险废弃物的排放管理。垃圾集中处理设施要实施废气处理装置提标改造。污水处理厂要对恶臭污染较重的工艺单元实施密闭收集净化处理。在公用工程等领域推广使用低挥发性有机物含量的涂料和胶黏剂。

二、统筹水污染防治和水资源补给

（一）严格保护饮用水水源。提高水源涵养水平。在密云水库、怀柔水库水源涵养区等，建设 200 条生态清洁小流域。在潮河、白河等河道两侧建设植被缓冲带、隔离带，减少人为干扰和影响。

严格管理饮用水水源保护区。加强密云水库、怀柔水库和南水北调等饮用水水源保护，完成全市各级饮用水水源保护区调整工作，设置饮用水水源保护区标志。完善饮用水水源地环境状况评估制度，每年对市级、区级饮用水水源地环境状况进行评估，2017 年、2018 年年底前分别完成乡镇级集中式、分散式饮用水水源地环境状况评估工作。依法清理保护区内违法建筑和直接排污口，重点搬迁清理工业企业、畜禽养殖场、非正规垃圾填埋场等污染源，完成加油站防渗漏改造。

加强饮用水水质预警和管理。完善饮用水水源地水质监测预警机制，提高监测能力。严格监控南水北调来水水质。健全工作机制，乡镇政府负责属地农村饮用水水源地的日常保护和管理工作，环保、水务等部门进一步完善农村饮用水水质检测制度。

（二）提高污水处理能力。提高城镇污水处理率。全面完成污水处理和再生水利用设施建设两个三年行动计划。全市新改扩建污水处理厂或再生水厂 44 座，新增污水处理能力 54 万米^3/ 日；到 2020 年，全市城镇污水处理能力达到 726 万米^3/ 日，全市再生水利用量达到 12 亿立方米。2018 年年底前，全市建成区实现污水处理设施全覆盖，污水全收集、全处理；城六区建成区和北京城市副中心 2017 年年底前基本实现上述目标。暂不具备纳管集中处理条件的地区，推行污水就地分散模块化处理方式。建立覆盖城乡的污水处理厂在线监控系统，实时监控污染物排放。建设高碑店、小红门、槐房、房山、延庆等污泥无害化处理处置工程，基本实现全市污泥安全无害化处理处置。全面取缔非法污泥堆放点。

大力推进污水管线建设。加快现有雨污合流的排水系统分流改造。在建设污水处理厂的同时，同步设计、同步建设、同步投运污水收集管网，确保污水应收尽收。到 2020 年，全市新建和改造污染管网 1347 公里，基本实现建成区和城乡结合部污水全收集。

控制初期雨水面源污染。及时清运城市垃圾，禁止违法倾倒，严控进入城市排水系统。

因地制宜采用点（调蓄池）、线（沿河收集管线）和面（下凹绿地、湿地、蓄滞洪区）相结合的方式，推进雨水收集系统建设，调蓄处理初期雨水面源污染。在北京城市副中心开展“海绵城市”建设试点，在中心城区建设调蓄廊道和管线、初期雨水收集处理等设施。

（三）减少农业农村污染排放。积极治理养殖污染。全市范围禁止新建、扩建规模化畜禽养殖场（育种、科研用途除外）。将饮用水水源保护区等区域划定为畜禽养殖禁养区，依法关闭或搬迁禁养区内的畜禽养殖场（小区），禁养区外保留的规模化畜禽养殖场（小区）要实施雨污分流改造、粪便污水治理。禁止在饮用水水源保护区、自然保护区等区域新建水产养殖场。已有水产养殖场限制使用抗生素等化学药品，推广生态健康养殖新模式。

控制农业面源污染。制定农业面源污染综合防治方案，开展农作物病虫害绿色防控，推广使用低毒、低残留农药；推广科学施肥技术，引导农民施用配方肥、缓释肥，加快实现水肥一体化利用。到2020年，全市化学农药、化肥施用量分别减少15%以上、20%以上。

建设农村污水收集处理设施。以城带村、镇带村、联村合建、单村处理、单村收集储存等方式，因地制宜解决农村污水收集处理问题。到2019年，实现城乡结合部村庄、饮用水水源地所在村、民俗旅游村均设有污水处理设施，基本消除污水直排问题。到2020年，完成城乡结合部等重点地区760个村的污水收集处理设施建设。

（四）严格工业废水达标管理。依法取缔不符合国家和本市产业政策、严重污染水环境的生产项目。全市污水排放企业应建设污水处理设施或者委托处理，实现达标排放，严禁污水直排。园区工业企业废水须经预处理达到规定后排入工业园区污水集中处理设施。工业园区污水集中处理设施应当安装污染物排放自动在线监控装置，并与环保部门联网。工业园区未建设污水集中处理设施或污水集中处理设施废水排放不达标的，依法予以处罚，并暂停审批和核准新增水污染物排放总量。2017年年底前，实现垃圾填埋场、垃圾中转站、餐厨垃圾处置厂等渗滤液处理全面达标。逐步建设完善渗滤液处理设施在线监测系统，实时监控排水量和排水水质。

（五）提高河湖自净能力。开展河湖水系综合整治。推进永定河、潮白河、北运河绿色生态廊道工程建设，完成清河、凉水河、通惠河等河道环境综合整治。聚焦黑臭水体，加快铺设沿河截污管线、建设治污工程，2018年年底前，全市建成区全面消除黑臭水体，城六区建成区和北京城市副中心2017年年底前基本实现上述目标。推行“河长制”，以街乡镇为单元，建立入河污染源台账，开展截污控源和河道精细化管理，开展河道两侧垃圾专项整治行动。开展河道清淤疏浚，恢复水生态系统。对现状水质达到或优于Ⅲ类的河流、湖库开展生态环境安全评估。

多渠道保障生态环境用水。争取国家有关部门支持，进一步增加南水北调进京水量。采取再生水、清水、雨洪水联合调度等措施，补给河湖生态用水。采取低影响开发模式，将雨洪水自然积存、自然渗透，形成自然净化。加大外流域调水和水系连通工程建设力度，增强河湖水体流动性，提高水体纳污能力。

三、积极开展土壤污染防治

（一）摸清土壤环境状况。以农用地和重点行业企业用地为重点，开展全市土壤环境质量调查与评价。2018年年底前，查明农用地土壤环境状况。2020年年底前，完成重点行业企业用地土壤环境调查与评价，掌握污染地块分布及环境风险情况。优化土壤环境监测布局，健全土壤环境质量监测网络，更加全面地掌握土壤环境状况及变化趋势。

（二）加强土壤污染预防。严格预防新增土壤污染，新建排放多环芳烃、石油烃、二噁英等有机污染物或镉、汞、砷、铅、铬等重金属污染物的建设项目，要进行土壤环境影响评价，落实土壤污染防治措施。加强日常监管，防止种植业、养殖业和工矿企业排污及各类废弃物对土壤的污染。2017年年底前，公布土壤环境重点监管企业名单并动态更新，重点监管企业制定自行监测方案，开展土壤环境监测，并向社会公开监测结果等环境信息。建立饮用水水源地土壤环境监测预警机制，严格防控饮用水水源地土壤污染。严格控制未利用土地的开发，确需开发利用的，应组织开展土壤环境质量调查与评估，并采取必要措施防治土壤污染。

（三）实施农用地分类管理。依据土壤环境调查结果和国家有关部门要求，结合农业结构调整，实施农用地土壤环境分类管理。将未受污染和轻微污染耕地划定为优先保护类，加大保护力度，确保其面积不减少、土壤环境质量不下降；将轻度和中度污染耕地划为安全利用类，制定安全利用方案，采取措施降低农产品超标风险，强化农产品质量检测；将重度污染耕地划为严格管控类，严禁种植食用农产品，可能威胁地下水、饮用水水源安全的，要制定环境风险管控方案。

（四）严格污染地块风险管控。建立调整退出企业用地筛查工作机制，由工业企业、加油站和汽修等用地变更为居住、商业或公共设施用地的，要进行土壤环境状况调查评估。逐步建立潜在污染地块名录及开发利用负面清单，严格风险管控，合理确定土地用途。开发利用地块应当符合土壤环境质量要求，不符合土壤环境质量要求且确需开发利用的，开展污染地块土壤治理修复工程。

四、深入推进其他污染防治

（一）提升生活垃圾和一般工业固废处理处置能力。推行“绿色包装”“净菜进城”等措施，从源头减少生活垃圾产生量。鼓励居民小区垃圾分类，进一步提升城镇生活垃圾分类运输、分类处理能力，完善农村生活垃圾收运体系。到2020年，全市生活垃圾无害化处理率、资源化率分别提高到99.8%、60%以上，实现原生垃圾零填埋。逐步削减尾矿、煤矸石、粉煤灰等大宗工业固体废物堆存量，建设建筑垃圾处理设施，到2020年，全市工业固体废物综合利用处置率达到95%以上。探索建立以销售企业为主、回收企业为辅的废旧电器电子产品回收体系。支持京津冀及周边地区一般工业固体废弃物和废弃电器电子产品的协同利用，加大废弃电器电子产品回收拆解力度。健全新能源车动力电池报废回收处理体系，防止二次污染。

（二）加强电磁辐射环境管理。加强电磁辐射环境质量常规监测和电磁辐射设施的监督性监测，优化监测网络，充分发挥电磁辐射自动监测站的作用。进一步规范电磁辐射类项目的环境管理。完成大型电磁发射设施周边电磁环境调查和电磁辐射水平监测，为电磁环境管理提供数据支持。研究高压直流合成场强和离子流密度测量技术，提升对高压直流电磁设施的监测能力。开展电磁环境科普宣传，畅通与公众沟通的渠道，依法、稳步推进电磁环境信息公开。

（三）分类防治噪声污染。完成全市声环境功能区划调整工作，研究建立反映噪声暴露水平的噪声评价新体系。合理规划道路、城市轨道、铁路、机场与周边敏感建筑物的防护距离。严格执行环境影响评价制度，确保新改扩建机场、道路、铁路等建设项目落实噪声污染防治设施和措施。在高速公路、快速路两侧噪声敏感建筑物比较集中的路段，实施隔声窗、隔声屏障、绿化隔声带等降噪工程。加强民航、铁路等行业的噪声污染防控。加强全市固定声源监管，重点对餐饮业、娱乐业、商业等领域的企业以及冷却塔等设施超标固定声源进行限期治理。推广低噪声施工机械，完善施工噪声管理规定，严格查处噪声扰民行为。

第五章　持续加强环境风险防控

一、切实加强核与辐射安全监管

（一）控制核设施和高风险放射源总量。严格控制新增反应堆等核设施，在确保安全的前提下，推动现有老旧核设施逐步退役。提高Ⅰ、Ⅱ类高风险放射源的准入门槛，严控辐照加工、伽马探伤等涉及Ⅰ、Ⅱ类高风险放射源的新建、改扩建项目。开展放射源寿期退出、高风险放射源强制退役试点。逐步退出与首都城市战略定位不相适应、辐射安全风险较高的核与辐射活动。

（二）完善辐射安全监管机制。完善辐射安全监管平台功能，加强对辐射工作单位的日常监管，实现对放射源的全生命周期监管和对射线装置的全覆盖监管。完善辐射安全监管跨部门协作机制，健全定期会商、案件移送、联合检查等制度。定期检查辐射工作单位，开展风险评估，排查安全隐患，加强对高风险辐射行业安全防控。对Ⅰ、Ⅱ、Ⅲ类放射源倒装、运输等高风险活动开展监督性监测和现场检查。到 2020 年，基本完成重点放射源和Ⅱ类射线装置单位的规范化管理评估工作。

（三）开展辐射工作单位规范化建设。落实辐射安全主体责任。通过提高准入门槛、加强日常监管和严格违法查处，督促辐射工作单位加强规范化建设，完善辐射安全管理体系、规章制度和应急预案。加强法规标准宣传和典型案例经验反馈，在全市辐射工作单位中大力开展核安全文化建设活动，提高辐射工作人员的核安全文化素养，提升辐射安全管理水平。到 2020 年年底前，重点单位全部通过“辐射安全规范单位”创建评估。

（四）严格放射性废物管理。完成城市放射性废物库的设备和信息管理系统升级，加强人员培训，提高城市放射性废物库的规范化管理水平。开展放射性废物产生情况调查，规范放射性废物的分类暂存、解控和处置，及时安全收贮废旧放射源和放射性废物，对已收贮的废旧放射源和放射性废物进行清洁解控和处置。

二、严格危险废物和化学品管理

（一）提高危险废物收集和处理处置能力。建立医疗废物分类统计收集、按年申报登记制度，健全全市医疗废物收运管理体系。编制危险废物处置设施建设规划，提高危险废物处置能力。加强对含氰金矿尾矿的监测和风险防控。加强对汽修企业、科研院所和高等院校危险废物排放的管理，开展废矿物油、废弃荧光灯、实验室废液等社会源危险废物的分类收集、回收利用和处理处置试点。

（二）推进危险废物管理精细化。实施危险废物重点单位风险分级管理。加强危险废物自行处置设施监管。开展危险废物集中处置单位年度环境状况评估，评估结果作为核发经营许可证的重要依据。建设危险废物管理信息系统，对重点产生单位、集中处置单位，实现监管工作信息化。

（三）严格重金属和化学品监管。鼓励开展涉重金属产品的原材料替代，强化源头削减，开展含重金属工业废水的深度治理，确保重点行业重金属排放量不增加。开展环境激素类化学品、持久性有机污染物统计调查工作，加强有毒化学品进口的环境管理。

三、提高环境应急处置能力

（一）深化环境风险源管理。针对危险化学品生产单位、危险废物集中处置单位、涉氯单位、涉氨单位，以及化工和医药等重点工业行业，定期排查环境风险源，建立环境风险源管理系统。环境风险源单位编制和落实环境应急预案，整治环境安全隐患。探索建立工业园区有毒有害气体泄漏、水污染突发事件监测预警与风险防范体系。

（二）提高应急综合保障能力。加强环境应急指挥调度，建成覆盖各区、各工业园区以及重点单位、重点风险源的环境应急指挥系统。组织企业建设环境应急救援队伍，加强培训演练，健全快速、高效的应急管理体系和环境突发事件、核与辐射事件应急抢险机制。完善环境应急监测技术方法和设备，全面提升应急监测能力。建立环境应急专业物资储备库，提高应急综合保障能力。

第六章　努力提升环境治理能力

一、构建多元共治体制机制

（一）落实党委政府责任。按照“党政同责、一岗双责、终身追责”的要求，制定全市各级党委、政府及有关部门的生态环境保护责任清单。各级党委、政府将环境保护作为基本职责，履行属地管理责任，对辖区环境质量负责。行业主管部门按照“管发展必须管环保、管生产必须管环保、管行业必须管环保”的原则，对本行业、本领域的环保工作和环境监管工作负责。综合执法部门履行监管责任。

建立环保督察制度和党政领导干部生态环境损害责任追究制度，督察市级部门和各区党委、政府及其有关部门的环境保护责任落实情况、环境质量变化情况、突出环境问题及处理情况等，发现问题提出整改意见和要求，并由有关部门依法依纪处理。实施自然资源资产负债统计、党政领导干部自然资源资产离任审计制度。建立健全以环境质量改善为核心的生态文明建设目标评价考核办法，研究建立与考核评价结果相关联的财政转移支付制度。

（二）落实企业环境保护责任。构建与生态文明建设相适应的企业环境信用评价制度，将企业环境行为纳入社会信用体系。推行约束与激励并举的管理制度，提高排污单位守法意识和责任意识，鼓励排污单位自觉加强环保制度建设，加大治污减排力度，保护生态环境。重点排污单位应全面加强污染治理，及时公开污染排放监测结果等环境信息，鼓励其他企业主动公开环境信息，自觉接受公众监督。制定实施生态环境损害赔偿制度。

（三）拓宽公众参与渠道。健全政府环境信息公开机制，依法公开环境质量、污染源监管、行政许可、行政处罚等各类环境信息，保障公众知情权。健全公众参与制度，在行政许可、法规规章制定、重大政策出台等过程中，广泛征求意见建议。畅通“12369”投诉举报热线等渠道，实施有奖举报制度，聘请环保监督员，鼓励公众监督。

充分利用各类媒体加大对生态环境保护政策法规标准的解读，全面、客观、及时宣传环境保护和生态建设工作进展，回应社会关切，营造同呼吸、共责任、齐努力的浓厚氛围。多方式、多途径深入开展生态环境保护科普教育，针对不同受众特点，通过喜闻乐见的形式，倡导绿色发展理念，普及环境科学知识，提高公众环境素养。把生态文明作为中小学素质教育的重要内容，纳入国民教育体系。鼓励高等院校以各类公益活动为载体，开展生态环境文化建设。累计建设50家以上环境教育基地，为公众学习环境知识、接受环境教育、参与环保实践搭建平台。

（四）推进形成环保正向合力。创建市级环保类枢纽型组织，引导全市环保类社会组织、环保志愿者等形成共同参与环境治理的正向合力。成立北京绿色传播联盟，纠正环保陋习，弘扬生态文明理念，传播环保正能量。深入开展“清洁空气 为美丽北京加油”等系列环保公益活动。打造北京环保宣传微平台，成为集权威发布、信息共享、全民参与于一体的传播交流平台。持续开展北京环保公益大使聘任活动，发挥环保典型人物的号召力、影响力，引领公众积极传播环保科学知识、参与环境治理、践行绿色生活。

二、发挥经济政策引导作用

（一）拓展环保投融资渠道。将环境保护和生态建设作为全社会投资重点，健全以政府投入为主导、社会资本广泛参与的环保投融资体系，推广政府和社会资本合作等模式。构建绿色金融体系，通过绿色信贷、绿色债券、绿色保险等金融工具，设立绿色发展基金，动员和激励更多社会资本投入绿色产业。建立健全排污者付费、第三方治理的专业化、市场化治污机制，优化环境服务业经营环境，鼓励规模化经营、专业化运营。

（二）推进环境经济政策创新。制定实施有利于保护环境、推动绿色发展的经济政策，支持重点污染源治理、老旧机动车淘汰、“煤改清洁能源”、污水处理设施建设等一批重点项目。建立主要污染物排污收费标准动态调整机制，实施差别化排污收费。在健全排污许可制度基础上，开展初始排污权核定，研究推行排污权有偿取得和交易。完善水环境、生态建设的区域补偿机制。

三、完善环境监测监管体系

（一）构建先进的环境监测体系。制定生态环境监测网络建设方案，完善监测制度，推进监测数据共享，努力建设高水平的生态环境监测网络。理顺环境质量监测和污染源监测事权，实施环保监测系统垂直管理改革。

升级大气环境质量监测网络，增加监测站点数量，优化布局，完善监测站点功能，深入开展污染成因和空气污染演变趋势分析研究。健全水环境质量监测网络，增加水质自动监测站点数量，加强跨界断面水质监测，完善地下水环境监测网络。建立土壤环境监测网络，针对不同类型土壤环境开展例行监测。优化辐射环境质量监测，加强核设施、重点核技术利用单位周边的环境监测，提高数据分析和预警研判能力。提升生态环境专项监测水平，建设天地一体的生态遥感监测系统。完善污染源监测制度，落实属地污染源监督性监测事权。提升污染源排放监测技术水平，实现重点行业特征污染物监测指标全覆盖。

提升全市环保监测机构监测能力，加强监测人员培训。培育和规范生态环境监测市场，指导社会化监测机构和企业加强监测质量管理，引导环境监测市场健康发展。

（二）构建完备的环境监管体系。推动建立街道（乡镇）环保管理机构，落实污染源属地监管职责，构建“市—区—街道（乡镇）”三级监管网络，形成层级分明、职责明确的环境网格化管理体系。按照监察职能上收、执法重心下移的原则，推进环境监察执法垂直管理改革。加快推进环境监察基层队伍建设，完善装备配备，提高人员素质，提升监察执法综合能力。

以污染物排放实时在线自动监控系统为依托，通过分期分批核发排污许可证，实现对重点污染源的“一证式”管理。依托城市网格化管理平台，建立健全网格管理员发现报告、指挥中心分派、执法部门查处机制，提高快速发现、快速处理环境违法行为的能力。健全环境监测、执法监管联动机制，实施对污染源的“双随机”抽查。建设移动源监管综合平台，整合执法检查数据，加强移动源监管。

四、强化生态环境保护管理

（一）健全严格的法规标准体系。严格执行国家及本市环境保护法律法规，深入推进地方环保立法工作。制定实施排污许可证管理办法、放射性污染防治若干规定等。推进排污权有偿使用和交易立法工作。进一步完善环保标准体系，制定餐饮、有机化学品制造等行业排放标准，以及建筑类涂料和胶黏剂挥发性有机物含量限值标准；修订大气污染物综合排放标准、生活垃圾焚烧大气污染物排放标准等；制定汽车维修、污染场地修复、地铁噪声振动等污染控制技术规范；制定苯系物、磷酸雾等特殊污染物的监测技术规范，以及挥发性有机物、低浓度颗粒物等常规污染物的便携式监测技术规范。制定污染物排放控制技术导则，指导排污单位达标排放。建立动态的环保标准体系和评估机制。

（二）提高科技支撑能力。以科技创新促进精准治污。深入开展细颗粒物形成机理、臭氧和光化学污染特征、大气污染源排放特征和源解析、区域污染排放的环境效应、土壤污染迁移转化规律及其生态效应等方面的基础性研究。更新全市环境基础数据，开展第二次污染源普查，逐年更新大气污染物排放清单，编制水污染物排放清单。研究大气污染协同控制、空气重污染应急、黑臭水体治理、地表水－地下水污染联合防控、污染场地管理与修复等环境管理关键问题的解决方案。

健全环保技术创新应用体系。改进空气质量预测模型、流域水质模拟预测模型、重污染预报预警系统、流域水环境治理决策支持系统、重污染应急效果评估方法、水环境承载力预警机制等环境管理关键技术。以大气、水污染治理为重点，推进环保先进技术、装备和产品的研发应用。围绕工业行业大气污染防治、移动源废气排放控制、农业源氨排放控制、重点行业废水深度处理、土壤污染诊断与风险管控等关键领域，开展生态环境保护实用技术评估、示范和推广。培育环境污染治理和生态保护市场，推动相关产业发展。

建立生态环境信息资源共享数据库。创新生态环境数据资源服务模式，建设面向公众的环保业务移动公共服务系统，深化物联网、大数据等技术在生态环境管理中的应用。

（三）加强国际交流与合作。围绕大气、水和土壤污染防治、环境安全监管、生态环境建设等问题，与联合国环境规划署等国际组织、友好城市，在资金、技术、管理等方面开展全方位合作交流，学习借鉴先进管理理念、技术和政策措施。同时，积极对外宣传本市环境污染治理、生态建设和推动区域协作改善环境的成效与经验。

北京市人民政府
关于印发《北京市土壤污染防治工作方案》的通知

京政发〔2016〕63号

各区人民政府，市政府各委、办、局，各市属机构：

现将《北京市土壤污染防治工作方案》印发给你们，请认真贯彻执行。

北京市人民政府

2016年12月24日

北京市土壤污染防治工作方案

为深入贯彻落实《国务院关于印发土壤污染防治行动计划的通知》（国发〔2016〕31号）精神，全面掌握土壤环境状况，加强土壤污染防治，改善土壤环境质量，保障土壤环境安全，特制定本工作方案。

一、总体要求

（一）指导思想

深入贯彻落实党的十八大和十八届三中、四中、五中、六中全会精神，深入学习贯彻习近平总书记系列重要讲话和对北京重要指示精神，牢固树立创新、协调、绿色、开放、共享的发展理念，牢牢把握首都城市战略定位，以推进生态文明建设为统领，以改善土壤环境质量为核心，以保障人居环境、农产品质量和饮用水水质安全为重点，坚持预防为主、保护优先、风险管控，突出重点行业和污染物，实施分类别、分用途、分阶段治理，形成政府主导、企业担责、公众参与、社会监督的土壤污染防治体系，促进土壤资源永续利用，为建设国际一流的和谐宜居之都提供重要保障。

（二）防治目标

到2020年，全市土壤环境质量总体保持稳定，建设用地和农用地土壤环境安全得到基本保障，土壤环境风险得到基本管控；受污染耕地安全利用率达到90%以上，再开发利用的污染地块安全利用率达到90%以上。到2030年，土壤环境质量稳中向好，建设用地和农用地土壤环境安全得到有效保障，土壤环境风险得到全面管控；受污染耕地安全利用率达到95%以上，再开发利用的污染地块安全利用率达到95%以上。（市规划和国土资源管理委员会、市农委、市环保局、市农业局、市园林绿化局、市经济信息化委和各区政府牵头，市住房城乡建设委、市城市管理委员会、市发展改革委、市财政局、市水务局、市科委、市安全监管局、市地勘局等相关部门按职责分工负责）

二、防治任务

（一）开展土壤环境调查与监测

1. 开展土壤环境质量详查。以农用地和重点行业企业用地为重点，开展全市土壤污染状况详查。2017年3月底前，按照国家有关土壤污染详查总体方案和技术规范，结合实际制定本市详查方案。2018年年底前，重点查明全市农用地土壤污染的面积、分布及对农产品质量的影响。2020年年底前，完成全市重点行业企业用地土壤环境质量调查与评估，掌握污染地块分布及环境风险情况。建立土壤环境质量状况定期调查评估制度，每10年开展1次。（市环保局、市农委、市规划和国土资源管理委员会、市地勘局牵头，市农业局、市园林绿化局、市卫生计生委、市食品药品监管局、市粮食局、市财政局等相关部门和各区政府按职责分工负责）

2. 健全土壤环境质量监测网络。统筹建设全市土壤环境质量监测网络。2017年年底前，配合完成土壤环境质量国控监测点位设置，基本形成土壤环境监测能力。2018年年底前，在全市范围内设置市控监测点位，基本建成覆盖城市建设用地、农用地、区级及以上集中式饮用水水源地的土壤环境质量监测网络。2020年年底前，全面建成覆盖全市各用地类型的土壤环境质量监测网络，全面掌握土壤环境质量状况。规划和国土资源管理、农业、地勘、园林绿化等部门结合各自职责，建立健全专业土壤监测网络，组织开展相关行业用地土壤环境监测。各区可根据工作需要，补充设置区控监测点位，增加特征污染物监测项目，提高监测频次。（市环保局、市规划和国土资源管理委员会、市农委牵头，市农业局、市地勘局、市园林绿化局、市发展改革委、市财政局等相关部门和各区政府按职责分工负责）

3. 建立土壤环境信息化管理平台。建立土壤环境数据信息共享机制，逐步整合集成环保、规划和国土资源管理、农业、水务、地勘等部门掌握的土壤环境质量、土地利用类型及分布、农药化肥施用量、集中式饮用水水源保护区分布、土壤地质环境等相关数据。2018年年底前，建立全市土壤环境基础数据库，构建土壤环境信息化管理平台，充分发挥土壤环境大数据在污染防治、城乡规划、土地利用、农业生产、水资源保护中的作用。（市环保局、市规划和国土资源管理委员会、市农委、市水务局、市地勘局牵头，市农业局、市园林绿化局、市经济信息化委、市财政局、市住房城乡建设委、市发展改革委、市卫生计生委等相关部门和各区政府按职责分工负责）

4. 公布土壤环境状况信息。根据土壤环境调查和监测结果，定期公布土壤环境状况信息。（市环保局牵头，市规划和国土资源管理委员会、市农委、市农业局、市园林绿化局、市水务局、市地勘局等相关部门和各区政府按职责分工负责）

（二）加强土壤污染源头管控

5. 防范建设用地新增污染。新建、扩建排放多环芳烃、石油烃等有机污染物或镉、汞、砷、铅、铬等重金属污染物的建设项目，在开展环境影响评价时，要进行土壤环境本底调查和监测，增加对土壤环境影响的评价内容，并提出防范土壤污染的具体措施；需要建设的土壤污染防治设施，要与主体工程同时设计、同时施工、同时投入使用。（市环保局牵头，各区政府按职责分工负责）

6. 强化空间布局管控。加强城乡规划和建设项目布局的论证和审批管理，严禁在居民区、学校、医疗养老机构和区级及以上集中式饮用水水源地等周边新建化工、制药等存在土壤环境污染风险的工业企业。结合非首都功能疏解，有序搬迁或依法关闭对土壤造成严重污染的存量企业。引导工业企业向工业园区集聚。科学布局生活垃圾处理、危险废物处置、废旧资源再生利用等设施和场所。合理确定畜禽养殖布局和规模。（市规划和国土资源管理委员会、市发展改革委、市经济信息化委、市城市管理委员会、市农委、市农业局牵头，市环保局等相关部门和各区政府按职责分工负责）

7. 严格保护饮用水水源地土壤环境安全。建立饮用水水源地土壤环境监测预警机制。2017年年底前，制定区级及以上集中式饮用水水源地土壤环境监测方案并组织实施，适时开展饮用水水源地土壤环境状况及变化趋势评估。监测发现土壤环境受到污染，可能影响饮用水质量时，市水务部门会同有关部门及区政府应及时组织开展风险评估，并依据评估结果立即采取防控措施，确保饮用水安全。（市环保局、市水务局牵头，市财政局、市卫生计生委等相关部门和各区政府按职责分工负责）

加强饮用水水源地农业污染防治。2017年年底前，组织制定区级及以上集中式饮用水水源地农业污染防治工作方案，进一步优化水源地农业种植结构，加强农业投入品质量监管，减少农药化肥施用量，防止土壤环境污染。（市农委牵头，市农业局、市环保局、市水务局等相关部门和相关区政府按职责分工负责）

8. 加强未利用地环境管理。组织开展未利用地调查，摸清全市未利用地面积、分布及土壤环境质量状况。严格控制未利用地开发利用，原则上作为生态涵养用地。未利用地确需开发为农用地的，相关区政府应组织开展土壤环境质量调查与评估，不符合相应标准的，不得开发利用；可以开发利用的，应采取防治措施。加强对未利用地的巡查和保护，防止矿山资源开采等活动造成土壤污染。（市规划和国土资源管理委员会牵头，市环保局、市农委、市农业局、市园林绿化局、市水务局等相关部门和相关区政府按职责分工负责）

依法严查向沙荒地、滩涂、沼泽地等未利用地非法排污、倾倒有毒有害物质的环境违法行为。（市环保局、市水务局、市城管执法局牵头，市公安局、市城市管理委员会、市规划和国土资源管理委员会等相关部门和相关区政府按职责分工负责）

9. 严控工矿污染。2017 年年底前，根据工矿企业分布和污染物排放情况，确定并公布本市土壤环境重点监管企业名单，并实行动态更新。列入名单的企业应制定用地土壤环境监测方案，设置监测点位，并自 2018 年起，每年开展土壤环境状况监测，向社会公开监测结果；同时公开其产生的污染物名称、排放方式、排放浓度、排放总量、污染防治设施建设运行情况。各区环保部门每两年对重点监管企业和工业园区周边开展至少 1 次土壤环境监测，监测结果及时报送市环保局，作为环境执法和风险预警的重要依据。（市经济信息化委、市环保局和各区政府牵头，市规划和国土资源管理委员会、市安全监管局等相关部门按职责分工负责）

加强企业拆除活动污染防治监管。有色金属冶炼、石油加工、化工、焦化、电镀、制药、汽车制造、交通运输设备制造等行业企业拆除生产设施设备、构筑物和污染治理设施，应按国家有关企业拆除活动污染防治技术规定，制定残留化学品、物料等清理和安全处置方案，报所在区经济信息化、环保、安全监管部门备案，防范拆除活动污染土壤。（各区政府牵头，市经济信息化委、市环保局、市安全监管局等相关部门按职责分工负责）

落实国家鼓励的有毒有害原料（产品）替代品目录。加强电器电子、汽车等工业产品中有害物质使用的控制。（市经济信息化委牵头，市安全监管局、市质监局等相关部门和各区政府按职责分工负责）

严格尾矿库环境风险管控。2017 年年底前，全面排查整治历史遗留尾矿库，加强维护和管理，确保环境安全。金矿尾矿库管理单位（企业灭失或不明确的，由区政府负责）每年开展 1 次环境风险评估，完善污染治理设施，储备应急物资，严格管控环境风险。（市规划和国土资源管理委员会、市安全监管局和相关区政府牵头，市环保局等相关部门按职责分工负责）

10. 控制农业污染。科学施用农药化肥。全面禁止施用列入国家名录的高毒、高残留农药，推行农作物病虫害专业化统防统治和绿色防控，推广高效低毒低残留农药和精准高效植保机械。全面推广科学施肥技术，引导农民施用配方肥、缓释肥、有机肥，加快实现水肥一体化利用。严禁将城镇生活垃圾、污泥、工业废物直接用作肥料。到 2019 年，全市农作物病虫害统防统治覆盖率达到 40% 以上，生态涵养发展区全部施用环境友好型农药，化肥利用率提高到 40% 以上。到 2020 年，全市农药利用率提高到 45% 以上，化学农药施用量减少 15% 以上，测土配方施肥技术物化落地率提高到 98% 以上，化肥施用量降低 20% 以上。（市农委牵头，市农业局、市供销合作总社等相关部门、单位和相关区政府按职责分工负责）

加强农药包装、农膜等农业废弃物回收处理。自 2017 年起，在大兴、通州、顺义等蔬菜生产重点区开展试点并逐步推广。（市农委牵头，市农业局、市园林绿化局、市发展改革委、市环保局、市城市管理委员会、市供销合作总社等相关部门、单位和相关区政府按职责分工负责）

强化畜禽养殖污染防治。全市禁止新建、扩建规模化畜禽养殖场（育种、科研用途除外）。划定畜禽养殖禁养区，到 2020 年年底前，禁养区外保留的畜禽养殖场要实施雨污分流，并全部配备粪便污水贮存、处理、利用设施。严格规范兽药、饲料添加剂生产和使用，防止过量使用，促进源头减量。（市农委牵头，市农业局、市发展改革委、市财政局、市环保局、市水务局等相关部门和相关区政府按职责分工负责）

加强灌溉水水质管理。禁止污水灌溉。严格管理再生水灌溉，建立再生水灌溉水质、土壤土质、农产品质量协同监测与评价机制。组织开展历史污灌区农用地土壤环境状况调查，对因历史上曾使用污水灌溉或长期使用再生水灌溉导致土壤污染严重、威胁农产品质量安全的，及时调整种植结构。（市农委、市水务局牵头，市农业局、市园林绿化局、市粮食局、市食品药品监管局、市环保局等相关部门和相关区政府按职责分工负责）

11. 减少生活垃圾污染。全面实施生活垃圾无害化处置。2017 年年底前，区级及以上垃圾填埋场全部完成防渗处理工程和垃圾渗滤液处理能力建设，确保渗滤液达标排放；全面整治非正规垃圾填埋场。（市城市管理委员会牵头，市发展改革委、市环保局等相关部门和各区政府按职责分工负责）

推进农村生活垃圾治理，实施农村生活污水治理工程。落实以奖促治政策，全面推进农村环境连片整治。到 2020 年，在 2015 年基础上再完成 700 个建制村的环境综合整治。（市城市管理委员会、市农委牵头，市水务局、市环保局、市财政局等相关部门和相关区政府按职责分工负责）

防止污泥污染土壤。推进污泥无害化处理处置，取缔非法污泥堆放点。新建高碑店、小红门、槐房等污泥无害化处理处置工程，提升污泥规范处理处置能力。开展将处理达标后的城镇生活污泥用于园林绿化的试点，并定期进行土壤环境监测与评价。（市水务局、市园林绿化局牵头，市环保局等相关部门和相关区政府按职责分工负责）

12. 强化固体废物污染防治。全面排查煤矸石、粉煤灰、脱硫石膏等大宗工业固体废物堆存场所，对可能存在土壤污染风险的，制定整治方案并组织实施。（市经济信息化委、市环保局、市规划和国土资源管理委员会牵头，相关区政府按职责分工负责）

加强危险废物环境风险防控。对危险废物收集、贮存、转移、利用及处置行为实施全过程监管。危险废物集中利用、处置企业每 5 年要对厂区及周边土壤污染状况进行评估，并采取相应风险防控或治理修复措施。评估结果和防治措施及时报市、区环保部门。（市环保局牵头，市经济信息化委、市科委、市教委、市城市管理委员会、市安全监管局等相关部门和各区政府按职责分工负责）

13. 深化重金属污染防治。按照减量置换原则，严格限制新建、扩建涉重金属项目。落实《北京市工业污染行业、生产工艺调整退出及设备淘汰目录》，淘汰退出电镀等重金属污染行业和工艺。明确本市重点监管的重金属排放企业名单，列入名单的企业每两年开展 1 次强制性清洁生产审核，并强化重金属污染全过程控制。全市重点行业重点重金属排放量下降比例达到国家要求。（市经济信息化委牵头，市环保局、市发展改革委等相关部门和各区政府按职责分工负责）

14. 稳妥处置突发环境污染事件。防控突发环境事件造成土壤污染，督促事件责任方及时处置残留物及已污染土壤。事件责任方不能及时有效采取处置措施的，由所在区政府组织代行处置，并向事件责任方追缴处置费用。（市环保局牵头，市安全监管局等相关部门和各区政府按职责分工负责）

（三）强化建设用地环境风险管控

15. 严格用地准入标准。土地开发利用应符合土壤环境质量要求。规划和国土资源管理部门在编制土地利用总体规划、城市总体规划、控制性详细规划等相关规划时，应充分考虑污染地块的环境风险，合理确定土地用途。（市规划和国土资源管理委员会牵头，市环保局等相关部门和各区政府按职责分工负责）

16. 建立关停企业污染地块筛查工作机制。自 2017 年起，对关停企业原址用地，环保部门应根据其停产前原材料使用及污染物排放等情况，组织开展污染筛查，建立疑似污染地块档案，作为地块环境风险管控的重要依据。（市环保局、市经济信息化委牵头，各区政府按职责分工负责）

17. 落实建设用地调查评估制度。自 2017 年起，对工业企业用地和加油站、汽车修理等服务业用地，拟收回土地使用权或用途拟变更为居住、商业、学校、医疗养老机构、公园、城市绿地和游乐场等建设用地的，由土地使用权人负责开展土壤环境状况调查评估，明确污染物、污染范围和程度；已收回土地使用权的，由土地收储部门负责开展调查评估。自 2018 年起，重度污染农用地转为城镇建设用地的，由所在区政府负责组织开展调查评估。调查评估结果报市环保、规划和国土资源管理部门备案。（市环保局、市规划和国土资源管理委员会牵头，市经济信息化委、市商务委、市住房城乡建设委等相关部门和各区政府按职责分工负责）

18. 实施污染地块清单管理。根据疑似污染地块筛查及地块调查评估结果，逐步建立污染地块名录及其开发利用的负面清单并动态更新。清单信息纳入全市土壤环境信息化管理平台，作为土地规划利用的重要依据。（市环保局、市规划和国土资源管理委员会牵头，市住房城乡建设委等相关部门和各区政府按职责分工负责）

19. 强化污染地块风险管控。不符合规划用地土壤环境质量要求的污染地块，可优先实施绿化并封闭管理，严格限制开发利用。确需开发利用的，须经治理修复后方可开工建设。暂不开发利用或不具备治理修复条件的，由所在区政府组织划定管控区域，设立标识，发布公告，开展必要的环境监测；发现污染扩散的，土地使用权人或管理人要及时采取污染物隔离、阻断等环境风险管控措施。（市规划和国土资源管理委员会牵头，市环保局、市住房城乡建设委等相关部门和各区政府按职责分工负责）

20. 落实监管责任。规划和国土资源管理部门结合土壤环境质量状况，加强城乡规划论证和审批管理，严格土地征收、收回、收购以及转让、改变用途等环节的监管。环保部门加强对建设用地土壤环境状况调查、风险评估和污染地块治理活动的监管。建立规划和国土资源管理、环保、住房城乡建设等部门间的信息沟通机制，实现联动监管。（市规划和国土资源管理委员会、市环保局牵头，市住房城乡建设委等相关部门和各区政府按职责分工负责）

（四）保障农业生产环境安全

21. 实施农用地分类管理。以土壤环境调查结果为基础，根据国家有关农用地土壤环境质量类别划分技术指南，按污染程度将农用地划为优先保护类、安全利用类和严格管控类三个类别。2018 年年底前，完成耕地土壤环境质量类别划分，报市政府审定，并定期更新。（市农委牵头，市规划和国土资源管理委员会、市农业局、市园林绿化局、市环保局等相关部门和相关区政府按职责分工负责）

22. 切实加大保护力度。将符合条件的优先保护类耕地划为永久基本农田，实行严格保护，确保其土壤环境质量不下降。高标准农田建设项目向优先保护类耕地集中的区倾斜。对辖区内优先保护类耕地土壤环境质量下降的区，市农业部门会同环保部门进行预警提醒，并依法采取环评限批等限制性措施。（市农委、市规划和国土资源管理委员会、市环保局牵头，市农业局等相关部门和相关区政府按职责分工负责）

23. 着力推进安全利用。辖区内发现轻度和中度污染耕地的区，应按照国家有关受污染耕地安全利用技术指南，制定实施安全利用方案，采取农艺调控、替代种植等措施，降低农产品超标风险。强化农产品质量检测，加强对农民、农民合作社的技术指导和培训。全市轻度和中度污染耕地实现安全利用和治理修复面积达到国家要求。（市农委和相关区政府牵头，市农业局、市园林绿化局、市规划和国土资源管理委员会等相关部门按职责分工负责）

24. 全面落实严格管控。辖区内发现重度污染耕地的区，要依法划定特定农产品禁止生产区域，严禁种植食用农产品；对威胁地下水、饮用水水源安全的，要制定环境风险管控方案，并落实有关措施。到2020年，重度污染耕地得到全面严格管控。（市农委、市水务局和相关区政府牵头，市农业局、市园林绿化局、市规划和国土资源管理委员会、市环保局等相关部门按职责分工负责）

25. 实施受污染耕地综合治理。加强受污染耕地治理，因地制宜采取外源污染隔离、灌溉水净化、低积累品种筛选应用、水肥调控、土壤调理、替代种植等技术，逐步实现安全生产。特别是对重度污染耕地，积极开展耕地休耕轮作试点，加大对结构调整的政策扶持力度。（市农委牵头，市农业局、市园林绿化局、市发展改革委、市财政局等相关部门和相关区政府按职责分工负责）

26. 加强设施农业用地土壤环境管理。严格控制农药施用量，完善生物农药、引诱剂管理制度。建立有机肥重金属含量、施肥土壤重金属污染、农产品质量协同监测与评价机制。加强生产食用农产品质量检测，发现超标的，应采取种植结构调整等措施。（市农委、市园林绿化局牵头，市农业局、市规划和国土资源管理委员会、市食品药品监管局等相关部门和相关区政府按职责分工负责）

（五）有序推进土壤污染治理修复

27. 制定土壤污染治理修复规划。以影响人居环境安全的突出土壤污染问题为重点，结合城市环境质量提升和发展布局调整，针对拟开发为居住、商业、学校、医疗养老机构、公园、城市绿地和游乐场等建设用地，制定土壤污染治理修复规划，2017年10月底前，报环境保护部备案。根据污染地块规划用途，有序推进原北京焦化厂、首钢主厂区等重点区域治理修复。（市规划和国土资源管理委员会、市环保局牵头，市住房城乡建设委等相关部门和相关区政府按职责分工负责）

28. 明确土壤污染治理修复责任主体。按照“谁污染，谁治理”原则，造成土壤污染的单位或个人承担治理修复主体责任。责任主体发生变更的，由变更后继承其债权、债务的单位或个人承担相关责任；土地使用权依法转让的，由土地使用权受让人或双方约定的责任人承担相关责任。责任主体灭失或责任主体不明确的，由所在区政府依法承担相关责任。（市环保局、市规划和国土资源管理委员会牵头，市农委、市农业局、市住房城乡建设委等相关部门和各区政府按职责分工负责）

29. 防止土壤污染治理修复二次污染。土壤污染治理修复过程中产生的废水、废气和固体废物，应按规定进行处理处置，并达到国家和本市环保要求，防止对地块及周边环境造成二次污染。治理修复工程施工期间，责任单位应设立公告牌，公开工程基本情况、环境影响及其防范措施；各区环保部门应对环保措施落实情况进行检查。治理修复工程原则上在原址进行，并采取必要措施防止污染土壤挖掘、堆存等造成二次污染；需转运污染土壤的，有关责任单位应将运输时间、方式、线路和污染土壤数量、去向、最终处置措施等，提前向所在地和接收地的区环保部门报告。修复后的土壤，可以综合利用的，应符合相关标准要求。（市环保局牵头，市规划和国土资源管理委员会、市住房城乡建设委、市城市管理委员会等相关部门和各区政府按职责分工负责）

30. 确保土壤污染治理修复效果。治理修复工程完工后，责任单位应委托第三方机构对治理修复效果进行评估，评估结果向社会公开。环保部门应组织开展治理修复效果抽查，未达到修复目标要求的，责任单位应继续开展修复工作。市环保局应会同有关部门对各区进行督导检查，并委托第三方机构按照国家有关评估办法，对各区土壤污染治理修复成效进行评估，评估结果向社会公开。落实土壤污染治理修复终身责任制，并按照国家有关责任追究办法实施责任追究。（市环保局牵头，市规划和国土资源管理委员会、市住房城乡建设委等相关部门和各区政府按职责分工负责）

三、保障措施

（一）健全监管体系

31. 完善法规标准。全面落实国家有关土壤污染防治法律法规和标准。结合实际研究制定本市土壤污染防治相关法规，逐步建立健全本市土壤污染调查评估、风险管控及治理修复等标准体系。（市政府法制办、市环保局牵头，市质监局、市规划和国土资源管理委员会、市农委、市农业局、市园林绿化局等相关部门按职责分工负责）

32. 健全监管机构。市、区环保部门应设置专业处（科）室负责土壤污染防治工作，并充实土壤环境监管人员。自2017年起，各区应将土壤污染监管工作纳入网格化城市管理平台，将土壤污染监管职责落实到街道（乡镇）和社区（村），并明确监管责任人。（市编办和各区政府牵头，市环保局等相关部门按职责分工负责）

33. 严格监管执法。以土壤中多环芳烃、石油烃等有机污染物和镉、汞、砷、铅、铬等重金属污染物为重点监控指标，以石油加工、化工、制药、固体废物集中处置等污染源单位和工业园区为重点监管对象，落实双随机抽查制度，采取日常监管和专项检查相结合等方式，切实加强土壤环境监管。严厉打击非法排放有毒有害污染物、违法违规贮存或非法处置危险废物、不正常使用污染治理设施、监测数据弄虚作假等环境违法行为。对严重污染土壤环境、群众反映强烈的企业进行挂牌督办。（市环保局牵头，市经济信息化委、市公安局、市规划和国土资源管理委员会、市住房城乡建设委、市农委、市农业局、市园林绿化局、市安全监管局等相关部门和各区政府按职责分工负责）

34. 加强区域协调联动。配合国家建立跨区域土壤污染防治联动协作机制。探索建立京津冀地区受污染土壤治理修复资源共享机制。（市环保局牵头，市发展改革委、市科委等相关部门和各区政府按职责分工负责）

（二）加强能力建设

35. 提高土壤环境监测能力。增加土壤环境监测人员编制和监测仪器设备。每年至少开展1次土壤环境监测技术人员培训。建立土壤环境样品库和流转中心。（市环保局、市地勘局、市编办牵头，市农委、市农业局、市规划和国土资源管理委员会、市发展改革委、市财政局、市人力社保局等相关部门和各区政府按职责分工负责）

36. 提升土壤环境执法能力。改善基层土壤环境执法条件，配备土壤污染快速检测等执法装备。对全市环境执法人员每3年开展一轮土壤污染防治专业技术培训。（市环保局牵头，市财政局、市人力社保局等相关部门和各区政府按职责分工负责）

37. 增强土壤环境污染应急能力。将突发土壤环境污染应急纳入本市突发环境事件应急体系。依托社会力量，建立专业应急处置队伍，加强应急能力建设。（市环保局、市应急办牵头，市财政局、市人力社保局等相关部门和各区政府按职责分工负责）

（三）强化科技支撑

38. 加强土壤污染防治科学研究。发挥首都智力资源优势，开展土壤中各类污染物监测和评价方法、土壤环境损害鉴定评估等科学研究。加大对土壤污染防治类科研项目支持力度，促进国际合作研究与技术交流。推进土壤污染防治重点实验室建设。（市科委、市环保局牵头，市财政局、市规划和国土资源管理委员会、市农委、市农业局、市地勘局、市水务局等相关部门和各区政府按职责分工负责）

39. 开展技术研发与示范。推进土壤污染调查监测、风险管控、治理修复等关键技术研发与示范推广。推进土壤污染防治工程技术中心建设。（市科委、市环保局牵头，市发展改革委、市规划和国土资源管理委员会、市农委、市农业局、市地勘局、市经济信息化委等相关部门和各区政府按职责分工负责）

40. 推动土壤治理修复产业发展。放开服务性监测市场，鼓励社会机构参与土壤环境监测评估等活动。加快培育覆盖土壤环境调查、分析测试、风险评估、治理修复工程设计和施工等环节的完整产业链。（市环保局牵头，市发展改革委、市农委、市农业局、市水务局、市科委等相关部门和各区政府按职责分工负责）

（四）引导多元投入

41. 加大财政投入。市、区两级财政统筹用好现有各项相关资金，切实加大对土壤污染防治的投入，重点支持土壤环境质量调查评估、监测网络和信息平台建设、受污染耕地和污染地块的风险防控和治理修复、涉重金属生产工艺和设备技术改造及落后产能和工艺淘汰退出、历史遗留尾矿库治理和风险管控等。将农业综合开发、高标准农田建设、农田水利建设、耕地保护与质量提升、测土配方施肥等涉农资金，更多用于优先保护类耕地集中的区。（市财政局、市发展改革委牵头，市环保局、市规划和国土资源管理委员会、市农委、市农业局、市经济信息化委、市水务局等相关部门和各区政府按职责分工负责）

42. 发挥市场作用。通过政府和社会资本合作（PPP）模式，发挥财政资金撬动功能，带动更多社会资本参与土壤污染防治。加大政府购买土壤环境监测与评估服务力度，积极推动受污染耕地和以政府为责任主体的污染地块治理修复。鼓励社会资本探索创新商业模式，参与土壤污染治理修复。（市发展改革委、市财政局牵头，市环保局、市农委、市农业局等相关部门和各区政府按职责分工负责）

（五）加强社会监督

43. 开展宣传教育。制定土壤环保宣传教育工作方案。采取多种形式开展宣传教育活动，普及土壤污染防治相关知识，正确解读法律法规政策，切实增强公众保护土壤环境的意识。（市委宣传部、市环保局、市规划和国土资源管理委员会、市农委牵头，市农业局、市园林绿化局、市粮食局、市教委、市新闻出版广电局、市网信办、市科协等相关部门、单位和各区政府按职责分工负责）

44. 引导公众参与。鼓励公众通过“12369”环保举报热线、信函、电子邮件等途径，对乱排废水、废气，乱倒废渣、污泥等环境违法行为进行举报；查证属实的，可给予举报人奖励。市、区环保部门可根据需要聘请社会监督员，协助监督土壤污染防治工作。对土壤污染引发的社会热点问题，及时开展调查评估，主动回应社会关切。（市环保局牵头，市财政局、市规划和国土资源管理委员会、市农委、市农业局等相关部门和各区政府按职责分工负责）

45. 推动公益诉讼。支持依法对污染土壤等环境违法行为提起公益诉讼。建立信息共享和工作协作机制，积极配合司法机关相关案件办理工作和检察机关监督工作。（市高级人民法院、市人民检察院牵头，市环保局、市规划和国土资源管理委员会、市农委、市农业局、市园林绿化局、市住房城乡建设委、市城市管理委员会、市水务局等相关部门和各区政府按职责分工负责）

四、组织实施

（一）加强组织领导

成立北京市土壤污染防治领导小组，负责组织研究土壤污染防治政策措施，协调解决重大问题。领导小组下设办公室，适当增加相关部门内设机构和人员编制，负责领导小组日常工作。各区政府应成立相应工作机构。（市环保局牵头，市规划和国土资源管理委员会、市农委、市编办等相关部门按职责分工负责）

（二）强化责任落实

各区政府是组织实施本工作方案的主体，对辖区土壤环境质量负总责，应制定本区土壤污染防治工作方案和年度工作计划，细化工作目标、重点任务、工程项目，并逐一落实到部门、街道（乡镇）和重点企业。各区土壤污染防治工作方案于2017年3月底前报市政府备案，土壤污染防治工作方案和年度工作计划应向社会公布。各区政府于每年12月底前将本年度土壤污染防治工作进展情况报送市环保局。（各区政府牵头，市环保局、市规划和国土资源管理委员会、市农委、市农业局、市园林绿化局、市经济信息化委、市政府督查室等相关部门按职责分工负责）

市环保局负责统筹协调本市土壤污染防治工作。市规划和国土资源管理、农业、园林绿化、经济信息化、住房城乡建设、水务、城市管理等部门按照职责分工，完善政策措施，加强行业监督管理，切实做好相关领域土壤污染防治工作。市有关部门要加强协调联动，形成工作合力，共同推进全市土壤污染防治工作。市有关部门于每年12月底前将本年度土壤污染防治工作进展情况报送市环保局；市环保局于次年1月底前将上年度全市土壤污染防治工作进展情况报市政府。（市环保局、市规划和国土资源管理委员会、市农委牵头，市农业局、市园林绿化局、市经济信息化委、市住房城乡建设委、市城市管理委员会、市发展改革委、市财政局、市水务局、市科委、市安全监管局、市地勘局等相关部门按职责分工负责）

土地使用权人或管理人守土有责，发现违法排污行为和土壤污染现象，应及时采取措施并向上级主管部门和环保部门报告。排污企业要加强土壤污染防治，造成土壤污染的，应承担损害赔偿、治理修复等责任。土壤污染评估、修复、监理、检测企业逐步纳入社会信用体系，依法依规开展土壤污染治理修复工作。（市规划和国土资源管理委员会、市环保局、市经济信息化委、市国资委、市工商局牵头，市农委、市农业局等相关部门和各区政府按职责分工负责）

（三）严格考核问责

实行目标责任制，市政府与各区政府、市有关部门签订目标责任书，各区政府与重点企业签订目标责任书。各区政府和市有关部门及重点企业应按年度进行任务分解，抓好落实。（市环保局、市规划和国土资源管理委员会、市农委、市政府督查室、市政府绩效办牵头，市农业局、市园林绿化局、市经济信息化委等相关部门和各区政府按职责分工负责）

建立考评机制，将受污染耕地、污染地块安全利用率等指标和土壤污染防治重点任务纳入政府绩效考核内容，分年度对各区政府、市有关部门重点工作进展情况进行评估，2020年对本工作方案实施情况进行考核，评估和考核结果作为对领导班子和领导干部综合考核评价、自然资源资产离任审计以及各区土壤污染防治转移支付资金分配的重要依据。市国资委将市属国有企业落实本工作方案情况，纳入对企业领导班子和领导干部考核内容。（市政府督查室、市环保局、市国资委、市政府绩效办牵头，市委组织部、市审计局、市规划和国土资源管理委员会、市农委、市农业局、市经济信息化委、市城市管理委员会、市财政局等相关部门和各区政府按职责分工负责）

对年度评估结果较差或未通过考核的区，提出限期整改意见，实施建设项目环评限批，约谈有关负责人。对土壤环境问题突出、区域土壤环境质量明显下降、防治工作不力、群众反映强烈的区或街道（乡镇），约谈有关区政府或街道办事处、乡镇政府主要负责人。对失职渎职、弄虚作假的，予以诫勉、组织调整或处理、党纪政纪处分；对构成犯罪的，依法追究刑事责任。（市监察局、市环保局牵头，各区政府按职责分工负责）

北京市人民政府办公厅关于印发《北京市水污染防治工作方案2016年重点任务分解》的通知

京政办发〔2016〕10号

各区人民政府，市政府各委、办、局，各市属机构：

为深入实施国家《水污染防治行动计划》和《北京市水污染防治工作方案》，切实做好2016年水污染防治工作，加快改善首都水环境质量，经市政府同意，现将《北京市水污染防治工作方案2016年重点任务分解》印发给你们，并就有关事项通知如下：

一、要坚决完成年度任务。加强水环境治理、改善首都水环境质量是广大市民的热切期盼，是市委、市政府确定的重大任务。各区政府、市政府各有关部门要自觉践行绿色发展理念，主动作为，全力以赴，坚决打好水污染防治攻坚战，确保实现2016年集中式饮用水水源水质保持稳定达标、地表水水体水质优良比例保持稳定、丧失使用功能水体断面比例比2014年下降4个百分点、大幅消减黑臭水体、地下水质量保持稳定等年度防治目标。

二、要认真落实防治责任。各区政府、市政府各有关部门要切实负起属地和行业监管责任，按照《北京市水污染防治工作方案》和年度任务分解要求，紧紧围绕重点污染物、重点行业和重点区域，特别是列入国家2016年任务清单的重点任务，层层落实责任主体，细化完善政策措施，加大统筹协调力度，确保各项工作尽早落实到位，取得实效。

三、要严格开展督查考核。市环保局、市政府督查室、市监察局等部门要按照“党政同责、一岗双责”的要求，完善水污染防治目标责任考核机制，严格督查、考核和问责；要对年度任务完成情况进行考核，考核结果作为对领导班子和领导干部综合考核评价的重要依据；对因工作不力、行政效率低下、履职缺位等导致未完成年度目标任务的，将严格依纪依法追究责任。

北京市人民政府办公厅

2016年1月29日

北京市水污染防治工作方案2016年重点任务分解

工作方案	序号	2016年重点任务	牵头单位	责任单位	完成时限	备注
强化城镇生活污染治理	1	完成《北京市加快污水处理和再生水利用设施建设三年行动方案（2013—2015年）》确定的污水处理厂和再生水厂建设任务	市水务局	市发展改革委、市规划委、市住房城乡建设委、市环保局、市国土局等，相关区政府	6月底前	
	2	制定新一轮加快污水处理和再生水利用工作三年行动方案			3月底前	
	3	在建、新建住宅项目和其他排放污水的建设项目配套建设的水污染防治设施应与主体工程同步竣工验收。水污染防治设施未建成、未经工程验收或未达到工程验收标准的住宅项目和其他排放污水的建设项目不得投入使用	市住房城乡建设委、市规划委	市水务局、市发展改革委、市环保局等	3月底前开始长期实施	
	4	开展全市污泥堆放点调查，取缔非法污泥堆放点	市水务局	市环保局、市农委、市农业局、市园林绿化局等	年底前	
	5	加快建设高碑店、小红门、槐房污泥无害化处理处置工程		市发展改革委、市规划委、市国土局、市环保局等，朝阳区政府、丰台区政府	6月底前	
控制城市面源污染	6	及时清运城市垃圾，禁止违法倾倒，严控污染物进入城市排水系统	市市政市容委	市水务局、市城管执法局等，各区政府	长期实施	

续表

工作方案	序号	2016年重点任务	牵头单位	责任单位	完成时限	备注
控制城市面源污染	7	推进初期雨水收集处理，将现有雨水系统贯通，研究推进调蓄廊道建设；开展通惠河沿线初期雨水收集处理试点研究，推进市行政副中心初期雨水收集处理系统建设	市水务局	市发展改革委等，相关区政府	年底前开工	
推进农业农村污染防治	8	全市禁止新建、扩建规模化畜禽养殖场（育种、科研用途除外）	市农业局	市农委、市规划委、市环保局等，相关区政府	长期实施	
	9	划定畜禽养殖禁养区，依法关闭或搬迁禁养区内的畜禽养殖场（小区）		市农委、市环保局、市规划委等，相关区政府	6月底前划定，年底前完成关闭或搬迁	国家2016年任务清单要求
	10	完成100家规模化猪场、牛场粪便污水治理，并实现资源化利用		市农委、市环保局、市财政局、市规划委、市水务局等，相关区政府	年底前	
	11	研究制定畜禽养殖污染治理的财政支持政策		市农委、市环保局、市财政局、市水务局等	3月底前	
	12	制定实施农业面源污染综合防治方案		市农委、市发展改革委、市水务局、市财政局等	3月底前	
	13	禁止在水源保护区、自然保护区及其他环境敏感区域新建水产养殖场		市农委、市水务局、市环保局等，相关区政府	长期实施	
	14	区、乡镇、村三级生态文明示范创建工作要将水环境综合治理作为重要指标，实行"一票否决"	市环保局	市农委、市农业局、市水务局等	3月底前	
	15	完成140个建制村的环境综合整治（以污水治理为重点）	市农委	市环保局、市农业局、市水务局、市财政局等，相关区政府	年底前	
	16	研究制定农村污水处理设施建设运营管理的财政支持政策	市水务局	市农委、市环保局、市财政局、市农业局、市发展改革委等	3月底前	
	17	完成31个城乡结合部村庄、水源地所在村、民俗旅游村的污水处理设施建设		市农委、市环保局、市财政局、市农业局、市发展改革委、市规划委等，相关区政府	年底前	

续表

工作方案	序号	2016年重点任务	牵头单位	责任单位	完成时限	备注
深化工业污染防治	18	依法取缔不符合国家和本市产业政策的小型造纸、制革、印染、电镀、农药原药等严重污染水环境的生产项目	市环保局、市经济信息化委	市国土局、市国资委等，相关区政府	年底前	国家2016年任务清单要求
	19	制定重点行业专项治理方案，实施清洁化改造	市环保局	市经济信息化委、市国资委等	6月底前出台方案	
	20	工业园区污水集中处理设施全部安装自动在线监控装置		市经济信息化委、市国资委、市商务委等，相关区政府	年底前	国家2016年任务清单要求
	21	完成50家化工、制药、食品加工等重点行业的强制性清洁生产审核		市发展改革委、市经济信息化委、市国资委等	年底前	
强化垃圾渗滤液处理	22	开展垃圾填埋场、垃圾中转站、餐厨垃圾处置厂等的渗滤液处理达标治理	市市政市容委	市环保局、市水务局等，相关区政府	年底前	
加强船舶污染控制	23	完善工作船、游船码头区固体废物分类收集、接收设施，以及码头船舶停泊区事故溢油、溢液的拦截、回收和清除设施	市交通委、市水务局	各区政府	年底前	
建设节水型社会	24	实施最严格水资源管理制度，不断提高重点领域节水水平	市水务局	市发展改革委、市财政局、市住房城乡建设委、市农委、市农业局等，各区政府	长期实施	
多渠道增加可用水源	25	进一步推进再生水利用，因地制宜建设雨水收集利用设施	市水务局	市园林绿化局、市市政市容委、市规划委、市住房城乡建设委、市发展改革委、市经济信息化委、市交通委等	长期实施	
严控地下水超采	26	完成核定地下水超采范围，划定地下水禁采区、限采区和地面沉降控制区	市水务局、市国土局	市地勘局等	年底前	国家2016年任务清单要求
	27	地下水超采区内禁止工农业生产及服务业新增取用地下水。全市范围内原则上不再新增机井。严格控制开采深层承压水	市水务局	市国土局、市地勘局等	长期实施	
	28	开展机井排查登记，封填未经批准的机井，按规划置换公共供水管网覆盖范围内的机井		市国土局、市地勘局、市农委、市农业局等，相关区政府	长期实施	

续表

工作方案	序号	2016年重点任务	牵头单位	责任单位	完成时限	备注
保障饮用水水源安全	29	每季度向社会公开城市集中式饮用水安全状况信息	市水务局、市卫生计生委、市环保局	市发展改革委、市财政局等	每季度	国家2016年任务清单要求
	30	完成全市集中式饮用水水源保护区划定和调整工作	市环保局、市水务局	相关区政府	6月底前	
	31	开展饮用水水源地环境保护规范化建设	市环保局	市水务局、市地勘局等，相关区政府	年底前	
	32	开展市、区级饮用水水源地环境状况年度评估		市水务局、市卫生计生委、市地勘局等	年底前	
	33	健全完善农村饮用水水质定期检测制度	市水务局、市卫生计生委	市发展改革委、市财政局、市环保局等，相关区政府	年底前	
防治地下水污染	34	完成平原区地下饮用水水源环境状况调查评估和分区污染防治方案编制	市环保局	市水务局、市国土局、市地勘局等	年底前	
	35	开展非正规废品回收点整治、非正规垃圾填埋场清除、废弃机井封填工作	市市政市容委、市水务局	市环保局、市国土局、市地勘局、市工商局、市城管执法局等，相关区政府	年底前	
	36	开展加油站防渗漏改造工作	市环保局	市地勘局、市水务局、市国土局等，相关区政府	6月底前启动	
保障生态环境用水	37	修订完善地表水功能区划方案	市水务局	市环保局等	年底前	
	38	开展河湖环境生态需求分析，确定生态流量，不断增加河湖生态用水规模			年底前	
保护水生态健康	39	完成城市水体流域水生态健康调查与评估	市环保局	市水务局、市园林绿化局、市财政局、市国土局、市农委、市农业局等	年底前	
	40	划定河湖水生态保护红线	市水务局	市规划委、市园林绿化局、市国土局、市农委、市农业局等，相关区政府	年底前	
	41	建设27条生态清洁小流域		市环保局、市财政局、市国土局、市农委、市农业局等，相关区政府	年底前	

续表

工作方案	序号	2016年重点任务	牵头单位	责任单位	完成时限	备注
加强湿地建设	42	加快建设房山区长沟泉水、琉璃河，大兴区长子营，通州区台湖，延庆区曹官营等湿地公园和湿地保护小区	市园林绿化局、市水务局	市发展改革委、市财政局、市国土局、市农委、市农业局等，相关区政府	年底前	
整治城市黑臭水体	43	在公布黑臭水体名单、责任人及消除期限的基础上，制定实施治理方案，每半年向社会公布黑臭水体治理情况	市水务局、市环保局	市市政市容委、市规划委、市农委、市农业局、市城管执法局等，相关区政府	年底前	
改善水体水环境质量	44	以街道（乡镇）为单元，建立污染源台账，开展截污控源和河道精细化管理	市水务局	市发展改革委、市财政局、市园林绿化局、市国土局、市农委、市农业局等，各区政府	长期实施	
调整产业结构	45	各区制定并实施分年度的落后产能淘汰方案，报送市经济信息化委、市发展改革委和市环保局备案	市经济信息化委	市发展改革委、市环保局等，各区政府	年底前	
	46	根据流域水质目标和主体功能区规划要求，明确区域环境准入条件，细化功能分区，制定差别化环境准入政策	市环保局	市水务局、市发展改革委等，各区政府	年底前	
	47	开展市、区两级水资源承载能力现状评价	市水务局	市环保局、市地勘局、市发展改革委等	年底前	
	48	开展市、区两级水环境承载能力现状评价	市环保局	市水务局、市地勘局、市发展改革委等	年底前	
优化空间布局	49	研究建立郊区集中建设区以外的存量工业用地退出及发展适合首都功能定位项目的配套政策	市规划委、市国土局	市经济信息化委、市发展改革委等，相关区政府	年底前	
	50	各区调查辖区建成区现有原料药制造、化工等行业水污染较重的企业（从事研发活动、位于工业园区内的企业除外），制定实施分年度的搬迁改造或调整退出方案，报送市经济信息化委和市环保局备案	市经济信息化委、市环保局	各区政府	年底前	
加快重点流域治理	51	消除泃河下段（东店断面）劣V类水体	市水务局	市农委、市环保局等，平谷区政府、顺义区政府	年底前	

续表

工作方案	序号	2016年重点任务	牵头单位	责任单位	完成时限	备注
强化环境质量目标管理	52	制定各区水环境质量目标	市环保局、市水务局	各区政府	3月底前	
	53	各区对未达到水质目标要求的水体制定整治方案，将治污任务逐一落实到汇水范围内的排污单位，明确防治措施及达标时限，报市政府备案，并定期向社会公布	市环保局、市水务局	各区政府	3月底前	国家2016年任务清单要求
深化污染物排放总量控制	54	完善主要污染物排放总量指标分配和统计监测考核体系。对超过重点污染物排放总量控制指标的区、流域，暂停审批新增水污染物排放总量的建设项目	市环保局	市发展改革委等	年底前	
严格环境风险控制	55	开展环境激素类化学品生产使用情况调查		市农委、市农业局、市经济信息化委、市水务局、市卫生计生委、市安全监管局等	年底前	
	56	市、区政府制定和完善水污染事故处置应急预案，落实责任主体，明确预警预报与响应程序、应急处置及保障措施等内容，依法及时公布预警信息		市水务局、市经济信息化委、市农委、市农业局、市卫生计生委等，各区政府	年底前	
全面推行排污许可	57	启动排污许可证核发工作，制定并发布分阶段实施目录			年底前	
深化京津冀及周边地区流域协作	58	推进永定河、北运河、潮白河、大清河等跨界河流的绿色生态河流廊道治理，加大官厅、密云等水库生态修复和污染治理力度	市水务局	市发展改革委、市环保局、市农委、市农业局、市园林绿化局等，相关区政府	年底前	
完善法规标准	59	制定排污许可证管理办法	市政府法制办、市环保局	市水务局、市经济信息化委等，各区政府	6月底前	
加大执法力度	60	排查各类水污染源排污情况，对超标和超排污总量的企业给予“黄牌”警示，一律限制生产或停产整治；对整治仍不能达到要求且情节严重的企业给予“红牌”处罚，一律停业或关闭。定期公布环保“黄牌”“红牌”企业名单。定期抽查并公布排污单位达标排放情况	市环保局	市经济信息化委等	年底前	国家2016年任务清单要求

续表

工作方案	序号	2016年重点任务	牵头单位	责任单位	完成时限	备注
加大执法力度	61	公安部门明确机构和人员负责查处环境犯罪，对涉嫌构成环境犯罪的，依法立案侦查	市公安局	市环保局、市经济信息化委等	3月底前	
	62	严厉打击违反排污许可行为	市环保局	市公安局、市城管执法局、市水务局、市农委、市农业局、市经济信息化委、市市政市容委等	长期实施	
	63	严查违反污水排入排水管网许可行为	市水务局	市环保局、市公安局等	长期实施	
提升监管水平	64	完善水环境监测网络	市环保局、市水务局	市发展改革委、市财政局、市国土局、市地勘局等，相关区政府	年底前	
	65	各工业园区管理机构明确环保主管部门，设立环保岗位，报送市和区环保、水务、经济信息化部门备案	市环保局	市编办等，相关区政府	6月底前	
	66	各区实行环境监管网格化管理，将环保工作纳入现有网格化城市管理平台，将环保职责具体落实到各街道（乡镇）和社区（村），并逐一明确监管责任人		市编办等，各区政府	年底前	国家2016年任务清单要求
落实和完善税费政策	67	依法落实环境保护、节水、资源综合利用等方面税收优惠政策	市国税局、市地税局	市财政局、市发展改革委、市经济信息化委、市商务委、北京海关等，各区政府	长期实施	
促进多元投融资	68	建立社会资本投资回报机制，健全公平竞争投资环境，促进政府和社会资本合作模式发展	市发展改革委	市财政局、市水务局、市环保局等	6月底前	
	69	研究制定鼓励市属国有企业和民营资本参与污水处理设施建设运营的投资政策		市水务局、市财政局等	6月底前	
	70	研究制定支持污水处理设施及管网建设的规划和用地政策	市规划委、市国土局		3月底前	
	71	研究制定污水处理设施厂网分开建设运行的管理政策	市发展改革委		6月底前	

续表

工作方案	序号	2016年重点任务	牵头单位	责任单位	完成时限	备注
建立激励机制	72	研究制定环保“领跑者”激励政策，倡导绿色生产和绿色消费	市发展改革委	市财政局、市环保局、市经济信息化委、市水务局等	6月底前	
	73	制定水环境区域补偿资金结算使用管理实施细则	市财政局	市环保局、市水务局、市发展改革委等	2月底前	
推广运用先进适用技术	74	加大自主创新产品在水处理工程中的应用，提高关键技术设备的国产化率。重点推广饮用水净化、节水、水污染治理及循环利用、城市雨水收集利用、再生水安全回用、水生态修复、畜禽养殖污染防治、污泥处理处置、重点行业废水深度处理等技术	市科委、市水务局	市发展改革委、市财政局、市经济信息化委、市环保局、市农委、市农业局、市卫生计生委等	年底前	
支持开展水污染防治技术研究和交流	75	围绕水资源保护与水污染防治，加快研究重点行业废水深度处理，生活污水低成本高标准处理、工业高盐废水脱盐、饮用水微量有毒污染物处理、地下水污染修复等技术。加强水生态保护、农业面源污染防治、水环境监控预警、水处理工艺技术装备等领域的国际交流合作	市科委	市发展改革委、市财政局、市经济信息化委、市环保局、市水务局、市农委、市农业局、市卫生计生委等	年底前	
大力发展环保产业	76	以河道治理、污水处理、垃圾处理为重点，深入推行环境污染第三方治理	市发展改革委	市财政局、市水务局、市环保局、市市政市容委	年底前	
	77	推进小型污水处理设施、垃圾渗滤液等污染治理设施专业化运营模式发展			年底前	
依法公开环境信息	78	每年公布各区水环境状况	市环保局、市水务局		年底前	
	79	重点排污单位依法向社会主动公开其产生的主要污染物名称、排放方式、排放浓度和总量，以及污染防治设施的建设与运行、是否超标排放等情况，自觉接受监督	市环保局	市水务局等，相关区政府	年底前	
鼓励社会监督	80	科学客观解读水环境质量，强化水污染防治的科普和法制宣传	市环保局、市水务局	市委宣传部等，各区政府	年底前	

续表

工作方案	序号	2016年重点任务	牵头单位	责任单位	完成时限	备注
构建全民行动格局	81	倡导节约用水和“节水洁水，人人有责”的行为准则。组织系列环保公益活动	市水务局、市环保局	市委宣传部、市教委、首都精神文明办、团市委等	长期实施	
加强组织领导	82	成立市水污染综合治理领导小组及下设的综合协调和工程建设办公室，落实机构和人员编制。各区政府结合实际成立相应的领导机构	市环保局、市编办、市水务局	市农委、市农业局、市发展改革委、市财政局等，各区政府	6月底前	
分解落实责任	83	各区政府制定本区水污染防治工作方案，细化年度目标、工作任务、工程项目，逐一落实到有关部门、各街道（乡镇）和排污单位。各区水污染防治工作方案报市政府备案，并向社会发布	市环保局、市政府督查室	各区政府	3月底前	
分解落实责任	84	市有关部门制定本部门水污染防治实施方案，并报市政府备案	市环保局、市政府督查室	市水务局、市农委、市住房城乡建设委、市经济信息化委、市卫生计生委、市国土局等	3月底前	
分解落实责任	85	市政府与各区政府和市有关部门签订目标责任书。各区政府和市有关部门按年度任务分解抓好落实	市环保局、市政府督查室	市水务局、市农委、市住房城乡建设委、市经济信息化委、市卫生计生委、市国土局等，各区政府	3月底前	
实施“河长制”	86	各区政府和街道办事处、乡镇政府主要负责人担任“河长”，相关信息向社会公开	市水务局	市财政局、市人力社保局、市环保局等，各区政府	年底前	
强化主体责任	87	重点排污企业必须取得排污许可，规范安装污水排放在线监测设施，主动、如实公开污染物排放、治污设施运行情况等环境信息	市环保局	市水务局、市国资委等，各区政府	年底前	
严格督查考核	88	制定考核办法，严格督查考核	市环保局	市委组织部、市政府督查室、市水务局等	9月底前	

北京市人民政府办公厅关于印发《北京市2013—2017年清洁空气行动计划重点任务分解2016年工作措施》的通知

京政办发〔2016〕11号

各区人民政府，市政府各委、办、局，各市属机构：

为全面实施国家《大气污染防治行动计划》和《北京市2013—2017年清洁空气行动计划》，切实做好2016年大气污染防治工作，加快首都空气质量改善步伐，经市政府同意，现将《北京市2013—2017年清洁空气行动计划重点任务分解2016年工作措施》印发给你们，并就有关事项通知如下：

一是要切实落实责任。各区政府、市政府各部门要牢固树立创新、协调、绿色、开放、共享的发展理念，深入贯彻2016年1月4日张高丽副总理来京调研大气污染防治工作时的重要讲话精神，深刻认识大气污染防治工作面临的极端严峻形势，进一步增强使命感和危机感，坚持不懈地打好大气污染防治攻坚战和持久战；要进一步强化大气污染防治工作属地责任，一级抓一级，层层抓落实，坚决完成各项防治任务，确保实现2016年全市细颗粒物年均浓度同比下降5%左右的目标。

二是要突出防治重点。各区政府、市政府各部门要在全面落实各项任务措施的同时，进一步聚焦散煤、高排放机动车、城乡结合部等重点防治领域和区域，精准施策，持续发力，采取切实有效措施，确保大气污染治理取得新成效；要坚持疏堵结合、多措并举，逐一明确时间表、路线图、责任人，以更严的标准、更实的作风、更加顽强的精神，切实在重点难点领域取得突破，确保各项防治措施早日完成、早见成效。

三是要狠抓督查落实。市环保局、市政府督查室、市监察局等部门要严格按照环境保护“党政同责、一岗双责、终身追责”的要求，进一步完善机制，严格督查、严格考核、严格追责。各区政府、市政府各部门要充分调动全社会支持、参与环境保护工作的积极性，充分发挥媒体和广大群众的监督作用，依法加大对环境违法行为的查处和曝光力度，推动形成全社会共同参与、良性互动的环境保护工作大格局。

北京市人民政府办公厅

2016年1月23日

北京市2013—2017年清洁空气行动计划重点任务分解2016年工作措施

项目号	84项重点任务	2016年工作措施	完成时限	牵头单位及责任人	责任单位
一、空气质量目标任务					
1	本市空气质量进一步改善	全市空气中的细颗粒物（$PM_{2.5}$）年均浓度同比下降5%左右	年底前	市环保局陈添 各区政府（含北京经济技术开发区）主要负责人	市发展改革委 市经济信息化委 市交通委 市住房城乡建设委 市市政市容委等部门
2	各区空气质量进一步改善	东城区、西城区、朝阳区、海淀区、石景山区、门头沟区、顺义区、昌平区、平谷区、怀柔区、密云区、延庆区空气中的细颗粒物年均浓度同比下降5%以上。 丰台区、房山区、通州区、大兴区和北京经济技术开发区为本市大气污染防治重点区域，需进一步强化大气污染治理，加快空气质量改善，上述各区空气中的细颗粒物年均浓度同比下降6%左右			
二、压减燃煤任务					
3	压减燃煤总量	全市燃煤总量进一步压减至1100万吨左右	年底前	市发展改革委卢彦 各区政府主要负责人	市环保局 市经济信息化委 市农委 市住房城乡建设委 市规划委 市市政市容委
4	削减电厂用煤	市发展改革委、市重点项目办牵头，力争实现华能北京热电厂新增燃气发电机组（三期）投入运行，为华能北京热电厂燃煤机组全面关停创造条件	年底前	市发展改革委卢彦 市重大项目办徐贱云 市市政市容委孙新军 市燃气集团支晓晔 朝阳区政府王灏	市规划委 市环保局 华能北京热电厂 北京市电力公司 市热力集团
		市发展改革委、市市政市容委牵头，制定“春、秋季本地燃气电厂减产，增加外调电”方案，在非用电高峰、发生空气重污染等时期，积极增加外调电，最大限度减少本地电厂污染物排放	6月底前		

续表

项目号	84项重点任务	2016年工作措施	完成时限	牵头单位及责任人	责任单位
5	巩固城市核心区“无煤化”治理成效	东城区、西城区政府巩固“无煤化”治理成效，组织开展贯穿全年的辖区燃煤专项整治行动。按照散煤“禁售、禁运、禁存、禁燃”的目标，组织区有关部门、各街道，坚决清理整顿违规使用散煤问题。市有关部门加大督查检查和曝光力度	年底前	东城区政府李先忠 西城区政府王少峰	市城管执法局 市环保局 市工商局 市政府督查室 市监察局
8	削减工业企业燃煤	通过产业结构调整和燃煤设施清洁能源改造等方式，提前一年完成“2013—2017年工业领域累计削减燃煤200万吨”的任务（各区累计完成：通州区50万吨，房山区45万吨，顺义区27.5吨，怀柔区26万吨，昌平区15万吨，大兴区13万吨，海淀区、平谷区各12万吨，丰台区10万吨，密云区5万吨，石景山区2.8万吨，朝阳区2万吨，延庆区1.5万吨，门头沟区0.5万吨）	年底前	市经济信息化委张伯旭 相关区政府主要负责人	市国资委 市环保局 市发展改革委 市安全监管局 市市政市容委 市燃气集团
		推进各类工业燃煤设施清洁能源改造，基本完成对北京燕京啤酒集团公司等规模以上工业企业燃煤锅炉清洁能源改造（房山区400蒸吨/小时、顺义区300蒸吨/小时、昌平区80蒸吨/小时、大兴区150蒸吨/小时、平谷区20蒸吨/小时、密云区30蒸吨/小时）		相关区政府主要负责人 市燃气集团支晓晔	市经济信息化委 市环保局 市发展改革委 市市政市容委
9	实施城乡结合部和农村地区“减煤换煤、清洁空气”行动方案	市农委、市发展改革委牵头，按照“到2017年朝阳区、海淀区、丰台区、石景山区以及通州区中心地区基本实现‘无煤化’，到2020年全市平原地区农村采暖全部改用清洁能源”的目标，制定城四区（朝阳区、海淀区、丰台区、石景山区）和平原地区农村散煤清洁能源替代五年行动计划，建立台账、量化任务、细化年度措施、制定配套政策，并统筹推进落实	3月底前	市农委孙文锴 市发展改革委卢彦 市规划委黄艳 市市政市容委孙新军 相关区政府主要负责人 北京市电力公司李同智 市燃气集团支晓晔	市环保局 市财政局 市城乡结合部建设领导小组办公室 市城管执法局 市国土局 市质监局 市热力集团 京能集团

续表

项目号	84项重点任务	2016年工作措施	完成时限	牵头单位及责任人	责任单位
9	实施城乡结合部和农村地区“减煤换煤、清洁空气”行动方案	市发展改革委牵头，制定城乡结合部和农村地区电力、天然气等配套基础设施建设方案及资金配套政策，按照五年行动计划任务需求提出年度建议计划，为散煤清洁能源替代提供坚实保障；协调北京市电力公司、市燃气集团等单位组织建设	3月底前	市发展改革委卢彦 市农委孙文锴 市规划委黄艳 市市政市容委孙新军 相关区政府主要负责人 北京市电力公司李同智 市燃气集团支晓晔	市环保局 市财政局 市城乡结合部建设领导小组办公室 市城管执法局 市国土局 市质监局 市热力集团 京能集团
		除城市核心区外，各区政府制定出台辖区五年实施方案，统筹违建拆除、棚户区改造、清洁能源改造、农宅节能改造等工作，采取整村连片、集中实施的方式，明确线路图、建立台账、确定时限、倒排工期，并报市政府备案。其中，朝阳区、海淀区、丰台区、石景山区按照到2017年辖区基本实现“无煤化”，通州区按照到2017年中心地区基本实现“无煤化”的目标加快推进	4月底前	相关区政府主要负责人 北京市电力公司李同智 市燃气集团支晓晔	市农委 市发展改革委 市重大项目办 市规划委 市市政市容委
		各相关区政府因地制宜、多措并举，组织实现“400+*N*”（全市400个村，朝阳区、海淀区、丰台区、石景山区*N*个重点示范区）“无煤化”。在此基础上，朝阳区和海淀区四环路以内地区、石景山区基本实现“无煤化”；丰台区完成四环路以内地区5000户居民“煤改电”。朝阳区、海淀区、丰台区全面取消四环路以内地区煤炭销售点。 探索推进农村地区清洁能源集中供热工作，鼓励利用新技术新设备，每区各推进1~2个农村地区清洁能源集中供热项目。 对尚未改用清洁能源的地区，加大优质煤替换力度，实现全市农村地区居民使用优质煤全覆盖	年底前	相关区政府主要负责人 北京市电力公司李同智 市燃气集团支晓晔	市农委 市发展改革委 市重大项目办 市规划委 市市政市容委

续表

项目号	84 项重点任务	2016 年工作措施	完成时限	牵头单位及责任人	责任单位
9	实施城乡结合部和农村地区“减煤换煤、清洁空气”行动方案	市农委、市发展改革委、市环保局等部门建立健全散煤清洁能源替代市级联合协调机制，研究制定相关政策，加强统筹协调和督促检查，指导和协助各相关区政府组织实施。 各相关区政府分别建立散煤清洁能源替代区级工作机制，原则上安排一名分管区领导专门负责，并将职责任务落实到区有关部门、各街道（乡镇）、社区（村）以及负责人	2 月底前	市农委孙文锴 市发展改革委卢彦 市环保局陈添 相关区政府主要负责人	市财政局 市规划委 市国土局 市城乡结合部建设领导小组办公室 市市政市容委 市住房城乡建设委 市重大项目办等部门
10	远郊区燃煤总量控制	各远郊区政府按要求组织落实压减燃煤和清洁能源建设 2016 年工作任务，实现压减燃煤目标。市发展改革委组织对各相关区政府进行督查和考核	年底前	相关区政府主要负责人 市发展改革委卢彦	市环保局 市经济信息化委 市农委
11	远郊区燃煤锅炉清洁能源改造	各远郊区政府完成总容量 2500 蒸吨 / 小时左右燃煤锅炉清洁能源改造任务，基本淘汰远郊区城镇地区总容量 10 蒸吨 / 小时以下燃煤锅炉，全市五环路以内地区和通州区、怀柔区基本实现无燃煤锅炉（门头沟区总容量 120 蒸吨 / 小时、房山区总容量 400 蒸吨 / 小时、通州区总容量 1200 蒸吨 / 小时、顺义区总容量 400 蒸吨 / 小时、昌平区总容量 350 蒸吨 / 小时、大兴区总容量 470 蒸吨 / 小时、平谷区总容量 50 蒸吨 / 小时、怀柔区总容量 80 蒸吨 / 小时、密云区总容量 50 蒸吨 / 小时）。 市司法、监狱管理、教育矫治、民政、卫生计生等部门配合属地政府，推进全市司法、民政、医疗卫生等系统所属燃煤锅炉清洁能源改造	年底前	相关区政府主要负责人 市燃气集团支晓晔	市环保局 市市政市容委 市发展改革委 市司法局 市监狱管理局 市教育矫治局 市教委 市民政局 市卫生计生委
		市发展改革委继续推进西北燃气热电中心供热管网延伸至门头沟区项目落实		市发展改革委卢彦 门头沟区政府张贵林	市环保局 市市政市容委
12	加强燃气供应保障	落实《关于建立保障天然气稳定供应长效机制的若干意见》要求，协调国家有关部门，加快形成北京周边长输供气环网；加快推进市域内天然气长输管线和室内配套管网建设，力争建成西六环燃气管线成环工程；推动城市配气管网进一步向郊区延伸，满足燃煤设施“煤改气”和农村地区散煤清洁能源替代等用气需求	年底前	市市政市容委孙新军 市发展改革委卢彦 市燃气集团支晓晔 相关区政府主要负责人	市重大项目办 市规划委 市环保局 市国土局 中国石油天然气集团公司北京分公司 中国石油天然气集团公司天然气与管道分公司

续表

项目号	84项重点任务	2016年工作措施	完成时限	牵头单位及责任人	责任单位
12	加强燃气供应保障	市燃气集团按照项目滚动方式，加快燃气管网设施建设；重点加快本市南部四区（丰台区、房山区、通州区、大兴区）的区域调压站等建设，保障燃气供应。各相关区政府加大协调力度，确保建设用地及时交付	年底前	市燃气集团支晓晔 相关区政府主要负责人 市市政市容委孙新军	市重大项目办 市规划委 市环保局 市国土局 中国石油天然气集团公司北京分公司 中国石油天然气集团公司天然气与管道分公司
13	加强电力供应保障	进一步提高外受电比例，加快“西电东送”等外受电通道建设，不断推进优化“以500千伏双环网为骨架，220千伏电网9大分区供电”主网结构布局。 按照城四区和平原地区农村散煤清洁能源替代五年行动计划有关安排，加快电力基础设施建设，实施新一轮农村电网改造，全面提升电网设施水平，满足“煤改电”需求	年底前	市发展改革委卢彦 北京市电力公司李同智 相关区政府主要负责人	市规划委 市国土局 市环保局 市园林绿化局 市交通委
16	优化能源价格，整合补贴政策	市发展改革委牵头，组织推进供热价格改革，力争将居民供热价格政策纳入全市价格调整计划，进一步完善有利于清洁能源采暖的供热价格体系。 3月底前，市环保局、市财政局制定出台燃气锅炉氮氧化物减排鼓励政策。 9月底前，市农委、市财政局、市发展改革委完善进一步支持电力、天然气等配套设施建设和引导农村居民使用清洁能源的相关鼓励政策。 市农委、市财政局等部门研究农业设施清洁能源改造鼓励政策。 市环保局、市财政局研究制定城市核心“煤改电”设施更新支持政策	按时间节点完成	市发展改革委卢彦 市环保局陈添 市财政局李颖津 市农委孙文锴 市市政市容委孙新军	北京市电力公司 市热力集团 市燃气集团

续表

项目号	84 项重点任务	2016 年工作措施	完成时限	牵头单位及责任人	责任单位
18	加强监管，严控燃煤使用反弹	按照《北京市农村地区劣质民用燃煤治理工作方案》要求，市发展改革、质监、环保、城管执法、工商、交通、公安交通管理等部门依据职责强化监管，并健全信息共享、协调监管机制，加大对生产、销售劣质煤的监管和打击力度。市发展改革委会同市质监等部门，协调本市燃煤生产单位建立优质煤标志制度，便于执法部门快速简便识别。 各区政府建立属地落实机制，将燃煤监管责任有效落实到街道（乡镇）、社区（村）；完善优质煤供应方式，健全布局合理、质量合格的供应网络，形成稳定、高效的供应体系；建立违法企业退出供煤市场机制，杜绝掺假等现象；建立多部门联动机制，组织在重点时段、重点部位开展联合执法，杜绝劣质煤生产、使用；全面清理生产经营资质不全、无环评手续、环境条件差、不符合场地规划、未进行备案管理等违法违规的煤炭企业和销售点，严厉打击劣质煤经营行为	长期实施	各区政府（含北京经济技术开发区）主要负责人 市发展改革委卢彦 市质监局赵长山 市环保局陈添 市城管执法局孙连辉 市工商局陈永 市交通委周正宇 市公安局公安交通管理局孙钫 市农委孙文锴	首都综治办
20	实施商业和服务业清洁能源改造	严格执行《北京市大气污染防治条例》，各相关区政府进一步推进以电水壶、小吨位电锅炉等方式淘汰城乡结合部和农村地区燃煤茶浴炉工作；对已完成清洁能源替代的，切实巩固成果，严禁反弹	年底前	各区政府（含北京经济技术开发区）主要负责人	市发展改革委 市商务委 市环保局 市农委 北京市电力公司
三、控车减油任务					
21	实施机动车总量控制	在年度增量指标规模保持不变的基础上，进一步研究完善小客车调控政策，鼓励新能源车推广使用	年底前	市交通委周正宇 市发展改革委卢彦	市公安局公安交通管理局 市环保局 市经济信息化委 市科委

续表

项目号	84 项重点任务	2016 年工作措施	完成时限	牵头单位及责任人	责任单位
22	控制车用燃油总量	市交通委、市统计局从消费端建立交通行业季度车用燃油消费量和清单核算机制，并开展相关核算工作；市商务委实施车用燃油消耗总量季度评估制度，并按季度向相关部门通报评估结果。 市统计局组织市有关部门以及北京铁路局等单位统计在京铁路机车、施工机械、农业机械等年度燃油消耗总量，并向相关部门通报统计结果	年底前	市发展改革委卢彦 市交通委周正宇 市统计局王文杰 市商务委闫立刚	市住房城乡建设委 市园林绿化局 市公安局公安交通管理局 市环保局 市经济信息化委 市科委 市农业局 北京铁路局 中国民用航空华北地区管理局
23	研究制定提高用车成本、降低机动车使用强度的公共政策	市交通委会同市政府法制办、市发展改革委、市财政局等部门制定并组织实施 2016 年缓解交通拥堵行动计划，研究制定季节性机动车管理政策，采取经济、法律、技术和行政等综合手段，引导降低机动车使用强度	年底前	市交通委周正宇 市政府法制办刘振刚 市发展改革委卢彦	市财政局 市公安局公安交通管理局
		市发展改革委牵头，研究制定差别化停车占道收费政策。 市交通委、市公安局公安交通管理局、市城管执法局和各区政府严格组织落实差别化停车收费政策。各区政府、市公安局公安交通管理局强化机动车静态管理		市发展改革委卢彦 市交通委周正宇 市公安局公安交通管理局孙钫 市城管执法局孙连辉 各区政府（含北京经济技术开发区）主要负责人	
24	完善本市车辆和外埠车辆限行政策	市交通委会同市公安交通管理、发展改革、环保等部门制定实施更加严格的机动车区域管控措施，全面禁止外埠过境重型柴油车进入六环路以内行驶。结合首都地区环线高速公路建设，研究制定外埠货运车绕行本市相关政策和措施，采取综合手段严格高排放货运车辆管控	9 月底前	市交通委周正宇 市公安局公安交通管理局孙钫	市发展改革委 市环保局 各区政府（含北京经济技术开发区）

续表

项目号	84 项重点任务	2016 年工作措施	完成时限	牵头单位及责任人	责任单位
25	大力发展公共交通	市交通委和各区政府按照道路管辖范围分别负责开展自行车道、步行道环境整治，形成连续成网的步行、自行车道路系统，全市公共租赁自行车规模新增 1 万辆，初步形成“绿色生活区”和“健康通勤圈”。中心城绿色出行比例提高到 71%	年底前	市交通委周正宇 市公安局公安交通管理局孙钫 各区政府主要负责人	市规划委 市发展改革委 市园林绿化局 市住房城乡建设委 市城管执法局
26	提高机动车和非道路动力机械排放标准	全面落实重型柴油车第五阶段排放标准，本市新增公交、环卫、市内旅游、邮政、渣土运输、班车、校车、机场巴士等重型柴油车应选用安装壁流式颗粒捕集器（DPF）的车型；对于不符合规定的车型不予办理车辆注册登记手续	年底前	市环保局陈添 市公安局公安交通管理局孙钫	各区政府（含北京经济技术开发区）
		市环保局、市质监局继续开展本市第六阶段机动车排放标准的研究		市环保局陈添 市质监局赵长山	市经济信息化委 市规划委 市发展改革委 市财政局
		根据《大气污染防治法》，通州区政府、市环保局研究开展非道路移动机械低排区划定试点工作。 市环保局会同市住房城乡建设、交通、农业等部门和各区政府对非道路移动机械排放进行检查，对排放不合格的依法严处		市环保局陈添 市住房城乡建设委徐贱云 各区政府（含北京经济技术开发区）主要负责人	市城管执法局 市公安局公安交通管理局 市交通委 市农业局
		市环保局会同市财政局等部门研究非道路移动机械更换电动叉车鼓励政策；组织北京首都国际机场股份有限公司、中国国际航空股份有限公司等单位开展试点，更换机场用电动特种机械		市环保局陈添 市财政局李颖津 北京首都国际机场股份有限公司负责人 中国国际航空股份有限公司负责人	市质监局 市交通委

续表

项目号	84 项重点任务	2016 年工作措施	完成时限	牵头单位及责任人	责任单位
27	提高车用燃油标准，供应高品质车用燃油	市环保局、市质监局组织编制并力争发布第六阶段车用燃油地方标准。市商务委做好符合第六阶段车用燃油地方标准相关油品的供应准备工作	年底前	市环保局陈添 市质监局赵长山 市商务委闫立刚	市科委 市发展改革委 市财政局 市公安局公安交通管理局 中国石油天然气集团公司北京分公司 中国石油化工集团公司北京分公司
		市环保局、市商务委组织加快柴油车车用尿素供应体系建设，继续协调中国石油天然气集团公司北京分公司、中国石油化工集团公司北京分公司在加油站供应车用尿素			
28	加快淘汰高排放老旧机动车	综合施策引导高排放车辆加快淘汰更新，全年共淘汰 20 万辆高排放老旧机动车（东城区 15260 辆、西城区 17500 辆、朝阳区 36500 辆、海淀区 32960 辆、丰台区 23260 辆、石景山区 5500 辆、门头沟区 2660 辆、房山区 8000 辆、通州区 10400 辆、顺义区 8160 辆、昌平区 14080 辆、大兴区 13140 辆、平谷区 3860 辆、怀柔区 3500 辆、密云区 3220 辆、延庆区 2000 辆）	年底前	市环保局陈添 各区政府主要负责人 市公安局公安交通管理局孙钫	市商务委 市发展改革委 市交通委 市财政局

续表

项目号	84项重点任务	2016年工作措施	完成时限	牵头单位及责任人	责任单位
29	促进公交车结构调整及节能减排	市交通委牵头，按照2020年全市公交车基本清洁化的目标，制定相应工作方案	6月底前	市交通委周正宇 市科委闫傲霜 通州区政府岳鹏 市公交集团王春杰 祥龙公交客运公司刘春朝	市财政局 市规划委 市国土局 市公安局公安交通管理局 市环保局 市经济信息化委 相关区政府（含北京经济技术开发区）
		进一步加大新能源等低排放公交车推广应用力度，更新2700辆纯电动车、插电式混合动力车和欧六柴油车（其中纯电动和双源无轨电车不少于2390辆），新增公交车中新能源车与清洁能源车比例力争达到70%左右。 通州区政府组织实施辖区内公交车清洁化示范项目，将辖区内所属郊区客运车辆更换为新能源等低排放公交车	年底前		
30	促进出租车结构调整及节能减排	市交通委牵头，落实《关于对出租汽车提前报废或更新实施相关鼓励措施的通知》要求，组织新增、更新燃油出租车按照6年强制报废标准加快淘汰更新。全年共完成新增或更新1200辆节能、新能源出租车	年底前	市交通委周正宇 市科委闫傲霜 各区政府（含北京经济技术开发区）主要负责人	市发展改革委 市商务委 市公安局公安交通管理局 市规划委 市国土局
		市环保、交通等部门研究制定出租车两年更换净化器政策		市环保局陈添 市交通委周正宇	市财政局
31	推动省际客运、郊区客运和旅游客运车辆结构调整及节能减排	落实《京津冀协同发展规划纲要》及本市贯彻意见要求，市交通委、市规划委制定长途客运站等外迁工作方案	9月底前	市交通委周正宇 市规划委黄艳 市科委闫傲霜 相关区政府主要负责人	市旅游委 市发展改革委 市财政局 市环保局 市公安局公安交通管理局 市经济信息化委

续表

项目号	84 项重点任务	2016 年工作措施	完成时限	牵头单位及责任人	责任单位
31	推动省际客运、郊区客运和旅游客运车辆结构调整及节能减排	各相关政府和市交通委牵头，加快郊区客运车辆更新，新能源、欧六柴油等低排放车辆比例达到 40%；推进城市核心区旅游客运新能源车示范，组织示范运营 150 辆新能源等低排放旅游车	年底前	市交通委周正宇 市规划委黄艳 市科委闫傲霜 相关区政府主要负责人	市旅游委 市发展改革委 市财政局 市环保局 市公安局公安交通管理局 市经济信息化委
32	促进环卫车结构调整及节能减排	市市政市容委牵头，进一步优化环卫车辆结构，纯电动和插电式混合动力环卫车辆比例达到 45%	年底前	市市政市容委孙新军 各区政府（含北京经济技术开发区）主要负责人	市科委 市公安局公安交通管理局 市财政局 市经济信息化委 市环卫集团
		市环保局、市市政市容委、市环卫集团和各区政府组织对本市国Ⅳ及以上机动车排放标准的环卫车按照城市工况进行改造，减少氮氧化物排放		市环保局陈添 市市政市容委孙新军 市环卫集团张农科 各区政府（含北京经济技术开发区）主要负责人	市财政局
33	推动邮政车辆结构调整及节能减排	市邮政管理牵头，组织推动邮政车辆结构调整，城六区邮政配送电动车比例达到 35%	年底前	市邮政管理局靳兵 相关区政府主要负责人	市交通委 市财政局 市科委 市经济信息化委 市公安局公安交通管理局 市环保局
34	促进货运车结构调整及节能减排	市交通委组织实施本市绿色货运车辆补贴奖励政策，并引导发展新能源货运车，示范运营纯电动、节能货运车 100 辆。通过优先发放货运车通行证，引导电动货运车等车辆使用	年底前	市交通委周正宇 市公安局公安交通管理局孙钫 市财政局李颖津	市商务委 市环保局 市科委 各区政府（含北京经济技术开发区）

续表

项目号	84 项重点任务	2016 年工作措施	完成时限	牵头单位及责任人	责任单位
35	促进低速汽车结构调整及节能减排	根据《低速货运车结构及节能减排工作方案》要求，市农委、市公安局公安交通管理局等部门按照职责，组织各区政府做好低速货车结构调整工作，累计完成 22500 辆。加快适合农业生产使用的电动汽车试验推广工作	年底前	市农委孙文锴 市公安局公安交通管理局孙钫 各区政府主要负责人	市科委 市环保局 市工商局 市商务委 市财政局
37	促进物流园区和货物流转集散地货物车结构调整	市商务委推动四大物流基地使用的叉车电动化比例达到 30%。 结合非首都功能疏解，各相关区政府以及市商务、交通部门逐步推进物流园区和集散地外迁	年底前	市商务委闫立刚 市交通委周正宇 相关区政府主要负责人	市公安局公安交通管理局 市环保局 市财政局
38	推广使用新能源等低排放汽车	在公共领域加大新能源车推广应用力度，实施鼓励个人购买使用新能源车政策，全市新能源车推广应用规模累计达到 5 万辆以上。 市交通委牵头，加快推进电动汽车分时租赁示范应用，研究电动汽车分时租赁网络布局，推动其成为城市多层次交通体系的组成部分	年底前	市科委闫傲霜 市交通委周正宇 北汽集团徐和谊	市财政局 市环保局 市发展改革委 市经济信息化委 各区政府（含北京经济技术开发区）
		北京经济技术开发区内的公交车等原则上使用新能源车，打造货运车低排放示范区，排放监测系统全面实现信息化、自动化		北京经济技术开发区梁胜 市环保局陈添	市交通委 市科委 市发展改革委 市财政局
39	加快新能源和清洁能源车配套设施建设	市发展改革委继续加大新能源车和清洁能源车配套设施建设力度，推进快速充电桩建设，加密城市充换电网络，全年新能源小客车自用充电桩配建比例达到 70% 左右，建成并完善六环路以内平均服务半径 5 公里的公用补电网络，满足新能源车推广需求	年底前	市发展改革委卢彦 市规划委黄艳 市科委闫傲霜 市交通委周正宇 各区政府（含北京经济技术开发区）主要负责人	市市政市容委 市财政局 市国土局 市质监局 市安全监管局 市公安局消防局 市环保局 市园林绿化局 北京市电力公司

续表

项目号	84 项重点任务	2016 年工作措施	完成时限	牵头单位及责任人	责任单位
40	协调国家有关部门加快北京绕城高速公路建设，减少重型载货车辆过境穿越	市交通委协调国家有关部门，推动研究确定首都地区环线高速绕出北京线位方案	年底前	市交通委周正宇 市规划委黄艳 市发展改革委卢彦 市公安局公安交通管理局孙钫	平谷区政府 通州区政府 大兴区政府 市财政局 首发集团
		市公安局公安交通管理局研究制定进入本市外埠重型柴油车数量核算方法，并统计外埠进京重型柴油车数量；组织各远郊区政府加强监管，减少重型载货车辆过境穿越		市公安局公安交通管理局孙钫 相关区政府（含北京经济技术开发区）主要负责人	市交通委 市环保局
		市公安局公安交通管理局、市交通委、市环保局牵头，在六环路、进京路口等安装监控系统，实现 24 小时监控外埠黄标车和载货车违反禁行规定的行为		市公安局公安交通管理局孙钫 市交通委周正宇 市环保局陈添	市财政局 市工商局
		严格执行《大气污染防治法》，组织开展对新生产重型柴油车的达标排放检测和监管		市环保局陈添 各区政府（含北京经济技术开发区）主要负责人	
41	严格在用车辆达标排放和油品质量监管	市环保局会同市公安局公安交通管理局加大对机动车激光遥测、路检路查力度，对尾气超标车辆实施高限处罚，依法严厉查处“假国Ⅲ”等柴油车。市公安局公安交通管理局积极协调公安部，研究实施对尾气超标车辆扣分、异地处罚等工作。 市交通委每季度通报核发道路运输证的车辆情况；市公安局公安交通管理局每月通报本市和外埠车辆在高峰时段违反限行规定及黄标车违反限行规定的处罚情况	年底前	市环保局陈添 市公安局公安交通管理局孙钫 市交通委周正宇 各区政府（含北京经济技术开发区）主要负责人	市质监局

续表

项目号	84 项重点任务	2016 年工作措施	完成时限	牵头单位及责任人	责任单位
41	严格在用车辆达标排放和油品质量监管	按照交通运输部等部委《关于促进汽车维修业转型升级提升服务质量的指导意见》要求，市交通委加强对机动车维修企业的监管，并建立与环保部门联合监管机制；积极推进绿色维修，力争实现数据共享，定期向环保部门提供汽车尾气排放装置维修数据。市环保局、市交通委等部门联合组织开展对维修市场“出租净化器”违法行为的专项检查	年底前	市交通委周正宇 市环保局陈添 各区政府（含北京经济技术开发区）主要负责人	市财政局 市工商局 市城管执法局
		市工商局全年抽测不少于 2000 批次车用汽、柴油样品。市质监局、市工商局加强对生产流通领域成品油质量的监督检查，严厉打击非法生产、添加、销售不合格油品行为，将处罚情况向社会公布。 市环保局在完成 21 座加油站在线监控改造试点评估的基础上，进一步扩大改造实施范围。全年检查和抽测储油库、加油站和油罐车油气回收装置不少于 3 万次		市工商局陈永 市质监局赵长山 市环保局陈添 各区政府（含北京经济技术开发区）主要负责人	市安全监管局 市商务委 中国石油天然气集团公司北京分公司 中国石油化工集团公司北京分公司
		研究生物柴油和乳化柴油使用的可行性	择机实施	市环保局陈添	市财政局 市公交集团 市环卫集团 中国石油天然气集团公司北京分公司 中国石油化工集团公司北京分公司
		市环保局组织建立重型柴油车车载诊断系统（OBD）远程监控平台，并在本市公交、环卫、渣土运输等重型柴油车上安装约 500 套车载诊断系统远程监控设备。 完成流动污染源监管平台建设，加强在用车管理信息化建设；进一步完善环保、公安交通管理等部门信息定期交换机制，对未通过环保检验的车辆，不予核发环保标志	年底前	市环保局陈添 市公安局公安交通管理局孙钫	市交通委 市市政市容委 市财政局 市经济信息化委 相关区政府（含北京经济技术开发区） 市公交集团 市环卫集团

续表

项目号	84项重点任务	2016年工作措施	完成时限	牵头单位及责任人	责任单位
四、治污减排任务					
44	修订不符合首都功能定位的工业污染行业、生产工艺调整退出和设备淘汰目录	结合推动京津冀协同发展、落实首都城市战略定位、深化工业污染防治等，研究制定下一阶段本市工业污染行业、生产工艺调整退出和设备淘汰目录	年底前	市经济信息化委张伯旭 市环保局陈添	市发展改革委 市安全监管局 市质监局
45	全市水泥行业调整转型	金隅集团进一步落实在京水泥生产企业调整转型总体方案，完成北京太行前景水泥有限公司调整转型。全市保留的水泥窑作为城市基础设施，全部用于协同处置危险废物	年底前	金隅集团姜德义 市经济信息化委张伯旭 市环保局陈添 房山区政府曾赞荣 昌平区政府张燕发	市发展改革委 市国资委 市财政局 市质监局
47	实施燕山石化公司综合性污染治理工程	燕山石化公司3月底前停运水煤浆锅炉，并继续推进剩余燃煤设施清洁能源改造和配套管网建设等工作；6月底前第三套脱硫制硫装置建成投入运行。炼油、化工、橡胶、储运系统全面建成挥发性有机物泄漏检测修复系统，全年再减排挥发性有机物1万吨，与2012年相比累计减排挥发性有机物50%；将原油加工损失率控制在3‰以内	按时间节点完成	燕山石化公司罗强 市环保局陈添 房山区政府曾赞荣	市经济信息化委
48	全面提升全市混凝土搅拌站绿色生产管理水平	市住房城乡建设委继续组织清理无资质搅拌站，依据《北京市预拌混凝土搅拌站绿色生产管理规程》要求开展专项执法检查。各区政府严格监管，杜绝非法新建站点；对使用无资质混凝土搅拌站生产和销售的混凝土以及实施现场搅拌的建设、施工单位，依法严处。对保留的搅拌站，组织安装视频监控系统，并纳入全市远程施工视频监控平台；厂区内配备使用机械式道路清扫设施 加强总量动态管理，对预拌混凝土专业承包企业资质进行动态核查，完成一轮核查工作；对达不到资质标准要求的企业，依法取消资质。市工商局配合市住房城乡建设委等部门办理相关市场主体的变更或注销手续，依法严格核发混凝土销售营业执照	10月底前	市住房城乡建设委徐贱云 各区政府（含北京经济技术开发区）主要负责人	市工商局 市环保局 市经济信息化委

续表

项目号	84项重点任务	2016年工作措施	完成时限	牵头单位及责任人	责任单位
49	调整退出不符合首都功能定位的污染企业	按照《北京市工业污染行业、生产工艺调整退出及设备淘汰目录》要求，落实铸造生产加工、锻造生产加工、沥青类防水材料生产等23个行业和生产工艺调整退出。再淘汰退出污染企业300家，提前一年完成调整退出1200家任务（朝阳区45家、海淀区8家、丰台区19家、门头沟区2家、房山区37家、通州区42家、顺义区45家、昌平区28家、大兴区70家、平谷区1家、怀柔区2家、密云区1家）	年底前	市经济信息化委张伯旭 相关区政府主要负责人	市发展改革委 市国资委 市环保局 市住房城乡建设委 市质监局
50	集中整治镇村产业集聚区	各相关区政府加快推进辖区内镇村产业集聚区综合整治，累计完成50个镇村产业集聚区整治工作（通州区16个，大兴区8个，昌平区6个，房山区、怀柔区、密云区各4个，朝阳区、丰台区、顺义区各2个，平谷区、延庆区各1个）	年底前	市经济信息化委张伯旭 市环保局陈添 市规划委黄艳 相关区政府主要负责人	市工商局 市城管执法局 市国土局 市农委 市安全监管局
		市经济信息化委牵头，按照“非法企业坚决取缔，合法企业全面实施清洁能源改造、引导进入工业园区”的思路，并围绕本市南部四区两年基本完成、其他区三年完成的目标，组织各区政府坚决治理“镇村大院”。在全面排查的基础上，分别制定辖区“小散乱污”企业淘汰方案，完成清退企业造册工作，并统筹推进实施	3月底前	市经济信息化委张伯旭 各区政府（含北京经济技术开发区）主要负责人	市环保局 市农委 市规划委 市工商局 市城管执法局 市国土局 市安全监管局
		本市南部四区率先退出2500家左右“小散乱污”企业（丰台区51家、房山区1200家、通州区500家、大兴区800家），其中通州新城155平方公里范围内以及潞城、宋庄、永顺、梨园、东方化工厂周边等地区工业污染企业全部淘汰退出	年底前	丰台区政府冀岩 房山区政府曾赞荣 通州区政府岳鹏 大兴区政府谈绪祥	
51	开展低氮燃烧技术改造	严格执行《锅炉大气污染物排放标准》（DB11/139—2015），按照“两年完成、分步推进”的原则，各区政府建立燃气锅炉台账，组织辖区在用燃气锅炉实施低氮燃烧技术改造（各区力争完成：东城区200家、西城区200家、朝阳区300家、海淀区300家、丰台区200家、石景山区50家、通州区10家、昌平区10家、大兴区10家）	年底前	各区政府（含北京经济技术开发区）主要负责人	市环保局 市财政局 市市政市容委

续表

项目号	84项重点任务	2016年工作措施	完成时限	牵头单位及责任人	责任单位
51	开展低氮燃烧技术改造	市热力集团、市燃气集团等单位按照《固定式燃气轮机大气污染物排放标准》(DB 11/847—2011)、《固定式内燃机大气污染物排放标准》(DB 11/1056—2013)要求，完成所属燃气设施“提示改造”	采暖季前	市热力集团刘水洋 市燃气集团支晓晔	市环保局 市财政局 市市政市容委
52	开展环保技改工程，通过技术革新减少污染物排放	在完成2015年度实施的“百项”环保技改项目验收工作的基础上，再启动实施以氮氧化物和挥发性有机物高效治理为重点的第三批“百项”环保技改项目（东城区1项、西城区1项、朝阳区5项、海淀区6项、丰台区7项、石景山区1项、门头沟区2项、房山区10项、通州区11项、顺义区12项、昌平区11项、大兴区11项、平谷区4项、怀柔区5项、密云区4项、延庆区2项、北京经济技术开发区9项）	年底前	市环保局陈添 各区政府（含北京市经济技术开发区）主要负责人	市经济信息化委 市发展改革委 市财政局
53	实施重点行业挥发性有机物治理工程	各区政府结合实施工业涂装、印刷、汽车整车制造、汽车维修、木制家具制造等行业大气污染物排放标准，进一步深化重点行业挥发性有机物治理工作，实现全市再减排挥发性有机物3000吨左右（东城区6吨、西城区10吨、朝阳区150吨、海淀区146吨、丰台区100吨、石景山区10吨、门头沟区18吨、房山区245吨、通州区566吨、顺义区344吨、昌平区216吨、大兴区470吨、平谷区8吨、怀柔区100吨、密云区79吨、延庆区160吨、北京经济技术开发区372吨）	年底前	市环保局陈添 各区政府（含北京经济技术开发区）主要负责人	市经济信息化委
55	完善大气污染物排放标准	力争发布实施《大气污染物综合排放标准》《胶黏剂和建筑类涂料挥发性有机物含量限制标准》等	6月底前	市环保局陈添 市质监局赵长山	市经济信息化委
		制定有机化学品制造业、餐饮业大气污染物排放标准，制定《排污单位自行监测实验室建设及运行管理技术规范》和《固定源排气总烃和非甲烷总烃的测定便携式气相色谱法技术规范》	年底前		

续表

项目号	84 项重点任务	2016 年工作措施	完成时限	牵头单位及责任人	责任单位
56	全市工业开发区、工业园区、产业基地生态化建设	落实全市工业园区、产业基地目录，全市市级以上工业开发区生态化建设验收工作累计完成 40% 以上（海淀区 1 个、门头沟区 1 个、通州区 1 个、顺义区 1 个、昌平区 1 个、大兴区 1 个、怀柔区 1 个、密云区 1 个、北京经济技术开发区 1 个）	年底前	市经济信息化委张伯旭 市环保局陈添 相关区政府（含北京经济技术开发区）主要负责人	市发展改革委 市规划委 市科委
57	开展清洁生产审核	市发展改革委牵头，加快推进清洁生产审核工作，继续组织 60 家以上企业开展清洁生产审核，会同环保部门全面完成水泥、化工、石化等重点行业的清洁生产审核工作。 市环保局牵头，组织 40 家以上企业开展强制性审核（东城区 1 家、朝阳区 7 家、海淀区 2 家、丰台区 3 家、石景山区 1 家、房山区 3 家、通州区 6 家、顺义区 7 家、昌平区 1 家、大兴区 2 家、平谷区 1 家、怀柔区 3 家、密云区 4 家、北京经济技术开发区 4 家）	年底前	市发展改革委卢彦 市环保局陈添 各区政府（含北京经济技术开发区）主要负责人	市经济信息化委
58	创新政策，引导企业自觉减少污染排放	市发展改革委牵头，推动构建区域差别化资源能源价格体系，促进污染企业有序退出。各相关部门依据职责分工，有效组织落实排污费、污染企业淘汰退出和污染治理资金补助、绿色信贷、绿色证券、绿色保险等制度。 市环保、财政、发展改革、金融等部门研究试点环境保护基金，着力引进社会资本，创新对企业污染治理支持方式，积极推行第三方治理模式	年底前	市发展改革委卢彦 市环保局陈添 市财政局李颖津 人民银行营业管理部李超 北京银监局苏保祥	市金融局 市国税局 市经济信息化委 各区政府（含北京经济技术开发区）
59	强化污染物总量控制，推进污染源全过程管理	出台实施《北京市排污许可证管理暂行办法》	6 月底前	市环保局陈添 市政府法制办刘振刚	各区政府（含北京经济技术开发区） 市发展改革委 市经济信息化委 市财政局
		全面开展挥发性有机物监测、核算工作，完善污染源排放清单，基本实现动态掌握全市挥发性有机物、颗粒物等排放情况	年底前	市环保局陈添 各区政府（含北京经济技术开发区）主要负责人	市发展改革委 市经济信息化委

续表

项目号	84项重点任务	2016年工作措施	完成时限	牵头单位及责任人	责任单位
60	减少餐饮、烧烤等面源污染排放	落实《北京市新增产业的禁止和限制目录》要求，严控餐饮行业新增规模，加大对餐饮油烟污染专项整治力度	长期实施	各区政府（含北京经济技术开发区）主要负责人 市环保局陈添	市食品药品监管局 市商务委 市卫生计生委 市工商局 市公安局 市城管执法局
		各区政府结合实际，适时修订辖区禁止露天烧烤范围，并加强露天烧烤专项整治；加大对焚烧垃圾、秸秆等违法行为的执法力度。市城管执法局加强对各区政府执行情况的督导检查		各区政府（含北京经济技术开发区）主要负责人 市城管执法局孙连辉	市环保局 市园林绿化局 市农业局
五、清洁降尘任务					
61	推进绿色施工管理模式	严格施工扬尘管理，每月开展绿色施工检查考核，确保施工工地达标率不低于92%。市住房城乡建设委每月向各区政府通报检查考核结果，并向社会曝光违法企业；对扬尘违法情节严重的施工单位停止在京投标资格1~6个月；对开发企业采取行政告诫、暂停企业升级、在有形建设市场公示违规行为、降低企业资质等措施	长期实施	市住房城乡建设委徐贱云 各区政府（含北京经济技术开发区）主要负责人	市城管执法局 市环保局
62	完善施工扬尘管理制度	严格执行《大气污染防治法》，制定建设单位将防治扬尘污染费用列入工程造价的实施方案，提高防治扬尘污染费用占工程造价的比例并专款专用，在施工承包合同中明确施工单位扬尘污染防治责任。各区政府加强对工程项目安排和使用防治扬尘污染费用情况的监督检查；市住房城乡建设委组织监督抽查，对未按要求落实的责任单位依法处罚	年底前	市住房城乡建设委徐贱云 各区政府（含北京经济技术开发区）主要负责人	市环保局 市发展改革委
		市住房城乡建设委、市环保局等部门研究制定施工扬尘污染第三方代管制度，对因扬尘污染受到处罚或处于土石方阶段的施工工地，实施第三方治理		市住房城乡建设委徐贱云 市环保局陈添	市发展改革委 各区政府（含北京经济技术开发区）

续表

项目号	84 项重点任务	2016 年工作措施	完成时限	牵头单位及责任人	责任单位
63	加强施工扬尘监管	各行业主管部门加强对市政、拆除、道路、园林绿化、水务、轨道交通等施工工地扬尘污染控制的监管，制定全年监管计划和台账，加大对违法企业的曝光力度。 市城管执法局加大对施工扬尘污染的执法检查力度，健全台账，对违法单位严格处罚；利用工地视频监控系统开展非现场执法处罚	年底前	市住房城乡建设委徐贱云 市市政市容委孙新军 市交通委周正宇 市园林绿化局邓乃平 市水务局金树东 市重大项目办徐贱云 市城管执法局孙连辉	
		各区政府制定年度扬尘污染监管工作方案并有效实施；建立网格化管理机制，将扬尘污染治理措施和责任分解到区有关部门和人员，确保每个施工工地、每条道路都有扬尘污染控制的责任人员和监督人员。 加强属地管理，综合施策减少扬尘，辖区降尘量比 2012 年累计下降 25% 左右		各区政府（含北京经济技术开发区）主要负责人	市住房城乡建设委 市环保局
64	加强扬尘污染防治技术措施应用	建筑面积在 3000 平方米以上的施工工地必须安装高效洗轮设施，并确保出工地车辆有效清洗。全市土石方阶段施工工地洗轮机等冲洗设施有效使用率达到 100%；对不具备高效洗轮机安装条件的施工现场出入口，施工单位要设置冲洗车辆设施和沉淀池，杜绝出工地车辆车轮带泥上路行驶。 鼓励采用抑制扬尘的新技术新设备	长期实施	市住房城乡建设委徐贱云 各区政府（含北京经济技术开发区）主要负责人	
68	加强道路清扫保洁	进一步提高道路清扫保洁水平，大力推广“吸、扫、冲、收”清扫保洁新工艺，全市新工艺作业覆盖率达到 87% 以上（城六区 90%，远郊区新城 75%），降低道路尘负荷。 加大检查、考核力度，定期向社会公布环境卫生干净指数	年底前	市市政市容委孙新军 各区政府（含北京经济技术开发区）主要负责人	市环卫集团 市公联公司 首发集团

续表

项目号	84项重点任务	2016年工作措施	完成时限	牵头单位及责任人	责任单位
69	加大再生水冲洗道路的范围和使用量	市水务局组织加快推进再生水管网和加水站（点）建设，满足城市再生水冲洗道路需求；各远郊区政府统筹规划，加大资金投入力度，加快再生水管网建设，新建再生水供水站（点）20个以上	11月底前	市水务局金树东 各区政府（含北京经济技术开发区）主要负责人	市环卫集团 市排水集团 市公联公司
		正常作业条件下，市市政市容委组织加大城市主干道每日再生水冲洗力度，全市再生水日使用量提高到2.2万立方米以上	年底前	市市政市容委孙新军 各区政府（含北京经济技术开发区）主要负责人	
70	规范渣土车运输管理	市市政市容委牵头，强化联合督导检查制度，定期开展全市渣土运输专项督导检查工作；会同市住房城乡建设、环保等部门，采取经济、行政等手段，进一步完善建筑垃圾运输管理制度，构建渣土车源头严控、过程严管、后端严惩的闭环管理体系；依托全市建筑垃圾运输车辆信息平台，实现市级部门之间以及市、区政府之间执法信息共享和数据对接。 各区政府深化联合监管执法机制，开展“每周行动日”专项行动，采取设卡路检夜查、卫星定位跟踪等手段，加大对重点地区、重点路段渣土运输的监管执法力度；加强源头治理，在运输渣土高峰时段组织专人检查施工工地，严禁违规渣土运输车辆驶出工地；严厉打击、高限处罚、高频曝光无资质和标识不全“黑车”以及相关违法企业，杜绝道路遗撒	长期实施	市市政市容委孙新军 市住房城乡建设委徐贱云 市城管执法局孙连辉 各区政府（含北京经济技术开发区）主要负责人	市环保局 市公安局公安交通管理局 市交通委
72	植树造林、修复生态环境	组织在城区完成0.6万亩绿地建设；平原造林5万亩，荒山造林6万亩，低效林改造6万亩，封山育林3万亩；林木抚育50万亩	年底前	市园林绿化局邓乃平 各区政府（含北京经济技术开发区）主要负责人	
		组织实施废弃矿山、荒地生态修复及绿化方案，开展废弃矿山生态修复0.4万亩，恢复生态植被和景观		市国土局魏成林 相关区政府（含北京经济技术开发区）主要负责人	

续表

项目号	84项重点任务	2016年工作措施	完成时限	牵头单位及责任人	责任单位
73	扩大水域面积	市水务局牵头，完成南水北调来水调入密云水库调蓄等工程；建设生态清洁小流域27条，治理水土流失面积245平方公里；新增水域面积300公顷。 市园林绿化局组织完成通州台湖等湿地公园、湿地保护小区建设，累计建成8个湿地公园和7个湿地保护小区	年底前	市水务局金树东 市园林绿化局邓乃平 相关区政府（含北京经济技术开发区）主要负责人	市南水北调办
六、综合保障措施任务					
74	研究编制城市环境总体规划	基本完成城市环境总体规划编制工作；发布实施“十三五”环境保护和生态建设规划。建立环境总体规划与国民经济和社会发展规划、城市总体规划、土地利用总体规划的统筹衔接机制，推进“多规合一”，定期进行协调会商	年底前	市规划委黄艳 市环保局陈添 市发展改革委卢彦	市国土局等部门 各区政府（含北京经济技术开发区）
76	完善大气污染防治法规体系	严格执行《大气污染防治法》和《北京市大气污染防治条例》，完善环境保护行政执法与刑事司法衔接机制，深入组织开展“大气污染执法年”活动，重点查处环保设施不正常运行、企业超标排放、机动车尾气超标、露天焚烧等问题，保持打击环境违法行为的高压态势。坚持疏堵结合，加大对守法典型事例宣传以及环境违法行为曝光力度，发挥舆论监督作用	年底前	市环保局陈添 市政府法制办刘振刚 各区政府（含北京经济技术开发区）主要负责人	市公安局 市住房城乡建设委 市城管执法局 市工商局 市交通委 市质监局
		市政府法制办、市环保局研究实施机动车尾气超标简易处罚程序，提高监管执法效能	6月底前		

续表

项目号	84 项重点任务	2016 年工作措施	完成时限	牵头单位及责任人	责任单位
77	强化空气重污染应急和区域协同减排	修订《北京市空气重污染应急预案》，优化完善空气重污染启动条件、程序及应对措施等，进一步提高针对性、科学性和有效性	6 月底前	市环保局陈添 市应急办卞杰成 市发展改革委卢彦 市质监局赵长山 市交通委周正宇 市公安局公安交通管理局孙钫 各区政府（含北京经济技术开发区）主要负责人	市空气重污染应急指挥部成员单位
		市公安局公安交通管理局、市环保局按照空气重污染应急措施要求，完成全市高排放车数据库对接工作			
		完善区域大气污染联防联控机制。 推进统一规划，加快编制区域大气污染防治中长期规划，明确区域大气污染治理的时间表和线路图。 推进统一标准，推进京津冀三地统一实施机动车国Ⅴ排放标准等大气污染物排放标准。 推进协同治污，深化与廊坊市、保定市的对接合作机制，协助推进一批大气污染治理减排工程。 推进联动执法、针对跨区域的机动车排放、秸秆焚烧、煤炭和油品质量等环境问题，开展联合执法、跨区域执法、交叉执法，共同打击违法排污行为；重点推进加大京津冀及周边地区新车排放一致性和在用车环保符合性检查力度，每年检测不少于 500 辆；开展重型柴油车专项检查	年底前		
78	加强环境信息公开	研究建立企业年度环境行为报告制度，明确年度报告的内容、时间、要求等，并推动在市属国有企业率先实施。将企业环境行为纳入社会信用体系，建立环境违法“黑名单”制度，对列入环境违法“黑名单”的失信企业在政府采购、投融资等方面依法予以限制	长期实施	市环保局陈添 市工商局陈永 各区政府（含北京经济技术开发区）主要负责人	市发展改革委 市经济信息化委 市住房城乡建设委 市国资委 市财政局 市金融局 北京银监局 人民银行营业管理部

续表

项目号	84 项重点任务	2016 年工作措施	完成时限	牵头单位及责任人	责任单位
79	加强统筹调度和督查考核	充分发挥市、区两级大气污染综合治理领导小组作用，加大统筹协调力度，跟踪调度并通报反馈工作进展，协调解决存在问题，推进任务措施有效落实	长期实施	市环保局陈添 市政府办公厅王琛 市监察局王海平	市委组织部 市人力社保局 市发展改革委 市经济信息化委 市农委 市住房城乡建设委 市市政市容委等部门 各区政府（含北京经济技术开发区）
		市环保局牵头，完善清洁空气行动计划实施情况考核工作，进一步发挥导向作用，引导各区政府深化污染治理	10 月底前		
		落实环境保护“党政同责、一岗双责、终身追责”要求，研究制定本市环境保护督察方案，设置环境保护督察组，对清洁空气行动计划执行情况进行全面督察、延伸督察、下沉督察			
		市政府督查室将年度清洁空气行动计划落实情况纳入市政府重点督查工作，实施年度绩效考核，对各区政府、市有关部门任务完成情况进行考核。各相关部门对工作中发现的监察对象违反行政纪律行为，按照有关规定向监察机关移送	年底前		
80	加强宣传引导，推动公众参与	市委宣传部、市环保局组织制作本市大气污染防治工作纪录片，策划制作系列动画等产品，多角度、多层次、多元化、全方位宣传大气污染成因、防治措施等。加强环保舆情分析，积极回应公众关切，营造良好舆论氛围。 整合全市环保宣教资源，宣传、教育、工会、妇联等部门联合推进环保宣传；充分发挥环保公益组织等力量的作用，动员社会公众积极参与，形成全社会“同呼吸、共责任、齐努力”的良好氛围。市人力社保局开发环保培训课程，分级开展系列环保培训项目等。 开展“北京蓝，我行动”系列公众参与与环保主题活动，培育“保护环境光荣，污染环境可耻”的自觉性，引导形成“保护环境从自身做起”的新风尚	长期实施	市委宣传部王海平 市环保局陈添 市教委线联平 市总工会陆晓光 市妇联赵津芳 市社会办宋贵伦 市委组织部张建春 市人力社保局张欣庆	市有关部门 各区政府（含北京经济技术开发区）

续表

项目号	84项重点任务	2016年工作措施	完成时限	牵头单位及责任人	责任单位
81	加大资金保障力度	按照《北京市节能减排及环境保护专项资金管理办法》要求，组织实施“滚动预算”，进一步加大资金支持力度，突出对大气污染防治重点区域、重点领域的财政倾斜。研究制定以大气环境质量改善为导向的转移支付政策，进一步引导属地政府加大大气污染防治力度	年底前	市财政局李颖津 市发展改革委卢彦 市环保局陈添 各区政府（含北京经济技术开发区）主要负责人	市经济信息化委 市交通委等部门
		各区政府将大气污染防治投入作为公共财政支出重点，加大资金投入力度，完善辖区大气污染防治资金保障和使用机制			
82	加强大气污染防治科研与技术推广	推进基于新一代卫星遥感、地面监测与分析模式的区域空气质量综合监测研究与应用项目的立项和实施；完成《燃气锅炉低氮燃烧技术装备研发与示范》的后续研发和示范工作；完成《北京大气氨排放特征及控制对策研究》；协调加快《京津冀区域大气污染物动态排放特征及更新机制研究》项目实施，为京津冀协同治污提供科学依据。开展本市环保最佳实用技术体系研究；对热力生产和供应、汽车制造等重点大气污染行业开展污染防治最佳实用技术研究	年底前	市科委闫傲霜 市环保局陈添 各区政府（含北京经济技术开发区）主要负责人	市发展改革委 市市政市容委 市交通委 市园林绿化局等部门
		市环保局和各区政府完成本市大气环境质量监测网络升级建设	6月底前		
83	加强环境监管能力建设	市编办、市环保局按照环境保护“党政同责、一岗双责、终身追责”要求，研究明确街道（乡镇）环境保护职责，制定街道（乡镇）环境保护责任清单并向社会公开	6月底前	市编办刘云广 市环保局陈添 市市政市容委孙新军 市社会办宋贵伦 各区政府（含北京经济技术开发区）主要负责人	市财政局
		全面推行环境保护网格化监督管理模式，各区政府进一步落点、落人、落责，实现有效运转。 本市南部四区率先在街道（乡镇）试行环保协管员制度	年底前		
		市环保局、市编办研究探索完善全市环保机构监测监察执法体系及管理机制			

续表

项目号	84项重点任务	2016年工作措施	完成时限	牵头单位及责任人	责任单位
84	制定实施方案并有效组织落实	各区政府、市有关部门切实加强组织领导，认真落实2016年工作措施，制定并实施本区和部门年度实施方案，建立台账、责任到人，形成各司其职、联动配合的工作机制；对重点项目和工程倒排工期，并严格按照时间节点推进落实。 3月底前，各区政府及市发展改革委、市规划委、市经济信息化委、市住房城乡建设委、市农委、市市政市容委、市交通委、市科委、市水务局、市城管执法局等部门将实施方案，以及明确线路图、时间表、责任人的重点项目台账和任务清单，一并报市大气污染综合治理领导小组备案；各区政府同时向社会公开本辖区大气污染防治工作方案	按时间节点完成	各区政府（含北京经济技术开发区）主要负责人 市有关部门主要负责人	

注：84项任务中已经完成的项目不再列出。

北京市人民政府办公厅关于印发大气污染防治等专项责任清单的通知

京政办发〔2016〕13号

各区人民政府，市政府各委、办、局，各市属机构：

《大气污染防治专项责任清单》《城市环境秩序治理专项责任清单》《违法建设治理专项责任清单》《建设工程安全生产监管专项责任清单》《烟花爆竹安全管理专项责任清单》已经市政府同意，现印发给你们，请认真贯彻落实。

附件：

1. 大气污染防治专项责任清单
2. 城市环境秩序治理专项责任清单
3. 违法建设治理专项责任清单（略）
4. 建设工程安全生产监管专项责任清单（略）
5. 烟花爆竹安全管理专项责任清单

北京市人民政府办公厅

2016年3月3日

附件1

大气污染防治专项责任清单

为进一步明确大气污染防治职责分工，健全完善本市大气污染防治体制机制，切实提高大气污染防治工作实效，根据《北京市人民政府关于建立市政府部门权力清单责任清单制度的通知》（京政发〔2015〕62号）要求，制定本清单。

一、压减燃煤责任

（一）市政府部门职责分工

1. 市发展改革委

（1）实施燃煤总量控制，制定清洁能源发展利用规划，加强电力、天然气等清洁能源保障，并牵头开展对各有关部门和单位压减燃煤指标任务进展和完成情况的督查考核。

（2）拟订本市在压减燃煤领域的全社会固定资产投资和重大项目中长期规划及年度实施计划，统筹安排本市相关财政性建设资金。

（3）组织实施电力生产燃气化，加快建设燃气热电中心，全面关停燃煤电厂，积极组织推进热泵、太阳能等清洁能源采暖。与市商务委、市环保局等部门和各区政府（含北京经济技术开发区）共同加快实施商业和各类经营服务业清洁能源改造工作，配合有关部门和区政府推进农村地区“减煤换煤”、燃煤锅炉清洁能源改造、高污染燃料禁燃区建设、绿色能源配送体系建设等工作。

（4）会同市市政市容委等部门推进全市供热价格统一，逐步理顺供热价格，鼓励使用清洁能源采暖；推进瓶装液化气同城同价，建立“用户公平负担、鼓励清洁能源应用”的价格机制。

（5）组织拟订电力、煤炭行业规范和技术标准，并加强相应的监督管理工作。

2. 市经济信息化委

组织实施工业领域压减燃煤工作，大力推进工业开发区燃煤设施清洁能源改造，削减工业企业燃煤使用。

3. 市环保局

（1）组织落实全市禁止新增燃煤、划定和建设高污染燃料禁燃区工作，并与各区政府共同推进燃煤锅炉清洁能源改造。

（2）开展燃煤排放执法检查，强化与市质监局等部门协作配合，严格查处超标排放和不正常使用污染防治设施等违法行为。

4. 市规划委

会同市农委等部门研究制定“城市化改造上楼一批”“拆除违建减少一批”“城市管网辐射一批”的实施方案和配套政策，并建立各区工作台账。

5. 市住房城乡建设委

严格执行新建建筑强制性节能标准，并会同有关部门加快推进既有建筑节能改造。

6. 市市政市容委

（1）加强本市燃气、供热行业管理，进一

步强化燃气供应保障及燃气管网建设，积极推进既有居住建筑供热计量改造等工作。

（2）会同市农委等部门研究制定农村地区“炊事气化解决一批”的实施方案和配套政策，协调燃气企业完成镇村管道天然气、压缩天然气、瓶装液化气的供应工作。

7. 市交通委、市公安局公安交通管理局

开展路检、路查，对运输劣质煤进京车辆进行查处，杜绝劣质煤进京。

8. 市农委

（1）组织协调农村环境、能源建设，牵头制定并组织实施农村地区“减煤换煤、清洁空气”行动方案，做好“五个一批”削减城乡结合部和农村地区散煤过程中综合协调工作。

（2）会同市发展改革委等部门研究制定城乡结合部和农村地区散煤清洁能源替代的实施方案和配套政策，进一步优化完善“优质煤替代一批”的工作实施方案和相关配套政策，协调煤炭企业完成优质燃煤的供应工作。

9. 市工商局

依法查处固定场所内无照经营劣质煤行为。

10. 市质监局

加强煤炭质量安全监督检查，组织开展煤炭质量安全专项整治工作，对销售不符合标准的散煤及制品的行为，依法予以查处。

11. 市城管执法局

依法查处公共场所流动商贩无照经营劣质煤的行为。

（二）各区政府职责

各区政府作为本行政区域压减燃煤工作的责任主体，要统筹组织实施本行政区域压减燃煤工作；指导、督促街道（乡镇）落实压减燃煤相关任务和政策措施，配合有关部门做好各领域压减燃煤工作，强化能源保障基础设施建设，推进清洁能源改造，加大对辖区内燃煤使用情况的监督检查力度。

二、控车减油责任

（一）市政府部门职责分工

1. 市发展改革委

牵头实施车用燃油总量控制，会同市环保局等部门研究落实国家关于“按照优质优价和排污者付费原则合理确定成品油价格”的要求，制定提高机动车使用成本的经济政策。

2. 市科委

（1）拟订新能源汽车发展战略，组织编制新能源汽车中长期发展规划，研究制定鼓励新能源汽车推广使用的政策措施，会同有关部门不断加大新能源汽车推广使用力度。

（2）会同市发展改革委等有关部门按照统一规划、统一制式的要求，加快完善新能源和清洁能源汽车配套设施建设。

3. 市国土局、市规划委

按照职责分工，配合做好新能源和清洁能源汽车配套设施建设等工作。

4. 市环保局

（1）与市质监局等部门共同研究提高机动车、非道路动力机械排放标准和车用燃油地方标准。

（2）与市公安局公安交通管理局等部门加大对在用车辆尾气排放的抽查力度，进一步强化路检和入户抽查工作。

（3）继续实施鼓励政策，牵头加快老旧机动车淘汰工作。

（4）加强对机动车排放、油气回收、车用汽柴油清净性和车用氮氧化物还原剂质量监管工作。

5. 市市政市容委

（1）组织推进环卫和建筑垃圾运输行业车辆结构调整、新能源和清洁能源车辆推广及节能减排工作。

（2）会同有关部门研究制定并组织实施清洁能源汽车加气站等配套设施规划，做好加气站经营资格审查和监督管理工作。

6. 市交通委

（1）根据国家大气环境质量标准和本市改善大气环境质量目标，会同有关部门实施机动车数量调控。

（2）会同有关部门规划低排放区，研究制定征收交通拥堵费政策，加快制定智能化车辆电子收费识别系统等配套政策，有效落实区域差别化停车收费制度，进一步完善差别化停车管理政策，引导降低中心城区车辆使用强度。

（3）指导交通行业节能减排，会同有关部门组织推进公交、出租、客运、货运等行业车辆结构调整，大力开展新能源和清洁能源车辆推广工作。

（4）优化道路设置，完善相关管理措施，着力减少机动车怠速和低速行驶造成的污染。

（5）根据大气环境质量状况，会同有关部门研究制定在一定区域内限制机动车行驶的交通管理措施，报市政府同意后发布实施。

7. 市农委

研究完善相关政策，积极组织推进低速汽车结构调整及节能减排工作。

8. 市商务委

组织供应符合排放标准的车用燃油；与市交通委等部门积极促进全市物流园区和货物流转集散地货物运输车辆结构调整，大力推广使用符合排放标准的运输车辆，并进一步降低公路运输车辆使用强度。

9. 市工商局

加强成品油流通领域质量监督检查，严厉打击销售不合格油品行为。

10. 市质监局

加强成品油生产领域质量监督检查，严厉打击生产不合格油品行为。

11. 市公安局公安交通管理局

与市交通委等部门加快完善本市和外埠车辆限行政策，严格按照相关环保要求，办理外埠车辆进京证等机动车通行证件，加大对车辆违反禁行、限行规定的查处力度。配合市环保局强化机动车排放监管、完成老旧机动车淘汰等工作。

（二）各区政府职责

各区政府作为本行政区域控车减油工作的责任主体，要统筹组织实施本行政区域控车减油工作；指导、督促街道（乡镇）落实控车减油相关任务和政策措施，配合有关部门做好机动车排放监督检查等工作。

三、治污减排责任

（一）市政府部门职责分工

1. 市发展改革委

（1）做好本市节能减排综合协调工作；组织拟订发展循环经济、全社会能源资源节约和综合利用的规划及政策措施，并协调实施；参与编制生态建设、环境保护规划，协调生态建设、能源资源节约和综合利用的重大问题；综合协调、推进落实节能环保产业和清洁生产促进有关工作，组织实施节能监察和考核工作。

（2）会同有关部门分行业、分地区对水、电等资源类产品制定企业消耗定额，研究完善差别化、阶梯式的资源价格政策。

（3）与市环保局等部门进一步鼓励企业开展清洁生产审核，发展节能、降耗、减排的清洁生产项目，加大强制性清洁生产审核力度。

2. 市经济信息化委

（1）按照发展循环经济和清洁生产的要求，加快推进生态工业园区建设，积极引导工业企业入驻，推动工业集聚发展。

（2）进一步压缩全市水泥产能，严格控制炼油规模，会同有关部门修订完善本市禁止新建、扩建的高污染工业项目名录，以及不符合首都功能定位的高污染行业调整、生产工艺和设备退出指导目录，进一步淘汰污染产能。

（3）指导督促工业企业开展技术改造和污染治理工作，与市财政局等部门调整完善污染企业淘汰退出资金补助政策，加快调整退出不符合首都功能定位的污染企业。

（4）与市规划委等部门和相关区政府共同开展镇村产业集聚区集中整治工作，大力推进集聚区污染企业调整退出。

3. 市环保局

（1）实施环保技改工程，推进燃气锅炉低氮燃烧技术改造，减少氮氧化物排放，开展重点行业挥发性有机物治理和工业烟粉尘治理工作。

（2）严格实施污染物排放总量“减二增一”环评审批制度。

（3）会同市质监局等部门修订重点行业大气污染物排放标准，不断完善标准体系，进一步严格排放限值。

（4）会同市发展改革委、市财政局等部门研究完善排污费征收、挥发性有机物治理资金补助等政策以及排污许可证和排污交易制度；

与市金融局、市国税局、北京证监局、北京银监局等部门共同推进绿色信贷和绿色证券。

（5）强化主要污染物排放监测与核算，会同有关部门加大对排污企业的监管执法力度。

（6）与有关部门协同整治骑墙（骑窗）烧烤、倚门烧烤，依法开展餐饮油烟排放执法检查，严格查处未安装油烟净化装置或未采取其他防治措施污染周边环境的行为。

4. 市住房城乡建设委

（1）组织落实禁止新建、扩建混凝土搅拌站有关要求，进一步提高标准，督促保留的预拌混凝土搅拌站严格落实绿色生产相关管理规定，示范推广更加节能环保的绿色搅拌站。

（2）严格禁止施工工地现场搅拌混凝土，并加强监督检查。

5. 市工商局

与市环保局等部门协作配合，加大对无证照经营活动中违法排污等环境污染行为的查处力度。

6. 市质监局

对生产不符合本市规定标准的含挥发性有机物原材料和产品的行为，依法进行查处。

7. 市园林绿化局

对全市主要公园内的烧烤行为进行查处，对其他公园、绿地内的露天烧烤行为进行劝阻，并配合有关执法部门进行查处。

8. 市城管执法局

与有关部门协同整治骑墙（骑窗）烧烤、倚门烧烤，对在政府划定禁止范围内露天烧烤食品以及为露天烧烤食品提供场地的行为，予以严厉查处，坚决杜绝露天烧烤、露天焚烧等违法行为。

9. 市公安局公安交通管理局

对占用车行道、人行道从事露天烧烤妨碍交通秩序的行为进行查处。

（二）各区政府职责

各区政府作为本行政区域治污减排工作的责任主体，要统筹组织实施本行政区域治污减排工作；指导、督促街道（乡镇）落实治污减排相关任务和政策措施，配合有关部门做好各领域治污减排工作，强化对违规在建高污染、高耗能项目检查和露天烧烤、露天焚烧等污染问题的日常巡查处理工作，进一步加大对企业未批先建、未批在产、违法排污、超标排放、违法使用混凝土搅拌站等违法违规行为的监督检查力度。

四、清洁降尘责任

（一）市政府部门职责分工

1. 市公安局

协助相关部门查处施工工地扬尘违法等行为，对伪造、变造准运证件及使用伪造、变造准运证件等涉嫌违法犯罪的，和相关执法部门做好行政执法与刑事司法的衔接工作。

2. 市环保局

做好建设工程施工工地扬尘排污费征收工作。对工业企业未对产生扬尘的物料采取密闭贮存或围挡措施的，依法予以查处。

3. 市住房城乡建设委

（1）完善施工扬尘管理制度，推广扬尘污染防治技术措施。

（2）推进绿色施工管理模式，深入组织开展绿色安全工地创建活动，严格房屋建筑、市政基础设施建设和拆除施工扬尘管理工作，定期开展绿色施工检查考核，并通报检查考核结果。

（3）建立完善施工现场监督检查工作制度，强化施工现场监督管理，进一步完善工地台账，对施工企业相关工作情况进行定期抽查，对违规企业和责任人员给予信用记分处理。

（4）组织建设施工扬尘视频监控系统，加强对施工扬尘监控管理，并将施工单位的扬尘违法行为纳入本市施工企业市场行为信用评价系统。

（5）督促、检查建设单位将防治扬尘污染费用列入工程造价，并在工程承包和发包合同中明确施工单位防治扬尘污染等责任要求。

（6）督促施工单位规范使用渣土运输车，并将使用情况纳入施工企业资质管理。

4. 市市政市容委

（1）制定道路清扫冲洗保洁标准，并认真组织落实。

（2）严格规范对建筑垃圾的消纳处置管理。

5. 市交通委

加强公路建设施工工地扬尘污染管理，对市管市政道路的裸露地面进行绿化或铺装。

6. 市农委

推进秸秆综合利用，鼓励对裸露农田采取生物覆盖、留茬免耕等扬尘控制措施。

7. 市水务局

（1）大力开展生态清洁小流域建设，不断扩大水域面积。

（2）加强河道整治等水务工程施工工地扬尘污染管理，对河道沿线裸露地面进行绿化或铺装。

（3）加快推进再生水管网和加水站点建设，满足城市再生水冲洗道路需求。

8. 市园林绿化局

（1）组织、指导和监督本市城乡绿化美化、植树造林和封山育林等工作；组织、指导和协调防沙治沙和以植树种草等生物措施为主的防治水土流失工作；组织、指导生态林的建设、保护和管理。

（2）加强园林绿化施工工地扬尘污染管理，对公共绿地的裸露地面进行绿化或铺装。

（3）与市水务局等部门加快建设湿地公园和湿地保护小区。

9. 市城管执法局

充分利用视频在线自动监控系统监管施工扬尘，同时加大对各类施工扬尘、渣土运输遗撒等问题的现场检查和执法力度。

（二）各区政府职责

各区政府作为本行政区域清洁降尘工作的责任主体，要统筹组织实施本行政区域清洁降尘工作；指导、督促街道（乡镇）落实清洁降尘相关任务和政策措施，配合有关部门做好各领域清洁降尘工作，加大对道路建设、水务工程、园林绿化工程等工地施工扬尘和道路运输泄露遗撒问题的巡查处理力度。

五、综合保障责任

（一）市政府部门职责分工

1. 市发展改革委

（1）将大气污染治理等环境保护工作纳入国民经济和社会发展规划，研究完善有利于大气污染防治的相关经济政策。

（2）与有关部门强化综合施策，以控制总量、优化布局、改善结构为重点，进一步推进人口调控工作，减少生活刚性需求增加带来的污染。

2. 市教委

统筹、指导和协调本市环境保护教育工作，强化全民环境意识，将环境保护课程列入国民教育体系，积极推进绿色学校创建活动。

3. 市科委

鼓励和支持大气污染防治科学技术研究，组织开展大气污染成因和防治对策分析；推广应用大气污染防治先进技术，提高大气环境保护的科学技术水平。

4. 市公安局

与市环保局等部门加强环境保护行政执法与刑事司法的相互衔接和协调联动工作，对涉嫌构成环境犯罪的，及时依法立案侦查；对拒不配合环保执法、监督性监测，阻挠环保部门实施查封、扣押，暴力抗法，以及违法主体不易确定的，积极开展现场执法。

5. 市环保局

（1）与市质监局等部门制定完善大气污染防治地方标准，与市政府法制办等部门不断健全完善本市大气污染防治法规体系，进一步加大各项管理力度，大幅度提高处罚额度，为大气污染治理各项措施的落实提供有力法律和政策支撑。

（2）加强环境信息公开工作，进一步扩大环境信息公开的排污单位范围，会同有关部门完善企业环境信用评价制度，建立违法企业“黑名单”，并纳入社会信用体系。

（3）与市委宣传部加强宣传引导，进一步拓展宣传渠道，推动实施“同呼吸、共责任、齐努力”的全民参与大气污染防治行动。

6. 市规划委

与市环保局、市发展改革委等部门编制完善城市环境总体规划，合理配置公共服务资源，进一步强化环境、资源约束条件，形成有利于大气污染物扩散的城市功能和空间布局。

（二）各区政府职责

各区政府要认真落实国家和本市环境保护相关规划，加强环境保护宣传引导工作；指导、督促街道（乡镇）落实环境保护相关任务和政策措施，明确责任部门和人员分工，并强化对各项工作落实情况的监督检查力度。

由市编办会同市环保局、市政府法制办负责本清单的相关解释和调整工作。

附件2

城市环境秩序治理专项责任清单

为进一步明确城市环境秩序治理职责分工，切实强化城市环境管理工作，持续提升首都城市环境质量，根据《北京市人民政府关于建立市政府部门权力清单责任清单制度的通知》（京政发〔2015〕62 号）要求，制定本清单。

一、非法小广告治理

（略）

二、施工工地与建筑垃圾运输管理

（一）市政府部门职责分工

1. 施工扬尘治理

（1）市公安局

协助相关部门查处施工工地扬尘违法等行为，对伪造、变造准运证件及使用伪造、变造准运证件等涉嫌违法犯罪的，和相关执法部门做好行政执法与刑事司法的衔接工作。

（2）市环保局

做好建设工程施工工地扬尘排污费征收工作。

（3）市住房城乡建设委

完善施工扬尘管理制度，推广扬尘污染防治技术措施；推进绿色施工管理模式，深入组织开展绿色安全工地创建活动，严格房屋建筑、市政基础设施建设和拆除施工扬尘管理工作，定期开展绿色施工检查考核，并通报检查考核结果；建立完善施工现场监督检查工作制度，强化施工现场监督管理，进一步完善工地台账，对施工企业相关工作情况进行定期抽查，对违规企业和责任人员给予信用记分处理；组织建设施工扬尘视频监控系统，加强对施工扬尘监控管理，并将施工单位的扬尘违法行为纳入本市施工企业市场行为信用评价系统；督促、检查建设单位将防治扬尘污染费用列入工程造价，并在工程承包和发包合同中明确施工单位防治扬尘污染等责任要求；督促施工单位规范使用渣土运输车，并将使用情况纳入施工企业资质管理。

（4）市交通委

加强公路建设施工工地扬尘污染管理，对市管市政道路的裸露地面进行绿化或铺装。

（5）市水务局

加强河道整治等水务工程施工工地扬尘污染管理，对河道沿线裸露地面进行绿化或铺装。

（6）市园林绿化局

加强园林绿化施工工地扬尘污染管理，对公共绿地的裸露地面进行绿化或铺装。

（7）市城管执法局

充分利用视频在线自动监控系统监管施工扬尘，同时加大对工地的现场检查和执法力度。

2. 夜间施工管理

（1）市环保局

指导、协调夜间施工噪声污染防治工作。

（2）市住房城乡建设委

实施建设工程夜间施工许可，指导各区住房城乡建设部门严格规范建设工程夜间施工许可工作并加强监督管理；会同市发展改革委、市环保局等部门研究制定夜间施工噪声扰民的补偿办法。

（3）市城管执法局

对未经许可进行夜间施工或超过许可期限进行夜间施工的行为进行查处。

3. 建筑垃圾运输管理

（1）市环保局

深入运输企业和出土（拆除）工地，对建筑垃圾、土方、砂石运输车辆开展现场执法，查处尾气排放超标的车辆。

（2）市市政市容委

指导、管理本市建筑垃圾收集、运输、处

置和相关设施建设工作；依据相关法规规定加强检查，并依法查处违法违规行为，情节严重的要依法吊销相关行政许可；规范运输企业从业行为，严格运输专用车辆管理，建立并公布运输企业及所属车辆目录，按照要求开展日常检查巡查和定期抽查抽验工作，对未达标的运输企业和车辆，及时督促整改；严格落实部门监管责任，按照规定对市政公用专业工程涉及的建筑垃圾运输实施严格管理。

（3）市交通委

严格落实部门监管责任，按照规定对道路交通专业工程涉及的建筑垃圾运输实施严格管理。

（4）市水务局

严格落实部门监管责任，按照规定对水务专业工程涉及的建筑垃圾运输实施严格管理。

（5）市园林绿化局

严格落实部门监管责任，按照规定对园林绿化专业工程涉及的建筑垃圾运输实施严格管理。

（6）市城管执法局

制定有效措施，落实执法点位和执法人员，对建筑垃圾、土方、砂石运输车辆泄漏遗撒、乱倒乱卸、无证运输等违法违规行为依法查处，并会同有关部门依法追究运输企业责任，对违法违规运输企业予以曝光、停业整顿、吊销建筑垃圾运输企业经营许可和道路运输经营许可的处理。

（7）市公安局公安交通管理局

做好路面交通秩序维护疏导工作；加强建筑垃圾、土方、砂石运输车辆管理，查处运输车辆超载、超速等违法行为；定期组织开展联合执法和专项整治行动，制定具体措施，对建筑垃圾、土方、砂石运输车辆涉牌违法、超载、超速、闯红灯、违反禁限规定等交通违法行为开展日常设卡执法检查；在相关部门开展执法工作时予以协助配合，包括协助拦车检查，核实车辆、车主信息，提供监控证据等。

（二）各区政府职责

1. 按照属地责任要求，组织、协调本行政区域内相关部门开展施工现场联合检查工作。

2. 组织本行政区域内环卫、保洁部门加大对道路运输泄漏遗撒的检查力度，做到及时发现、及时清扫。

3. 组织施工工程所在地街道（乡镇）协助有关部门对有关建设单位、施工单位的施工作业进行监督，并及时调解因施工噪声污染等问题引发的纠纷。

4. 指导、督促街道（乡镇）会同公安交管、交通运输管理、城管执法等部门在辖区内重要点位开展运输车辆泄漏遗撒的联合检查执法活动。

三、非法营运治理

（略）

四、无证无照经营行为治理

（略）

五、停车场与地桩地锁管理

（略）

六、露天烧烤治理

（一）市政府部门职责分工

1. 市环保局

与有关部门协同整治骑墙（骑窗）烧烤、倚门烧烤，依法开展餐饮油烟排放执法检查，严格查处未安装油烟净化装置或未采取其他防治措施污染周边环境的行为。

2. 市园林绿化局

对全市主要公园内的烧烤行为进行查处，对其他公园、绿地内的露天烧烤行为进行劝阻，并配合相关执法部门进行查处。

3. 市城管执法局

与有关部门协同整治骑墙（骑窗）烧烤、倚门烧烤，对在政府划定禁止范围内露天烧烤食品以及为露天烧烤食品提供场地的行为，予以严厉查处，坚决杜绝露天烧烤、露天焚烧等违法行为。

4. 市公安局公安交通管理局

对占用车行道、人行道从事露天烧烤妨碍交通秩序的行为进行查处。

（二）各区政府职责

按照属地责任要求，组织、协调本行政区

域有关部门做好露天烧烤治理工作，强化日常监督管理；指导、督促街道（乡镇）落实对辖区内露天烧烤的治理任务。

由市编办会同市城管执法局、市政府法制办负责本清单的相关解释和调整工作。

附件3 （略）

附件4 （略）

附件5

烟花爆竹安全管理专项责任清单（摘录）

为进一步明确烟花爆竹安全管理职责分工，切实加强烟花爆竹安全管理，有力保障国家、集体财产和公民人身财产安全，根据《北京市人民政府关于建立市政府部门权力清单责任清单制度的通知》（京政发〔2015〕62号）要求，制定本清单。

一、市政府部门职责分工

……

（五）市环保局

监测因燃放烟花爆竹形成的环境噪声情况。

……

北京市人民政府办公厅关于印发《2016年北京市农村地区村庄“煤改清洁能源”和“减煤换煤”工作方案》的通知

京政办发〔2016〕20号

各区人民政府，市政府各委、办、局，各市属机构：

《2016年北京市农村地区村庄“煤改清洁能源”和“减煤换煤”工作方案》已经市政府同意，现印发给你们，请结合实际认真贯彻落实。

北京市人民政府办公厅

2016年3月28日

2016年北京市农村地区村庄“煤改清洁能源”和“减煤换煤”工作方案

为深入贯彻落实市委、市政府关于大气污染治理工作的部署，加快推动本市农村地区村庄“煤改清洁能源”和“减煤换煤”工作，确保实现2020年全市平原地区农村采暖全部改用清洁能源，现提出2016年工作方案。

本方案中农村地区村庄指在市域范围内，占用集体建设用地，隶属村委会建制，保留了村庄形态，农村居民居住和从事生产的聚居点。

一、工作目标

到2016年年底，完成“十三五”时期平原地区村庄“煤改清洁能源”（以“煤改电”、“煤改气”为主）计划制定工作；完成400个村庄整体“煤改清洁能源”任务，确保不再使用燃煤；对未纳入2016年度“煤改清洁能源”计划的村庄，全部实施优质燃煤替代；对纳入2017年度计划的村庄，完成各项前期基础工作及外围保障工作；完成全市农村地区设施农业（包括花卉、育苗等）、畜禽舍的优质燃煤替代工作；严厉打击非法生产、运输、销售和使用劣质燃煤行为，基本实现农村地区无销售、使用、存放劣质燃煤的行为。

二、相关支持政策

（一）对“煤改电”的支持政策

1. 电价优惠及补贴政策。完成“煤改电”改造任务的村庄，住户在晚21：00至次日6：00享受0.3元/度的低谷电价，同时市、区两级财政再各补贴0.1元/度，补贴用电限额为每个取暖季每户1万度。对电力负荷有富余且暂未安排实施“煤改电”的村庄，用户可采用高效节能电取暖设备取暖，在向市电力公司申请并通过审核后安装峰谷电价表，享受峰谷电价及补贴。

2. 电网及线路改造投资政策。10千伏以下、住户电表（含）之前的电网扩容投资，由市电力公司承担70%，市政府固定资产投资承担30%。住户户内线路（即住户电表至取暖设备）的改造费用，由各相关区政府制定具体补贴政策。

3. 高效节能电取暖设备补贴政策。对采用储能式电暖器取暖的住户，由市财政按照每户设备购置费用的1/3进行补贴，补贴金额最高2200元；区财政在配套同等补贴金额的基础上，可进一步加大补贴力度，减轻住户负担。对安装空气源热泵、非整村安装地源热泵的住户，市财政按照取暖住房面积每平方米100元的标准给予补贴，每户补贴金额最高1.2万元；区财政在配套同等补贴金额的基础上，可进一步加大补贴力度，减轻住户负担。

（二）对“煤改气”的支持政策

1. 天然气管网改造投资政策。天然气管网中压管线及调压箱（即入村前工程及设备）投资，由具备资质的燃气公司承担；调压箱到住户燃气表（含表）之前（即村内管线）的投资，由具备资质的燃气公司承担70%，市政府固定资产投资承担30%。

2. 压缩天然气（CNG）、液化天然气（LNG）投资政策。对天然气管网不能通达的村庄可采用CNG和LNG方式供气，气站投资由具备资质的燃气公司承担；气站到住户燃气表（含表）之前（即村内管线）的投资，由具备资质的燃气公司承担70%，市政府固定资产投资承担30%。

3. 对燃气表以内管线改造和燃气设备购置的支持政策。住户取暖用终端设备由市财政按照每户燃气取暖炉具购置价格的1/3进行补贴，补贴金额最高2200元；区财政在配套同等补贴金额的基础上，可进一步加大补贴力度，减轻住户负担；其他管线改造和设备购置费用可由区、乡镇、村、住户共同承担。

4. 天然气价格支持政策。市政天然气管网接通后，执行全市统一的天然气供气价格。采用CNG、LNG方式的供气价格，高出市政天然气管网供气价格的部分，由市、区财政、市政市容、新农办等部门共同研究补贴办法。

（三）对太阳能热利用的支持政策

农村住户在自有住房、村集体在公用建筑上安装太阳能采暖设施的费用由市政府固定资产投资承担30%、农村住户或村集体承担1/3，剩余部分由区政府承担。各有关区要以村为单位，对农村住户和村集体实施太阳能取暖项目整体打包，向市发展改革委申报。

（四）对农村住宅抗震节能保温改造的支持政策

凡实施“煤改清洁能源”村庄的住户，可享受《北京市社会主义新农村建设领导小组综合办公室　北京市住房和城乡建设委员会　北京市财政局关于印发〈北京市农民住宅抗震节能改造工程建设规划（2014—2017）〉的通知》（京新农办函〔2014〕2号）的有关奖励政策，市财政按照住宅新建翻建及综合改造每户2万元、节能保温改造每户1万元的标准，采取以奖代补的方式，对区政府予以奖励，奖励资金由各区统筹使用，各区给予相应配套资金补助。村属公益公共场所用房抗震节能保温改造补贴政策由市新农办、市住房城乡建设委、市财政局另行研究制定。

列入国家级、市级传统村落名录的村庄，要注重传统风貌保护，对住宅抗震节能保温改造原则上要在房屋内立面实施，确保不破坏房屋外立面。由市新农办、市住房城乡建设委、市财政局制定支持政策并进行试点，待成熟后在全市推广。

（五）对“减煤换煤”的奖励政策

市财政继续采取以奖代补的方式，对本年度通过“五个一批”方式实施“减煤换煤”工作的给予奖励。其中，对减少的用煤按照200元/吨标准进行奖励，对更换为符合标准的型煤和兰炭的，按照200元/吨标准进行奖励，奖励资金由各区统筹使用，专项用于“减煤换煤”工作；对农村住户烟煤炉具更换为优质燃煤炉具的，市财政按照炉具购置价格的1/3进行补贴，每台最高补贴700元，区财政在配套同等补贴金额的基础上，可进一步加大补贴力度，减轻住户负担。市、区民政部门要做好特殊困难群体救助工作。

（六）对设施农业、畜禽舍冬季取暖的支持政策

选择一批基础条件好的设施农业、畜禽舍开展“煤改清洁能源”试点，对其余部分全部实施优质燃煤替代，市政府对开展工作成效较好的区给予一定奖励。鼓励将农林业废弃物就地资源化、能源化消纳和清洁化利用，提高沼气、生物质能利用水平，市发展改革委按相关政策给予支持。

三、保障措施

（一）强化组织领导

全市农村地区村庄“煤改清洁能源”和“减煤换煤”工作由市新农办综合协调，市有关部门要积极研究制定相关支持政策；各有关区政府是推进“煤改清洁能源”和“减煤换煤”工作的责任主体，要研究制定本区具体工作方案。各级政府要将支持资金纳入年度预算，确保资金到位并加强对资金使用情况的监督考核。

（二）狠抓工作落实

市政府与各有关区政府签订“煤改清洁能源”目标责任书，建立完善“用户申报、村镇核查、财政监管、审计跟踪”制度，严格绩效考核。对任务完成快、社会评价好、村民满意度高的区给予适当奖励。有关区要制定管理措施，完善工作机制，督促乡镇、村做好燃煤试烧、取暖设备进村示范和购置等工作。市有关部门要建立统筹协调、密切配合的工作机制，加强对区里工作的指导、督促、检查和考核，严防套取财政补贴资金行为，确保资金使用安全。

（三）严格技术设备标准

市有关部门要明确燃煤、炉具和电取暖设备等产品质量技术标准，各有关区政府要严格按照法定程序选择供应企业和产品。市、区发展改革、科技、质监、环保等部门要加强“煤改清洁能源”技术多样性研究，着力改善能源结构，加大创新力度，开发农村适用的技术和设备，确保技术先进、性能可靠，提高能源综合使用效率。

（四）加大劣质燃煤治理力度

各有关区政府要切实落实劣质燃煤治理工作的主体责任，进一步加大联合执法力度，杜绝固定场所无照经营劣质燃煤、公共场所流动商贩无照售煤、城乡结合部等重点地区生产销售劣质燃煤、无照运输煤炭等行为；要研究制定生产、销售、使用劣质燃煤举报奖励办法，持续开展暗查、暗访行动，做到及时发现、及时处理。

（五）加强舆论宣传

做好政策宣传相关工作，引导广大群众积极支持、参与“煤改清洁能源”和“减煤换煤”工作，营造良好的社会氛围。加强宣传解读，使群众了解劣质燃煤的危害，自觉抵制并举报生产、销售、使用劣质燃煤的行为。

附件：

1. 农村地区400个村庄“煤改清洁能源”工作要点

2. 全面完成农村地区村庄优质燃煤替代任务工作要点

3. 部门责任分工

附件1

农村地区400个村庄“煤改清洁能源”工作要点

2016年对农村地区400个村庄整体进行“煤改清洁能源”改造，主要以“煤改电”和“煤改气”为主。实施改造的村庄数量如下：朝阳区11个、海淀区18个、丰台区18个、门头沟区16个、房山区41个、通州区124个、顺义区18个、大兴区45个、昌平区15个、平谷区11个、怀柔区27个、密云区30个、延庆区26个。

一、选择村庄的范围和条件

1. 将朝阳区、海淀区、丰台区、通州区4个

区作为实施“煤改清洁能源”工程的重点。

2. 充分考虑外电网供电能力和气源距离的影响，优先选择电网供电能力能够满足居民取暖用电负荷要求的村庄实施“煤改电”，优先选择距离气源在2公里以内的村庄实施“煤改气”。

3. 实施“煤改清洁能源”工程的住宅必须已经完成节能保温改造。

4. 实施“煤改清洁能源”工程的村庄，不能有影响工程进村入户施工的违法建设等。

5. 未来5年内区域规划中拟实施拆迁改造的村庄不列入“煤改清洁能源”计划。

二、进度安排

1. 2016年一季度，各有关区政府制定出台本区“煤改清洁能源”工作实施方案，启动村庄“煤改电”和“煤改气”工作。

2. 4月30日前，各有关区政府协调完成电网扩容建设涉及的前期手续和施工配套用地征占用手续办理工作，承担相关占地费用；完成燃气入村工程涉及的调压箱、压缩天然气（CNG）和液化天然气（LNG）气站建设用地协调和相关建设手续办理工作。

3. 5月30日前，市有关部门完成“煤改清洁能源”工程相关手续审批和核准工作。

4. 6月30日前，各有关区政府要确保选定的村庄完全具备电力、燃气施工条件，完成电取暖设备的招标采购工作；市电力公司和市燃气集团及相关燃气供应企业完成物资招投标工作，并保证物资配送到位。

5. 7月1日前，各有关区要完成违法建设拆除、场地平整等工作，满足入户施工空间条件；7月1日市电力公司和市燃气集团及相关燃气供应企业入场施工，10月31日前要完成“煤改电”、“煤改气”各项主体工程施工及居民取暖设备的安装调试工作，确保11月15日前具备取暖条件。

三、具体要求

1. 各有关区政府是推进“煤改清洁能源”工作的责任主体，要明确主管领导牵头负责、专门机构具体组织实施，制定本区方案和配套扶持政策，并确保资金及时到位。对确因购置入户设备设施造成较大负担的住户，区、乡镇要制定相应补贴政策。各有关区新农办、住房城乡建设委要优先安排400个村庄的住宅抗震节能保温改造工作，确保达到“煤改清洁能源”工程条件。市、区各有关部门要将“煤改清洁能源”工程纳入绿色审批通道，确保工程顺利施工。

2. 市电力公司、市燃气集团及相关燃气供应企业是“煤改电”、“煤改气”工程的实施主体，要倒排工期，负责相关手续办理、招投标以及资金落实、工程建设和验收工作，负责协调落实工程实施后的运营维护工作。

3. 市有关部门负责制定相关政策、协调办理相关审批手续及工程监督工作。市新农办会同市相关部门研究制定“煤改清洁能源”改造计划及具体政策措施，研究电取暖、燃气取暖新技术新设备应用，加大对400个村庄“煤改清洁能源”工程的监督、考核力度，定期通报进展情况。

4. 各有关区政府要加强监督管理，确保实施“煤改清洁能源”的村庄不再使用各种燃煤。对实施“煤改电”的用户，鼓励使用储能式电取暖设备、空气源热泵、地源热泵、“太阳能＋空气源热泵”、“太阳能＋地源热泵”、“太阳能＋高效节能电加热”以及其他新技术、新设备取暖。

附件2

全面完成农村地区村庄优质燃煤替代任务工作要点

2016年，对农村地区未纳入“煤改清洁能源”计划的村庄，全部实施优质燃煤替代。

一、进度安排

1. 2016年5月底前，各相关区政府对农村地区用煤村庄（含村庄内所有住户、村属公益公共场所、设施农业、畜禽舍等）的优质燃煤需求进行统计，建立台账，实施挂账、销账管理。

2. 自6月起，各优质燃煤供应企业可向农村住户及村委会优惠售煤，确保11月1日前有燃煤取暖需求的用户全部配有优质燃煤。优质燃煤炉具供应及安装按照相关要求同步实施。

3. 针对设施农业、畜禽舍冬季取暖用煤问题，市农业局要于3月底前，在充分摸底调查的基础上，编制形成设施农业名录和畜禽舍名录，制定优质燃煤替代实施方案。对具备条件的设施农业、畜禽舍，开展“煤改清洁能源”改造试点，提出改造技术路线、标准及扶持政策，5月底前完成改造设计，10月底前完成施工。

二、具体要求

1. 完善工作体系。市有关部门要继续研究适合本市农村实际的民用燃煤控制标准、措施和技术。各级政府要加强监督指导，建立完善可靠的供应体系，确保优质燃煤及相应炉具供应充足；构建顺畅的配送体系，协助企业科学设置优质燃煤储存配送场站，组织好优质燃煤炉具推广工作；强化质量监督保障体系，完善企业全面自检、政府监督抽查、乡镇村留样验证等制度。

2. 要选择生产有规模、供应有能力、质量有保障、营销有信誉、服务有保证的企业完成优质燃煤供应保障工作。优质燃煤必须符合本市民用煤地方标准，以型煤（包括煤球、蜂窝煤）为主。根据住户需求，企业可供应符合质量标准的兰炭和无烟块煤，供应无烟块煤不享受市财政奖励政策。

附件3

部门责任分工

市新农办：负责日常综合协调工作，组织市有关部门对区里工作进行督促检查和考核，组织市有关部门研究制定“煤改清洁能源”和“减煤换煤”工作的支持政策。

市发展改革委：负责农村电网扩容改造、“煤改电”、“煤改气”、液化石油气、太阳能热利用、大中型沼气设施建设等方面固定资产投资的落实及工程建设的考核监督，制定农村峰谷电价政策，协调煤炭企业完成优质燃煤供应。

市财政局：负责制定“煤改清洁能源”和“减煤换煤”以奖代补政策，烟煤炉具更换为优质燃煤炉具补贴政策，安装高效节能电取暖、燃气取暖设备费用补贴政策，压缩天然气（CNG）、液化天然气（LNG）补贴政策，并监督补贴资金的使用。

市规划委：负责农村地区相关村庄规划调整及项目实施规划许可工作。

市城乡住房建设委：负责相关建设项目的技术指导。

市市政市容委：负责协调燃气供应企业完成镇村管道天然气、压缩天然气、液化石油气供应工作。

市交通委、市公安局公安交通管理局：协助相关部门研究制定劣质燃煤运输的限制措施；依法查处货运车辆未取得道路运输经营许可、运输劣质燃煤的违法行为。

市质监局：负责燃煤、炉具和电取暖设备等产品质量技术标准制定和质量监督工作；依法查处固定场所内有照生产加工劣质燃煤行为。

市环保局：负责农村地区燃煤燃烧排放监控，劣质燃煤减少使用后的环境效益监测、分析和效果评估，会同市质监局研究制定燃煤质量标准，会同市交通委、市公安局公安交通管理局研究制定劣质燃煤运输的限制措施，依法查处单位使用不符合质量标准的燃煤行为。

市经济信息化委：负责引导并支持炉具等供暖设备生产企业发展和技术升级，配合开展新产品、新技术、新设备、新材料的推广应用。

市民政局：负责研究制定特殊困难群体救助办法。

市国土局：负责有关项目实施的用地许可。

市工商局：负责依法查处固定场所内销售和无照经营劣质燃煤行为。

市城管执法局：负责依法查处公共场所流动商贩无照经营劣质燃煤行为。

市农业局：负责指导本市农村可再生能源开发利用工作，研究解决设施农业、畜禽舍冬季取暖问题，并指导实施促进农村能源开发利用的政策、措施、技术标准和规范。

北京市人民政府办公厅关于集中开展清理整治违法违规排污及生产经营行为有关工作的通知

京政办发〔2016〕22号

各区人民政府，市政府各委、办、局，各市属机构：

为有序疏解北京非首都功能、持续改善首都空气质量、全面提升城市精细化管理水平，经市政府同意，定于2016年5月至2017年12月，在全市范围内深入开展环境污染执法、整治无证无照违规经营、打击违法用地违法建设、安全生产整治等专项行动，集中清理整治违法违规排污及生产经营行为。现就有关事项通知如下。

一、指导思想

深入贯彻落实党的十八大和十八届三中、四中、五中全会精神，深入学习贯彻习近平总书记系列重要讲话和对北京工作的重要指示精神，牢固树立创新、协调、绿色、开放、共享的发展理念，紧紧围绕首都城市战略定位，紧盯重要领域、重点区域和关键问题、薄弱环节，按照依法依规、突出重点、成片整治的工作原则，综合运用法律、经济、技术、行政等手段，对涉及违法违规的排污及生产经营行为进行综合整治，切实维护市场秩序，持续改善空气质量，不断提升环境品质，努力建设国际一流的和谐宜居之都。

二、工作目标

到2017年年底，通过取缔、关停、改造升级等措施，完成50个左右重点区域、200个左右重点行政村和5000家左右企业的清理整治任务。各区集中清理整治工作任务见附件，其中，2016年南部四区（丰台区、房山区、通州区、大兴区）完成各自清理整治任务的70%以上，其他区完成50%以上。

三、清理整治对象

重点整治城乡结合部、新城建成区周边等区域存在的以下违法违规排污及生产经营行为：

（一）污染环境行为。无环保处理设施、无组织排放、环保不达标等行为，包括使用小煤炉或存在冒黑烟、粉尘无组织排放、扬尘等污染现象以及挥发性有机物（VOCs）排放不达标、应建未建污水处理设施等。

（二）无证无照经营行为。包括无证无照、证照不全的生产经营行为。

（三）违法违规建设行为。包括违法用地、违法建设、违规出租等行为。

（四）影响生产安全行为。包括不具备安全生产条件、管理秩序混乱、存在安全隐患等生产行为。

四、开展专项整治行动

（一）环境污染执法专项行动。由市环保局牵头，会同各区政府，对环保审批、污染防治设施建设以及排放达标等情况开展专项检查和执法行动，重点检查工业燃煤设施、采暖锅炉、茶炉大灶、经营性小煤炉等方面存在的环境违法违规问题。采取按日连续处罚、查封、扣押、限制生产、停产整治等措施，依法加大对环境违法违规行为的综合惩治力度。

（二）整治无证无照违规经营专项行动。由市工商局、市城管执法局、市食品药品监管局牵头，会同各区政府，对无证无照、证照不全的生产经营行为开展专项整治，严格控制，有效治理，坚决遏制其滋生蔓延势头。对危害群众身体健康、威胁公共利益和安全、破坏资源环境的无证无照违规经营行为坚决依法取缔。

（三）打击违法用地违法建设专项行动。由市规划委、市国土局、市城管执法局牵头，会同各区政府，依法严厉查处违法用地、违法建设行为，集中力量拆除存在重大安全隐患的违法建设，禁止利用既有违法建设从事生产经营等活动。确保新增违法用地违法建设“零增长”。

（四）安全生产整治专项行动。由市安全监管局牵头，会同各区政府，重点清理小化工、小木器、小服装、小加工、小作坊等“五小企业”，小歌厅、小餐饮、小网吧、小洗浴、小旅馆、小市场等“六小场所”，再生资源回收单位，以及住宿与生产、储存、经营合用场所。对存在安全生产隐患和违法违规行为的企业，依法依规查处一批、取缔一批、关停一批、行政问责一批。

五、保障措施

（一）建立协调推进机制。成立市清理整治违法违规排污及生产经营行为专项整治指挥部，由常务副市长任总指挥，副市长林克庆、隋振江任副总指挥，成员单位包括市经济信息化委、首都综治办、市城乡结合部建设领导小组办公室、市公安局、市监察局、市财政局、市国土局、市环保局、市规划委、市住房城乡建设委、市市政市容委、市水务局、市商务委、市国税局、市地税局、市工商局、市质监局、市安全监管局、市食品药品监管局、市城管执法局、市公安局消防局、市政府督查室和各区政府及市自来水集团、市燃气集团、市热力集团、北京市电力公司，指挥部办公室设在市经济信息化委。

（二）强化联合联动执法。按照“谁主管、谁负责”“谁许可、谁负责”的原则，相关职能部门要有效整合执法资源，强化联动执法，督促企业严格落实环保、安全、质量等方面的国家和地方标准，供水、供电、供气、供热等单位要按照有关法规，对违法违规排污及生产经营企业，采取相应的停止或限制服务措施。

（三）加强宣传引导。各级政府要充分利用广播、电视、报纸、网络等媒体，加大宣传引导力度，形成严厉打击违法违规排污及生产经营行为的高压态势。要畅通12345等投诉举报渠道，及时受理、处理举报投诉。要健全有奖举报制度，鼓励公众积极支持和参与清理整治工作。

（四）加大考核问责力度。建立市、区、乡镇（街道）、村四级考核机制，层层分解任务，严格落实责任，强化监督检查和考核问责。

由指挥部办公室、市政府督查室、市监察局牵头，对清理整治违法违规排污及生产经营行为进行专项督查，对不作为、未按要求完成整治任务的单位和责任人，依法依规追究责任。

附件：各区集中清理整治工作任务表

北京市人民政府办公厅
2016年5月10日

附件

各区集中清理整治工作任务表

区名	重点清理整治区域	整治行政村数量/个	整治企业数量/家
朝阳区	六里屯街道、东风乡、将台乡、豆各庄乡、十八里店乡、孙河乡、南磨房乡	20	1010
海淀区	马连洼街道、清河街道、青龙桥街道、四季青镇、温泉镇、西北旺镇、上庄镇	18	98
丰台区	卢沟桥乡、花乡、南苑乡、长辛店镇、王佐镇	8	51
石景山区	古城街道、五里坨街道、鲁谷社区	—	16
房山区	青龙湖镇、琉璃河镇、良乡镇、周口店镇	17	1213
通州区	玉桥街道、中仓街道、张家湾镇、宋庄镇、西集镇、台湖镇、潞城镇、永顺镇、梨园镇	73	1360
顺义区	李遂镇、高丽营镇、李桥镇、北石槽镇	10	103
昌平区	天通苑南街道、天通苑北街道、霍营街道、南邵镇、兴寿镇、东小口镇、沙河镇	14	373
大兴区	天宫院街道、黄村镇、西红门镇、旧宫镇、北臧村镇、瀛海镇	36	826
怀柔区	杨宋镇、雁栖镇	13	162
门头沟区		—	12
平谷区		—	13
密云区		—	15
延庆区		—	19
合计	54	209	5271

北京市人民政府办公厅关于印发《北京市实施河湖生态环境管理“河长制”工作方案》的通知

京政办发〔2016〕28号

各区人民政府，市政府各委、办、局，各市属机构：

《北京市实施河湖生态环境管理“河长制”工作方案》已经市政府同意，现印发给你们，请认真组织实施。

北京市人民政府办公厅

2016年6月3日

北京市实施河湖生态环境管理“河长制”工作方案

为深入贯彻《国务院关于印发水污染防治行动计划的通知》（国发〔2015〕17号）精神，认真落实《水利部关于开展河湖管护体制机制创新试点工作的通知》（水建管〔2014〕303号）要求，进一步健全本市河湖生态环境管理体制机制，切实提高水生态环境质量，特制定本方案。

一、总体思路

（一）指导思想

全面贯彻落实党的十八大和十八届三中、四中、五中全会精神，深入学习贯彻习近平总书记系列重要讲话和对北京工作的重要指示精神，认真落实中央城镇化工作会议、中央城市工作会议精神，牢固树立创新、协调、绿色、开放、共享的发展理念，严格遵循“节水优先、空间均衡、系统治理、两手发力”的新时期治水方针，以生态文明建设为统领，以改善水生态环境质量为核心，加快构建政府主导、属地负责、行业监管、专业管护、社会参与的河湖生态环境管理体系，为建设国际一流的和谐宜居之都提供有力支撑。

（二）目标任务

2016年6月底前，在全市范围内实施河湖生态环境管理“河长制”。到2020年年底，全市水生态环境质量显著提高，主要河湖实现水清、岸绿、安全、宜人，重要河道、湖泊等水功能区水质达标率提高到77%以上。

二、工作机制

（一）建立“总河长”制

市、区两级分别设“总河长”、“副总河长”。市、区“总河长”为市、区河湖生态环境管理工作的总督导，分别由市、区政府主要领导担任，对辖区河湖生态环境质量负总责。市、区“副总河长”为市、区河湖生态环境管理工作的总调度，分别由市、区政府分管水务工作的副市长、副区长担任，对辖区河湖生态环境管理工作负总责。

市、区“总河长”办公室设在市、区水行政主管部门，办公室主任由水行政主管部门主要领导担任，负责落实市、区“总河长”、“副总河长”决策部署，具体协调推进河湖生态环境管理相关事宜，并组织开展监督、考核等工作。

（二）市管河湖工作机制

市管河湖逐条设区、乡镇（街道）两级“河长”。区级“河长”由河湖属地区领导担任，负责明确河湖及周边生态环境管理责任单位和责任人，组织协调有关单位对河湖及周边开展综合治理，统筹抓好市管河湖生态环境管理相关工作，并对乡镇（街道）“河长”和区有关单位责任落实情况进行监督。乡镇（街道）“河长”由河湖属地乡镇政府（街道办事处）主要领导担任，负责组织协调有关单位共同开展辖区内的河湖生态环境管理工作，依法查处相关违法行为。同时，设立“河长助理”，由市管河湖管理机构主要领导担任，负责协助区级“河长”做好河湖生态环境管理相关工作，定期向区级“河长”汇报工作情况。

（三）区、乡镇（街道）管理的河湖工作机制

区、乡镇（街道）管理的河湖逐条设区、乡镇（街道）两级“河长”。区级“河长”由河湖属地区领导担任，负责组织协调有关单位对河湖及周边开展综合治理，建立健全河湖管理机构，强化对本行政区域内中小河道的管护工作，根据北京市水利工程维修养护定额落实河湖生态环境管理、防洪、水利工程设施运行相关配套资金，并对乡镇（街道）“河长”和区有关单位责任落实情况进行监督。乡镇（街道）“河长”由河湖属地乡镇政府（街道办事处）主要领导担任，负责组织协调有关单位共同开展辖区内的河湖生态环境管理工作，依法查处相关违法行为。同时，设立“河长助理”，由河湖属地区水行政主管部门主要领导担任，负责协助区级“河长”做好河湖生态环境管理相关工作，定期向区级“河长”汇报工作情况。

（四）日常管理工作机制

1. 建立“河长”定期巡查机制。市、区两级“总河长”、“副总河长”每半年至少开展1次巡查，区级“河长”每季度至少开展1次巡查，乡镇（街道）“河长”每月至少开展1次巡查。

2. 建立工作例会机制。各级“河长”要根据实际情况定期召开工作例会，听取有关单位的工作情况汇报，对相关工作进行协调和部署。

3. 建立监督考核机制。市“总河长”办公室要牵头制定“河长制”考核办法，对落实“河长制”的情况进行考核；上级“河长”要加强对下级“河长”、“河长助理”及有关单位的监督，发现问题及时督促整改；对于落实情况较好的区，市“总河长”办公室要会同市财政局研究给予一定奖励。

三、工作要求

各级“河长”要按照“河长制”工作机制的要求，加强领导、完善措施，加强统筹协调，扎实推进河湖生态环境管理各项工作。

（一）落实“三查”责任

1. 严查污水直排。定期开展河湖排污口调查，摸清底数、查清源头，认真做好相关监督管理工作，依法依规处理违法排污行为，并追究有关单位和人员责任。同时，建立污水直排公众举报机制，充分发挥群众监督作用。

2. 严查垃圾乱堆乱倒。将河湖日常巡查责任落实到人，发现在河岸、湖岸和河湖内堆积、倾倒垃圾渣土等现象，要及时有效处置，依法依规追究有关单位和人员责任。

3. 严查违法建设。加大河湖违法建设排查力度，建立工作台账，制定整治方案，逐步予以拆除。

（二）落实“三清”责任

1. 清河岸。加强河岸湖岸用途管控，全面清理河湖管理保护范围以内的低端业态，有序退出农业种植、养殖。

2. 清河面。加强河湖水面清理设施维护管理，做好河湖水面垃圾和有害水生植物清理工作，切实保持河湖水面清洁。加强河湖生态环境用水管理，根据气象条件进行水资源精确调度，并充分利用再生水、雨洪水泄污蓄清。

3. 清河底。做好河湖水质水量监测工作，每3~5年开展1次清淤疏浚，及时清除影响行洪的障碍物。

（三）落实“三治”责任

1. 治理黑臭水体。要按照“一河一策”的原则，认真组织制定黑臭水体治理方案，扎实推进黑臭水体治理工作。到2017年年底，基本消除中心城区、北京城市副中心及其上游地区、其他新城建成区黑臭水体；到2018年年底，基本消除全市范围内的黑臭水体。

2. 治理河湖面源污染。加大农业农村面源污染治理力度，到2019年年底，全市化肥利用率提高到40%以上；到2020年年底，全市农药利用率提高到45%以上，化学农药施用量减少15%以上，全市测土配方施肥技术物化落地率提高到98%以上，全市化肥施用量降低20%以上。加大雨洪水控制与利用设施及雨污分流管线建设力度，提高初期雨水收集处理能力。加强环境卫生作业，有效减少进入城乡排

水系统的污染物。加强农村地区生活垃圾收集处理工作，严格落实“户分类、村（社区）收集、镇（乡、街道）转运、区处理”的工作要求。

3. 治理河岸湖岸生态环境。建立河湖与周边生态环境联建联管机制，河湖管理保护范围以内的环境管理工作要与其周边地区环境管理工作统一标准，统筹实施。

（四）落实中小河道管护责任

严格中小河道空间管控，到 2017 年年底，全面完成区管中小河道管理范围划定工作，对涉河建设项目实行全过程监管。要将河道清淤疏浚和水毁应急修复工程纳入区管中小河道日常维护范围，落实配套资金，确保河道防洪和生态功能。

四、保障措施

市有关部门要加强对实施“河长制”相关工作的支持，强化统筹、创新思路，及时协调解决工作中遇到的困难和问题；要建立河湖生态环境联合执法机制，加大对相关违法行为的监管执法力度。市、区两级财政要切实强化资金保障，市管河湖的生态环境管理资金由市级财政统一安排，区、乡镇（街道）的河湖生态环境管理资金及区管中小河道管护资金要纳入区级财政预算，统筹予以保障。要加强信息公开和宣传工作，向社会公布“河长”名单，在河岸湖岸显著位置设立“河长”公示牌，并聘请群众担任社会监督员，参与河湖生态环境监督管理；加大对违法行为的曝光力度，开展优美河湖评选，营造全社会关注、参与河湖生态环境保护的良好氛围。

北京市人民政府办公厅关于公布第一批市级湿地名录的通知

京政办发〔2016〕35 号

各区人民政府，市政府各委、办、局，各市属机构：

为切实加强湿地保护，维护湿地生态功能和生物多样性，促进首都生态文明建设，根据《北京市湿地保护条例》有关规定，经市政府同意，现将第一批市级湿地名录予以公布。

各有关区政府、各有关单位要加强组织领导，明确管理责任，抓紧完善相关配套制度，切实做好湿地保护和管理工作，依法打击破坏湿地的违法行为，促进我市湿地保护事业健康发展。

北京市人民政府办公厅

2016 年 7 月 22 日

第一批市级湿地名录

序号	湿地名称	湿地类型	保护范围	管理机构（责任单位）	保护管理部门	备注
1	野鸭湖市级湿地自然保护区	沼泽、库塘、河流	北至张山营镇区域，南至大王庄村，西至河北省界（位于官厅水库西部），东至延庆镇妫水西湖东界	北京延庆野鸭湖湿地自然保护区管理处	北京市园林绿化局 北京市延庆区园林绿化局	
2	汉石桥市级湿地自然保护区	沼泽、库塘	北至顺平路，南至潮华路，西至李木路，东至木燕路	北京市顺义区汉石桥湿地自然保护区管理办公室	北京市园林绿化局 北京市顺义区园林绿化局	
3	拒马河市级水生野生动物自然保护区	河流	北至与河北省交界的琅玡河大桥，南至与河北省交界的张坊大桥	北京市房山区拒马河水生野生动物自然保护区管理所	北京市农业局 北京市房山区农业局 北京市房山区水务局	
4	怀沙、怀九河市级水生野生动物自然保护区	河流	怀沙河、怀九河由源头至进入怀柔水库，全长80余公里	北京市怀柔区水生野生动物保护区管理站	北京市农业局 北京市怀柔区农业局 北京市怀柔区水务局	
5	翠湖国家城市湿地公园	库塘	北至翠湖北路，南至南沙河西路，西至稻香湖路，东至渌水亭北路	北京市海淀区翠湖湿地公园管理处	北京市园林绿化局 北京市海淀区园林绿化局	
6	门头沟雁翅九河湿地公园	河流	北至珠窝水库大坝，南至下马岭村，全长20公里	北京市门头沟区雁翅镇人民政府	北京市园林绿化局 北京市门头沟区园林绿化局 北京市门头沟区水务局	
7	房山长沟泉水国家湿地公园	河流、库塘	分为北中南三部分，由河道连接。公园北部北至北泉水河泉眼源头，南至云居寺公路，西至南水北调线，东至房易路。中部由现在的圣泉公园连接。南部包括北良各庄村、东良各庄村、南良各庄村至长沟镇界	北京市房山区长沟镇人民政府	北京市园林绿化局 北京市房山区园林绿化局 北京市房山区水务局	
8	大兴长子营湿地公园	坑塘	北至长子营镇域边界，南至凤港河减河，西至京津塘高速路，东至长子营镇域边界	北京市大兴区长子营镇人民政府	北京市园林绿化局 北京市大兴区园林绿化局	
9	平谷马坊小龙河湿地公园	河流	北至规划四路，南至联络线，西至河北村居民点，东至小龙河汇入洵河处，全长约7公里	北京市平谷区马坊镇人民政府	北京市园林绿化局 北京市平谷区园林绿化局 北京市平谷区水务局	

续表

序号	湿地名称	湿地类型	保护范围	管理机构（责任单位）	保护管理部门	备注
10	怀柔琉璃庙湿地公园	河流	北至郭家火房与狼虎哨村间的白河水域，南至八亩地村与河北村交界处，全长约 33 公里	北京市怀柔区琉璃庙镇人民政府	北京市园林绿化局 北京市怀柔区园林绿化局 北京市怀柔区水务局	
11	怀柔汤河口湿地公园	河流	汤河口镇域内的白河、汤河段，总长约 30 公里	北京市怀柔区汤河口镇人民政府	北京市园林绿化局 北京市怀柔区园林绿化局 北京市怀柔区水务局	
12	密云穆家峪红门川湿地公园	河流	红门川河沙场水库下游，经邓家湾入潮河区段，全长 6.7 公里	北京市密云区穆家峪镇人民政府	北京市园林绿化局 北京市密云区园林绿化局 北京市密云区水务局	
13	颐和园湿地	湖泊	包含公园内昆明湖、西湖和南湖	北京市颐和园管理处	北京市园林绿化局	
14	玉渊潭公园湿地	湖泊	包含玉渊潭东湖和西湖	北京市玉渊潭公园管理处	北京市园林绿化局	
15	紫竹院公园湿地	湖泊	包含公园内大湖、南北小湖、筠石苑水面、紫竹垂钓、双子渠等	北京市紫竹院公园管理处	北京市园林绿化局	
16	陶然亭公园湿地	湖泊	包含公园内西湖、东湖和南湖等	北京市陶然亭公园管理处	北京市园林绿化局	
17	北海公园湿地	湖泊	公园内北海	北京市北海公园管理处	北京市园林绿化局	
18	斋堂水库	库塘	470 米高程以内	北京市永定河管理处	北京市水务局	
19	永定河滞洪水库	库塘	61.21 米高程以内	北京市永定河管理处	北京市水务局	
20	大宁水库	库塘	内堤肩以内	北京市永定河管理处	北京市水务局	
21	崇青水库	库塘	77.15 米高程以内	房山区崇青水库管理所	北京市水务局 北京市房山区水务局	
22	天开水库	库塘	92.70 米高程以内	房山区天开水库管理所	北京市水务局 北京市房山区水务局	
23	十三陵水库	库塘	103 米高程以内	北京市十三陵水库管理处	北京市水务局	

续表

序号	湿地名称	湿地类型	保护范围	管理机构（责任单位）	保护管理部门	备注
24	桃峪口水库	库塘	73.60 米高程以内	北京市昌平区桃峪口水库管理处	北京市水务局 北京市昌平区水务局	
25	海子水库	库塘	118.03 米高程以内	北京市平谷区海子水库管理处	北京市水务局 北京市平谷区水务局	
26	黄松峪水库	库塘	205.90 米高程以内	北京市平谷区黄松峪水库管理处	北京市水务局 北京市平谷区水务局	
27	西峪水库	库塘	219.95 米高程以内	北京市平谷区西峪水库管理处	北京市水务局 北京市平谷区水务局	
28	怀柔水库	库塘	64.13 米高程以内	北京市京密引水管理处	北京市水务局	
29	大水峪水库	库塘	175.70 米高程以内	北京市怀柔区大水峪水库管理处	北京市水务局 北京市怀柔区水务局	
30	北台上水库	库塘	91.50 米高程以内	北京市怀柔区北台上水库管理处	北京市水务局 北京市怀柔区水务局	
31	沙厂水库	库塘	169.30 米高程以内	北京市密云区沙厂水库管理处	北京市水务局 北京市密云区水务局	
32	遥桥峪水库	库塘	469.78 米高程以内	北京市密云区遥桥峪水库管理处	北京市水务局 北京市密云区水务局	
33	半城子水库	库塘	259.05 米高程以内	北京市密云区半城子水库管理处	北京市水务局 北京市密云区水务局	
34	白河堡水库	库塘	601.60 米高程以内	北京市延庆区白河堡水库管理处	北京市水务局 北京市延庆区水务局	
35	密云水库	库塘	160.00 米高程以内	北京市密云水库管理处	北京市水务局	已公布为国家重要湿地

北京市人民政府办公厅关于印发《北京市生态环境监测网络建设方案》的通知

京政办发〔2016〕40号

各区人民政府，市政府各委、办、局，各市属机构：

《北京市生态环境监测网络建设方案》已经市政府同意，现印发给你们，请结合实际认真贯彻落实。

北京市人民政府办公厅

2016年8月26日

北京市生态环境监测网络建设方案

为贯彻落实《国务院办公厅关于印发生态环境监测网络建设方案的通知》（国办发〔2015〕56号）精神，健全完善本市生态环境监测网络，为持续改善首都环境质量奠定坚实基础，特制定本方案。

一、总体要求

（一）指导思想。深入贯彻落实党的十八大和十八届三中、四中、五中全会精神，深入学习贯彻习近平总书记系列重要讲话和对北京工作的重要指示精神，牢固树立创新、协调、绿色、开放、共享的发展理念，牢牢把握首都城市战略定位，以生态环境监测体制机制改革创新为动力，坚持全面设点、统筹互联、预测预警、依法追责，加快形成政府主导、部门协同、社会参与、公众监督的生态环境监测新格局，不断提升生态环境监测的系统性、科学性、权威性，为加快改善首都环境质量、推进生态文明建设、建设国际一流的和谐宜居之都提供有力支撑。

（二）基本原则。

1. 明晰事权，落实责任。明确市、区两级政府生态环境监测责任，统筹推进监测网络建设、运行和维护。理顺各部门生态环境监测职责，完善分工协作机制。强化生态环境监测质量管理，落实政府、企业、社会责任和权利。

2. 健全制度，创新驱动。健全生态环境监测制度、标准和技术规范体系。加强卫星遥感、无人机遥感等高新技术、先进装备和系统的应用，鼓励自动连续监测技术的研发与应用，提高生态环境监测的立体化、自动化、智能化水平。

3. 统筹规划，综合集成。加强统筹管理，优化网络布局，逐步形成定位清晰、要素齐全、点位合理的生态环境监测网络。促进全市生态环境监测数据联网共享，开展大数据综合分析，提升生态环境监测信息化水平。积极推进京津冀区域生态环境监测信息共享。

4. 多方参与，测管协同。坚持政府为主导的环境质量监测和信息发布机制。有序放开污染源监测市场，促进服务性监测市场发展。落实重点排污单位污染物排放自行监测及信息公开法定责任。加强监测与监管执法联动，完善快速响应机制。

（三）主要目标。到2020年，全市生态环境监测网络基本实现环境质量、重点污染源、生态状况监测全覆盖，监测网络体系不断优化，监测技术水平不断提高，监测预报预警能力明显提升，信息资源应用能力显著增强，基本建成天地一体、密切协同、信息共享的具有国际先进水平的生态环境监测网络体系。

二、健全完善生态环境监测网络

（一）优化升级大气环境质量监测网络。大幅增加空气质量自动监测站点数量，优化网络布局，提升站点功能，并积极开展小型自动监测仪器应用实践，加快形成点位覆盖全面、数据及时准确的大气环境监测网络。加强数据应用，深入开展污染成因和演变趋势分析研究，不断提升大气污染防治的针对性和科学性。

（二）健全水环境质量监测网络。增加水质自动监测站点数量，完善手工监测方式与自动监测方式相结合的监测网络，提高水环境监测能力。落实《北京市水环境区域补偿办法（试行）》，加强跨界断面水质监测。建立市、区、乡镇三级集中式饮用水水源地水质监测网络，优化地下水环境监测网络，加强山区地下水和深层地下水监测网络建设。强化农村饮用水水质和农田灌溉水质监测。

（三）建立土壤环境质量监测网络。在平原地区土壤环境监测基础上，以耕地、饮用水水源地和污染场地土壤环境监测为重点，筛选能够客观、准确反映本市土壤环境状况的点位，建立土壤环境监测网络，全面掌握土壤环境状况、污染空间分布和长期变化趋势。

（四）完善污染源监测制度。各区政府对本行政区域内的污染源负有监督管理责任，要加强污染源监督性监测。排污单位负有环境保护主体责任，重点排污单位应开展自行监测，并依法及时公开信息。全面落实国家重点监控排污单位建设稳定运行的污染物排放在线监测系统的要求。建立完善机制，鼓励公众参与和社会监督。

（五）加强生态监测体系建设。依托首都科技优势，充分利用大气环境监测卫星和无人机遥感等技术，建设天地一体的生态遥感监测系统；持续开展林地、绿地、沙地、湿地、矿山和生物种群等的地面生态监测，实现对生态功能区、自然保护区等的大范围、多频次、高分辨率监测。

三、促进生态环境监测网络信息共享

（一）建立健全生态环境监测数据共享机制。市环保、规划国土、城市管理、交通、农业、水务、卫生计生、园林绿化、气象和地勘等部门获取的环境质量、重点污染源、生态状况监测数据要逐步实现有效集成、互联共享。研究建立各部门监测数据共享清单，明确数据共享的范围、方式、责任和权利。重点排污单位要按要求将自行监测结果通过统一平台向社会公开。

（二）积极构建生态环境监测大数据平台。按照国家统一部署，建设全市生态环境监测大数据平台，汇集和管理各部门获取的生态环境监测数据信息。充分利用大数据技术，加强生态环境监测数据资源开发与应用，为生态环境保护决策、管理和执法提供数据支撑。

（三）依法发布生态环境监测信息。市、区政府及有关部门建立生态环境监测信息发布机制，规范发布内容、流程、方式和渠道，加强信息解读和正面引导，提高政府环境信息发布的权威性和公信力，保障公众知情权。

四、提高生态环境风险监测防范能力

（一）加强环境质量监测预报预警。开展大气污染来源解析和污染物排放清单研究。加强空气质量预测预报。推进水源地水质在线监测数据异常报警系统建设。提高辐射自动监测预警能力。

（二）严密监控企业污染排放。完善重点排污单位污染物排放自动监测与异常报警机制，提高污染物超标排放、在线监测设备运行和重要核设施流出物异常等信息追踪、捕获与报警能力，以及企业排污状况智能化监控水平。

（三）提升生态环境监测评估与预警能力。定期开展生态状况调查与评估，对重点生态功能区的生态状况及变化情况进行监测与评估。完善自然保护区人类干扰活动监测机制。加强重要水体、水源地、水源涵养区等的水质监测与预警。强化土壤中持久性、生物富集性和对人体健康危害大的污染物监测。开展化学品、持久性有机污染物、新型特征污染物及危险废物等环境健康危害因素监测，提高环境风险防控和突发事件应急监测能力。

五、建立生态环境监测监管联动机制

（一）加强监测与监管执法联动。环保部门依法履行对排污单位的环境监管职责，加强执法检查，完善监测与监管执法联动快速响应机制，结合实际实施现场同步监测与执法。试点开展环境监察人员现场采样持证上岗。

（二）强化环境监测对考核问责的支撑。按照“谁考核、谁监测”的原则，进一步优化全市生态环境监测网络，完善生态环境质量监测和评估指标体系，为考核问责各区政府落实环境质量改善、污染防治、主要污染物排放总量控制和生态保护等职责任务提供科学依据和技术支撑。

（三）严格监测数据质量管理。生态环境监测机构、环境监测设备运营维护机构、社会环境监测机构要严格按照法律法规要求和技术规范开展监测，健全并落实监测数据质量控制与管理制度，对监测数据的真实性和准确性负责。加强对生态环境监测数据质量的监督管理，严肃查处弄虚作假行为。党政领导干部指使篡改、伪造监测数据的，按照《党政领导干部生态环境损害责任追究办法（试行）》等有关规定严肃处理。

六、健全生态环境监测保障体系

（一）统筹生态环境监测网络建设。市环保局会同有关部门研究建立全市生态环境监测网络协作机制，共同推进生态环境监测网络建设；依据生态环境监测网络总体功能定位，研究大气、水、土壤等环境监测网络建设需求，统一监测标准，加强质量管理，推动数据整合共享。各相关部门按照职责分工，负责各自领域的生态环境监测网络建设和运行管理，共享监测数据，发布环境信息。加大各部门生态环境监测网络系统集成力度，建设涵盖大气、水、土壤、噪声、辐射、生态等要素，功能齐全、技术先进、统一高效、支撑有力的首都生态环境监测网络体系。

（二）健全生态环境监测管理制度和标准规范体系。完善各项管理制度，加强新建项目统筹，提高生态环境监测科学化、规范化、系统化水平。研究建立生态环境监测数据共享、应用等机制。逐步统一环境质量、重点污染源等的监测和评价技术标准规范，增强各部门监测数据的可比性和通用性。

（三）培育和规范生态环境监测市场。鼓励社会环境监测机构参与排污单位污染源自行监测、环境质量和污染源自动监测设施运行维护、生态环境损害评估监测、环境影响评价和环境保护验收监测、清洁生产审核等生态环境监测活动。加强对社会环境监测机构的监督管理，将其违规行为纳入企业诚信体系，引导生态环境监测市场健康发展。加强质监部门与环保部门的协作，推动检验检测机构资质认定评审准则与生态环境监测质量管理体系深入对接，并建立违法信息通报和联合查处机制。

（四）强化生态环境监测领域科技创新。推进生态环境监测技术和方法研究，健全生态环境监测技术标准体系。开展空气质量监测和预测预报、大气污染来源快速解析、水和土壤监测、生物监测、生态观测、污染物排放清单和排放因子研究、遥感监测、在线监测、大数据综合分析等新技术、新方法的研究。鼓励科研单位和相关企业研发具有自主知识产权的监测设备和技术。积极开展国际监测技术交流合作。

（五）提升生态环境监测综合保障能力。稳妥推进生态环境监测机构改革，加强监测机构队伍建设，保证人员编制落实到位，大力推进监测机构监测能力建设。加大对生态环境监测网络建设的资金投入力度，并将监测机构人员、业务经费和监测网络运行经费纳入同级财政预算予以保障。依据国家有关政策，落实环境保护监测岗位津贴。将生态环境监测站点建设纳入城乡规划，优先保障建设用地，加快项目建设审批。

（六）完善区域生态环境监测协同发展机制。深入落实《京津冀协同发展规划纲要》，推动建立统一的京津冀区域生态环境监测网络质量管理体系。推进京津冀区域生态环境监测信息共享。完善空气重污染预警会商机制，共同应对区域空气重污染。健全流域水资源和水环境监测与评价机制、水污染事故应急联动机制。推进京津冀区域生态环境监测技术协同创新，共享创新成果。

附件：

生态环境监测网络建设方案重点任务分工表

序号		重点任务	完成时限	牵头单位	责任单位
1	健全完善生态环境监测网络	优化升级大气环境质量监测网络	2016年年底前	市环保局	各区政府 市规划和国土资源管理委员会 市交通委 市园林绿化局
2		增加水质自动监测站点数量，完善水环境监测网络	2017年年底前	市环保局	各区政府 市水务局 市规划和国土资源管理委员会
3		建立市、区、乡镇三级集中式饮用水水源地水质监测网络，优化地下水环境监测网络，加强山区地下水和深层地下水监测网络建设	2019年年底前	市水务局 市环保局 市地勘局	各区政府 市发展改革委 市财政局
4		强化农村饮用水水质监测	2018年年底前	市水务局 市卫生计生委 市环保局	各区政府 市发展改革委 市财政局
5		建立土壤环境监测网络	2019年年底前	市环保局	市规划和国土资源管理委员会 市农业局 市地勘局
6		建设天地一体的生态遥感监测系统	2020年年底前	市环保局 市规划和国土资源管理委员会 市园林绿化局	市科委
7		建设林地、绿地、沙地、湿地和生物种群等的地面生态监测网络	2019年年底前	市园林绿化局	市环保局
8	促进生态环境监测网络信息共享	推进各部门生态环境监测数据共享	2019年年底前	市环保局	各相关部门
9		按照国家统一部署，建设全市生态环境监测大数据平台	2019年年底前	市环保局	市经济信息化委

续表

序号	重点任务		完成时限	牵头单位	责任单位
10	提高生态环境风险监测防范能力	加强空气质量预测预报	2017年年底前	市环保局	市气象局
11		完善自然保护区人类干扰活动监测机制	2017年年底前	市环保局	市规划和国土资源管理委员会 市园林绿化局 市农业局
12	建立生态环境监测监管联动机制	完善监测与监管执法联动快速响应机制。试点开展环境监察人员现场采样持证上岗	2016年年底前	市环保局	
13	健全生态环境监测保障体系	加强质监部门与环保部门的协作，建立违法信息通报和联合查处机制	2018年年底前	市质监局 市环保局	
14		开展环境质量监测、生态观测、遥感监测、在线监测、大数据综合分析等新技术、新方法的研究和监测设备的研发	2020年年底前	市科委	各相关部门
15		研究本市环境监测机构垂直管理制度，稳妥推进环境监测机构改革，大力推进监测机构监测能力建设	2018年年底前	市环保局 市编办	各相关部门
16		落实环境保护监测岗位津贴	2016年年底前	市人力社保局	市财政局 市环保局
17		将生态环境监测站点建设纳入城乡规划，优先保障建设用地，加快项目建设审批	2017年年底前	市规划和国土资源管理委员会	市环保局
18		推动建立统一的京津冀区域生态环境监测网络质量管理体系。推进京津冀区域生态环境监测信息共享。完善空气重污染预警会商机制	2019年年底前	市环保局	市发展改革委 市气象局 市水务局

北京市人民政府办公厅关于印发《北京市促进高排放老旧机动车淘汰更新方案》的通知

京政办发〔2016〕47号

各区人民政府，市政府各委、办、局，各市属机构：

《北京市促进高排放老旧机动车淘汰更新方案》已经市政府同意，现印发给你们，请认真贯彻落实。

北京市人民政府办公厅

2016年11月15日

北京市促进高排放老旧机动车淘汰更新方案

为进一步加快本市高排放老旧机动车淘汰更新步伐，切实降低机动车污染物排放，持续改善首都空气质量，特制定本方案。

本方案所称高排放老旧机动车是指在本市登记注册的国Ⅰ和国Ⅱ排放标准轻型汽油车（燃料种类为汽油的小型、微型客车及轻型、微型货车）。

一、总体思路

依托市场交易平台，对报废高排放老旧机动车的车主给予政府补助，引导汽车生产企业对报废高排放老旧机动车并更换新车的车主给予奖励，促进高排放老旧机动车淘汰更新。

二、政府补助范围和标准

（一）补助范围。2016年12月1日至2017年12月31日期间，经解体厂解体报废的高排放老旧机动车可享受政府补助。有强制报废期限的车辆需提前1年及以上进行解体报废方可享受政府补助。解体报废时间以公安交通管理部门提供的车辆档案注销时间为准。

在京中央国家机关、本市各级党政机关和其他各级财政供养单位车辆的报废，不享受政府补助。

（二）补助标准

报废高排放老旧机动车符合条件的车主，在享受上述政府补助的同时，更换新车的还可享受贷款优惠和国家汽车以旧换新相关补助政策。

解体报废时间		2016年12月1日至2017年6月30日		2017年7月1日至2017年12月31日	
车辆排放标准		国Ⅰ	国Ⅱ	国Ⅰ	国Ⅱ
车辆类型	微型客（货）车	5000元/车	7000元/车	3000元/车	5000元/车
	小型客车	10000元/车	12000元/车	8000元/车	10000元/车
	轻型客车	8000元/车	10000元/车	6000元/车	8000元/车

三、企业奖励范围和标准

（一）奖励范围。解体报废高排放老旧机动车的车主在更换新车时，其新车车型属于第三方交易办理平台公示车型的，以企业奖励凭证冲抵车款方式获得奖励。

（二）奖励标准。鼓励汽车生产企业加大对解体报废车辆后购置新车的车主奖励力度，建议奖励额度不低于政府补助标准。各汽车生产企业在第三方交易办理平台内公布的新车销售价格应为市场指导价格。

四、申请政府补助和企业奖励的期限

对2016年12月1日至2017年12月31日期间报废的高排放老旧机动车，车主申请政府补助和企业奖励的截止日期为2018年1月31日，逾期将不予办理。

五、由第三方交易办理平台提供相关服务

政府委托第三方（北京环境交易所）搭建交易办理平台，并向其购买服务。根据授权，由第三方负责审核高排放老旧机动车报废更新信息，通过第三方交易办理平台为符合条件的车主办理政府补助和企业奖励相关手续。第三方交易办理平台为汽车生产企业提供服务并收取交易费用，交易费用建议为100元/车。

六、其他事项

政府补助和企业奖励申领办理工作流程、政府部门职责分工以及交易办理平台具体功能和第三方工作职责等相关事项，仍按《北京市人民政府办公厅关于印发〈北京市进一步促进老旧机动车淘汰更新方案（2015—2016年）〉的通知》（京政办发〔2015〕5号）执行。

市政府部门联合印发的重要文件

北京市环境保护局 北京市财政局 北京市质量技术监督局 关于印发《北京市燃气（油）锅炉低氮改造以奖代补资金管理办法》的通知

京环函〔2016〕293号

各区人民政府、各有关单位：

为进一步落实清洁空气行动计划，持续改善首都大气环境质量，鼓励燃气（油）锅炉业主单位开展低氮改造工作，切实控制全市燃气（油）锅炉氮氧化物排放水平，北京市环境保护局、北京市财政局、北京市质量技术监督局联合制定了《北京市燃气（油）锅炉低氮改造以奖代补资金管理办法》。经报市政府同意，现印发给你们，请遵照执行。

北京市环境保护局
北京市财政局
北京市质量技术监督局
2016年6月4日

北京市燃气（油）锅炉低氮改造以奖代补资金管理办法

第一章 总 则

第一条 为贯彻落实市政府发布实施的“清洁空气行动计划”以及北京市《锅炉大气污染物排放标准》（DB11/139—2015），鼓励燃气（油）锅炉业主单位开展低氮改造工作，切实控制全市燃气（油）锅炉氮氧化物排放水平，制定本办法。

第二条 本办法所称低氮改造，是指燃气（油）锅炉业主单位通过采取更换低氮燃烧器、整体更换燃气锅炉等方式，有效降低氮氧化物排放浓度的污染治理工程。

第三条 资金的管理遵循计划先行、统筹安排、绩效导向、科学监管的原则，充分发挥资金的引导带动作用。

第二章 补助范围

第四条 本市范围内于2015年7月1日之前建成的在用燃气（油）锅炉业主单位（含中央、部队、市属、区属等单位）实施锅炉低氮改造，可享受补助资金。

第三章 资金补助标准

第五条 根据治理效果，实行差别化的资金补助政策。

第六条 单台总容量20蒸吨/小时及以下燃

气（油）锅炉低氮改造项目，资金补助标准为：

（一）通过更换低氮燃烧器的方式进行改造，氮氧化物排放浓度削减幅度大于等于50%，且浓度值低于30毫克/米^{3}的项目（简称方式一）：

1. 单台锅炉容量小于等于总容量4蒸吨/小时

补助资金=2×锅炉容量+3.5（万元）

2. 单台锅炉容量大于总容量4蒸吨/小时

补助资金=1.5×锅炉容量+6（万元）

（二）通过更换低氮燃烧器的方式进行改造，氮氧化物排放浓度削减幅度大于等于50%，且浓度值达到30~80毫克/米^{3}之间的项目（简称方式二）：

1. 单台锅炉容量小于等于总容量4蒸吨/小时

补助资金=1.2×锅炉容量+1.5（万元）

2. 单台锅炉容量大于总容量4蒸吨/小时

补助资金=锅炉容量+2.5（万元）

（三）通过整体更换锅炉，氮氧化物排放浓度削减幅度大于等于50%，且浓度值低于30毫克/米^{3}的项目（简称方式三）：

1. 单台锅炉容量小于等于总容量4蒸吨/小时

补助资金=2.6×锅炉容量+7（万元）

2. 单台锅炉容量大于总容量4蒸吨/小时

补助资金=2.5×锅炉容量+8（万元）

第七条 单台锅炉总容量20蒸吨/小时以上的，采用低氮改造或末端脱硝，氮氧化物排放浓度削减幅度大于等于50%，且浓度值低于30毫克/米^{3}的项目，按照改造投资额的30%给予补助资金；氮氧化物排放浓度削减幅度大于等于50%，且浓度值达到30~80毫克/米^{3}之间的，按照改造投资额的25%给予补助资金。

第八条 市属全额预算拨款单位实施改造的，按照改造投资额的70%先行预拨；项目完工后，根据财政评审中心对竣工结算的审核结果进行清算，多退少补。

第九条 市属差额预算拨款单位实施改造的，按照补助标准上浮50%安排，给予补助。

第四章 资金申领及拨付程序

第十条 各锅炉业主单位，在完成改造方案编制、旧设备拆除、新设备采购后，方可申请资金。各区政府主管部门接到资金申请后，进行材料审核及现场查验。

第十一条 工程改造完成后，锅炉业主单位提出验收申请，区政府主管部门依据《北京市燃气（油）锅炉低氮改造验收要求》（见附件）组织验收。

第十二条 各区政府主管部门将项目验收情况报送区财政局，由区财政局将补助资金拨付到各锅炉业主单位。

第十三条 单台总容量20蒸吨/小时以上的改造项目，由各区政府主管部门项目验收后，报市环保局复核，复核同意后，由区政府相关部门进行补助资金拨付工作。

第十四条 各区政府主管部门会同区财政局于每年年底前，将下一年度低氮改造拟补助清单和资金预算报市环保局。市环保局汇总审核后，送市财政局。市财政局复核后，安排预算资金。

第五章 监督管理

第十五条 各锅炉业主单位是实施燃气（油）锅炉低氮改造的责任主体，应自主选择低氮技术和设备，承担改造项目的安全、环保、节能责任。

第十六条 各区政府是组织辖区燃气（油）锅炉低氮改造工作的责任主体，应加大监督执法及资金投入力度，制定实施方案及补助政策，负责做好宣传动员、建立台账、编制资金预算、跟踪改造过程、组织项目验收、保障验收监测资金、建立资金及项目管理的“一户一档”等工作。

第十七条 市环保局负责指导各区政府主管部门建立燃气（油）锅炉台账，确定全市年度低氮改造计划。负责监督各区改造工作，组织对各区验收通过的项目进行抽查。

市财政局负责安排改造项目以奖代补资金，完成预算审核与下拨等工作，加强对各区资金使用管理的监督。

市质监局负责指导、协调各区质监局依法开展锅炉安全监察。

第十八条　奖励资金必须专款专用，任何单位不得以任何理由虚报、骗取、截留、挪用奖励资金。对违反规定的，将按照《财政违法行为处罚处分条例》（国务院令第427号）等有关规定，依法追究有关单位和人员责任。

第六章　附　则

第十九条　本办法自发布之日起施行。

第二十条　本办法由市环保局、市财政局、市质监局按照各自职责分工负责解释。

附件：北京市燃气（油）锅炉低氮
　　　改造验收要求（略）

北京市环境保护局 北京市住房和城乡建设委员会 关于加强非道路移动工程机械排放管理有关工作的通知

京环发〔2016〕15号

各区环保局、住房城乡建设委：

依据《中华人民共和国大气污染防治法》有关规定，以及《北京市人民政府办公厅关于印发〈北京市2013—2017年清洁空气行动计划重点任务分解2016年工作措施〉的通知》（京政办发〔2016〕11号）有关要求，为做好本市非道路移动工程机械排放管理工作，现将有关事项通知如下：

一、各区环保和住房城乡建设部门要紧密配合，加强执法

按照《中华人民共和国大气污染防治法》要求，各区环保部门要会同区住房城乡建设部门加强辖区内非道路移动工程机械排放执法工作，严格查处排放超标等违法行为。同时，要对多次排放超标的非道路移动工程机械使用方予以曝光。请各区环保部门定期将检查、处罚和曝光情况报送北京市机动车排放管理中心。

二、配合做好辖区非道路移动工程机械登记工作

建立非道路移动工程机械台账是防治机械排放污染的基础，为此中国工程机械工业协会将组织对挖掘机、装载机、挖掘装载机、叉车、推土机、平地机、压路机、摊铺机、铣刨机、旋挖钻机、打桩机等11类非道路移动工程机械进行登记，记录产品型号、生产企业、使用信息等22项内容。届时中国工程机械工业协会将在各区分别设立登记点，并入户到辖区工地免费为非道路移动工程机械登记造册并张贴标识。

请各区环保和住房城乡建设部门配合行业协会做好辖区非道路移动工程机械登记工作：一是请各区环保和住房城乡建设部门各自指定一名联系人，并于7月4日（周一）前将联系人、联系方式反馈市环保局机动车处（电话兼传真：68717187）；二是请派人与行业协会共同入户辖区工地，配合做好登记工作；三是结合日常执法工作，主动对施工单位宣传登记工作。

本通知自发布之日起实施。

北京市环境保护局
北京市住房和城乡建设委员会
2016年6月23日

北京市住房和城乡建设委员会 关于在混凝土搅拌站安装远程视频监控设施的通知

京建法〔2016〕12号

各区住房城乡建设委，经济技术开发区建设局，各混凝土搅拌站：

为加强空气重污染天气响应措施，有效控制扬尘，提升全市混凝土搅拌站绿色生产管理水平并落实各混凝土搅拌站现场管理主体责任，根据《北京市人民政府办公厅关于印发〈北京市2013—2017年清洁空气行动计划重点任务分解2016年工作措施〉的通知》（京政办

发〔2016〕11号）的要求，全市有预拌混凝土专业承包资质的搅拌站（简称“混凝土搅拌站”）应组织安装远程视频监控设施（简称“视频监控设施”），并纳入全市远程施工视频监控系统统一管理。现就具体实施工作通知如下：

一、安装范围和时间

自发文之日起，混凝土搅拌站应开始启动安装工作，于2016年7月31日之前完成视频监控设施的安装，并实现与全市远程施工视频监控系统的信息传送。

二、责任主体

混凝土搅拌站为安装视频监控设施的责任主体，承担视频监控设施的安装、运行及维护费用，为视频监控设施的安装提供必要的场地及技术支持，并做好保护工作，确保使用功能。混凝土搅拌站应选择符合视频监控设施技术要求（见附件）的企业负责视频监控设施安装、维修保养以及系统技术维护。

市住房城乡建设委施工扬尘治理工作领导小组办公室（简称“市住房城乡建设委扬尘治理办公室”）负责组织、指导、协调及监督混凝土搅拌站视频监控设施的安装管理工作。

三、安装要求

（一）视频监控设施的选用。视频监控设施包括前端（摄像头）以及3G或4G传输设备。混凝土搅拌站安装的视频监控设施应符合市住房城乡建设委规定的视频监控设施技术要求，与全市远程施工视频监控系统实现良好兼容，通过网络接入全市远程施工视频监控系统。

（二）安装数量。混凝土搅拌站大门及主要道路出、入口应安装一个球形摄像头和一个车牌抓拍设备；混凝土搅拌站场内高点应安装一个球形摄像头；扬尘隐患较大等部位应至少安装一个球形摄像头。安装数量及位置应确保监控整个生产场区，做到无死角全覆盖。

（三）安装信息报送。完成视频监控设施安装调试后，混凝土搅拌站应填写《北京市混凝土搅拌站视频监控系统安装信息表》（见附件），并于5日内报市住房城乡建设委扬尘治理办公室。

四、视频监控设施的使用

（一）全市远程施工视频监控系统可实现对混凝土搅拌站场区进行实时视频监控，并对出入场区的运输车辆进行拍照。市、区住房城乡建设委、环保主管部门、混凝土搅拌站使用统一分配的账号、密码即可登录全市远程施工视频监控系统，实时掌握相关场区的生产、管理情况。

（二）在完成安装后，各混凝土搅拌站应明确专人负责管理，对本场区的绿色生产（包括运输车辆）及安全生产情况进行查看，发现问题立即整改。

五、监督管理

（一）市住房城乡建设委扬尘治理办公室积极推进视频监控设施的安装工作。各混凝土搅拌站应充分认识安装、使用视频监控设施的重要性和必要性，积极主动实施安装和接入工作。

（二）市、区住房城乡建设委要结合日常监管要求对混凝土搅拌站视频监控设施的安装和运行情况进行监督检查，对拒不安装或使用视频监控设施的，市、区住房城乡建设委应责令立即改正，情节严重的予以通报批评。

（三）市、区住房城乡建设委扬尘治理主管部门或相关责任部门应安排人员，通过全市远程施工视频监控系统对辖区内混凝土搅拌站（包括运输车辆）的扬尘排放情况及空气重污染预案执行情况进行查看。对于发现的涉嫌违法违规问题，及时移送相关执法部门进行查处。

六、本通知自发布之日起施行。

北京市住房和城乡建设委员会
2016年6月24日

附件：视频监控设施技术要求及北京市混凝土搅拌站视频监控系统安装信息表（略）

北京市市政市容管理委员会关于拨付垃圾处理作业企业经费市财政对区垃圾处理设施补助和经济补偿费相关事宜的通知

京政容函〔2016〕197号

各相关区市政市容委，各相关生活垃圾处理作业企业：

按照市政府办公厅《转发市市政市容委市财政局关于建立生活垃圾处理调控平台意见的通知》（京政办发〔2010〕6号）、市财政局 市市政市容委《关于印发北京市生活垃圾处理调控核算平台资金核算管理暂行规程的通知》（京财经一〔2010〕977号）和市市政市容委 市财政局《关于进一步完善我市生活垃圾异地处理环境补偿机制的通知》（京政容函〔2015〕97号）精神，现就纳入生活垃圾处理调控核算平台结算范围的垃圾处理作业企业（以下简称结算设施）的经费结算、市级财政对区级生活垃圾焚烧和综合处理设施（以下简称补助设施）的补助经费和经济补偿费等有关事宜通知如下：

一、设施运行标准

结算设施和补助设施应具备符合我市相关规定的称重计量系统，具有污水、臭气等污染控制设施，连续稳定运行，污水、臭气达标排放，残渣无害化处理。

二、接受检查考核

结算设施和补助设施应按照我委相关规定，接受我委组织的监督检查，配合检查人员做好检查考核工作。

三、经费拨付方式及计算公式

（一）拨付周期

结算设施的垃圾处理费、补助设施的补助经费和相关区的经济补偿费按照每半年预拨一次和年度清算的方式拨付各项费用。我委在年度经费清算时，将依据检查考核得分扣减费用。

对于进入市级处理设施处理的分类厨余垃圾处理费用采取次年年初清算一次。

（二）预拨经费计算公式如下

1.结算设施预拨经费＝垃圾处理单价×半年预计处理量×95%。

2.补助设施预拨经费＝补助费用标准×半年预计处理量×95%。

3.经济补偿费预拨数＝经济补偿标准×半年预计处理量×95%。

参照上年度实际处理量和设施运行情况确定半年预计处理量。

（三）年度清算计算公式如下

1.结算设施清算经费＝垃圾处理单价×年度实际垃圾处理量－扣减经费；其中扣减经费＝垃圾处理单价×年度实际垃圾处理量×（扣减分数÷100）×扣减系数。

2.补助设施清算经费＝补助费用标准×年度实际垃圾处理量－扣减经费；其中扣减经费＝补助费用标准×年度实际垃圾处理量×（扣减分数÷100）×扣减系数。

3.经济补偿费清算数＝经济补偿标准×年度实际处理量－已预拨总额。

上述扣减系数随着检查考核得分所在的分数区间变化，得分越低，扣减系数越高。扣减系数的测算办法具体如下：

得分在95~100分之间（包括95分），扣减系数为0.3；得分在90~95分之间（包括90分），扣减系数为0.4；得分在85~90分之间（包括85分），扣减系数为0.5；得分在85分之下，扣减系数为1。

四、2016年预拨和清算垃圾处理费、区属设施运行补助经费和经济补偿费按照本文规定执行。同时，我委《关于垃圾处理作业企业经费结算和市财政对区县垃圾处理设施补助相关事宜的通知》（京政容函〔2014〕171号）废止。

特此通知。

北京市市政市容管理委员会

2016年7月6日

北京市水务局 北京市财政局 关于印发《北京市黑臭水体治理清淤工程资金奖励补贴办法》的通知

京水务排〔2016〕141号

各区水务局、各区财政局：

为推进我市黑臭水体治理工作，建立清淤工程资金奖励补贴机制，现将《北京市黑臭水体治理清淤工程资金奖励补贴办法》印发给你们，请遵照执行。

特此通知。

北京市水务局
北京市财政局
2016年8月23日

北京市黑臭水体治理清淤工程资金奖励补贴办法

第一条 为贯彻落实《水污染防治行动计划》、《北京市水污染防治工作方案》和《北京市进一步加快推进污水治理和再生水利用工作三年行动方案（2016年7月—2019年6月）》，推进本市黑臭水体治理工作，建立清淤工程资金奖励补贴机制，根据有关法律法规及政策文件，制定本办法。

第二条 本市行政区域内的黑臭水体治理清淤工程资金奖励补贴工作，适用本办法。

第三条 市水行政主管部门负责制定全市黑臭水体治理工作计划、核定各区黑臭水体治理清淤工程量，区水行政主管部门负责组织编制本区黑臭水体治理技术方案，开展黑臭水体治理，核算黑臭水体清淤工程量，组织竣工验收等工作。

市财政部门负责核拨黑臭水体治理清淤工程市级奖励补贴资金，区财政部门负责筹措本区黑臭水体治理相关资金，对黑臭水体治理清淤工程结算进行财政评审。

第四条 本市对黑臭水体治理清淤工程资金实行“以奖代补、先干后补”的奖励补贴机制。

（一）区级结算

区水行政主管部门组织建设、设计、施工、监理等单位，根据黑臭水体治理清淤工程技术方案和施工监理报告等文件，核算本区年度清淤工程量及所需资金，编制清淤工程结算材料。区财政部门对清淤工程结算材料进行财政评审并确认。每年7月1日前，区水行政主管部门将年度完成的黑臭水体治理清淤工程结算材料、监理报告和区财政评审意见报市水行政主管部门，申请核定奖励补贴资金。

（二）市级核定

市水行政主管部门根据区水行政主管部门上报的黑臭水体清淤工程结算材料、监理报告和区财政评审意见，组织相关单位进行核定、汇总，每年8月31日前将核定汇总的各区黑臭水体清淤工程量及所需奖励补贴资金报市财政部门。市级奖励补贴资金的上限，原则上按照清淤工程综合单价和工程量控制。清淤工程综合单价由市水行政主管部门、市财政部门依据相关技术方案，综合考虑有代表性的河道清淤工程施工情况和运距等因素确定。

每年10月31日前，市财政部门通过转移支付方式将奖励补贴资金拨付区财政部门。拨付资金年度起止时间为上一年度的7月1日至当年的6月30日。

第五条 市水行政主管部门，市财政部门会同有关部门对清淤工程及奖励补贴资金使用情况和黑臭水体治理效果进行抽查。发现虚报清淤工程量、挪用资金的，从下一年度工程奖励补贴资金中扣除相应资金，依法依纪追责并通报。

第六条 本办法由市水行政主管部门、市财政部门负责解释。

第七条 本办法自2016年10月1日起施行。

北京市水务局
北京市财政局
北京市环境保护局
关于印发《北京市农村污水处理和再生水利用设施运营考核暂行办法》的通知

京水务排〔2016〕142号

各区水务局、财政局、环保局，各相关单位：

为加强我市农村污水处理和再生水利用设施运营管理，完善设施运营考核补贴机制，保障设施稳定运行，根据《中华人民共和国水法》、《中华人民共和国水污染防治法》、《北京市水污染防治条例》、《北京市排水和再生水管理办法》等法律法规及相关政策文件，我们制定了《北京市农村污水处理和再生水利用设施运营考核暂行办法》，现印发给你们，请遵照执行。

特此通知。

北京市水务局
北京市财政局
北京市环境保护局
2016年8月30日

北京市农村污水处理和再生水利用设施运营考核暂行办法

第一条 为加强本市农村污水处理和再生水利用设施运营管理，完善设施运营考核补贴机制，保障设施稳定运行，根据《中华人民共和国水法》、《中华人民共和国水污染防治法》、《北京市水污染防治条例》、《北京市排水和再生水管理办法》等法律法规及相关政策文件，制定本办法。

第二条 本市行政区域内的农村污水处理和再生水利用设施运营考核工作，适用本办法。

第三条 市水行政主管部门负责组织实施全市农村污水处理和再生水利用设施运营考核，核算市级补贴资金。

市环境保护主管部门负责组织区环境保护主管部门对农村污水处理和再生水利用设施出水水质进行监督性监测工作。

市财政部门负责核拨各区农村污水处理和再生水利用设施运营补贴资金，会同市水行政主管部门对补贴资金使用情况进行监管。

第四条 区水行政主管部门是本区农村污水处理和再生水利用设施运行监管考核的责任主体，负责制定设施运营监管制度，组织对本区设施的运行情况和出水水量、水质情况进行监督管理，并定期汇总、上报。

区环境保护主管部门负责对本区农村污水处理和再生水利用设施的出水水质进行监督性监测。

区财政部门负责筹措、核拨本区农村污水处理和再生水利用设施运营经费，并确保专款专用。

第五条 农村污水处理和再生水利用设施运营单位应当根据国家和本市相关规范规程要求，建立健全运营管护制度，保障污水处理和再生水利用设施和在线监测装置安全正常运行；在设施明显位置设置标识牌，标明运营单位名称、责任人及联系电话，公示监督部门举报电话，接受有关部门和社会监督。

第六条 农村污水处理和再生水利用设施考核实行考核清单制度。未纳入清单的设施不计入水环境区域补偿考核和运营经费补贴核算。

（一）新建、改建和扩建的农村污水处理和再生水利用设施，应当建设在线监测装置，在接入市、区两级排水业务管理信息系统后，由区水行政主管部门报市水行政主管部门，经核实批准后纳入考核清单。

（二）现有农村污水处理和再生水利用设施由区水行政主管部门报市水行政主管部门，经核实批准后纳入考核清单，并在2018年6月底前安装在线监测装置，接入市、区两级排水业务管理信息系统。逾期仍未完成的污水处理和再生水利用设施，暂停运营经费补贴。

第七条 在线监测装置应当简便可靠、便于维护。水量监测装置应当安装在污水处理和再生水利用设施的进水端，水质监测装置应当安装在出水端。

（一）日处理规模500立方米及以上的，需安装水量、浊度、pH值、总电耗及重点设备运行状态在线监测装置。

（二）日处理规模500立方米以下的，需安装水量、总电耗在线监测装置。

（三）通过城带村、镇带村等方式处理的农村污水应当单独计量，并安装水量在线监测装置。

第八条 农村污水处理和再生水利用设施运营考核内容包括管理制度建设、设施运行、水质水量和污泥处置情况等。

（一）区水行政主管部门应当建立完善的监管和巡查制度，定期组织对本区设施运营情况进行巡查，形成巡查报告。每半年组织有资质的水质检测机构对出水水质主要指标（应包含COD、氨氮）进行监测。

区水行政主管部门对本区纳入考核清单的设施运营情况，以月统计、季上报、年汇总的方式，通过排水业务管理信息系统报市水行政主管部门，并对报送数据的真实性负责。

区环境保护主管部门应当组织对本区农村污水处理和再生水利用设施的出水水质进行监督性监测，并将监测结果反馈至区水行政主管部门。

（二）市水行政主管部门组织对全市农村污水处理和再生水利用设施运营情况进行不定期抽查，根据排水业务管理信息系统数据、各区巡查报告和监督性监测情况以及抽查情况等，核算各区市级运营补贴资金。

第九条 市水行政主管部门负责核定各区纳入考核清单的污水处理量。

（一）在线监测装置以及污水处理和再生水利用设施均正常运行的，依据在线监测数据值和各区水行政主管部门报送的污水处理情况确定污水处理量。

（二）在线监测装置或者污水处理和再生水利用设施不正常运行的，仅计算正常运行期间的污水处理量；水质监测不合格的，不合格期间按50%计算污水处理量。

（三）在线监测装置安装运行前，区水行政主管部门应当根据运营单位的运行记录等确定污水处理量，市水行政主管部门将视情况核定污水处理量；无原始处理水量记录的，原则上不予核定污水处理量。

（四）对于水量、水质监测数据造假的，扣除该污水处理和再生水利用设施当月全部污水处理量，情节严重的不再纳入考核清单，予以通报，并依法追责。

第十条 市财政部门对农村污水处理和再生水利用设施运营经费给予补贴，补贴基数为3元/米^3，补贴比例生态涵养区为70%，城市发展新区为60%，城市功能拓展区为50%，不足部分由各区财政部门统筹解决。

第十一条 区水行政主管部门应当每月统计、汇总本区农村污水处理量，在征求区环境保护主管部门意见后，每季度第一个月10日前将上季度处理情况报市水行政主管部门。市水行政主管部门于当年8月31日前将各区市级运营补贴资金核定情况报市财政部门。市财政部门每年10月31日前将市级运营补贴资金转移支付到各区财政部门。拨付资金年度起止时间为上年7月1日至当年6月30日。

第十二条 市级运营补贴资金必须专款专用，专项用于农村污水处理和再生水利用设施运营养护工作。

第十三条 市水行政主管部门会同市财政部门、市环境保护主管部门每年形成全市农村污水处理和再生水利用设施运营考核报告，通报各区政府。

第十四条 本办法由市水行政主管部门、市财政部门、市环境保护主管部门负责解释。

第十五条 本办法自2016年10月1日起施行。

北京市环境保护局 北京市交通委 北京市公安局公安交通管理局 关于对国Ⅰ及国Ⅱ排放标准轻型汽油车采取交通管理措施的通告

京环发〔2016〕29号

根据《中华人民共和国环境保护法》、《中华人民共和国大气污染防治法》、《中华人民共和国道路交通安全法》和《北京市大气污染防治条例》的有关规定，为改善首都空气质量，有效降低高排放车辆污染，经市政府同意，对本市及外省、区、市核发号牌（含临时号牌）高排放污染国Ⅰ及国Ⅱ排放标准轻型汽油车（燃料种类为汽油的小型、微型客车及轻型、微型货车）采取如下管理措施：

一、自2017年2月15日起，国Ⅰ及国Ⅱ排放标准轻型汽油车工作日（因法定节假日放假调休而调整为上班的星期六、星期日除外）禁止在本市五环路（不含）以内区域道路行驶。

二、对于机动车违反规定进入限行区域道路行驶的，认定为违反限制通行规定的违法行为，由公安交通管理部门依法处罚。

（本市机动车查询车辆排放标准可拨打12369热线或登录北京市环保局官方网站 http://www.bjepb.gov.cn/ 进行查询。）

特此通告。

市环保局
市交通委
市公安局公安交通管理局
2016年11月18日

市环境保护局行政规范性文件

北京市环境保护局关于规范危险废物经营许可证审批事项的通知

京环发〔2016〕2号

各有关单位：

为贯彻落实《中华人民共和国固体废物污染环境防治法》（以下简称《固废法》）和《危险废物经营许可证管理办法》（国务院第408号令，以下简称《办法》），现将我局负责颁发的危险废物经营许可证的审批事项通知如下：

一、危险废物经营许可证许可条件

申请领取危险废物综合经营许可证，应当具备下列条件：

1. 有3名以上环境工程专业或者相关专业中级以上职称，并有3年以上固体废物污染治理经历的技术人员；

2. 有符合国务院交通主管部门有关危险货物运输安全要求的运输工具；

3. 具有符合国家或者本市环境保护标准和安全要求的包装工具，中转和临时存放设施、设备以及经验收合格的贮存设施、设备；

4. 有符合国家或者本市危险废物处置设施建设规划，符合国家或者本市环境保护标准和安全要求的处置设施、设备和配套的污染防治设施；其中，医疗废物集中处置设施，还应当符合国家有关医疗废物处置的卫生标准和要求；

5. 有与所经营的危险废物类别相适应的处置技术和工艺；

6. 有保证危险废物经营安全的规章制度、

污染防治措施和事故应急救援措施；

7. 以填埋方式处置危险废物的，应当依法取得填埋场所的土地使用权。

二、危险废物经营许可证办理所需材料

按照《危险废物经营单位审查和许可指南》规定，申请单位应提交如下申请材料：

（一）行政许可申请表；

（二）危险废物经营许可证申请书；

（三）有3名以上环境工程专业或者相关专业中级以上职称，并有3年以上固体废物污染治理经历的技术人员的证明材料；包括：

1. 环境工程或者化工、冶金、分析测试等相关专业技术人员的学历和学位证书、职称证书复印件；

2. 技术人员具有3年以上固体废物污染治理经历的证明材料；

3. 技术人员与申请单位签订的劳动合同等能证明劳动关系的证明材料，如合同聘用文本及聘期、合同期间社保证明等；

4. 其他相关证明材料。

（四）符合国务院交通主管部门有关危险货物运输安全要求的运输工具的证明材料，包括：

1. 交通主管部门颁发的允许从事危险货物运输的道路运输经营许可证的复印件；

2. 危险废物运输车辆运营证、危险货物运输驾驶员证和押运员证的复印件；

3. 无危险货物运输资质的申请单位应提供与拥有相关危险货物运输资质的单位签订的运输协议（或合同）的复印件，并同时提供上述证明材料；

4. 从事收集、贮存、处置医疗废物的单位还应提供转运车符合《医疗废物转运车技术要求（试行）》（GB 19217—2003）的详细证明材料；

5. 其他相关证明材料。

（五）有符合国家或者本市环境保护标准和安全要求的包装工具，中转和临时存放设施、设备以及经验收合格的贮存设施、设备的证明材料，包括：

1. 包装工具照片或图样及文字说明；

2. 中转和临时存放设施、设备以及贮存设施、设备的照片、设计文件及文字说明、施工报告等；

3. 贮存设施、设备经环保、卫生、消防安全等部门验收合格的证明文件的复印件；

4. 中转和临时存放设施、设备以及贮存设施的名称、贮存能力、数量、贮存危险废物的种类、其他技术参数；

5. 其他相关证明材料。

（六）有符合国家或者本市危险废物处置设施建设规划，符合国家或者本市环境保护标准和安全要求的处置设施、设备和配套的污染防治设施的证明材料，以及关于医疗废物集中处置设施应当符合国家有关医疗废物处置的卫生标准和要求的证明材料，包括：

1.《企业法人营业执照》和《组织机构代码证》复印件。

2. 关于选址符合《危险废物焚烧污染控制标准》、《危险废物填埋污染控制标准》等相关标准的材料。

3. 厂区平面布置图（应绘出：设施法定边界；进货和出货装置的地点；各危险废物处置设施、贮存设施、配套污染防治设施以及事故应急池、雨水收集池的位置、排污口位置、地下水监测井的位置等）。

危险废物经营单位应确保有足够道路空间，以保障在紧急状态下，相关的救援人员，消防、泄漏控制、去污设备通行无阻。

4. 处置设施、设备，以及配套污染防治设施的设计文件及文字说明。

对于填埋设施，应当提供有关施工质量保证书、施工和监理情况的报告；以及地下水监测井设计方案的依据（如地下水的流向和速率等）。

5. 环境影响评价文件的复印件；环境保护设施竣工验收意见的复印件。

6. 现有设施最近一年内监测报告的复印件。提供企业自行监测报告的，应当提供关于其符合相关监测质量要求的证明材料。

7. 现有危险废物焚烧炉，应提供论证其符

合《危险废物焚烧污染控制标准》（GB 18484）关于焚烧炉的技术性能指标（包括焚烧炉温度、烟气停留时间、燃烧效率、焚毁去除率、焚烧残渣的热灼减率等）、焚烧炉出口烟气中的氧气含量等的证明材料。

如为证明焚烧炉满足《危险废物焚烧污染控制标准》关于温度大于1100℃要求，应当提供焚烧炉的设计温度、实际运行温度（对已运行设施）、耐火材料的规格（如能够耐受的温度范围）；并书面解释焚烧过程如何达到要求的温度。书面解释如何控制氧气浓度使之满足《危险废物焚烧污染控制标准》关于焚烧炉出口烟气中的氧气含量应为6%~10%（干气）的要求。书面解释如何在最大气体流量时达到负压（计算公式），并提供有关抽风机额定流量及压降的数据。

8. 新建危险废物焚烧炉，应提供试焚烧方案及期限（一般不得超过一年）以及试焚烧结果的报告。

9. 分析实验仪器的名称、照片或图纸、文字说明、用途以及所能分析和监测的项目。

10. 有关应急装备、设施和器材的清单，包括种类、名称、数量、存放位置、规格、性能、用途和用法等信息。

11. 经营易燃易爆化学品废物的，需提供消防部门的证明材料。

12. 经营剧毒化学品废物的，需提供公安部门的证明材料。

13. 经营危险化学品废物的，需提供经营安全生产评估报告及备案的证明材料。

14. 建设项目工程质量、消防和安全验收的相关证明材料。

15. 其他相关证明材料。

（七）有与所经营的危险废物类别相适应的处置技术和工艺的证明材料，包括：

1. 详细描述危险废物预处理和处置工艺及操作要求。

2. 危险废物预处理和处置主要设备的名称、规格型号、设计能力、数量、其他技术参数。

3. 危险废物预处理和处置主要设备所能预处理和处置的废物名称、类别、形态和危险特性。

4. 从事利用危险废物经营活动的单位应提供：（1）符合北京市总体布局规划、城市功能定位、产业调控政策和行业发展方向等有关政策、制度及标准要求的相关文件；（2）质量技术监督部门对其产品的认定文件；（3）经营期内的发展规划。

5. 其他相关证明材料。

（八）有保证危险废物经营安全的规章制度、污染防治措施和事故应急救援措施的证明材料；包括：

1. 废物分析方案 / 制度。分析废物的目的是确保持证单位仅接收许可经营的危险废物，从而确保危险废物得到正确的贮存或处置。废物分析方案 / 制度至少应包含以下内容：（1）持证单位如何了解所接收的危险废物与危险废物转移联单所列危险废物相一致；（2）对各危险废物拟分析的参数 / 成分及理由；（3）拟采用的取样方法；（4）拟采用的分析测试方法；（5）重复测试的频率；（6）每批废物的接收标准和拒绝标准。

2. 安保措施。危险废物经营单位应当防止无关人员进入厂区，特别是危险废物利用处置区。比如：控制进入危险废物贮存、处置设施的安全措施。如设置24小时监控系统，对进出危险废物贮存、处置设施进行不间断监控；或在危险废物贮存、处置设施周围设置人工或天然的障碍物（如栅栏），控制出入；在设施的入口处设置中英文标示：“危险——非授权人员不得进入”（Danger–Unauthorized Personnel Keep Out）等。

3. 内部监督管理措施和制度。为及时纠正问题，防止危害环境和人体健康，危险废物经营单位应当制定检查方案，针对可能导致危险废物组分泄漏到环境中，以及对人体健康造成威胁的设备故障和老化，操作错误，有意或无意的危险废物溢出、泄漏等情况，以及预防、侦测或应对有关环境或人体健康威胁的重要设施和设备［如监测设备、安全及应急设备、保安设施、操作设备（如泵）等］进行检查。检查方案应当包括拟检查的问题类型及检查频率。如：对危险废物装卸区等易发生泄漏的区域是否存在泄漏，焚烧炉及附属设备（如泵、阀门、传送设施、管道）是否存在泄漏和无组织排放（可肉眼观察）等每天至少检查一次。对防火通道是否畅通，去污设备是否充足等每周至少检查一次；等等。

4. 意外突发事故应急救援措施及相关设备。可参见《危险废物经营单位编制应急预案指南》（原国家环境保护总局公告 2007 年第 48 号）。

5. 关于易燃性、反应性和不相容废物的特别防范措施。危险废物经营单位应当采取特别措施，防范易燃性、反应性和不相容废物的安全风险。比如：关于确保这些废物远离火源和反应源的措施。在贮存处理易燃、反应性或不相容废物的场所设置“禁止吸烟（No Smoking）”的标识。设置隔离的吸烟区域。防止将彼此或与贮存设施或设备起剧烈反应（如起火，爆炸，释放有毒粉尘、气体或烟气）的不相容废物混合贮存的措施。

6. 有关预防风险的措施（包括相关应对程序和硬件设施）。如：在危险废物装卸操作时预防风险的措施（如特殊的叉车）。防止危险废物处理区域的废水流入其他区域或环境中，以及防止雨水侵入危险废物处理区域的措施（如排水沟或阻水堤）。防止污染水源的措施。降低设备故障或断电影响的措施。防止人体不适当暴露于危险废物的措施（如防护服、呼吸器、防毒面具、防毒口罩、安全帽、防酸碱手套及长筒靴等）。

7. 人员培训制度。危险废物经营单位应当清晰描述涉及危险废物管理的每个岗位的职责，并依此制定各个岗位从业人员的培训计划，培训计划应当包括针对该岗位的危险废物管理程序和应急预案的实施等。培训可分为课堂培训和现场操作培训。应急培训应当使得受训人员能够有效地应对紧急状态，受训人员应熟悉：（1）应急程序、应急设备、应急系统，包括使用、检查、修理和更换设施内应急及监测设备的程序；（2）自动进料切断系统的主要参数；（3）通讯联络或警报系统；（4）火灾或爆炸的应对；（5）地表水污染事件的应对等。

8. 环境监测制度。危险废物经营单位应当制定环境监测方案，对废水处理、大气污染物排放、噪声、地下水等定期监测。环境监测方案应确定监测指标和频率。危险废物经营单位自行监测的，还应当制定监测仪器的维护和标定方案，定期维护，标定并记录结果。

9. 新产生危险废物的管理计划。

10. 发生意外突发事件或正常操作下，造成土壤等环境污染时消除污染的保障措施。

（九）以填埋方式处置危险废物的，须提交关于依法取得填埋场所的土地使用权的证明材料；包括：

1. 建设用地规划许可证的复印件。

2. 建设用地厂区用地界限图的复印件。

3. 地方人民政府颁发的土地权利证书的复印件。

4. 其他相关证明材料。

申请材料（包括危险废物经营许可证申请书和证明材料）一式六份并附电子文件；所有证明材料所附的复印件均应加盖申请单位公章，并注明与原件相符字样。

三、危险废物经营许可证的文本

危险废物经营许可证包括 1 份正本和 1 份副本。

四、申请方式

现场受理，申请材料送至北京市政务服务中心。

五、审批时限

自受理申请之日起 20 个工作日内作出准予许可或不准予许可的决定。危险废物经营许可证审批过程中依法需要听证、检测、鉴定、征询有关部门意见和专家评审，所需时间不计算在规定的 20 个工作日内。

六、有关要求

（一）危险废物经营许可证的变更申请

经营单位变更法人名称、法定代表人和住

所的，在工商变更登记之日起 15 个工作日内，提出变更申请。

申请变更危险废物经营许可证应提交危险废物经营许可证变更申请报告，并附原危险废物经营许可证的正、副本。申请报告应说明变更理由和需要变更的具体事项。

（二）危险废物经营许可证的延续

危险废物经营许可证有效期届满，需要继续从事危险废物经营活动的，应当于危险废物经营许可证有效期届满 30 个工作日前向原发证机关提出换证申请，应当提交的材料包括：

1. 换证申请；

2. 上一经营期内的经营报告（应包括经营废物的种类、数量以及来源的统计汇总、经营期内设施运行情况、污染物排放情况、各项法律法规和标准的执行情况、技术和设备改造情况以及突发事故的处理情况等）；

3. 上一经营期内的环保监测报告；

4. 下一经营期的发展规划；

5. 从业人员培训记录；

6. 原危险废物经营许可证。

（三）危险废物经营许可证重新申领

有下列情形之一的，危险废物经营单位应当按照原申请程序，重新申请领取危险废物经营许可证：

1. 改变危险废物经营方式的；

2. 增加危险废物类别的；

3. 新建或者改建、扩建原有危险废物经营设施的；

4. 经营危险废物超过原批准年经营规模 20% 以上的。

（四）申请单位具有多处危险废物经营设施的，应就各处设施分别申请领取危险废物经营许可证。

特此通知。

北京市环境保护局

2016 年 3 月 3 日

北京市环境保护局关于规范固体（危险）废物跨省转移审批事项的通知

京环发〔2016〕3 号

各有关单位：

为贯彻落实《中华人民共和国固体废物污染环境防治法》（以下简称《固废法》），现将我局负责审批的固体（危险）废物跨省转移审批事项通知如下：

一、固体（危险）废物跨省转移许可条件

1. 本市不具备安全处置所转移固体（危险）废物的能力或接受地处置该固体（危险）废物技术合理性、适宜性强；

2. 接收单位具备处理能力、有完善污染防治措施，并同意接收；

3. 经固体（危险）废物接受地的省级环境保护主管部门同意；

4. 提出申请时转移期限不超过 12 个月。

二、固体（危险）废物跨省转移许可办理所需材料

1. 行政许可申请表；

2. 北京市固体（危险）废物移出申请表；

3. 危险废物接收单位的危险废物经营许可证复印件；

4. 有资质的环保检测机构出具的危险废物成分含量全分析报告；

5. 与接收单位签订的协议书；

6. 危险废物转移的安全保证措施或方案（运输单位和车辆的运输资质证明材料、突发事件的应急救援方案，运输工具照片）。

申请材料一式三份并附电子文件；所有证明材料所附的复印件均应加盖申请单位公章，并注明与原件相符字样。

三、申请方式

现场审核，申请材料送至北京市政务服务中心。

四、审批时限

自受理申请之日起20个工作日内作出准予许可或不准予许可的决定。固体（危险）废物审批过程中需依法征询有关部门意见，所需时间不计算在规定的20个工作日内。

特此通知。

北京市环境保护局

2016年3月3日

北京市环境保护局关于规范贮存危险废物超过一年审批事项的通知

京环发〔2016〕4号

各有关单位：

为贯彻落实《中华人民共和国固体废物污染环境防治法》（以下简称《固废法》），现将我局负责审批的贮存危险废物超一年的审批事项通知如下：

一、贮存危险废物超过一年许可条件

1. 申请单位持有危险废物经营许可证；

2. 危险废物贮存条件达到《危险废物贮存污染控制标准》（GB 18597—2001）要求；

3. 因危险废物处置、利用设施检修、改造，申请单位许可证被暂扣、停产限期整改或其他原因，设施不能正常运行造成危险废物必须进行贮存的；

4. 提出申请时贮存期限不超过12个月。

二、贮存危险废物超过一年许可办理所需材料

1. 行政许可申请表；

2. 危险废物超过一年贮存的申请表；

3. 危险废物贮存单位危险废物经营许可证复印件；

4. 贮存安全保证措施或方案，包括突发事件的应急方案、贮存容器或设施照片。

申请材料一式三份并附电子文件；所有证明材料所附的复印件均应加盖申请单位公章，并注明与原件相符字样。

三、申请方式

现场受理和网上受理，申请材料送至北京市政务服务中心。

四、审批时限

自受理申请之日起20个工作日内作出准予许可或不准予许可的决定。贮存危险废物超过一年的审批过程中依法需要听证、检测、鉴定、征询有关部门意见和专家评审，所需时间不计算在规定的20个工作日内。

特此通知。

北京市环境保护局

2016年3月3日

北京市环境保护局关于规范拆除或者闲置防治污染设施审批事项的通知

京环发〔2016〕5号

各有关单位：

为加强防治污染设施管理，根据《中华人民共和国水污染防治法》、《中华人民共和国大气污染防治法》、《中华人民共和国环境噪声污染防治法》、《中华人民共和国固体废物污染环境防治法》的有关要求，现将我局负责审批的拆除或者闲置防治污染设施的审批事项通知如下：

一、拆除或者闲置防治污染设施许可条件

拟拆除或者闲置设施处置的污染物有妥善的处置方法并且满足达标排放和总量控制的要

求；或拟拆除或者闲置设施处置的污染物不再产生。

二、拆除或者闲置防治污染设施许可所需材料

1. 行政许可申请表；

2. 拆除或者闲置防治污染设施申请书，并提交符合申请条件的有关证明材料。

申请材料（包括申请书和证明材料）一式二份并附电子文件；所有证明材料所附的复印件均应加盖申请单位公章，并注明与原件相符字样。

三、申请方式

现场受理，申请材料送至北京市政务服务中心。

四、审批时限

自受理申请之日起20个工作日内作出准予许可或不准予许可的决定。拆除或者闲置防治污染设施的审批过程中依法需要听证、检测、鉴定、征询有关部门意见和专家评审，所需时间不计算在规定的20个工作日内。

五、有关要求

申请单位具有多处污染物处理设施、场所的，应就各处设施、场所分别申请许可。

特此通知。

北京市环境保护局

2016年3月4日

北京市环境保护局关于印发《北京市环境保护局对举报环境违法行为实行奖励有关规定（暂行）》的通知

京环发〔2016〕7号

各区环保局、北京经济技术开发区环保局，局机关各处室、直属各单位：

为鼓励公众积极参与环境保护监督管理，加强对环境违法行为的社会监督，严肃查处环境违法行为，我局制定了《北京市环境保护局对举报环境违法行为实行奖励有关规定（暂行）》，已经局长办公会审议通过，现印发给你们，请认真遵照执行。

特此通知。

北京市环境保护局

2016年3月17日

北京市环境保护局对举报环境违法行为实行奖励有关规定（暂行）

第一条 为鼓励公众积极参与环境保护监督管理，加强对环境违法行为的社会监督，严肃查处环境违法行为，依据《中华人民共和国大气污染防治法》、《北京市水污染防治条例》、《放射性废物安全管理条例》、《消耗臭氧层物质管理条例》等相关法律法规，结合本市实际，制定本规定。

第二条 一切单位和个人都有保护环境的义务，并有权对污染和破坏环境的单位和个人进行举报。

第三条 环境保护部门应依据有关法律法规，对符合要求且查证属实的举报行为，给予举报人一次性发放相应奖金，即实施有奖举报。

第四条 依据相关法律规定，参与有奖举报的举报人应如实提供本人真实信息（姓名、身份证号、电话号码等），为便于领取奖金，需提供本人开户银行及银行账号或汇款地址等信息（多人联合举报同一违法行为的，分别提供个人信息）；为便于及时准确调查处理，需提供被举报单位名称、违法行为发生地和基本违法事实及排污情况的照片等证据；举报机动车违法排污的，还需提供车牌号、车牌颜色等。

第五条 举报人可以通过北京市环保局政务网站“有奖举报”专栏（www.bjepb.gov.cn）在线提交举报信息，也可以通过快递、挂号邮寄或个人送达形式举报。

第六条 举报范围暂定为本市行政区域内依法应当由环境保护部门查处的，且违反大气

污染防治、水污染防治、放射性废物管理、消耗臭氧层物质管理相关法律规定的环境违法行为。

第七条 根据举报人举报线索发现难易程度、对环境危害程度、举报人协查情况等给予举报人相应奖励。重点奖励提供在日常监管中难于发现且对环境危害严重，或因举报避免了重大环境污染事件发生线索的举报人。

（一）举报下列环境违法行为的，经环保部门查证属实，给予举报人2000元奖励：

1. 工业企业不正常使用或擅自拆除、闲置大气和水污染防治设施的；

2. 提供饮食、洗浴、住宿等服务的单位未使用清洁能源的；

3. 企业未按规定公布或保存监测数据，未设置监测点位或者采样平台的，未按要求记录、保存相关数据和信息、弄虚作假的；

4. 加油（气）站、储油（气）站、油（气）罐车等未安装或未正常使用油气回收装置的；重型柴油车、非道路机械未按规定加装、更换污染控制装置的，破坏车载诊断系统的；机动车检测机构违法进行机动车排放污染定期检测或未按照规定检测的；

5. 在地下饮用水水源保护区堆放易溶、含有毒污染物的废弃物或新建贮存液体化学原料、油类或者其他含有毒污染物物质的地下工程设施的；

6. 未将实验室、检验室、化验室废液按照国家和本市关于危险废物的有关规定单独收集，进行安全处置的；

7. 违法生产、销售、使用、进出口、回收、再生利用、销毁消耗臭氧层物质（氟利昂等）的。

（二）举报下列环境违法行为的，经环保部门查证属实，给予举报人5000元奖励：

1. 排污单位拒不执行空气重污染应急预警期间停产、限产决定的；

2. 私设暗管或者利用渗坑、渗井、裂隙、溶洞等方式排放、倾倒污水或者篡改、伪造监测数据等逃避监管的；

3. 应当取得而未取得排污许可证或未按照排污许可证的规定排放大气和水污染物的；

4. 在本市销售未纳入本市目录或不符合国家、本市规定标准的机动车和非道路移动机械的；

5. 私自将废旧放射源和其他放射性固体废物送交无资质的单位贮存、处置或者擅自处置的。

（三）举报下列环境违法行为的，经环保部门查证属实，给予举报人50000元奖励：

1. 在饮用水水源一级保护区、自然保护区核心区排放、倾倒、处置有放射性的废物、含传染病病原体的废物、有毒物质的；

2. 非法排放含重金属、持久性有机污染物等严重危害环境、损害人体健康的污染物超过污染物排放标准三倍以上的；

3. 私设暗管或者利用渗井、渗坑、裂隙、溶洞等排放、倾倒、处置有放射性的废物、含传染病病原体的废物、有毒物质的；

4. 两年内曾因违反国家规定，排放、倾倒、处置有放射性的废物、含传染病病原体的废物、有毒物质受过两次以上行政处罚，又实施前列行为的；

5. 举报其他特别严重的环境违法行为，使被举报单位受到行政处罚50万元（含）以上或被举报单位负责人依法受到行政拘留或追究刑事责任的。

（四）除上述（一）、（二）、（三）项外，举报第六条规定的环境违法行为，经环保部门查证属实，给予举报人100元奖励。

第八条 对举报人奖励应遵循以下原则：

1. 一个举报事项对应奖励标准中一项给予一次性奖励，特殊情况，可依据相应奖励标准给予追加奖励；

2. 同一违法行为有多人举报的，奖励最先举报人；联合举报的，奖金平均分配；举报一家企业多项环境违法行为的，按就高原则以一件线索计算奖金；

3. 举报案件被查处后，该企业再次出现环境违法行为的，可继续举报并获取相应奖励；

4. 举报人提供的证据或线索事先已被环境保护部门掌握或被媒体曝光的，不予奖励；

5. 不在有奖举报范围内的事项，或未按要求提供个人和被举报单位准确信息的不予奖励，按普通举报事项调查处理。

第九条 北京市环境保护局、各区环境保护局按法定职责，依法调查处理环境违法行为，由北京市环境保护局每季度梳理一次情况，并组织有奖举报的奖金发放。

第十条 有奖举报奖金以银行汇款或邮政汇款的形式进行发放。因举报人提交相关信息不准确，导致无法发放或错发奖金，由举报人负责。

第十一条 环保部门应当对举报人相关信息予以保密。举报人提供的线索应客观真实，不得歪曲捏造事实，经查证属恶意谎报并造成严重后果的，环保部门将提请有关部门依法追究其责任。

第十二条 环保部门工作人员（含临时聘用人员）及其直系亲属对环境违法行为的举报不适用本规定。

第十三条 本规定由北京市环境保护局负责解释。

第十四条 本规定自 2016 年 4 月 1 日起实施，2014 年 12 月 16 日印发的《北京市环境保护局关于对环保违法行为实行有奖举报的规定（试行）》（京环发〔2014〕91 号）同时废止。

北京市环境保护局关于依照法定途径分类处理信访问题的意见

京环发〔2016〕9 号

各区环保局、北京经济技术开发区环保局，局机关各处室、直属各单位：

党的十八届三中、四中、五中全会提出改革信访工作制度、把信访纳入法治化轨道，保障合理合法诉求依照法律规定和程序得到合理合法的结果。根据国家信访局、环境保护部和市委、市政府有关要求，结合工作实际，现就依照法定途径分类处理信访问题工作提出意见如下。

一、准确把握各类信访问题属性

本意见所指信访问题，是指公民、法人或者其他组织向各级信访部门反映问题的统称。向信访部门反映问题的公民、法人或者其他组织统称为信访人。

环境保护涉及经济社会发展和大众日常生活的方方面面，既有政府职能，也有司法机关职能，还有一些属于市场调节和个人选择范畴。即使属于政府职能的，也不都由环境保护部门管理，而是由多个行政部门分别管理。综合信访人反映对象、具体诉求以及法律法规授权等因素，经过梳理，信访问题分为以下五类：

（一）环保业务类：信访人举报企事业单位等污染环境、违反“三同时”等环境管理制度；申请调解环境污染损害纠纷；要求公开政府信息；应环境保护部门公示邀请提供违法线索或提出工作建议等事项。主要特征是，举报投诉的对象是排污企业、项目建设单位、中介机构等。实际上是为环境执法、许可等业务工作提供线索等。举报投诉对象（或者纠纷另一方）不是《信访条例》第十四条规定的机构和人员，不适用信访处理程序，而应当适用环境保护法律法规规定的业务工作程序办理。

（二）复议诉讼类：信访人与企事业单位等发生环境民事纠纷，经属地环境保护等部门调查处理、调解后，未达成协议，或者达成协议后反悔；与环境保护部门发生行政纠纷，经调查处理后，信访人仍坚持变更、撤销引发纠纷的原具体行政行为；已经进入诉讼、行政复议程序等事项。主要特征是，对环境保护部门作出的具有法律效力的行政许可、行政处罚等行政行为不服，或者对行政复议机关、司法机关作出的决定、判决（裁定）不服，要求变更或撤销；或者要求排污单位赔偿损失；或者主张国家赔偿等。这类事项，只能通过行政复议、行政诉讼、民事诉讼等法定程序对原行政行为进行审查，得出维持、变更或者撤销的结论，或者对环境污染损害纠纷作出判决。

（三）纪检监察类：信访人反映环境保护部门及其工作人员滥用职权、向被举报对象透露信访人信息等违反行政纪律的行为；反映环境保护部门党员干部违反法律法规，违反党的路线、方针、政策和决议，利用职权谋取私利和其他败坏党风政风行为。主要特征是，反映环境保护部门及其工作人员违反党纪国法、行政纪律等，请求依法依规查处。

（四）环境信访类：信访人对环境保护部门及其工作人员的职务行为反映情况，提出建议、意见的事项。主要特征是，反映对象为环境保护部门（含直属单位）或其工作人员。一般是对已反映环保业务类问题处理结果不满，请求上级督促责任单位改正、补救，或者对环境保护部门体制机制、治理规划、办事制度、工作成效，或者工作人员工作方法、作风等方面有意见，建议环境保护部门改进的事项。这类事项符合《信访条例》第十四条规定，适用信访处理程序办理。

（五）非环保部门职能类：信访人从“大环保”概念出发，为市容环境卫生、野生动植物保护、水土保持、河湖管理、节水节能节地、淘汰落后产能等工作提供违法线索、提出请求或者意见、建议，对资源综合利用、发展新能源和“环保”型产品提出建议等事项。这些事项与保护环境有关系，但不属于环境保护部门职能，依法应当由其他负有环境保护监督管理职责的部门核查，确定适用何种程序处理。另外，鉴定、推广环境治理技术或设备等事项不属于政府职能，属于市场调节范畴。

二、分类导入法定途径处理

（一）环保业务类。由负有直接监督管理职责的环境保护部门导入行政执法、行政许可、行政调解、信息公开等途径处理。对举报企事业单位等违法排污、违反“三同时”等环境管理制度的，由监察执法部门结合行政处罚、行政许可工作处理；反映中介机构未按规范、标准从事监测、评价业务的，由负责所涉案件调查处理、所涉项目行政许可的环境保护部门纳入业务工作处理；要求排污单位赔偿环境污染损失的，由属地环保局导入行政调解途径办理；要求公开政府信息的，按照信息公开程序，由制作信息的环境保护部门主动或依申请公开信息。

（二）复议诉讼类。由作出行政许可、行政处罚、行政调解等具体行政行为的环境保护部门，告知信访人可以依法申请行政复议或者提起诉讼。

（三）纪检监察类。对检举环保工作人员违反党纪政纪的事项，按干部管理权限转纪检监察部门。

（四）环境信访类。由信访部门负责转有权处理的部门，按照《信访条例》规定的程序办理。对申诉求决、检举类事项，由被反映单位上一级环境保护部门调查核实，或者由其责成被反映单位自行调查核实并报告结果，由调查核实的环境保护部门答复信访人。对信访人所提批评意见，在调查核实后，有则改之，无则加勉。对属于本部门职能、符合政策法规、具备实施条件的建议予以采纳。

（五）非环保部门职能类。引导信访人向属地主管部门、政府信访机构反映，并说明理由。信访人反映“大环保”问题的同时，反映属于环境保护部门职能内容的，负有直接监督管理职责的环境保护部门应当受理该部分内容。对技术（设备）论证（鉴定）、专利转让、推广等非政府职能的事项，引导信访人按市场机制寻求合作。

三、认真抓好重点环节

（一）制订“法定途径清单”。各区环保局结合本部门权力、责任清单，依据国家和地方法律法规以及本级政府部门“三定”方案，对信访问题进行梳理分类，制订并及时完善“法定途径清单”，在政务网站、信访接待场所公布或发放。

（二）坚持“法定途径优先”。对信访人反映属于本市环境保护部门职能的信访问题，优先导入环保业务、复议诉讼途径办理，防止环保业务类、复议诉讼类事项“倒流”进信访途径。

（三）区别答复（告知）方式。

1. 环保业务类。对环境污染举报的事项，由承办单位负责按照渠道对等原则答复和告知；对留有真实联系方式的书信、走访等其他渠道，应通过电话或书面形式反馈调查处理结果。对申请调解环境污染损害纠纷的事项，告知信访人向行政调解部门提出申请。对信息公开事项，告知信访人向信息公开部门提出申请。

信访人对上述答复意见不服继续信访的，由作出原调查处理意见的环境保护部门书面告知其可以依照《行政复议法》、《行政诉讼法》、《侵权责任法》等法律法规的规定，申请行政复议或者提起行政诉讼。

2. 复议诉讼类。告知信访人向行政复议、行政诉讼部门反映。

3. 纪检监察类。告知信访人向纪检监察部门反映。

4. 环境信访类。依据《信访条例》有关规定答复信访人，并提示信访人申请复查复核的权利。

5. 非环保部门职能类。告知信访人主责职能部门及联系方式。

（四）遵守法定办理期限。除法律法规另有规定外，各类信访问题应当自受理之日起60日内办结，情况复杂的，经本机关负责人批准可延长至90日内办结。一时不能完全查清、处理到位的，可以分步向信访人通报办理进展。

（五）切实加强组织领导。各区环保局要切实加强组织领导，利用官方网站等渠道宣传“法定途径优先”的政策法规，解读“法定途径清单”。在分类办理信访问题过程中，发现本单位工作不到位、办事制度不合理或者工作人员行为不规范的，及时纠正、补救。进一步完善部门联动工作机制，积极协调、妥善处理信访人提出的跨部门职责的环境诉求，防止将可能同时涉及环境保护和其他部门职能事项“一推了之”的错误倾向。

本意见自印发之日起施行。我局此前所作的规定与本意见不一致的，以本意见为准。

附件：环保领域信访问题法定途径清单

北京市环境保护局

2016年5月13日

附件

环保领域信访问题法定途径清单

第一部分　环保业务类

信访人举报企事业单位等存在环境违法行为、违反“三同时”等环境管理制度，中介机构违反标准或规范，申请调解环境污染损害纠纷，申请环境保护部门（以下简称环保部门）公开政府信息等，环保部门应当依照环境保护、信息公开等法律法规处理。

一、举报违法排污行为

1. 举报企事业单位等污染大气、水、土壤、声环境。

2. 举报企事业单位等通过暗管、渗井、渗坑、灌注等方式排放污染物。

3. 举报企事业单位等不如实申报排污数据。

4. 举报企事业单位等在线监控设备未正常运行或未按规定对外公开监测数据。

5. 举报企事业单位等篡改、伪造监测数据。

以上事项，由属地环保部门调查核实，导入环境行政处罚途径办理，制止违法行为。对其中属于上级环保部门权限的内容，由属地环保部门逐级报告至有权限的环保部门，并监督企事业单位等落实上级环保部门处理意见。

法律依据：《环境保护法》、《大气污染防治法》、《水污染防治法》、《环境噪声污染防治法》、《自然保护区条例》、《电磁辐射环境保护管理办法》、《行政处罚法》、《环境行政处罚办法》、《污染源自动监控设施现场监督检查办法》、《北京市大气污染防治条例》、《北京市环境噪声污染防治办法》、《北京市水污染防治条例》等。

二、举报未取得许可从事相关活动

1. 举报企事业单位等未取得项目环评审批擅自建设，或未经同意擅自（试）生产。

2. 举报企事业单位等未取得许可，或者违反许可内容从事危险废物处理处置活动。

3. 举报其他未取得许可从事相关活动。

以上事项，由属地环保部门调查核实，导入环境行政处罚途径办理，制止违法行为。对其中属于上级环保部门权限的内容，由属地环保部门逐级报告至有权限的环保部门，并监督企事业单位等落实上级环保部门处理意见。

法律依据：《行政许可法》、《环境影响评价法》、《建设项目环境保护管理条例》、《危险废物经营许可证管理办法》、《行政处罚法》、《环境行政处罚办法》等。

三、举报中介机构工作不规范

1. 举报环境影响评价机构在评价工作中不负责任或者弄虚作假。

2. 举报环境监测机构在监测工作中不负责任或者弄虚作假。

3. 举报环境污染损害鉴定机构在鉴定工作中不负责任或者弄虚作假。

以上事项，由负责所涉项目行政许可、所涉案件调查处理或者对中介机构实施监督检查的环保部门调查处理。其中，举报取得司法行政机关登记的鉴定机构违法行为的，建议信访人向司法行政机关反映。

法律依据：《环境保护法》、《大气污染防治法》、《行政处罚法》、《环境监测管理办法》、《环境监测质量管理规定》、《建设项目环境影响评价资质管理办法》、《司法鉴定机构登记管理办法》、《北京市大气污染防治条例》、《北京市水污染防治条例》。

四、举报非环保系统工作人员干扰环境执法

1. 举报基层政府决策与环保法律法规相抵触。

2. 举报基层政府工作人员干预环境执法。

以上事项，根据干部管理权限转纪检监察部门处理。

法律依据：《行政监察法》。

五、申请调解污染损害民事纠纷

反映企事业单位等污染环境对自己造成损失，主张赔（补）偿的，由属地环保部门导入行政调解途径办理。其中，各方对争议事实难以认定的，引导信访人先委托技术鉴定，再进入调解程序。一方不同意调解，或者调解不成，或者达成协议后反悔的，主持调解的机构引导信访人提起民事诉讼。

其他行政部门、人民调解机构已经受理调解申请，或者人民法院已受理诉讼案件的，环保部门不再受理。劳动者在职业活动中因受污染损害发生的纠纷，环保部门无权受理。

法律依据：《水污染防治法》、《大气污染防治法》、《固体废物污染环境防治法》、《环境噪声污染防治法》、《人民调解法》、《侵权责任法》、《职业病防治法》、《工伤保险条例》、《北京市行政调解办法》。

六、申请公开环保部门政府信息

要求了解环保部门行政许可、行政处罚等政府信息的，引导其通过规定途径申请信息公开。

法律依据：《政府信息公开条例》、《环境信息公开办法（试行）》。

七、应环保部门邀请提出意见建议

1. 在建设项目环评审批、验收、中介机构或专业人员资质审批工作中，环保部门在媒体上公示信息，邀请公众提供线索、发表意见建议、主张权利。

2. 在国家环境保护模范城市、生态文明建设示范区、行政表彰、优秀人才评定等工作中，环保部门在媒体上公示，邀请公众提供线索、提出意见建议。

3. 在制（修）订环境保护规章、标准、规划等工作中，环保部门在媒体上公开征求意见。

4. 在其他临时专项工作中，环保部门在媒

体上公示信息，邀请公众提供线索、发表意见建议。

对公示期间提出的事项，由公示机构导入行政许可、资质管理、国家环境保护模范城市创建、生态文明建设示范区创建、规章制订、标准制订程序办理，或者按公示约定的方式办理。对主张权利且不服公示机构处理意见的，由公示机构引导其申请行政复议或者提起行政诉讼。

对非公示期间提出的事项，作为建议转负责该项工作的机构参考。

法律依据：《环境影响评价法》、《建设项目环境影响评价资质管理办法》、《国家环境保护模范城市创建与管理工作办法》、《国家生态建设示范区管理规程》、《规章制定程序条例》、《环境保护法规制订程序办法》。

第二部分　复议诉讼类

对法律法规规定应当通过诉讼、行政复议途径处理的，引导信访人就引发争议的具体行政行为申请行政复议或者提起行政诉讼，或者就引发争议的民事行为提起民事诉讼。

一、不服环境行政许可、行政处罚决定

1. 环保部门办理行政许可、行政处罚事项过程中已书面告知信访人对行政决定不服，可以申请行政复议或者提起行政诉讼。

2. 环保部门在办理行政许可事项过程中在媒体上公示，提示公民、法人或者其他组织，如认为环保部门行政许可行为侵犯其合法权益，可以申请行政复议或者提起行政诉讼。

3. 向行政许可、行政处罚机关反映问题后，对其处理意见不满意，坚持变更、撤销原行政许可、行政处罚决定。

以上事项，由作出行政许可、行政处罚等行政决定的环保部门引导信访人申请行政复议或者提起行政诉讼。

二、不服环保部门对投诉举报事项处理意见

1. 对举报企事业单位环境违法行为的事项，环保部门经调查核实，作出处理决定并答复信访人后，信访人仍然认为环保部门未依法履职。

2. 对环境污染损害赔偿民事纠纷，经属地基层政府、人民调解机构、环保或其他行政部门调解未达成协议或者达成协议后反悔，要求重新调解。

以上事项，由调查处理举报投诉、信访事项的环保部门引导信访人申请行政复议或者提起行政诉讼。对环境污染损害赔偿纠纷，引导其提起民事诉讼。

三、其他

1. 已进入行政复议、诉讼、仲裁程序。

2. 法律、行政法规规定应当通过诉讼、仲裁、行政复议途径处理。

以上事项，引导信访人通过行政复议、诉讼、仲裁途径提出请求或者申诉。

法律依据：《行政复议法》、《行政诉讼法》、《行政复议法实施条例》、《行政许可法》、《行政处罚法》、《行政监察法》、《国家赔偿法》、《环境保护法》、《大气污染防治法》、《水污染防治法》、《固体废物污染环境防治法》、《环境噪声污染防治法》、《侵权责任法》、《人民调解法》、《民事诉讼法》、《劳动争议调解仲裁法》、《信访条例》、《政府信息公开条例》、《事业单位人事管理条例》、《劳动人事争议仲裁办案规则》、《人事争议处理规定》。

第三部分　纪检监察类

一、检举环保部门及其工作人员违反行政纪律的行为

1. 反映环保部门工作人员滥用职权，包括违反法定权限实施行政许可；违反规定办理招标投标；违反规定向企事业单位等摊派或收取财物等。

2. 反映环保部门工作人员向被举报对象透露信访人信息，导致信访人受到打击报复。

以上事项，按干部管理权限转纪检监察部门办理。

法律依据：《行政监察法》、《行政机关公务员处分条例》、《信访条例》。

二、检举环保部门党员干部违规违纪问题

1. 反映党员干部买官卖官，违规提拔干部。

2. 反映党员干部插手工程建设项目，为亲属或关系户谋取利益。

3. 反映党员干部多占住房、超标配车，公款吃喝旅游，生活奢靡等。

以上事项，按干部管理权限转纪检监察部门办理。

法律依据：《中国共产党纪律处分条例》、《中国共产党纪律检查机关控告申诉工作条例》、《党政领导干部选拔任用工作条例》。

第四部分　环境信访类

对环保部门（含直属单位）及其工作人员的职务行为反映情况，提出建议、意见的，由有权处理的部门按《信访条例》规定办理。

一、反映环保部门及其工作人员职务行为不当

1. 反映环保部门对企事业单位等违法排污行为未履行监管职责。

2. 反映环保部门对信访人举报的属于本部门职责问题未及时调查处理。

3. 反映环保部门未调解污染损害民事纠纷。

4. 反映环保部门未履行依申请公开信息职责。

以上事项，由有权处理的环保部门调查核实。其中，反映工作人员违纪线索的，按干部管理权限转纪检监察部门办理。

法律依据：《信访条例》、《政府信息公开条例》、《行政监察法》。

二、对行政管理工作的意见建议

1. 对环保部门职责范围内的行政管理工作提出意见、建议。

2. 对环保部门及直属单位工作人员职务行为提出意见、建议。

以上事项，由有权处理的环保部门调查核实。

法律依据：《信访条例》。

三、咨询

1. 咨询环保部门机构设置、职能分工或者行政许可条件、办事程序的，导入业务工作或信息公开途径办理。

2. 咨询环保法律、法规、规章含义的，向信访人说明法律、法规、规章的解释权限、条件和程序。经法规部门审查，符合法定条件的，启动解释程序。不符合法定条件的，环保部门可以向信访人提供咨询意见供其参考，但此类咨询意见不具备法律、法规、规章解释的效力。

3. 认为属地环保部门对法律、法规、规章含义理解有误，在履行行政许可、行政处罚等职责过程中损害本人合法权益，要求上级环保部门对法律、法规、规章含义作出解释，然后用“解释”内容作为变更、撤销原行政行为的法律依据的，向信访人说明法律、法规、规章的解释权限和程序，引导其通过行政复议、行政诉讼主张权利。

4. 认为属地复议机关、司法机关对法律、法规、规章理解有误，在履职过程中损害本人合法权益，要求上级环保部门对法律、法规、规章含义作出解释，然后用“解释”内容作为变更、撤销行政复议决定、司法判决（裁定）的法律依据的，向信访人说明法律、法规、规章的解释权限和程序，引导其通过行政诉讼、上诉等途径申诉。

法律依据：《立法法》、《行政法规制定程序条例》、《规章制定程序条例》、《环境保护法规解释管理办法》、《行政复议法》、《行政诉讼法》、《环境信息公开办法（试行）》。

第五部分　非环保部门职能类

前述四部分以外，与保护环境有关，但不属于环保部门职能的问题，根据有关法律法规和《环境保护法》第五十七条的规定，信访人

应当向其他负有环境保护监督管理职责的部门反映。市、区环保部门接到此类事项后，应告知信访人有权限处理的部门，引导信访人向相关行政机关提出。下面列举信访人反映频率较高且易混淆主管部门的事项。

一、市容环境

1. 反映市容“脏乱差”。如不按规定时间、地点、方式倾倒生活垃圾、粪便、建筑垃圾等。

2. 对生活垃圾（粪便）分类收集、处理、利用，对生活污水处理、回用，对城市绿化工作提出建议。

此类问题，引导信访人向属地市政、水务、城管、园林绿化等部门反映。

法律依据：《城市市容环境卫生管理条例》、《城市生活垃圾管理办法》、《城市建筑垃圾管理规定》、《城镇排水与污水处理条例》、《城市绿化条例》、《北京市市容环境卫生条例》。

二、城乡规划

反映生活垃圾、粪便、生活污水收集、中转、处理设施，火车站、机场、轻轨、地铁、铁路、公路，输电线路及变电站，医疗机构、火葬场、公墓等公共基础设施选址（选线）规划不合理。

此类问题，引导信访人向属地城乡规划、市政、交通、卫生、民政等部门反映。

法律依据：《城乡规划法》、《村庄和集镇规划建设条例》、《城市市容环境卫生管理条例》、《铁路法》、《民用航空法》、《公路法》、《电力法》、《医疗机构管理条例》、《关于疾病预防控制体系建设的若干规定》、《殡葬管理条例》以及城市总体规划和专项规划等。

三、城市综合管理

1. 反映社会生活、交通、建筑施工噪声。如广场舞音乐（锣鼓声）、夜市、家庭装修、燃放烟花爆竹等噪声。

2. 反映露天烧烤食品烟尘、气味。

3. 对烟花爆竹限产、限放，对机动车限购、限行等提出建议。

4. 工地扬尘、道路扬尘。

此类问题，引导信访人向属地公安、城管、交通等部门反映。

法律依据：《治安管理处罚法》、《环境噪声污染防治法》、《大气污染防治法》、《道路交通安全法》、《烟花爆竹安全管理条例》、《国务院关于进一步推进相对集中行政处罚权工作的决定》、《北京市大气污染防治条例》、《北京市环境噪声污染防治办法》。

四、农产品安全

举报违法生产、销售、使用高污染、高残留农药、兽药，建议指导农民合理使用农药、兽药、饲料、水产饵料，建议发展绿色农业。

此类问题，引导信访人向属地农业（渔业、畜牧）部门反映。

法律依据：《农业法》、《农产品质量安全法》、《动物防疫法》、《农药管理条例》。

五、野生动植物保护

举报乱砍滥伐、捕杀野生动物、破坏森林和草原等行为。提出保护野生动植物、草原、湿地和治理沙漠等建议。

此类问题，引导信访人向属地林业、农业（渔业、草原）部门反映。

法律依据：《森林法》、《野生动物保护法》、《渔业法》、《野生植物保护条例》、《防沙治沙法》、《草原法》、《湿地保护管理规定》。

六、河道湖库管理

1. 举报从河道取水、采砂，向河道、水库倾倒土石方，影响下游灌溉、人畜用水，妨碍行洪。

2. 举报未取得养殖证，在水库、湖泊、河道内非法从事水产养殖活动。

此类问题，引导信访人向属地水利、农业（渔业）部门反映。

法律依据：《水法》、《防洪法》、《水库大坝安全管理条例》、《河道管理条例》、《渔业法》、《取水许可和水资源费征收管理条例》。

七、矿山秩序

反映无证采矿或者无证开山采石，或者在采矿、采石过程中破坏森林植被，爆破作业威胁周边居民人身、房屋安全，要求取缔无证采矿行为、规范采矿秩序。

此类问题，引导信访人向属地国土资源、安全生产、林业等部门反映。

法律依据：《矿产资源法》、《矿山安全法》、《森林法》。

八、财产损失鉴定

农作物、林木（果树、花卉、药材）、养殖物（含水产品）出现减产、死亡，种植（养殖）户怀疑因周边企事业单位等排放污染物所致，要求赔偿的，提示其立即向属地农林牧渔部门反映，申请鉴定评估损失种类、数额、原因，为后续调查、调解、诉讼提供基础材料。

在信访人取得书面鉴定评估结论，并经排查确定致害范围后，由属地环保或其他部门引导信访人通过人民调解、行政调解或民事诉讼等途径处理。

法律依据：《农业法》、《森林法》、《植物检疫条例》、《动物防疫法》、《执业兽医管理办法》、《渔业法》、《渔业污染事故调查处理程序规定》、《侵权责任法》等。

九、产业政策

1. 淘汰落后、过剩产能，对淘汰落后、过剩产能者给予补偿。

2. 发展节水节能节材技术设备，取缔粘土砖，发展新能源。

3. 限制商品过度包装，对包装容器生产、销售单位征收后期处理费、建立押金制度，对一次性制品征税等。

4. 完善应对气候变化政策和经济机制、控制温室气体排放。

此类问题，建议信访人向发展改革、工业和信息化、能源、水利、住房城乡建设、国土、商务等部门反映。

法律依据：《水法》、《节约能源法》、《循环经济促进法》、《产业结构调整指导目录》、《城市节约用水管理规定》、《关于印发进一步做好禁止使用实心粘土砖工作的意见的通知》、《国务院办公厅关于限制生产销售使用塑料购物袋的通知》、《国务院办公厅关于治理商品过度包装工作的通知》、《国务院关于印发中国应对气候变化国家方案的通知》、《国务院关于国家应对气候变化规划（2014—2020年）的批复》。

十、技术发明及公益性倡议

1. 提出治理污染的新思路、新工艺，撰写环境保护方面的论文、书籍，发明治理污染的技术或设备专利。

2. 提出保护环境倡议（如少开车、不用一次性制品等）。

此类问题，提出者可自行在媒体上发表、讨论、发布广告，专利权人可通过技术交易市场等商业渠道，与需求方平等自愿开展合作，通过投标参与公共环境治理工程。环保部门不干预排污单位自主选择治理污染的技术和设备，不干预公共环境治理工程项目的招投标活动，不干预企事业单位或个人开展污染治理技术设备开发、工程试验、市场交易活动。

法律依据：《专利法》、《招标投标法》、《政府采购法》。

（注：1. 本清单仅列举信访人反映频率较高的信访问题。2. 本清单依据国家法律法规、国务院部门规章和北京市地方性法规、政府规章梳理而成。由于各区的行政机构设置不同，行使相对集中行政处罚权主体不同，可能会造成市环保局清单与区环保局清单不一致，也可能出现同一类信访问题在不同区，由不同部门主管的情况。3. 随着法律法规制（修）订、政府机构改革、行政审批制度改革，信访问题分类、处理途径、职能归属等可能发生变化。）

北京市环境保护局关于开展从事含氢氯氟烃等消耗臭氧层物质经营活动备案管理的通知

京环发〔2016〕10号

各有关单位：

为贯彻落实国务院《消耗臭氧层物质管理条例》（以下简称《条例》）和环境保护部《关于加强含氢氯氟烃生产、销售和使用管理的通知》（环函〔2013〕179号）（以下简称《通知》）要求，本市对从事含氢氯氟烃等消耗臭氧层物质（ODS）生产、销售、使用、回收、再生利用或销毁等经营活动的单位实施备案管理制度。有关要求如下：

一、备案范围

1. 含氢氯氟烃（HCFCs）生产企业申请HCFCs生产配额许可证。

2. HCFCs受控用途年使用量在100吨以上的使用企业申请HCFCs使用配额许可证。

3. HCFCs及其混合物年度经销量在1000吨（含）以上的销售企业办理销售备案。

4. HCFCs原料用途使用企业办理使用备案。

5. HCFCs受控用途年使用量在100吨以下的使用企业办理年度使用备案。受控用途主要指制冷、发泡、清洗行业。

6. HCFCs及其混合物年度经销量在1000吨以下的销售企业办理年度销售备案。

7. 从事ODS回收、再生利用或者销毁等经营活动的企业。

8. 从事含ODS制冷设备、制冷系统或者灭火系统维修、报废处理等经营活动的企业。

二、备案管理部门

国家对备案实施分级管理：

1. 上述第1、2、3、4类企业在国家环保部门备案；

2. 上述第5、6、7类企业在市级环保部门备案；

3. 上述第8类企业在属地区级环保部门备案。

三、国家环保部门备案要求

在国家环保部门备案的企业，按照《通知》要求办理（可在环保部网站或中国保护臭氧层行动网上查询），并将相关资料抄送市环保局。

四、市级环保部门备案要求

（一）备案时间

在市级环保部门备案的企业，本文件自印发之日起至2016年年底，市环保局受理2015年度企业备案。此后，企业应在每年1月31日前将上年度的备案表及相关证明材料提交至市环保局受理窗口（具体地址见附件1）。对备案材料齐全、符合备案要求的企业，在20个工作日内做出备案。

（二）备案材料

备案材料一式二份，备案表一式三份。提交材料如下：

1. HCFCs受控用途使用企业备案

（1）填写附件2《北京市HCFCs受控用途使用企业备案表》等表格一式三份；

（2）企业资质证明复印件；

（3）环境影响评价审批和“三同时”验收材料复印件；

（4）使用HCFCs的场所、设施、设备和专业技术人员的情况说明；

（5）相关管理制度文件和统计台账等。

2. HCFCs销售企业备案

（1）填写附件3《北京市HCFCs销售企业备案表》等表格一式三份；

（2）企业资质证明复印件；

（3）危险品经营许可证或安全生产许可证复印件；

（4）相关管理、技术人员情况及其他资料。

3. 从事ODS回收、再生利用或者销毁等经营活动的企业备案

（1）填写附件4《北京市从事消耗臭氧层

物质回收、再生利用或者销毁等经营活动备案表》等表格一式三份；

（2）企业资质证明复印件；

（3）工艺、设备等技术材料和人员情况；

（4）污染防治设施设备以及包装容器等材料；

（5）有关岗位责任、环境保护和操作规程等管理制度；

（6）经营记录、台账等其他有关材料。

通过备案后，首次备案企业将备案材料电子版上传至市环保局官网（www.bjepb.gov.cn，网上办事－备案事项－×××备案－注册－登录－上传）。

五、区级环保部门备案要求

（一）备案时间

在属地区环保局备案的企业，本文件发布之日起至2016年年底，区环保局受理2015年度企业备案。此后，企业应在每年1月31日前将上年度的备案表及相关证明材料提交至区环保局受理窗口（具体地址见附件1）。对备案材料齐全、符合备案要求的企业，在20个工作日内做出备案决定。

（二）备案材料

从事含ODS制冷设备、制冷系统或者灭火系统维修、报废处理等经营活动的企业备案。

（1）填写附件5《北京市从事含消耗臭氧层物质的制冷设备、制冷系统或者灭火系统的维修、报废处理等经营活动单位备案表》一式三份；

（2）企业资质证明复印件；

（3）相关管理、技术人员情况及其他资料。

六、管理要求

1. 各相关企业应按《条例》和《通知》要求，根据各自生产使用及经营情况，按年度分别进行备案。

2. 备案企业应规范经营行为，完整保存有关生产、经营活动原始资料至少3年。

3. 市、区环保部门将按照《条例》和《通知》要求，加强对本市从事HCFCs生产、使用、销售、维修和回收等活动企业的监督检查，对违反《条例》的行为依法查处。

本文件自印发之日起施行。

特此通知。

附件：1. 北京市环保局、各区环保局办理地址和电话（略）

2. 北京市含氢氯氟烃（HCFCs）受控用途使用企业备案表（年使用量100吨以下）（略）

3. 北京市含氢氯氟烃（HCFCs）销售企业备案表（年经销量在1000吨以下）（略）

4. 北京市从事消耗臭氧层物质回收、再生利用或销毁等经营活动单位备案表（略）

5. 北京市从事含消耗臭氧层物质的制冷设备、制冷系统或者灭火系统的维修、报废处理等经营活动单位备案表（略）

北京市环境保护局

2016年5月24日

北京市环境保护局
关于加强建设项目环境影响
评价机构考核管理的通知

京环发〔2016〕19号

各有关环境影响评价机构：

为促进本市环境影响评价文件质量的提高，规范环境影响评价机构（以下简称“环评机构”）从业行为，依据环境保护部《建设项目环境影响评价资质管理办法》（以下简称《资质办法》）有关要求，我局对住所在本市的环评机构以及在本市行政区域内开展环评工作的环评机构开展考核管理工作。现将有关要求通知如下：

一、环评机构管理规范要求

1. 环评机构应严格执行《资质办法》有关规定，按国家及北京市相关法律、法规、标准、技术导则要求编制环评文件，确保环评文件的技术性与科学性。

2. 环评机构应加强对环评报告书（表）质量的控制管理，设置质量控制部门（岗位）。环评文件报送前、修改后应由质量控制部门（岗位）或相关行业专家进行技术把关，留存过程记录，并计入档案。

3. 环评机构及其环境影响评价工程师（以下简称“环评工程师”）禁止涂改、出租、出借资质证书。应建立资质证书及签章使用管理记录，留档备查；机构资质证书缩印件应规范使用，去向可追溯；环评工程师应全日制专职工作。

4. 环评机构应建立其主持编制的环评文件完整档案；建设项目批复后20日内应完成归档，存档的环评文件应为资质、签章及签字齐全的终稿。环评机构的分支机构应在建设项目批复后30日内将完整档案交付本部存档。

二、环保部门检查与考核

1. 日常考核：市、区环保部门在环评报告书（表）审查过程中将对环评机构报送的第一版环评报告书（表）编制质量及环评机构管理规范情况进行打分。

2. 年度检查：市环保部门对住所在本市的环评机构资质条件和环境影响评价工作情况进行全面检查。

住所在本市的环评机构应在每年二月底前将上一年度资质条件情况、环境影响评价工作情况（含工作质量保证体系、相关管理制度的执行情况、环评业绩清单等）报送市环保部门。

3. 年度考核：市环保部门根据全市日常考核、年度检查情况，对环评机构进行年度综合评定，并将考核结果向社会公开。

三、诚信档案

1. 市、区环保部门将建立住所在本辖区及编制本级环保部门审批环评报告书（表）的环评机构及其环评工程师诚信档案，记录各级环保部门对环评机构及其环评工程师采取的通报批评、限期整改等情况。

2. 市环保部门统一建立环评机构管理系统，市、区环保部门将环评机构及其环评工程师诚信档案相关信息录入系统，通过网络向社会公开。

3. 环评机构应将资质基本信息、日常管理情况、环评工程师在职情况等录入市环保部门建立的环评机构管理系统，并及时更新。

四、有关情况处理

市、区环保部门严格按照《建设项目环境影响评价资质管理办法》相关规定对环评机构不规范行为进行处理。在日常工作中如发现以下问题，将给予该机构以及编制主持人和主要编制人通报批评，并向社会公开：

1. 环评报告书（表）考核打分不及格；

2. 环评报告书（表）因编制质量较差修改3次及以上的；

3. 环评报告书（表）涉嫌弄虚作假、抄袭盗用的；

4. 项目编制主持人及编制人员不了解项目情况、未履行相应责任的；

5. 不配合环保部门检查、考核工作的；

6. 其他不规范行为。

市、区环保部门在监督检查中发现环评机构严重违规或存在依据相关规定应由环境保护部处理的行为，将向环境保护部报告相关情况。

本通知自印发之日起施行。

特此通知。

北京市环境保护局

2016年7月19日

北京市环境保护局关于印发《北京市环境影响评价技术审查专家库管理办法（试行）》的通知

京环发〔2016〕21号

各有关单位：

为加强对本市环评技术审查专家库的管理，保证审查活动的公平、公正，依据《中华人民共和国环境影响评价法》、《环境影响评价审查专家库管理办法》（原国家环境保护总局令第16号），我局制定了《北京市环境影响评价技术审查专家库管理办法（试行）》。现印发给你们，请遵照执行。

特此通知。

北京市环境保护局
2016年8月10日

北京市环境影响评价技术审查专家库管理办法（试行）

第一章 总 则

第一条 为加强对北京市环境影响评价技术审查专家库的管理，保证审查工作的公平、公正，依据有关法律法规，制定本办法。

第二条 本办法适用于北京市环境影响评价技术审查专家库（以下简称“专家库”）的设立和管理，入库专家须同意并遵守本办法。

第三条 北京市环境保护局负责专家库的日常管理和维护工作。

第二章 专家的入库遴选

第四条 入选专家库的专家应当具备下列条件：

（一）在本专业或者本行业有较深造诣，熟悉本专业或者本行业的国内外发展现状；

（二）坚持原则，作风正派，能够认真、客观、公正、廉洁地履行职责；

（三）熟悉国家有关法律、法规和政策，掌握环境影响评价审查技术规范和要求；

（四）具有高级专业技术职称（兼有环评工程师、注册环保工程师、注册核安全工程师等环保相关职业资格者优先），从事相关专业领域工作五年以上；或已退休且从事环境保护相关行政管理工作十五年以上、有丰富管理经验；

（五）身体健康，能够承担审查工作，且年龄一般不超过65周岁（如身体条件允许，可适当放宽）。

第五条 专家入选专家库，采取个人申请或者单位推荐方式向北京市环境保护局提出申请，并提供符合本办法规定条件的证明材料。采取推荐方式的，单位应当事先征得被推荐人同意。

第六条 由北京市环境保护局组织对申请人或被推荐人进行专家资格审查和遴选，符合条件的入选专家库，并予以公布。

第三章 专家的权利与义务

第七条 专家享有以下权利：

（一）自愿加入和退出专家库；

（二）对所负责审查的环境影响评价文件独立发表意见，不受任何单位或者个人的干预；

（三）完成审查后按照规定获得相应的专家劳务咨询费。

第八条 专家承担以下义务：

（一）应本着科学求实和负责的态度认真履行职责，在规定的期限内客观、公正地提出审查意见，并对审查结论负责；

（二）如与拟审查项目存在利益关系，可能影响审查公正性时，应主动提出回避；

（三）应严格遵守保密规定，对参与的环境影响评价审查工作的成果和有关资料，不得以任何形式发表、转交他人或者外传；

（四）法律、法规和规章规定的其他相关义务。

第四章 专家库的使用与管理

第九条 北京市环境保护局为入选专家库的专家建立信息档案，并按照所熟悉的行业、规划、专业进行分类管理。

第十条 参加技术审查工作的专家人选，应根据所涉及的行业、专业等审查重点在专家库内随机抽取，并征得专家本人同意后确定。

第十一条 专家库实行动态管理，至少每两年进行一次调整，并公布调整结果。

如在库专家职称、单位、业绩成果有变更或增加，应在当年进行信息申报。

第十二条 对参加审查的专家进行考核，考核结果作为专家库动态管理的重要依据。

第五章 违规处罚

第十三条 入选专家库的专家有下列情形之一的，予以警告；情节严重的，取消其入选专家库资格，并予以公布：

（一）不负责任，弄虚作假，或者其他不客观、不公正履行审查职责的；

（二）无正当理由缺席参加审查工作两次以上的；

（三）与拟审查项目存在利益关系，可能影响审查公正、事先知情但未主动提出回避的；

（四）泄露在审查过程中知悉的技术秘密、商业秘密以及其他不宜公开信息的；

（五）收受他人财物或者其他好处，影响客观、公正履行审查职责的。

有前款规定情形，违反国家有关法律、行政法规的，依法依规追究责任。

第六章 附 则

第十四条 两院院士、入选环境保护部环境影响评价审查专家库和北京市环境保护局环保领域专家库的专家、特殊需要且经市环保局认可的专家，可参与环境影响评价的技术审查工作，并遵守本办法所规定的各项条款。

第十五条 本办法由北京市环境保护局负责解释。

第十六条 本办法自颁布之日起施行。

北京市环境保护局关于建设项目主要污染物排放总量指标审核及管理的补充通知

京环发〔2016〕24 号

各区环保局、北京经济技术开发区环保局：

按照环境保护部《关于印发建设项目主要污染物排放总量指标审核及管理暂行办法的通知》（环发〔2014〕197 号）要求，建设项目环境影响评价审批需先行取得主要污染物排放总量指标。自 2015 年 7 月本市实施《北京市环境保护局关于转发环境保护部〈建设项目主要污染物排放总量指标审核及管理暂行办法〉的通知》（京环发〔2015〕19 号）以来，污染物排放总量前置措施对控制排放新增污染物起到了重要作用，但在实施过程中也存在一些问题。经研究，现就本市建设项目主要污染物排放总量指标审核和管理有关工作补充通知如下：

一、关于执行污染物排放总量前置的建设项目。除城镇（乡、村）生活污水处理厂、垃圾处理场（含建筑垃圾资源化利用和处置厂）、危险废物和医疗废物处置厂等建设项目外，按照法律法规要求需要进行环境影响评价审批并纳入污染物排放总量控制范围的建设项目，均需取得主要污染物排放总量指标。

二、关于可替代污染物排放总量指标的来源。近三年来采取实际减排措施形成的减排量（即 2013 年以来形成的减排量，减去审批建设项目已经使用的减排量，剩余部分可用于 2016 年建设项目的可替代污染物排放总量指标，以后各年往后滚动），其中减排措施包括减排核定的减排量以及《清洁空气行动计划》和《北京市水污染防治工作方案》中通过改善环境质量形成的减排量。涉及民生和城市基础设施等重大建设项目也可预支拟采取减排措施的减排量，拟采取的减排措施需列入各区年度减排计划，且预支的减排量须在下一年度所在区的可替代污染物排放总量指标中进行核减。

三、关于建设项目主要污染物排放总量和可替代总量指标的核算。建设项目主要污染物排放总量原则上按照环境影响评价相关技术导则的方法进行预测，可替代污染物排放总量指标按照实际减排项目稳定达到的减排效果进行计算（具体核算方法见附件 1 和附件 2）。各区可替代污染物排放总量指标按照“区核算、市审核”的方式，在每年年底由各区环保局向市环保局提交详细的可替代污染物排放总量指标核算报告和相关证明材料，经市环保局污染物排放总量相关管理部门审核后，形成各区下年度可替代污染物排放总量指标。

四、关于建设项目主要污染物排放总量指标审核权限和使用范围。建设项目主要污染物排放总量原则上在所在区可替代污染物排放总量指标中平衡。区环保局负责审批的建设项目，由区环保局根据本区可替代污染物排放总量指标情况进行审核。环境保护部和市环保局审批的建设项目，由市环保局根据项目所在区可替代污染物排放总量指标情况进行审核。市、区环保局接收建设项目环评文件后，负责污染物排放总量管理的部门需在5个工作日内出具可替代污染物排放总量指标意见。用于建设项目的可替代污染物排放总量指标确需跨行政区使用的，须调出和调入区环保局出具确认意见，并经市环保局审核同意。鼓励各区之间采取排污交易等形式解决可替代污染物排放总量指标不足的问题。本市不接受外省（市、区）的主要污染物排放总量替代指标。

五、关于可替代主要污染物排放总量指标的动态管理和调度。各区环保局要严格执行可替代污染物排放总量指标使用情况月报制度，在每月初3日前将本区可替代污染物排放总量指标管理情况报市环保局。

本通知自2016年9月1日起实施，与《北京市环境保护局关于转发环境保护部〈建设项目主要污染物排放总量指标审核及管理暂行办法〉的通知》（京环发〔2015〕19号）不一致之处，以本通知为准。

特此通知。

附件：1. 建设项目主要污染物排放总量核算方法（略）

2. 可替代污染物排放总量指标来源与核算方法（略）

北京市环境保护局

2016年8月19日

经济、社会、环境公报

北京市2016年国民经济和社会发展统计公报（摘编） | 2016年北京市环境状况公报 | 2016年环境统计年报

北京市2016年国民经济和社会发展统计公报（摘编）

北京市统计局　国家统计局北京调查总队

2017年2月

2016年，全市人民在党中央、国务院和市委、市政府的坚强领导下，牢固树立创新、协调、绿色、开放、共享的发展理念，围绕首都城市战略定位，大力推动功能疏解、京津冀协同发展，加快建设国际一流的和谐宜居之都，扎实推进供给侧结构性改革，经济社会保持平稳健康发展，实现了“十三五”良好开局。

一、人口

年末全市常住人口2172.9万人，比上年末增加2.4万人。其中，常住外来人口807.5万人，占常住人口的比重为37.2%。常住人口中，城镇人口1879.6万人，占常住人口的比重为86.5%。常住人口出生率9.32‰，死亡率5.20‰，自然增长率4.12‰。常住人口密度为每平方公里1324人，比上年末增加1人。年末全市户籍人口1362.9万人，比上年末增加17.7万人。

二、综合

经济增长：初步核算，全年实现地区生产总值24899.3亿元，比上年增长6.7%。其中，第一产业增加值129.6亿元，下降8.8%；第二产业增加值4774.4亿元，增长5.6%；第三产业增加值19995.3亿元，增长7.1%。三次产业构成由上年的0.6∶19.7∶79.7，调整为0.5∶19.2∶80.3。按常住人口计算，全市人均地区生产总值达到11.5万元。

全年文化创意产业实现增加值3570.5亿元，比上年增长12.3%；占地区生产总值的比重为14.3%，比上年提高0.5个百分点。高技术产业实现增加值5646.7亿元，增长9.1%；占地区生产总值的比重为22.7%，比上年提高0.2个百分点。信息产业实现增加值3797.6亿元，增长10.1%；占地区生产总值的比重为15.3%，比上年提高0.3个百分点。

财政：全市完成一般公共预算收入5081.3亿元，比上年增长7.5%。其中，增值税1214.3亿元，增长69.6%；营业税584.4亿元，下降50.7%；企业所得税和个人所得税分别为1095.2亿元和571.3亿元，分别增长6.9%和19.5%。一般公共预算支出6406.7亿元，增长11.7%。其中，用于住房保障、节能环保、交通运输、城乡社区的支出分别增长2倍、19.8%、19.6%和12.5%。

价格：全年居民消费价格总水平比上年上涨1.4%。其中，食品价格上涨3.3%，非食品价格上涨1.0%；消费品价格上涨0.5%，服务项目价格上涨2.7%。

全年农产品生产者价格比上年下降0.4%。工业生产者出厂价格下降1.9%，工业生产者购进价格下降1.5%。固定资产投资价格下降0.3%。

全市住宅销售价格自10月开始逐步趋稳，涨幅持续回落。12月，新建商品住宅价格环比下降0.1%，二手住宅价格环比上涨0.2%。

三、农业

全市农业观光园1258个，比上年减少70个；观光园总收入28亿元，增长6.3%。设施农业实现收入54.4亿元，下降2.0%。民俗旅游实际经营户9026户，比上年增加85户；民俗旅游总收入14.4亿元，增长11.7%。种业收入14亿元，增长10.4%。全年实现农林牧渔业总产值338.1亿元，比上年下降8.2%，扣除价格因素实际下降9.9%。

四、工业和建筑业

工业：全年实现工业增加值3884.9亿元，比上年增长5.0%。其中，规模以上工业增加值增长5.1%。在规模以上工业中，国有控股企业增加值增长6.7%；股份合作企业、外商及港澳台企业增加值分别增长9.3%和8.5%；高技术制造业、现代制造业、战略性新兴产业增加值分别增长3.4%、11.9%和3.8%。规模以上工业实现销售产值17447.3亿元，增长2.7%。其中，内销产值16500.4亿元，增长3.7%；出口交货值946.9亿元，下降11.9%。

全年规模以上工业企业经济效益综合指数为323.3，比上年提高11.5个点。规模以上工业企业实现利润1549.3亿元，比上年下降0.7%。重点行业中，电力、热力生产和供应业实现利润490.1亿元，下降7.7%；汽车制造业实现利润367.8亿元，增长5.4%；医药制造业实现利润150.7亿元，增长15.3%；计算机、通信和其他电子设备制造业实现利润84.8亿元，增长36.8%；专用设备制造业实现利润73.9亿元，增长70.3%。

建筑业：全市具有资质等级的总承包和专业承包建筑业企业完成建筑业总产值8841.2亿元，比上年增长4.8%。其中，在本市完成2838.7亿元，增长5.2%；在外埠完成6002.5亿元，增长4.6%。本年新签合同额13595.5亿元，增长26.0%。

五、交通运输和邮电

交通运输：全年完成货运量24098.1万吨，比上年增长3.7%；货物周转量671.2亿吨公里，增长7.6%。客运量69287.6万人，下降1.1%；旅客周转量1888.4亿人公里，增长8.1%。

年末全市机动车保有量571.8万辆，比上年末增加9.9万辆。民用汽车548.4万辆，增加13.4万辆。其中，私人汽车452.8万辆，增加12.5万辆；私人汽车中轿车316.2万辆，减少0.3万辆。

邮电：（略）

六、金融

存贷款：年末全市金融机构（含外资）本外币存款余额138408.9亿元，比年初增加9833.6亿元，增加额比上年少5415.1亿元。年末全市金融机构（含外资）本外币贷款余额63739.4亿元，比年初增加5180亿元，增加额比上年多358亿元。

证券：全年证券市场各类证券成交额421962.9亿元，比上年下降29.3%。其中，股票成交额135890.9亿元，下降55.5%；债券成交额240689.6亿元，增长31.9%。年末证券资金账户数883.4万户，比上年末增加124.6万户。

保险：全年实现原保险保费收入1839亿元，比上年增长31.0%。其中，财产险保费收入369.2亿元，人身险保费收入1469.7亿元。全年各类保险赔付支出596.6亿元，增长17.8%。其中，财产险赔付229.3亿元，人身险赔付367.3亿元。

七、固定资产投资和房地产开发

固定资产投资：全年完成全社会固定资产投资8461.7亿元，比上年增长5.9%。其中，完成基础设施投资2399.5亿元，增长10.3%。

从基础设施投资投向上看，交通运输投资973亿元，所占比重为40.6%；公共服务业投资643.8亿元，所占比重为26.8%。完成民间投资2766亿元，下降5.6%。

分产业看，第一产业投资99.8亿元，比上年下降10.1%；第二产业投资722.9亿元，增长6.8%；第三产业投资7639亿元，增长6.1%。

房地产开发：全年完成房地产开发投资4045.4亿元，比上年下降4.3%。其中，住宅投资1950.9亿元，下降0.6%；办公楼投资699.1亿元，下降22.9%；商业、非公益用房及其他投资1395.5亿元，增长2.8%。

保障性住房建设：全年新开工、筹集各类保障性住房5.6万套，竣工6.4万套，公开配租配售9.7万户。

八、市场消费

全年实现市场总消费19926.2亿元，比上年增长8.1%。其中，实现服务性消费8921.1亿元，增长10.1%；实现社会消费品零售总额11005.1亿元，增长6.5%。限额以上批发和零售企业中，汽车类实现零售额1934亿元，增长6.9%；通讯器材类实现零售额1208亿元，增长8.8%；文化办公用品类实现零售额559.6亿元，增长4.7%；家用电器和音像器材类实现零售额488.6亿元，增长19.4%；体育、娱乐用品类实现零售额110.2亿元，增长21.1%。

全年批发和零售业实现商品购销额118087.1亿元，比上年增长0.6%。其中，实现购进额56349.7亿元，下降0.5%；销售额61737.4亿元，增长1.7%。

九、新经济

全年新经济实现增加值8132.4亿元，比上年增长10.1%，占全市地区生产总值的比重为32.7%，比上年提高0.6个百分点。

新产业：高技术产业增加值占新经济的比重为69.4%；战略性新兴产业实现增加值3824.3亿元，比上年增长10.7%，占新经济的比重为47%（高技术产业与战略性新兴产业有交叉）。

新业态：全年限额以上批发和零售企业实现网上零售额2049亿元，增长20.0%，占社会消费品零售总额的18.6%，比上年提高2.1个百分点。互联网金融中的金融信息服务业、非金融机构支付服务业营业收入分别为43亿元和132.5亿元，分别增长63.6%和30.6%。

新产品：全年生产新能源汽车、运动型多用途乘用车（SUV）5.9万辆和72.8万辆，比上年分别增长1.5倍和73.0%。生产卫星导航定位接收机、液晶显示屏4万部和6264.6万片，分别增长86.5%和65.2%。

大众创业、万众创新：全市新设企业22.2万家，比上年增长9.4%。其中，新设科技型企业8万家，增长23.2%，占全市新设企业的36.2%。全年中关村国家自主创新示范区实现总收入45721.6亿元，比上年增长12.0%。其中，实现技术收入7115.3亿元，增长7.4%。

十、对外经济和旅游

对外经济：全年北京地区进出口总值18625.2亿元，比上年下降6.1%。其中，出口3418.1亿元，增长0.7%；进口15207.1亿元，下降7.5%。

全年合同外资220.7亿美元，比上年下降31.8%。实际利用外资130.3亿美元，增长0.3%。其中，批发和零售业占44.9%，科学研究、技术服务和地质勘查业占12.1%，租赁和商务服务业占9.2%，信息传输、计算机服务和软件业占8.7%。

全年境外投资中方实际投资额155.1亿美元，比上年增长62.3%。对外承包工程完成营业额25亿美元，下降29.7%。对外劳务合作人员实际收入1.1亿美元，下降34.2%。

旅游：全年接待国内旅游者2.8亿人次，比上年增长4.7%。国内旅游总收入4683亿元，增长8.4%。接待入境旅游者416.5万人次，下降0.8%。其中，外国人354.8万人次，下降0.8%；港、澳、台同胞61.8万人次，下降1.0%。旅游外汇收入50.7亿美元，增长10.1%。国内外旅游总收入为5021亿元，增长

9.0%。全年经旅行社组织的出境游人数571.3万人次，增长7.2%。

十一、城市建设和安全生产

道路建设：年末全市公路里程22026公里，比上年末增加141公里。其中，高速公路里程1013公里，比上年末增加31公里。年末城市道路里程6374公里，比上年末减少50公里。

公共交通：年末公共电汽车运营线路876条，与上年持平；运营线路长度19818公里，比上年末减少368公里；运营车辆22688辆，比上年末减少599辆；全年客运总量36.9亿人次，比上年下降9.1%。

年末轨道交通运营线路19条，比上年末增加1条；运营线路长度574公里，比上年末增加20公里；运营车辆5204辆，比上年末增加180辆；全年客运总量36.6亿人次，比上年增长10.2%。

公用事业：全年自来水销售量11.4亿立方米，比上年增长9.5%。其中，工业和建筑业用水1.4亿立方米，增长9.4%；服务业用水4亿立方米，增长8.6%；居民家庭用水5.9亿立方米，增长14.9%。

全年北京地区用电量达到1020.3亿千瓦时，比上年增长7.1%。其中，生产用电824.8亿千瓦时，增长6.0%；城乡居民生活用电195.4亿千瓦时，增长11.8%。

全年液化石油气供应总量47.5万吨，比上年下降17.5%；天然气供应总量166亿立方米，增长17.1%。年末共有燃气家庭用户907万户，增长2.4%，其中天然气家庭用户600万户，增长2.0%。年末燃气管线长度达到22370公里，比上年末增长2.5%。

全市10万平方米以上的集中供热面积6亿平方米，比上年增长2.7%。

安全生产：全年共发生工矿商贸生产安全事故、生产经营性道路交通事故、生产经营性火灾事故、铁路交通事故、农业机械事故544起，死亡591人。亿元地区生产总值安全生产事故死亡人数为0.0237人；道路交通每万车死亡人数为2.38人；工矿商贸企业从业人员每10万人生产安全事故死亡人数为1.03人；煤矿每百万吨死亡人数为0.63人。

十二、人民生活、就业和社会保障

人民生活：全年全市居民人均可支配收入达到52530元，比上年增长8.4%；扣除价格因素后，实际增长6.9%。按常住地分，城镇居民人均可支配收入57275元，增长8.4%；农村居民人均可支配收入22310元，增长8.5%。扣除价格因素后，城乡居民收入实际增速分别为6.9%和7.0%。

全年全市居民人均消费支出达到35416元，比上年增长4.8%。按常住地分，城镇居民人均消费支出达到38256元，增长4.4%；农村居民人均消费支出达到17329元，增长9.6%。

就业：全年城镇新增就业42.8万人，比上年增加0.2万人。年末城镇登记失业率为1.41%，比上年末提高0.02个百分点。

社会保障：年末参加城镇职工基本养老、基本医疗、失业、工伤和生育保险人数分别为1459.1万人、1517.6万人、1117.5万人、1060.2万人和981万人，分别比上年末增加34.8万人、41.9万人、35.2万人、40.1万人和39.4万人。

年末参加城乡居民养老保障人数为215.7万人，参加城镇居民基本医疗保险人数为191.2万人，参加新型农村合作医疗的人数为211.9万人。

全市享受城市居民最低生活保障的人数为8.2万人，享受农村居民最低生活保障的人数为4.7万人。

年末各类收养性单位641家，床位14万张，收养各类人员8万人。建立各种社区服务机构11907个，其中社区服务中心198个。

十三、教育、科技、文化、卫生、体育

教育：全市共有58所普通高校和81个科研机构培养研究生，全年研究生教育招生9.7万人，在学研究生29.2万人，毕业生8.3万人。全市91所普通高等学校全年招收本专科学生15.5万人，在校生58.8万人，毕业生15.3万人。全市成人本专科招生6.1万人，在

校生 17.2 万人，毕业生 8.2 万人。

全市普通高中招生 5.4 万人，在校生 16.3 万人，毕业生 5.3 万人；普通初中招生 9.2 万人，在校生 26.8 万人，毕业生 8.6 万人；普通小学招生 14.5 万人，在校生 86.8 万人，毕业生 11.1 万人；幼儿园入园幼儿 15.3 万人，在园幼儿 41.7 万人。各类中等职业教育（含技工学校）招生 3.5 万人，在校生 12.1 万人，毕业生 4.3 万人。特殊教育招生 916 人，在校生 6927 人，毕业生 1588 人。

全市共有民办高校 16 所，在校学生 6.3 万人；民办中等教育 116 所，在校学生 3.4 万人；民办小学 61 所，在校学生 6 万人；民办幼儿园 635 所，在园幼儿 15.1 万人。

科技：全年研究与试验发展（R&D）经费支出 1479.8 亿元，比上年增长 6.9%，相当于地区生产总值的比例为 5.94%。全市研究与试验发展（R&D）活动人员 36.2 万人，比上年增长 3.0%。专利申请量与授权量分别为 189129 件和 100578 件，分别增长 21.0% 和 7.0%，其中发明专利申请量与授权量分别为 104643 件和 40602 件，分别增长 17.7% 和 15.0%。全年共签订各类技术合同 74965 项，增长 3.7%；技术合同成交总额 3940.8 亿元，增长 14.1%。

文化：年末共有公共图书馆 25 个，总藏量 6264.7 万册；档案馆 18 个，馆藏案卷 771.9 万卷件；博物馆 177 个，其中免费开放 80 个；群众艺术馆、文化馆 20 个。年末有线电视注册用户达到 579.9 万户，其中高清交互数字电视用户 482 万户。北京地区 25 条院线 207 家影院，共放映电影 228 万场，观众 6873.4 万人次，票房收入 30.3 亿元。全年制作电视剧 64 部 2665 集，电视动画片 30 部 9844 分钟，电影 318 部。

卫生：年末共有卫生机构 10637 个，比上年末增加 212 个；其中医院 713 个。医疗机构共有床位 11.8 万张，比上年末增加 0.6 万张；其中医院 11.1 万张。卫生技术人员达到 26.5 万人，比上年末增加 0.8 万人；其中执业（助理）医师 10.1 万人，注册护士 11.8 万人。医疗机构总诊疗 24939 万人次。全年报告甲乙类传染病发病率 138.0/10 万，死亡率 0.8/10 万。婴儿死亡率 2.21‰，孕产妇死亡率 10.83/10 万。

体育：全市运动员共获得国际性比赛奖牌 20 枚，其中金牌 12 枚，银牌 4 枚；获得全国性比赛奖牌 63 枚，其中金牌 18 枚，银牌 19 枚。

十四、资源和环境

土地供应：全年国有建设用地供应总量 2072.2 公顷。其中，住宅用地 469 公顷（其中保障性安居工程用地 366 公顷），工矿仓储用地 120.9 公顷，商服用地 316.8 公顷，基础设施等其他用地 1165.5 公顷。

水资源：全年水资源总量 35.1 亿立方米，比上年增长 31.0%。年末大中型水库蓄水总量 24.3 亿立方米，比上年末多蓄水 8.1 亿立方米。全市年末平原区地下水埋深为 25.2 米，比上年末回升 0.5 米。全年总用水量 38.8 亿立方米，比上年增长 1.6%。其中，生活用水 14.4 亿立方米，下降 0.3%；生态环境用水 11.1 亿立方米，增长 9.7%；工业用水 3.7 亿立方米，下降 2.6%；农业用水 6 亿立方米，下降 6.4%。全市万元地区生产总值水耗为 15.6 米^3/万元，比上年下降 4.8%。

环境：全市城镇污水处理率为 90%，其中城六区污水处理率达到 98%，分别比上年提高 2.1 个和 0.5 个百分点。全市生活垃圾无害化处理率（根据垃圾清运量计算）为 99.84%，比上年提高 0.04 个百分点。全市细颗粒物（$PM_{2.5}$）和可吸入颗粒物（PM_{10}）年均浓度值分别为 73 微克 / 米^3 和 92 微克 / 米^3，分别比上年下降 9.9% 和 9.8%。二氧化氮和二氧化硫年均浓度值分别为 48 微克 / 米^3 和 10 微克 / 米^3，分别比上年下降 4.0% 和 28.6%。

全年完成人工造林面积 12667 公顷，比上年增长 55.7%。全市林木绿化率达到 59.3%，比上年提高 0.3 个百分点。森林覆盖率达到 42.3%，提高 0.7 个百分点。城市绿化覆盖率达到 48.1%，下降 0.3 个百分点。

2016年北京市环境状况公报

根据《中华人民共和国环境保护法》第五十四条“省级以上人民政府环境保护主管部门定期发布环境状况公报”的规定，现发布2016年北京市环境状况公报。

北京市环境保护局
2017年4月

综　述

2016年，在党中央、国务院的坚强领导下，全市认真贯彻党的十八大和十八届三中、四中、五中、六中全会精神，以习近平总书记视察北京重要讲话精神为根本遵循，以生态文明建设为统领，牢固树立新发展理念，在京津冀协同发展、城市规划建设管理、供给侧结构性改革的大局中，坚持“以人民为中心”的思想，以改善环境质量为核心目标，聚焦大气和水污染防治，加快治污染、抓减排、保安全、强监管、提能力、促协同，超额完成了国家下达的污染减排任务，取得了大气和水等环境质量持续改善、环境安全有效保障、区域协作不断深入等积极成效，实现了“十三五”良好开局！

全市主要污染物排放进一步削减，二氧化硫、氮氧化物、化学需氧量和氨氮排放量比上年分别下降15.4%、10.3%、7.7%和8.1%。大气环境质量持续改善，细颗粒物（$PM_{2.5}$）年平均浓度比上年下降9.9%，空气质量优良天数比例为54.1%。地表水环境质量稳中向好，高锰酸盐指数和氨氮年均浓度分别下降4.4%和4.9%。声环境质量保持稳定，辐射环境质量保持正常，生态环境状况良好。京津冀及周边地区大气污染防治协作机制不断完善，治理效果逐步释放。

环境质量

【大气环境】 2016年，全市空气质量持续改善，污染物年平均浓度全面下降，空气质量达标天数增加，重污染天数减少。

1. 全市空气质量状况

2016年，全市空气中细颗粒物（$PM_{2.5}$）年平均浓度值为73微克/米^3，比上年下降9.9%，超过国家标准1.09倍；二氧化硫（SO_2）年平均浓度值为10微克/米^3，比上年下降28.6%，达到国家标准；二氧化氮（NO_2）年平均浓度值为48微克/米^3，比上年下降4.0%，超过国家标准0.20倍；可吸入颗粒物（PM_{10}）年平均浓度值为92微克/米^3，比上年下降9.8%，超过国家标准0.31倍。

全市空气中一氧化碳（CO）24小时平均第95百分位浓度值为3.2毫克/米^3，比上年下降11.1%，达到国家标准；臭氧（O_3）日最大8小时滑动平均第90百分位浓度值为199微克/米^3，比上年下降1.5%，超过国家标准0.24倍。臭氧浓度4—9月较高，超标主要发生在春夏的午后至傍晚时段。（百分位浓度：按照《环境空气质量评价技术规范（试行）》（HJ 663—2013），将日历年内有效的一氧化碳日数据，由小到大排列，取第百分之九十五的数值与国家标准24小时平均浓度限值比较，判断一氧化碳达标情况。臭氧评价同理。）

全市大气降水年平均pH值为6.43，酸雨频率为4.3%。

从月际变化看，污染物浓度总体呈现夏季低、秋冬季高的态势。2016年前11个月，$PM_{2.5}$平均浓度值为67微克/米^3，受极端不利气象条件影响，12月京津冀及周边大范围区域空气重污染频发，全市累计出现4次共11天重污染，占当月总天数的35%，导致$PM_{2.5}$浓度水平骤增。受春季风沙影响，3月可吸入颗粒物浓度水平较高。

2016年，空气质量达标（优和良）天数为

198天，达标天数比例为54.1%，达标天数比上年增加12天，比2013年增加22天；空气重污染（重度和严重污染）天数为39天，发生率为10.7%，比2015年减少7天，比2013年减少19天。在空气质量超标天中，以$PM_{2.5}$、O_3和PM_{10}为首要污染物的天数分别占64.9%、31.5%和3.6%。

2. 功能点位评价

位于昌平定陵的城市清洁对照点$PM_{2.5}$年平均浓度值为60微克/米^3，低于全市平均水平17.8%。

区域背景传输点监测结果表明，位于北部边界的京东北和京西北区域点$PM_{2.5}$年平均浓度值为50微克/米^3，低于全市平均水平31.5%；位于南部边界的京西南、京东南和京南区域点$PM_{2.5}$年平均浓度值为97微克/米^3，高于全市平均水平32.9%。

交通污染监控点监测结果表明，交通环境$PM_{2.5}$年平均浓度值为82微克/米^3，高于全市平均水平12.3%；二氧化氮年平均浓度值为70微克/米^3，高于全市平均水平45.8%。

3. 空间分布情况

全市空气质量南北差异显著。位于北部、西北部的生态涵养发展区好于其他区域。

各区空气中$PM_{2.5}$年平均浓度范围在60~89微克/米^3，均未达到国家标准；二氧化硫年平均浓度范围在7~15微克/米^3，均达到国家标准；二氧化氮年平均浓度范围在28~58微克/米^3，平谷区、怀柔区、密云区、延庆区达到国家标准，其余各区未达到国家标准；可吸入颗粒物年平均浓度范围在74~107微克/米^3，均未达到国家标准。

【水环境】 全市地表水水质稳中向好，主要污染指标年均浓度均有所下降。集中式地表水饮用水水源地水质符合国家饮用水水源水质标准。

1. 地表水总体水质状况

全市地表水水质空间差异明显，上游水质状况总体好于下游。

全市地表水体监测断面高锰酸盐指数年均浓度值为7.37毫克/升，氨氮年均浓度值为5.40毫克/升，与上年相比分别下降了4.4%和4.9%。其中水库水质较好，湖泊水质次之，河流水质相对较差。

2. 河流

全年共监测五大水系有水河流99条段，长2423.7公里，其中，Ⅱ、Ⅲ类水质河长占监测总长度的48.6%；Ⅳ类、Ⅴ类水质河长占监测总长度的11.5%；劣Ⅴ类水质河长占监测总长度的39.9%，比上年下降4.6个百分点。主要污染指标为化学需氧量、氨氮和生化需氧量等，污染类型属有机污染型。

五大水系中，潮白河系水质最好，永定河系和蓟运河系次之；大清河系和北运河系水质总体较差。

3. 湖泊

全年共监测有水湖泊22个，水面面积719.6万平方米，其中，Ⅱ类、Ⅲ类水质湖泊占监测水面面积的31.3%，Ⅳ类、Ⅴ类水质湖泊占监测水面面积的64.8%；劣Ⅴ类水质湖泊占监测水面面积的3.9%，比上年下降14.7个百分点。主要污染指标为化学需氧量、生化需氧量和总磷等。

昆明湖、团城湖、后海、前海、北海和展览馆后湖为中营养，柳荫公园湖为重度富营养，其他湖泊处于轻度富营养—中度富营养状态。

4. 水库

全年共监测有水水库17座，平均总蓄水量为18.9亿立方米，其中，Ⅱ类、Ⅲ类水质水库占监测总库容的80.4%；Ⅳ类水质水库占监测总库容的19.6%。主要污染指标为总磷。

密云水库和怀柔水库水质符合饮用水水源水质标准。官厅水库水质为Ⅳ类，主要污染指标为化学需氧量、氟化物和高锰酸盐指数。

【声环境】 全市声环境质量基本保持稳定。

1. 功能区声环境

城市功能区声环境质量与上年基本持平。1类区昼间等效声级年均值超过国家标准，2类区、3类区和4a类区昼间等效声级年均值符合国家标准；2类区和3类区夜间等效声级年均值符合国家标准，1类区和4a类区夜间等效声级年均值超过国家标准。

各类功能区24小时噪声变化规律基本一致，其中1类区环境噪声水平城六区与远郊区基本持平，2类区、3类区和4a类区环境噪声水平城六区高于远郊区。

2. 区域环境噪声

全市建成区区域环境噪声平均值为54.3分贝（A）。各区建成区区域环境噪声数值范围在51.7~56.2分贝（A）。其中：城六区建成区区域环境噪声平均值为53.9分贝（A），远郊区建成区区域环境噪声平均值为53.7分贝（A）。

3. 道路交通噪声

全市建成区道路交通噪声平均值为69.3分贝（A）。各区建成区道路交通噪声数值范围在63.6~71.9分贝（A）。其中：城六区建成区道路交通噪声平均值为69.8分贝（A），远郊县建成区道路交通噪声平均值为67.4分贝（A）。

《声环境质量标准》（GB 3096—2008）规定：

1类声环境功能区指以居民住宅、医疗卫生、文化教育、科研设计、行政办公为主要功能，需要保持安静的区域；

2类声环境功能区指以商业金融、集市贸易为主要功能，或者居住、商业、工业混杂，需要维护住宅安静的区域；

3类声环境功能区指以工业生产、仓储物流为主要功能，需要防止工业噪声对周围环境产生严重影响的区域；

4a类声环境功能区为高速公路、一级公路、二级公路、城市快速路、城市主干路、城市次干路、城市轨道交通（地面段）、内河航道两侧区域一定距离之内，需要防止交通噪声对周围环境产生严重影响的区域。

【辐射环境】 全市辐射环境质量保持正常。

1. 电离辐射环境

γ辐射空气吸收剂量率环境自动监测月均值范围（未扣除宇宙射线响应值）为70.4~73.0纳戈瑞/小时，在本底范围内，属正常环境水平。

环境水体中总α、总β，天然放射性核素铀（U）、钍（Th）、镭（^{226}Ra）的活度浓度和土壤中放射性核素含量，与往年相比均无明显变化，属正常环境水平。

2. 电磁辐射环境

电磁环境功率密度监测值低于40微瓦/厘米^{2}的国家标准限值，电磁辐射环境质量状况良好。

【生态环境】 全市生态环境质量良好。

按照《生态环境状况评价技术规范》（HJ/T 192—2015）评价，全市生态环境质量级别为良，生态环境状况指数（EI）为64.8，比去年同期高0.6。其中，植被覆盖指数、水网密度指数略有增加，生物丰度指数、土地胁迫指数和污染负荷指数保持稳定。从区域分布看，北部山区生态环境状况好于其他区域，其中怀柔区生态环境状况最好。

主要污染物排放

【大气污染物排放】 全市二氧化硫排放量为6.02万吨，比上年削减1.10万吨，下降15.4%；氮氧化物排放量为12.34万吨，比上年削减1.42万吨，下降10.3%。全市工业企业挥发性有机物排放量比上年削减1.37万吨。

【水污染物排放】 全市化学需氧量排放量为14.91万吨，比上年削减1.24万吨，下降7.7%；氨氮排放量为1.52万吨，比上年削减0.13万吨，下降8.1%。2016年全市污水处理率达到90%，其中，中心城污水处理率达到98%，再生水利用量达到10亿立方米，占全市用水总量的26%。

措施与行动

【污染治理】 深化推进大气污染防治，超额完成全年减排措施任务。全年共完成总容量8488蒸吨/小时燃煤锅炉清洁能源改造，663个村散煤改为清洁能源，朝阳区、海淀区、丰台区、石景山区等四区城镇地区7.5万户居民实现散煤清洁能源替代，全市燃煤总量压减到1000万吨以内，提前一年完成国家下达的燃煤消耗总量压减目标。淘汰老旧机动车44万辆左右，4.3万辆出租车更换三元催化器，7600余辆重型柴油车安装壁流式颗粒捕集器（DPF）。调整退出不符合首都功能定位的一般制造业与污染企业335家；完成4477家违法违规排污及生产经营行为企业清理整治。组织实施以氮氧化物和挥发性有机物高效治理为重点的第三批“百项”环保技改项目工程。全市1540个建筑施工工地安装视频监控系统，关闭16家非法新建、资质失效搅拌站。全市道路清扫保洁“吸、扫、冲、收”新工艺作业率已达87%。

全面落实《北京市水污染防治工作方案》。建立市、区、乡镇（街道）三级“河长制”。印发实施《北京市进一步加快推进污水治理和再生水利用工作三年行动方案（2016年7月—2019年6月）》。加快污水处理和再生水设施建设，建成清河第二、槐房、定福庄、高安屯、稻香湖和郊区城镇等再生水厂，全市污水处理能力提高到672万米^3/日。完成全市集中式饮用水水源地保护区划定和环境状况评估工作，饮用水水源保护区面积1300余平方公里。

【环境安全监管】 严格危险废物规范化管理。现场督察检查危险废物重点产废单位143家和经营单位14家，抽查合格率分别为94%和100%，存在问题的单位进行了限期整改。开展打击涉危险废物环境违法犯罪行为专项行动，严厉打击非法转移、处置和倾倒危险废物的环境违法犯罪行为，确保首都环境安全。发布《实验室危险废物污染防治技术规范》，规范了实验室危险废物内部分类、投放、暂存、转运和贮存行为。

加强辐射安全监管。进一步完善预防式管理体系，推进移动高风险源监控系统试点，强化对重点环节和关键部位的监管；持续推进辐射工作单位的规范化管理，完成76家“辐射安全规范单位”创建；开展历史遗留放射源清查，全年收贮废旧放射源183枚，放射性废物6.95立方米。开展环境安全隐患排查与整治专项行动，重点排查涉氨、涉氯、尾矿库、石油化工、危险化学品生产企业。妥善处置了32起环境突发事件，未造成环境污染。

环境管理

严格建设项目环评准入。完成市级“十三五”相关规划的环评报告书组织审查工作。深化“放管服”改革，按照新修订的《环境影响评价法》要求，优化环评审批流程，对建设项目的环境影响报告书（表）的审批节点进行调整，并将环评登记表审批制调整为备案制。严格落实环保部新的环评资质管理办法，加强环评机构资质管理。进一步规范建设项目主要污染物总量指标和管理，控制新增污染物排放。依法推进环评信息公开及公众参与工作。

持续完善环境经济政策。试点实施以空气质量改善为导向的区级转移支付政策；制定实施《北京市燃气（油）锅炉低氮改造以奖代补资金管理办法》；“电采暖”峰谷电价政策拓展到全市。加大排污收费力度，全年征收排污费5.99亿元。

发挥科技支撑和引领作用。完成了“北京市大气氨排放特征及控制对策研究”和“燃气锅炉低氮燃烧技术装备研发与示范”项目。积极参与“京津冀区域大气污染联防联控支撑技术研发与应用”项目，其中，“京津冀区域大气污染物动态排放特征及更新机制研究”项目取得新进展。组织“开展基于新一代卫星遥感、地面监测与分析模式的区域空气质量综合监测研究与应用”研究。

加强环境监测。推进生态环境监测网络建设，优化升级大气环境监测网络，全面开展大气、水、声、辐射和生态等环境质量监测。公开重点排污单位监督性监测信息和企业自行监测信息。开展环境监测质量管理监督检查，规范了企业自监测实验室建设及运行。对38家社会化环境监测机构进行了能力认定。

【环境执法】 严格贯彻实施《中华人民共和国环境保护法》和《北京市大气污染防治条例》，全年持续加大环境执法力度，严厉打击环境违法行为。全市环保执法部门共立案处罚环境违法行为13127起，处罚金额15099万元。其中，固定污染源立案处罚环境违法行为2943起、处罚金额14229万元；移动污染源立案处罚10184起、处罚金额870万元。全市共查处重大环境违法案件349起，其中，查封341起，按日连续处罚4起，移送公安机关行政拘留2起，涉嫌环境污染犯罪移送公安机关2起。

全市环保、城管、工商、质监、交通执法等部门联合开展了贯穿全年的“大气污染执法年”行动，开展“治散煤”、“净四气”（燃煤废气、VOCs废气、工业废气和机动车尾气）、“降三尘”（施工扬尘、道路扬尘和因烧致尘）三大执法行动，严厉打击了各领域、各环节环境违法行为。围绕重点流域水体水质改善，全市环保执法部门对排入地表水体的城镇污水处理厂、工业园区集中污水处理设施、垃圾填埋场以及畜禽养殖场等单位开展专项执法检查。

共同防治

【区域联防联控】 区域协作机制实现新突破。健全预报预警机制，京津冀率先统一空气重污染应急预警分级标准，区域协同应对空气重污染机制进一步完善。深化结对合作治污机制，本市共投入5.02亿元资金支持保定、廊坊两市开展小型燃煤锅炉淘汰和大型燃煤锅炉治理。完善信息共享机制，建成京津冀及周边地区大气污染防治信息共享平台，实现七省（区、市）空气质量、重点污染源排放等信息实时共享。建立京津冀及周边地区水污染协作机制。京津冀三地建立了水污染应急联席制度和信息通报机制，水污染突发事件长效协作机制初步形成。

区域污染治理取得新进展。发布实施了推进成品油质量升级、推进电能替代、淘汰落后产能等政策文件，印发实施《京津冀大气污染防治强化措施（2016—2017年）》。加快推进重点领域污染减排，七省（区、市）继续加强燃煤污染治理、加大机动车污染控制、进一步淘汰落后产能。印发实施《京津冀及周边地区落实〈水污染防治行动计划〉2016—2017年实施方案》，推动北京、河北对潮白河下游开展水污染共治。

【公众参与】 2016年，社会各界更加关注环境保护，以@环保北京微博、@北京环境监测微博、@京环之声微博为主的环保北京微博群和京环之声微信公众号关注度持续上升，已成为发布环保消息、展示环保工作的重要窗口。由北京市环保联合会、首都互联网协会、市新闻工作者协会共同倡议发起的北京绿色传播联盟成立，倡导绿色发展理念、践行绿色生活方式。各类媒体平台宣传解读环保政策法规，报道环保工作进展，曝光环境违法行为。NGO环保组织积极为北京大气污染治理的各项政策修订、公益活动组织建言献策。

广大市民通过多种方式参与环保。44万车主加入到了淘汰更新老旧机动车、为减少机动车污染做贡献的行列；累计超过一亿人次的市民参加了第三届北京环境文化周推出的“辟除十大环保谣言”“V蓝北京我的环保日记”“向环保陋习说NO！污染环境十大陋习征集评选”“北京大学生环保音乐会”“辟除十大雾霾谣言”等系列环保公益活动；近千万人次通过网上关注、做志愿者等方式，参与到“绿色驾驶全城嗨跑”“秀个性车贴、倡绿色驾驶”等主题活动；近50所高校师生参与第十二届首都高校环境文化季等系列活动。12369环保投诉举报热线年度受理投诉举报事项4.5万余件。

专栏——“水环境区域补偿”

按照“谁污染、谁治理”“谁污染、谁补偿”的原则，制定实施了《北京市水环境区域补偿办法（试行）》，对各区跨界断面水质达标情况和污水治理年度任务完成情况进行综合考核，将水环境区域和流域管理结合起来，形成上下游配合、各区间协同的污水治理局面。

自2015年实施以来，全市各区累计共需缴纳水环境区域补偿金总额为24.3亿元，其中需缴纳跨界断面水质补偿金16.8亿元，污水治理年度任务补偿金7.5亿元。补偿金用于水源地保护、污水处理设施及配套管网、相关监测设施建设与运行维护等水环境治理相关工作，实现专款专用。

专栏——“生态文明体制改革”

2016 年，全市认真落实中央生态文明体制改革要求，加快建立健全生态文明制度体系建设，有序推进生态文明体制改革。注重总体谋划，制订印发《关于全面提升生态文明水平 推进国际一流和谐宜居之都建设的实施意见》，以及《北京市生态文明体制改革路线图时间表》。

按照“党政同责、一岗双责、失职追责”的要求，出台《北京市环境保护工作职责分工》《北京市大气污染防治专项责任清单》《北京市环境保护督察方案（试行）》《北京市贯彻落实〈党政领导干部生态环境损害责任追究办法（试行）〉实施细则》《关于深入推进领导干部自然资源资产离任审计试点工作的意见》等文件，有利于形成“管发展必管环保、管生产必管环保、管行业必管环保”的工作格局。

开展自然资源资产负债表编制试点，努力摸清自然资源资产基本情况；出台实施《北京市生态环境监测网络建设方案》，努力建设国际先进水平的生态环境监测网络体系。

专栏——“十三五”规划

2016 年 12 月 28 日，市政府印发了《北京市“十三五”时期环境保护和生态环境建设规划》，在“十三五”期间，全市将围绕首都城市战略定位和京津冀协同发展，落实国家《“十三五”生态环境保护规划》，聚焦大气、水、土壤污染防治三个重点，全面推进环境污染防治，推进形成绿色发展格局，持续加强环境风险防控，努力提升环境治理能力；明确了构建多元共治体制机制、发挥经济政策引导作用、完善环境监测监管体系、强化生态环境保护管理等任务。

《规划》提出了“十三五”时期本市生态环保目标，到 2020 年，大气和水主要污染物排放总量持续削减；大气和水环境质量明显改善，$PM_{2.5}$ 年均浓度比 2015 年下降 30% 左右，全市空气质量优良天数的比例达到 56% 以上；水体达到或好于Ⅲ类的比例稳定在 24%，劣Ⅴ类水体比例降至 28%；土壤环境质量总体清洁，生态环境质量保持良好，环境安全得到有效保障。

专栏——“燃气锅炉低氮改造”

氮氧化物主要来自煤、石油及其制品、天然气等燃料燃烧过程，是 $PM_{2.5}$ 和臭氧的重要前体物之一，是大气污染治理的重点污染物。本市率先在全国开展燃气锅炉低氮改造工作，进一步减少氮氧化物排放。市环保局、市财政局和市质量技术监督局联合发布了《北京市燃气（油）锅炉低氮改造以奖代补资金管理办法》，对燃气（油）锅炉低氮改造项目进行补贴，根据治理效果，实行差别化补助。同时，相关区也相继出台配套资金政策，并加大燃气锅炉监管监测和执法力度，全市实施燃气锅炉低氮改造 1500 余台。

专栏——“土十条”

2016 年 12 月，市政府印发了《北京市土壤污染防治工作方案》（以下称《工作方案》）。《工作方案》提出，深入贯彻落实《国务院关于印发土壤污染防治行动计划的通知》（国发〔2016〕31 号）精神，以改善土壤环境质量为核心，以保障人居环境、农产品质量和饮用水水质安全为重点，坚持预防为主、保护优先、风险管控，突出重点行业和污染物，实施分类别、分用途、分阶段治理，形成政府主导、企业担责、公众参与、社会监督的土壤污染防治体系，促进土壤资源永续利用，为建设国际一流的和谐宜居之都提供重要保障。到 2020 年，全市土壤环境质量总体保持稳定，建设用地和农用地土壤环境安全得到基本保障，土壤环境风险得到基本管控；受污染耕地安全利用率达到 90% 以上，再开发利用的污染地块安全利用率达到 90% 以上。到 2030 年，土壤环境质量稳中向好，建设用地和农用地土壤环境安全得到有效保障，土壤环境风险得到全面管控；受污染耕地安全利用率达到95%以上，再开发利用的污染地块安全利用率达到95%以上。

专栏——“空气重污染应急应对”

全年累计启动空气重污染预警17次，分布于36天。其中，蓝色预警6次、6天，黄色预警7次、16天，橙色预警3次、8天，红色预警1次、6天。

参照环境保护部关于京津冀统一空气重污染应急分级标准有关规定，综合考虑空气污染程度和持续时间，依据本市空气质量预测结果，在原空气重污染应急预案的基础上，修订出台《北京市空气重污染应急预案（2016年修订）》，进一步规范预警分级，优化启动程序，强化高排放机动车停、限行措施等。

按照新预案的规定，12月中下旬及早预报、及时启动了空气重污染红色预警。本市及周边省（区、市）共同实施应急减排措施，全力控制污染程度。根据测算，本次红色预警期间，北京本地污染物排放减少约三分之一，北京本地产生的$PM_{2.5}$降低了20%以上。

蓝色预警：预测全市空气质量指数日均值>200将持续1天，且未达到高级别预警条件时。

黄色预警：预测全市空气质量指数日均值>200将持续2天及以上，且未达到高级别预警条件时。

橙色预警：预测全市空气质量指数日均值>200将持续3天，且出现日均值>300时。

红色预警：预测全市空气质量指数日均值>200将持续4天及以上，且日均值>300将持续2天及以上时；或预测全市空气质量指数日均值达到500及以上，且将持续1天及以上时。

专栏——“京六油”标准

2016年10月20日，本市发布第六阶段《车用汽油》（DB11/238—2016）、《车用柴油》（DB11/239—2016）标准，两项标准于2017年1月1日起实施，严于国家第六阶段油品标准。

两项地方标准参照了目前国际上最严格的车用燃油标准，在硫含量维持不变的基础上，进一步加严汽油中的烯烃、芳烃、苯、蒸气压、馏程和柴油中的多环芳烃、密度、闪点、清净剂等主要环保指标。使用第六阶段油品后，在用汽油车和在用柴油车单车污染物排放量均有不同程度下降。

专栏——国际合作

加强国际交流与合作，借鉴国际先进的技术经验。在2016年联合国环境大会上，与联合国环境规划署联合向全球发布了《北京空气污染治理历程：1998—2013年》报告，宣传北京市大气污染治理工作成效，与其他发展中国家和地区分享北京市空气质量管理工作经验。与世界银行、亚洲开发银行合作，举办京津冀及周边地区空气质量管理政策国际研讨会，邀请国际、国内专家开展京津冀区域大气污染防治工作调研，为京津冀区域大气污染治理建言献策。不断加深和开拓与国际大都市间的交流合作，与意大利环境、领土与海洋部、丹麦环境与食品部、美国加利福尼亚州环保局等签订了多项合作备忘录，定期组织技术交流培训、开展技术合作项目。

展　望

2017年是推进生态文明建设、落实《京津冀协同发展规划纲要》、实施“十三五”规划的关键一年，是完成国家《大气污染防治行动计划》标志性指标的决战之年，是基本消灭建成区黑臭水体、改善河湖水质的攻坚之年，是全面实施土壤污染防治工作方案的起步之年。全市将牢固树立“绿水青山就是金山银山”的意识，深入落实中央关于生态文明建设、京津冀协同发展和环境保护的决策部署，全力以赴攻坚克难，力争完成大气、水和土壤环境污染防治各项任务，推进首都生态环境质量持续改善。

2016年环境统计年报

指标名称	计量单位	2016年
一、水环境	—	
废水排放总量	万吨	166419
其中：工业废水排放量	万吨	8515
城镇生活污水排放量	万吨	157680
集中式治理设施（不含污水处理厂）污水排放量	万吨	224
化学需氧量（COD）排放量	吨	87094
其中：工业废水中COD排放量	吨	2381
农业COD排放量	吨	19926
城镇生活污水中COD排放量	吨	63904
集中式治理设施（不含污水处理厂）COD排放量	吨	883
氨氮排放量	吨	5576
其中：工业废水中氨氮排放量	吨	114
农业氨氮排放量	吨	224
城镇生活污水中氨氮排放量	吨	5138
集中式治理设施（不含污水处理厂）氨氮排放量	吨	99
二、大气环境	—	
SO_2排放量	吨	33210
其中：工业SO_2排放量	吨	10257
城镇生活SO_2排放量	吨	22943
集中式治理设施（不含污水处理厂）SO_2排放量	吨	9
氮氧化物排放量	吨	96119
其中：工业氮氧化物排放量	吨	23412
城镇生活氮氧化物排放量	吨	11652
机动车氮氧化物排放量	吨	61013
集中式治理设施（不含污水处理厂）氮氧化物排放量	吨	42

续表

指标名称	计量单位	2016年
烟（粉）尘排放量	吨	34535
其中：工业烟（粉）尘排放量	吨	7874
城镇生活烟尘排放量	吨	24630
机动车烟尘排放量	吨	2026
集中式治理设施（不含污水处理厂）烟尘排放量	吨	6
三、固体废物	—	
一般工业固体废物产生量	万吨	629
一般工业固体废物综合利用量	万吨	543
其中：综合利用往年贮存量	万吨	1
一般工业固体废物处置量	万吨	87
其中：处置往年贮存量	万吨	0
一般工业固体废物贮存量	万吨	0
一般工业固体废物倾倒丢弃量	万吨	0
危险废物产生量	吨	178324
危险废物综合利用量	吨	82808
其中：综合利用往年贮存量	吨	22
危险废物处置量	吨	94076
其中：处置往年贮存量	吨	53
危险废物贮存量	吨	1515
危险废物倾倒丢弃量	吨	0

市人大城建环保委员会工作

环保立法　　监督环保工作　　代表的环保议案与建议

【综述】 2016年，市人大城建环保委员会在市人大及其常委会的领导下，以习近平总书记系列重要讲话精神为指导，坚持从首都城市战略定位出发，按照疏解非首都功能、治理“大城市病”、推动京津冀协同发展的要求，以建设国际一流的和谐宜居之都为目标，依法履行立法监督等各项职能，进一步提高立法质量，增强监督实效，为促进首都环境质量的持续改善提供了坚实保障。

环保立法

【开展《北京市危险废物污染环境防治条例》立项论证】 针对本市危险废物处置行业定位不清、生活垃圾焚烧飞灰处置能力不足、实验室废液和废矿物油等非工业源危险废物缺乏有效监管、危险废物特性鉴别制度不健全、对危废企业监管效率不高等问题，围绕危险废物产生、运输、处置等各环节，城建环保委员会多次组织委员代表前往工业企业、实验室、医院和危险废物处理厂进行实地调研，征求相关企事业单位、专家学者和人大代表的意见。2016年12月，市人大常委会主任会议研究讨论了关于制定《北京市危险废物污染环境防治条例》的立项论证报告，决定同意立项。此项法规将从保障首都城市环境安全和保障人民身体健康的高度出发，对当前危险废物污染防治的重点难点问题提出解决思路，通过对危险废物实施全过程规范化监管和分类分级管理等方式，全面提升危险废物污染防治水平，有效控制危险废物的环境风险，保护和改善人民群众的生活环境与生态环境。结合论证工作，完成市级重点调研课题《北京市危险废物污染防治地方立法问题研究》。计划于2017年进行《北京市危险废物污染环境防治条例》调研起草工作，2018年提请常委会进行审议。

监督环保工作

【审议市政府关于本市环境状况和环境保护目标完成情况的报告】 2015年1月1日起实施的《中华人民共和国环境保护法》第二十七条规定：“县级以上人民政府应当每年向本级人民代表大会或者人民代表大会常务委员会报告环境状况和环境保护目标完成情况，对发生的重大环境事件应当及时向本级人民代表大会常务委员会报告，依法接受监督。”在常委会连续数年开展大气和水污染防治立法、监督、议案督办等工作的基础上，落实《中华人民共和国环境保护法》关于环境报告制度的要求，2016年12月29日，市十四届人大常委会第三十二次会议听取和审议了市政府关于2015年和2016年上半年本市环境状况和环境保护目标完成情况的报告，依法对环境保护工作进行持续监督。

【开展《中华人民共和国环境保护法》执法检查】 接到全国人大常委会关于委托检查《中华人民共和国环境保护法》贯彻实施情况的通知后，市人大常委会高度重视，制定检查《中华人民共和国环境保护法》贯彻实施情况的工作方案，成立由市人大常委会副主任牛有成任组长，部分市人大常委会组成人员、市人大城建环保委员会委员和市人大代表参加的执法检查组。召开由市政府相关部门参加的工作沟通会，通报全国人大常委会有关通知精神，要求市政府围绕检查重点进行自查，并提交自查报告。6月，执法检查组结合市人大常委会“大力推进公共治理，科学防治大气污染”“加快管网建设，解决污水直排问题”两项议案督办工作，就机动车污染排放监管、农村散煤治理和燃煤锅炉改造、施工扬尘污染防治、管网建设规划以及重点区域污水治理等专题，赴东城、朝阳、丰台、大兴、通州、昌平、怀柔等区进行了实地检查和调研，听取了市政府相关部门贯彻落实法律法规情况的汇报。7月28日，市人大常委会第八十九次主任会议对《北京市人大常委会关于检查〈中华人民共和国环境保护法〉贯彻实施情况的报告》进行了研究讨论，建议进一步强化环保执法，提高污水治理水平，巩固提升大气污染治理成效，推进土壤污染防治工作，完善排污许可证管理。

【参加“贯彻绿色发展理念，深入推进实施环境保护法”座谈会】 4月7日至8日，市人大城建环保委员会主任委员郭普金参加全国人大环资委召开的“贯彻绿色发展理念，深入推进实施环境保护法”座谈会，并作题为“贯彻落实新环境保护法，提高首都绿色发展水平”的发言，介绍了北京市生态环境建设情况以及北京市人大常委会在大气污染防治、水污染防治和垃圾处理方面的工作经验和成效。

【协助全国人大环资委调研永定河流域生态环境保护治理情况】 9月26日下午，全国人大环资委副主任委员王云龙带领调研组赴永定河园博湖和官厅水库调研永定河治理思路、“五湖一线”建设成果及官厅水库保护和治理情况，听取了市水务局、市环保局关于加快推动永定河综合治理与生态修复工作、永定河流域水环境保护和治理情况的专题汇报，提出三点要求，一要进一步提高认识，把思想认识统一到习近平总书记有关生态环境保护的讲话精神上来，统一到首都的城市功能定位上来；二要增强保护治理工作的科学性、系统性，从更大范围上来考虑永定河流域的生态环境保护治理；三要加强组织领导和经费保障，明确治理责任和工作机制，统筹推动保护治理工作开展。

代表的环保议案与建议

【开展“大力推进公共治理，科学防治大气污染”议案办理】 2016年1月，市十四届人大四次会议上，房山区代表团、大兴区代表团和187人次代表联名提出11件议案，经大会主席团讨论决定合并为“大力推进公共治理，科学防治大气污染”议案，交由市政府办理。为协助常委会听取和审议市政府关于“大力推进公共治理，科学防治大气污染”议案办理情况的报告，从3月开始，按照常委会主任会议通过的议案办理工作方案，由市人大常委会副主任牛有成牵头，城建环保委员会先后组织部分市人大常委会委员、城建环保委员会委员和议案领衔代表，围绕机动车污染排放防治、农村散煤清洁能源替代、城镇地区燃煤锅炉改造、施工扬尘污染防治等进行了实地调研和专题座谈。7月26日，城建环保委员会召开第二十三次（扩大）会议，听取和审议了市政府关于“大力推进公共治理，科学防治大气污染”议案办理情况的报告。9月13日，市十四届人大常委会第二十九次会议审议了市政府《关于“大力推进公共治理，科学防治大气污染”议案办理情况的报告》，建议市政府大力推进农村和城乡结合部地区减煤换煤工作，提高油品质量，加大高排放和高强度运行车辆污染排放治理力度，加强高排放车辆污染治理和外埠进京车辆管理，进一步加强工业企业排污总量控制，强化扬尘污染监管治理，完善空气重污染应急预案实施与响应机制，坚持推进大气污染防治公共治理。

【办理政协提案1件，督办代表建议25件】 城建环保办公室坚持和完善综合分析、会议沟通、调研走访、统筹督办等工作制度，将建议办理工作与立法监督工作有机结合，完成代表建议和政协提案办理工作，得到了满意答复。其中，涉及大气污染防治的建议共14件，内容包括：加强预警监测，完善预警应急机制；加大信息公开力度，保障市民知情权与监督权；加强管控整治，严格污染物排放监管；深入研究雾霾形成机理与危害，完善污染物排放标准等。涉及水污染防治的建议共4件，内容包括：加快推进京津冀区域河流污染治理，建立公共流域协调工作机制；突出抓好水资源管理，严格控制企业向水体排放污染物等。涉及土壤污染防治的建议共2件，内容包括：尽快全面摸清本市土壤污染分布状况；完善监测手段，对涉及重金属等污染物的企业周围的土壤进行周期性监测；对重金属含量等超标的企业进行罚款、限期整治和疏解等处理等。涉及噪声污染防治的建议共4件，内容包括：适当提高地铁防噪标准，优化降噪技术；研究禁止在公园、广场、街道等公共场所以娱乐、推销为目的使用有源扩音器；对重点路段加装隔音设施等。

（白思敏）

市政协城建环保委员会工作

环保提案　环保专题调研与考察　环境议题协商　反映环保社情民意

【综述】2016年，城建环保委在市政协常委会和主席会议领导下，深入学习贯彻中共十八届三中、四中、五中、六中全会和习近平总书记系列重要讲话精神，按照市委全会精神和市政协年度工作部署，充分发挥委员的主体作用和专委会的基础作用，认真履行政治协商、民主监督和参政议政职能，开展各类活动78次，形成调研报告（或意见建议）共10份；编写《政协信息》49篇；报送《诤友》社情民意信息29篇，报送数量和被采纳率都有较大突破，被市委、市政府采用36件次，其中《完善体制机制　推进城市管理改革》等多篇得到了郭金龙书记等市领导的批示。委员参加活动人数为1769人次。

环保提案

【概况】2016年，市政协关于环境保护方面的提案共有49件。其中，关于大气污染防治的提案34件，关于噪声污染方面的提案5件，关于生态环境保护方面的提案4件，政策及其他方面的提案6件。城建环保委员会在政协十二届四次全会上提交了"关于加强本市大气污染防治工作的提案"专委会提案，得到了市环保局等部门的认真答复和办理，提案中的部分内容和建议得到政府相关部门的采纳，促进了相关工作的开展。将"关于取缔北京周边农村燃煤，减少构成雾霾环境污染源"作为主席重点督办提案，市政协城建环保委员会部分委员赴房山区视察了"热水型""热风型"热泵安装使用情况。将"关于加强本市电动（燃油）自行车和三轮车管理"的提案确定为委员会重点督办提案，召开重点提案办理协商座谈会，邀请相关部门通报办理情况并座谈。

环保专题调研与考察

【概况】城市管理民主监督组就"城市副中心污水处理设施建设和水环境治理"和"中心城区市容环境综合治理"等两个议题开展专项监督活动。先后组织委员走访、听取情况通报、视察、研讨、征求党派意见建议、考察学习兄弟省市的经验做法等活动，形成了两份专项监督报告。《关于北京城市副中心污水处理和水环境治理专项监督报告》首次提出了以"用户接管率"作为副中心污水治理的重要考核标准，并全面实行"河长制"。《关于本市环境整治工作的专项监督报告》提出：要继续深化城市管理体制改革，坚持规划先行与建管并重相结合。监督组还组织委员视察门头沟区、延庆区、密云区防汛及水生态环境建设情况。赴台湾省就农村生活污水问题开展考察。围绕"本市湿地生态环境保护与修复工作情况"开展对口协商。视察本市重大项目丰台区槐房再生水厂建设运营情况。

【围绕加强城市管理优化提升首都核心功能开展调研协商】 为进一步落实中央城市工作会议精神，市政协将“加强城市管理优化提升　首都核心功能”作为议政性常委会的重点协商议题，在市委十一届十次全会召开前，与市委、市政府同步开展专题调研。会同相关部门、各民主党派、区政协等单位，共组织各类活动30余次，参加人数650人次。形成了《关于加强城市管理优化　提升首都核心功能的调研报告》，提出了“划定城市增长边界和生态功能红线，严守规划底线”“优化城市功能布局，调整城市空间结构”和“建立健全生态环境共建共享机制”等6个方面28条意见建议。同时还形成了《关于加强城市管理优化提升首都核心功能的意见建议》，以市政协党组名义上报市委，得到了市领导的高度重视，为市委、市政府研究做好城市工作提供了参考。

【围绕高水平规划建设北京城市副中心开展专题协商】 吉林主席带队赴通州开展视察活动；赵文芝副主席、周毓秋秘书长召集相关负责人专题研究调研工作，并成立联合调研组，先后赴市规划委、通州区进行视察座谈，分别就规划建设、产业布局、公共服务等问题，组织调研。通过议政性主席会议开展专题协商，形成了《关于围绕高水平规划建设北京城市副中心的意见建议》。提出的“重视规划留白，应对城市发展的不确定性”“突出绿色低碳，建设宜居舒适新通州”“着眼千年大计，提升副中心防洪排涝安全系数”“传承运河文化，善用水系融合通州文化元素”等意见建议，为城市副中心规划建设提供决策参考。

环保议题协商

【《北京市空气重污染应急预案（2016年修订）》协商】 2016年，组织全体委员参与《北京市空气重污染应急预案（2016年修订）（征求意见稿）》《北京市降低机动车使用强度办法（草案）》等意见征询活动。会同市发展改革委组织召开了城市管理和生态文明建设专题座谈会。

反映环保社情民意

【概况】 撰写《诤友》，将委员、专家的意见建议报送市委、市政府供决策参考。其中《构建立体多元的交通运营体系　推进城市精细化管理》建议，“大力发展电混汽车，还建自行车道，减少机非混行，在非机动车道两侧栽植绿植，避免骑车人呼吸到过多的汽车尾气”，得到市长王安顺批示：“请发改、规委、交通委阅研”。《政协委员对“一张蓝图”的几点建议》提出“结合京津冀三地开展的生态空间规划，统筹划定区域生态保护红线，对各类生态分区，制定区域生态共治规则，确保贯通与区域生态空间联通的重要区域生态廊道”。《牢固树立生态价值观，建设海绵城市》建议，“尽快编制海绵城市建设规划和行动方案，完善相关标准，统筹规划、建设、管理三大环节”。此外，还撰写了《力推绿色低碳　打造和谐宜居通州》《关于推进“煤改气”工作的若干建议》《人大代表、政协委员建言首都城市管理与生态文明建设》等意见建议，部分被《昨日市情》等市级内部刊物采用。

（李倩）

综合政务

建议与提案办理 | 信息公开 | 绩效管理 | 政务信息 | 市环保工作会议 | 调查研究 | 污染投诉举报和信访 | 北京市环境信息中心

建议与提案办理

【概况】 2016年，共办理各类人大代表建议和政协提案121件。其中，全国“两会”会上政协提案2件，市“两会”会上人大议案1件，市“两会”会上建议提案117件（市政协党派提案4件、市政协界别提案1件、市政协专委会提案2件、人大代表建议和政协委员提案110件），市政协会下提案1件，均按时限办结。在市政府组织的绩效考核中，建议提案办理工作专项取得满分。第0835号和第0864号提案的办理被2016年北京市政协十二届四次会议评为优秀。主要做法：1. 领导重视。局党组书记、局长陈添专题研究建议提案办理工作。主管副局长姚辉组织召开局内工作交办会，协调解决重点问题，指导具体工作。2. 规范办理。印发《关于办理2016年市“两会”建议提案工作的通知》（京环办〔2016〕34号），组织业务培训，明确工作要求。3. 认真审核督办。一方面按照《政府信息公开条例》要求，严格对答复意见进行保密审核和公开属性审核，保障公开工作稳妥可靠；另一方面建立督察督办机制，按进度印发《督查工作通报》，促进建议提案办理工作。

【人大议案办理】 2016年，牵头负责“大力推进公共治理，科学防治大气污染”议案的办理工作。成立了以张工同志为组长的议案办理工作协调小组，市环保局会同各会办单位制定了议案办理工作方案，明确了具体任务分工和办理时间节点，同时积极配合市人大开展现场调研和座谈，形成议案办理报告，经第126次市政府常务会议审议通过后，于9月13日获市人大常委会第二十九次会议审议通过。

【吸纳代表委员建议】 2016年，将表委员关心的区域联防联控、大气污染治理、噪声监管、固体危险废物管理和加强环境监测能力、推进水和生态建设工作等内容列入局2016年工作要点。如：在办理市人大第0404号“关于空气重污染情况下分区统一停课和复课的建议”、第0437号“关于雾霾天气机动车限号的建议”和市政协第0344号“关于规范和完善雾霾天气下预警机制的提案”、第0592号“关于修改《北京市空气重污染应急预案》的提案”等建议提案时，承办单位根据实际情况，采纳其中的可行性意见，对修订《北京市空气重污染应急预案》工作起到重要作用；在承办第0267号“关于进一步加强北京首都环境总体规划制定工作的建议”、第2102号“关于进一步加强首都环境综合治理的议案”时，正值新的环保工作规划修订完善时期，认真研究吸纳代表意见，并纳入本市“十三五”时期环境保护和生态建设规划；在承办第0956号“关于进一步深化京津冀生态合作的建议”、第0759号“关于《京津冀协同进行散煤清洁化替代》的提案”和第0864号“关于京津冀一体化背景下强化北京市生态环境保护的提案”时，承办单位经认真研究，将部分可行性建议列入京津冀协同环境治理年度计划中，先后印发《关于印发京津冀及周边地区船舶与港口大气污染物排放协同治理工作方案的通知》《京津冀及周边地区大气污染防治协作小组办公室关于加强区域燃煤污染联动执法的通知》《关于印发京津冀及周边地区落实〈水污染防治行动计划〉2016—2017 年实施方案的通知》等重要文件，有力推动了京津冀及周边地区环保工作协同发展。

（刘彤）

【2016 年承办市两会议案、建议和提案目录】

序号	类别	标　题	承办单位
1	市人大代表建议	关于通过金融信贷促进北京环保产业发展的建议	主办：市金融局 会办：市财政局、市环保局、市人力社保局
2	市人大代表建议	关于餐饮业日常环保投入应给予财政补贴的建议	主办：市环保局 会办：市财政局
3	市人大代表建议	关于北京市利用群众基础，强化控霾工作网格化管理的建议	主办：市城管执法局 会办：市环保局
4	市人大代表建议	关于在昌平线城铁北农幼儿园段加装隔噪音护栏的建议	主办：市交通委 会办：市环保局
5	市人大代表建议	关于治理骑墙、骑窗烧烤问题的建议	主办：市环保局 会办：市城管执法局
6	市人大代表建议	关于建立全市以健康风险管理为主的大气环境监管体系建议	主办：市环保局 会办：市发展改革委、市交通委、市经济信息化委（市国防科工办）
7	市人大代表建议	关于在地铁建设中注意降低噪音的建议	主办：市环保局 会办：市交通委、市重大项目办
8	市人大代表建议	关于生物医药基地东配套区京开高速噪音问题	主办：市住房城乡建设委（市政府房改办） 会办：市环保局、市交通委
9	市人大代表建议	关于进一步加强北京首都环境总体规划制定工作的建议	主办：市环保局 会办：市发展改革委、市规划委（首规委办）
10	市人大代表建议	关于加快北京日化二厂等高污染、高耗能、高耗水企业迁址的建议	主办：市经济信息化委（市国防科工办） 会办：市国资委、市环保局、通州区政府
11	市人大代表建议	关于对平房区居民（商户）使用小煤炉进行集中整治的建议	主办：市环保局 会办：市质监局、市城管执法局、市农委
12	市人大代表建议	农村“换煤”逆向反弹，太不应该	主办：市农委 会办：市质监局、市工商局、市环保局、市城管执法局、海淀区政府
13	市人大代表建议	关于中、小学增设环保教育课的建议	主办：市教委 会办：市环保局
14	市人大代表建议	关于全面实施垃圾分类的建议	主办：市市政市容委 会办：市财政局、市政府法制办、市环保局
15	市人大代表建议	关于空气重污染情况下分区统一停课和复课的建议	主办：市教委 会办：市环保局

续表

序号	类别	标　题	承办单位
16	市人大代表建议	关于雾霾天气机动车限号的建议	主办：市环保局 会办：市交通委
17	市人大代表建议	加强霾污染“顽疾”的治理，提高预报预警的准确性	主办：市环保局 会办：市农委、海淀区政府、市经济信息化委（市国防科工办）
18	市人大代表建议	建议北京市采取有效措施，严格控制企业向水体和土壤的污染物排放	主办：市环保局 会办：市质监局
19	市人大代表建议	关于加大查处北五环至六环地带非法焚烧致空气污染行为的建议	主办：市城管执法局 会办：市环保局、市市政市容委
20	市人大代表建议	关于加大应对雾霾措施，建设绿色校园环境的建议	主办：市教委 会办：市环保局、市卫生计生委
21	市人大代表建议	关于北京市低碳交通发展的对策建议	主办：市交通委 会办：市发展改革委、市科委、市环保局
22	市人大代表建议	关于切实做好垃圾分类处理的建议	主办：市市政市容委 会办：市环保局
23	市人大代表建议	做好大气污染预报适时实行限行单双号研究北京市大专院校及建筑业假期调整	参考单位：市环保局、市交通委、市住城乡建设委（市政府房改办）、市教委
24	市人大代表建议	关于大力推进北运河流域实施“五水共治”的建议	主办：市水务局 会办：市财政局、市发展改革委、市环保局
25	市人大代表建议	关于将延庆城区、世园会、冬奥会举办地周边地区纳入无煤区范围的建议	主办：市环保局 会办：市农委、延庆区政府、市发展改革委
26	市人大代表建议	关于治理大气污染　降低 $PM_{2.5}$ 浓度的政策建议	主办：市环保局 会办：市农委、市发展改革委、市住房城乡建设委（市政府房改办）、市公安局、市交通委、市经济信息化委（市国防科工办）
27	市人大代表建议	建议禁止在公园、广场、街道等公共场所以娱乐、推销为目的使用有源扩音器	主办：市环保局 会办：市公安局
28	市人大代表建议	关于治理大气污染的建议	主办：市环保局 会办：市发展改革委、市交通委、市经济信息化委（市国防科工办）
29	市人大代表建议	关于消除蒲黄榆二里3、6、8号楼多年被二环路车辆噪音干扰的建议	主办：市住房城乡建设委（市政府房改办） 会办：市环保局、市交通委
30	市人大代表建议	关于北京市切实落实“减煤换煤、清洁空气”行动的建议	主办：市农委 会办：市财政局、市工商局、市交通委、市城管执法局、市公安局、市环保局、市质监局

续表

序号	类别	标　题	承办单位
31	市人大代表建议	关于延长晓月苑南侧五环路隔音墙减少噪音扰民的建议	主办：市住房城乡建设委（市政府房改办） 会办：市环保局、市交通委
32	市人大代表建议	关于解决万泉河路万泉庄桥至稻香园桥路段交通噪声扰民问题的建议	主办：市交通委 会办：市环保局、市住房城乡建设委（市政府房改办）
33	市人大代表建议	关于为我市机动车强制安装排气净化器的建议	主办：市环保局 会办：市财政局、市交通委
34	市人大代表建议	关于在我市公共场所安装新风系统的建议	单办：市环保局
35	市人大代表建议	关于解决阜石路石景山金三区金五区段噪音严重污染问题的建议	主办：市环保局 会办：市交通委
36	市人大代表建议	关于解决莲石东路莲石桥段噪音严重污染问题的建议	主办：市住房城乡建设委（市政府房改办） 会办：市环保局、市交通委
37	市人大代表建议	制定综合措施，防止应对多源污染的建议	单办：市环保局
38	市人大代表建议	关于整治露天烧烤等大气污染问题，市政府应在执行层面出台配套措施的建议	主办：市城管执法局 会办：市环保局、市食品药品监管局
39	市人大代表建议	关于在道路上抽查车辆尾气的建议	主办：市环保局 会办：市公安局
40	市人大代表建议	关于为地铁 5 号线（亚运新新公馆段）加装全封闭式声屏障的建议	主办：市交通委 会办：市环保局
41	市人大代表建议	关于在北京建立雾霾实验中心的建议	主办：市环保局 会办：市科委
42	市人大代表建议	关于进一步深化京津冀生态合作的建议	主办：市环保局 会办：市发展改革委
43	市人大代表建议	关于发展乡村旅游应避免对农村生态环境造成破坏的建议	主办：市旅游委 会办：市农委、市环保局、市水务局
44	市人大代表建议	关于为和平街樱花东路乙 2 号院中日医院专家楼设立隔音装置的建议	主办：市环保局 会办：市交通委
45	市人大代表建议	关于北京市检察机关启动公益诉讼的建议	主办：市检察院 会办：市国资委、市环保局、市政府法制办、市食品药品监管局
46	市人大代表建议	关于尽快落实解决地铁 8 号线噪音扰民问题的建议	主办：市交通委 会办：市环保局
47	市人大代表建议	关于北京市检察机关尽快启动公益诉讼的建议	主办：市检察院 会办：市国资委、市环保局、市食品药品监管局

续表

序号	类别	标　题	承办单位
48	市人大代表建议	有关统一机动车尾气排放检测措施的建议	主办：市环保局 会办：市公安局
49	市人大代表建议	关于加快推进京津冀区域河流污染治理　提高三地公共河流环境保护水平的议案	主办：市环保局 会办：市水务局、市发展改革委
50	市人大代表建议	关于设立京津冀生态环保基金的议案	主办：市发展改革委 会办：市财政局、市环保局
51	市人大代表建议	关于进一步加强首都环境综合治理的议案	单办：市环保局
52	市人大代表建议	关于大力推进生态文明建设提高环境质量的议案	主办：市发展改革委 会办：市园林绿化局（首都绿化办）、市规划委（首规委办）、市国土局、市环保局
53	市人大议案	大力推进公共治理，科学防治大气污染	主办：市环保局 会办：市委宣传部、市发改委等15部门
54	市政协提案	关于应对雾霾天气而采用弹性安排细分预警应对机制的提案	主办：市环保局 会办：市财政局、市教委
55	市政协提案	关于开拓北京地下公路网缓解地上交通，同时集中处理尾气减少雾霾的提案	主办：市交通委 会办：市规划委、市环保局
56	市政协提案	关于“十三五”推动公众依法有序参与环保公共事务的提案	主办：市环保局 会办：市委宣传部
57	市政协提案	关于进一步加快推广电采暖实施电能替代，促进节能减排的提案	主办：市发展改革委 会办：市财政局、市环保局、市农委
58	市政协提案	关于加快推进新能源利用，根除北京市核心区“无煤化”改造的提案	主办：市发展改革委 会办：市环保局
59	市政协提案	关于“十三五”京津冀大气雾霾污染治理的提案	主办：市环保局 会办：市发展改革委、市经济信息化委、市交通委、市规划委
60	市政协提案	关于建立基于健康风险管理的大气环境监管体系的提案	主办：市环保局 会办：市经济信息化委、市交通委、市科委
61	市政协提案	关于实施禁微排放，共享绿色发展的提案	主办：市环保局 会办：市发展改革委
62	市政协提案	关于增设空气重污染准红色预警等级的提案	单办：市环保局
63	市政协提案	关于加快相关行政审批速度、抓住机遇，促进国家蜜蜂基因库项目落地北京的提案	主办：市规划委 会办：市环保局

续表

序号	类别	标　题	承办单位
64	市政协提案	关于立即启动为北京市公立中小学安装空气净化系统，呵护青少年健康成长的提案	主办：市教委 会办：市财政局、市质监局、市环保局
65	市政协提案	关于重视中小医疗机构医疗垃圾清运管理工作的提案	主办：市环保局 会办：市卫生计生委
66	市政协提案	关于树立“治理雾霾、人人有责”观念的提案	主办：市环保局 会办：市经济信息化委、市交通委、市教委、市委宣传部
67	市政协提案	关于科学认识、积极预防、正确宣传雾霾致病的提案	主办：市卫生计生委 会办：市环保局、市委宣传部
68	市政协提案	关于北京市“十三五”节能减排环境改善的提案	主办：市发展改革委 会办：市财政局、市环保局
69	市政协提案	关于规范和完善雾霾天气下预警机制的提案	主办：市教委 会办：市环保局
70	市政协提案	关于降低城铁13号线西直门至学院南路段沿线东侧噪音的提案	主办：市交通委 会办：市环保局
71	市政协提案	关于在北京市开展能源结构大转型防治散煤大气污染的提案	主办：市发展改革委 会办：市农委、市环保局、市住房城乡建设委
72	市政协提案	关于治理北京雾霾的提案	主办：市环保局 会办：市质监局、市交通委、市住房城乡建设委
73	市政协提案	关于促进北京绿色环保产业发展的提案	主办：市发展改革委 会办：市财政局、市环保局、市科委
74	市政协提案	关于推广预拌砂浆，遏制家装粉尘污染的提案	主办：市住房城乡建设委 会办：市环保局、市公安局
75	市政协提案	关于加快农村冬季采暖无煤化，改善城乡空气质量，建设美丽乡村的提案	主办：市农委 会办：市财政局、市发展改革委、市环保局
76	市政协提案	关于重点治理大气中 $PM_{2.5}$ 的提案	主办：市环保局 会办：市发展改革委、市住房城乡建设委、市公安局
77	市政协提案	关于在居民小区设立电子垃圾箱的提案	主办：市商务委 会办：市经济信息化委、市环保局
78	市政协提案	关于加强北京“雾霾”治理——领导下大决心，配套政策需跟上的提案	主办：市环保局 会办：市质监局、市住房城乡建设委、市发展改革委
79	市政协提案	关于解决北京市海淀区智学苑噪音问题的提案	主办：市交通委 会办：市环保局

续表

序号	类别	标题	承办单位
80	市政协提案	关于修改《北京市空气重污染应急预案》的提案	单办：市环保局
81	市政协提案	关于征收汽车环境污染费的提案	主办：市环保局 会办：市财政局
82	市政协提案	关于整合、分析相关数据，提升北京市空气质量管控水平的提案	主办：市环保局 会办：市经济信息化委、市公安局
83	市政协提案	关于供暖季大气污染综合治理措施的提案	主办：市环保局 会办：市农委、市交通委、市公安局
84	市政协提案	关于进一步完善北京再生资源回收体系的提案	主办：市商务委 会办：市发展改革委、市环保局、市市政市容委
85	市政协提案	关于加强北京市生活垃圾分类、收集与处理的提案	主办：市市政市容委 会办：市农委、市发展改革委、市环保局
86	市政协提案	关于加强北京市生活垃圾填埋场地下水污染监管的提案	主办：市市政市容委 会办：市环保局
87	市政协提案	关于解决京平高速夏各庄路段噪音扰民问题的提案	主办：市住房城乡建设委 会办：市环保局、市交通委
88	市政协提案	关于北京治霾，人人有责的提案	主办：市民政局 会办：市财政局、市发展改革委、市环保局
89	市政协提案	关于应用“煤改谷电”技术有效控制大气污染的提案	主办：市发展改革委 会办：市环保局
90	市政协提案	关于新闻媒体应谨慎报道雾霾成因的提案	主办：市委宣传部 会办：市环保局
91	市政协提案	关于治理居民小区周边道路噪音污染的提案	单办：市环保局
92	市政协提案	关于《京津冀协同进行散煤清洁化替代》的提案	主办：市发展改革委 会办：市财政局、市环保局、市科委
93	市政协提案	关于建立京津冀一体化废铅酸蓄电池回收处理体系的提案	主办：市环保局 会办：市商务委
94	市政协提案	关于继续健全雾霾治理机制，打造绿色宜居之都的提案	主办：市环保局 会办：市财政局、市交通委、市科委
95	市政协提案	关于动员全社会参与雾霾治理的提案	主办：市环保局 会办：市发展改革委、市经济信息化委
96	市政协提案	关于加强洗车污水污泥排放管理的提案	主办：市水务局 会办：市工商局、市环保局、市城管执法局
97	市政协提案	关于京津冀一体化背景下强化北京市生态环境保护的提案	主办：市环保局 会办：市农委、市水务局、市发展改革委、市经济信息化委

续表

序号	类别	标　题	承办单位
98	市政协提案	关于空气污染治理问题的提案	主办：市环保局 会办：市园林绿化局、市经济信息化委、市交通委、市工商局
99	市政协提案	关于实施土壤治理，建设绿色土地的提案	主办：市环保局 会办：市国土局
100	市政协提案	关于电动汽车锂电池废弃处理污染防治的提案	主办：市科委 会办：市财政局、市商务委、市环保局
101	市政协提案	关于加强北京高安屯垃圾处理场监管的提案	主办：市市政市容委 会办：市环保局、朝阳区政府
102	市政协提案	关于公布北京市空气污染预警期间限停产企业名单，提高公众参与监督的提案	主办：市环保局 会办：市经济信息化委
103	市政协提案	关于改善中小学周边环境的提案	主办：市公安局 会办：市环保局、市民政局
104	市政协提案	关于治理家庭装修噪音污染的提案	主办：市住房城乡建设委 会办：市环保局
105	市政协提案	关于尽快修订北京空气重污染应急预案　灵活启动预警机制的提案	主办：市环保局 会办：市教委
106	市政协提案	关于完善与加强严重雾霾天气应急措施的提案	主办：市环保局 会办：市交通委、市教委、市公安局
107	市政协提案	关于因地制宜，加强农村煤改清洁能源的提案	主办：市农委 会办：市财政局、市发展改革委、市环保局
108	市政协提案	关于按照“建设国际一流的和谐宜居之都”高标准，采取更严措施，打好防治尘霾攻坚战的提案	主办：市环保局 会办：市园林绿化局、市城管执法局
109	市政协提案	关于运用空气净化系统改善生态环境的提案	主办：市环保局 会办：市科委
110	市政协提案	关于开展“惜食北京运动”，倡导低碳生活绿色环保的提案	主办：首都精神文明办公室 会办：市环保局
111	市政协提案	关于规范管理居民区高音喇叭使用的提案	主办：市公安局 会办：市环保局、市教委
112	市政协界别提案	关于试点并推广村镇非管网燃气方案，全面解决北京郊区及农村压减燃煤的提案（侨联界）	主办：市农委 会办：市财政局、市发展改革委、市环保局
113	市政协专委会提案	关于加快推进京津冀生态环境保护的提案（市政协城建环保委员会）	主办：市环保局 会办：市水务局、市发展改革委、市园林绿化局、市经济信息化委、市规划委
114	市政协专委会提案	关于加强本市大气污染防治工作的提案（市政协城建环保委员会）	主办：市环保局 会办：市发展改革委、市交通委、市科委、市城管执法局、市委宣传部

续表

序号	类别	标题	承办单位
115	全国政协提案	关于京津冀共同划定生态红线的提案	主办：市规划委 会办：市发展改革委、市环保局
116	全国政协提案	关于构建生态服务型经济体系　推动京津冀协同发展的提案	主办：市发展改革委 会办：市环保局、市科委、市农委
117	市政协党派提案	关于加强北京市大气污染防治行政执法及其监督工作的提案（民建北京市委员会）	主办：市检察院 会办：市环保局、市政府法制办
118	市政协党派提案	关于构建京津冀固体废物协同处置和循环利用产业体系的提案（台盟北京市委员会）	主办：市市政市容委 会办：市财政局、市发展改革委、市商务委、市环保局
119	市政协党派提案	关于构建生态服务型经济体系，推动京津冀生态环境协同发展的提案（民盟北京市委员会）	主办：市发展改革委 会办：市科委、市农委、市园林绿化局、市环保局、市政府法制办
120	市政协党派提案	关于划定生态保护红线，保障北京市可持续生态供给的提案（致公党北京市委员会）	主办：市规划委 会办：市发展改革委、市财政局、市国土局、市环保局
121	市政协党派提案（会下）	关于消除北京市雾霾的提案	主办：市环保局 会办：市发展改革委、市经济信息化委

（高志强）

信息公开

【概况】 2016年，认真贯彻落实《关于全面推进政务公开工作的意见》《政府信息公开条例》和国家、本市两级政务公开工作要点等一系列法规文件要求，结合本市环境保护实际工作，从加强组织领导、完善制度机制入手，全力推进环境信息和政务公开，全年共通过市环保局政务网站、专业网站组成的网站群主动公开政府环境信息16800余条，通过“环保北京”“京环之声”等微博发布环境信息9700余条，通过“京环之声”微信公众号发布微信1000余条。办理申请公开件194件。在市政府绩效考核中，市环保局政务公开工作专项取得满分。

【政务与信息公开制度建设】 1. 调整领导机构。成立市环保局政务与信息公开领导小组，局党组书记、局长陈添任组长，局党组成员、副局长姚辉任副组长，局机关各处室、直属各单位主要领导为成员，全面领导局系统政务公开工作。领导小组下设办公室，负责局系统政务公开日常工作。2. 完善工作制度。制定印发《北京市环境保护局2016年政务公开重点工作》（京环办发〔2016〕107号），修订印发《北京市环境保护局政府环境信息公开目录（2016—2017年版）》（京环办发〔2016〕133号），并协助市政府办公厅完成本市政务公开三级清单中的环境保护部分的编制工作。3. 开展和参加培训。7月组织信息公开专题讲座，9月组织全市环保系统政务公开业务培训，另有6名同志分别参加由市政府和环境保护部组织的政务公开业务培训。4. 加强监督考核。优化考核评价指标，实施信息和政务公开考核工作。

【环境信息和政务公开】 1. 完善职权信息公开。加强动态管理，梳理环境保护行政职权运行各环节对应的责任事项，对市环保局政务网站“职权信息”栏目结构进行调整，完成清单更新工作。2. 推进企业信用体系建设。发布2016年度本市重点排污单位名录，完善“北京市企业事业单位环境信息公开平台”，组织开展企业环境信息公开专项执法检查，推进企业信用体系建设。3. 推进政务服务公开，开展在线和一站式服务。在局政务网站和各事业单位网站同时发布公共服务事项目录和服务指南。政务网站在线服务功能建成一站式、全流程在线服务模式，网站公布的34项办事事项全部提供办事指南和表格下载服务。4. 大力推进政府环境信息主动公开。持续发布各类环境质量信息，做好空气重污染应急信息公开，推进环境监管和执法信息公开，检查指导并公开建设项目环评信息。全年共通过市环保局政务网站、专业网站组成的网站群主动公开政府环境信息16800余条，通过“环保北京”“京环之声”等微博发布环境信息9700余条，通过“京环之声”微信公众号发布微信1000余条。

【回应社会关切】 1. 拓宽渠道，着力打造公开平台。打造由政务网站和专业网站组成的政府网站群，增强政务互动效果；打造新媒体平台，开通“环保北京”“环境监测”“京环之声”微博和“京环之声”绿色环保官方微信；利用其他多种方式全力开展政务公开，形成多方位、多手段、多载体、多平台开展立体式公开工作格局。2. 多手段做好政策解读和预公开。7月15日，局长陈添在北京电视台参加《市民对话“一把手”》访谈节目；8月8日，局长陈添参加朝阳区政府常务会议，做“聚焦环境保护 推动绿色发展”专题讲座。全市环保工作重要政策在“首都之窗”和市环保局政务网站、政务微博及时对外发布。对公众影响较大的事项均进行了预公开，例如《固定污染源废气 甲烷/总烃/非甲烷总烃的测定 便携式氢火焰离子化检测器法》《车用汽油》《车用柴油》《汽车维修行业污染防治技术规范》等地方标准的制定，进行预公开，广泛征求意见，研究吸纳可行性建议。3. 及时开展互动和回应社会关切。印发《北京市环境保护局新闻发布制度》，建立新闻发言人、政务舆情收集回应制度和及时回应关切的工作机制。组织新闻发布活动61次、发布新闻稿件素材73篇、组织各区“清洁空气在行动”一把手专访14场、接待境内外媒体采访124次。

【依法办理依申请公开】 1. 发布“信息公开指南”和“依申请公开流程”，建立7×24小时依申请服务机制。2. 开发依申请公开办理系统，实现依申请公开办理全过程可控和规范化。3. 注重沟通协调，坚持会商和审查机制，提高依申请公开办理答复水平。全年接收和办理的194件政府环境信息公开申请，均已按《政府信息公开条例》《环境信息公开办法（试行）》和《北京市政府信息公开规定》的各项要求，在法定时限内妥善答复，年内未发生因环境信息公开工作引起的被举报和行政诉讼案件；有3件答复因申请人不服，向环境保护部提出行政复议，其中1件维持市环保局原答复行为、2件申请人撤回复议申请，行政复议终止。

（刘彤）

绩效管理

【概况】 2016年，按照市政府绩效办要求，加强日常专项考评中的过程管理和年终述职考评的闭环管理，在市政府组织的2016年度北京市级行政机关和区政府绩效考评中，等次为优秀，在市级行政机关中排第2名。2016年，市环保局承办市政府为民办实事任务2项，分别为“推进城乡结合部和农村地区‘煤改清洁能源’‘减煤换煤’行动”，实施400个村庄“煤改清洁能源”工程；持续开展送气下乡活动，保障农村地区液化石油气供应”和“全市淘汰20万辆高排放老旧机动车，进一步减少机动车排放污染”，均按时完成任务要求。2016年，市环保局承办市政府工作报告重点工作任务分工16项（共同主责13项、市政府各部门均为主责单位的任务3项），主要围绕农村散煤治理、高排放车治理、清退“小散乱污”企业、修订空气重污染预案、加强土壤污染防治与修复和区域联防联控等重点工作。各项任务均按时完成。

【日常专项考评】日常专项考评依托市级行政机关绩效考评体系进行，该体系主要包括2项个性指标（主要职责、重点工作）、4项共性指标（依法行政、工作创新、廉洁行政、政务服务）、5项扣分项（市领导批示办理、市政府重点工作协同配合、应急管理、预算绩效、绩效审计等）及3项加分项（成绩优异、受通报表彰或表扬等）。围绕共性指标和个性指标共确定38项绩效任务。其中依据市环保局“三定”职责和所承担的市委、市政府重点工作任务、行政审批、整改、政务信息、建议提案办理、市人大议案等个性指标，确定34项绩效任务。依据依法行政、工作创新、廉洁行政、政务服务等共性指标，确定4项绩效任务。

围绕绩效任务，明确责任分工，制定绩效任务落实预案，开展服务对象满意度调查等，强化过程管理。一是印发实施《2016年市级行政机关绩效考评体系、绩效任务分工及区政府绩效管理分工》（京环办〔2016〕99号）；二是制定2016年度绩效任务季度落实预案，并督促落实，按季度报送工作进展；三是协助安排现场查验工作，组织提供相关工作材料，配合完成绩效任务中期察访核验迎检工作。

【服务对象满意度调查】市绩效办委托第三方公司，围绕“服务水平”“重点工作”“整改效果”三个方面，收集了服务对象的评价及意见建议，经调查，市环保局服务对象整体满意度较好，得分高出全市平均值。

【年终述职考评】按照《2016年度市政府绩效管理年终考评工作安排》（京绩发〔2016〕5号）要求，一是对2016年绩效管理工作进行全面自查，形成2016年度政府绩效管理自查情况的报告（京环文〔2016〕116号）；二是围绕市政府重要实事、市政府折子工程、市领导批示、绩效任务、建议提案办理等完成情况，以主要做法、创新举措及成效等方面为切入点，形成了2016年度市环保局依法履职和廉政建设情况报告和汇报材料。

【上年度绩效问题整改】围绕《市环保局2015年度反馈报告》中提出的问题和建议，研提了8项整改措施，结合局中心工作，将进一步加大投资项目审批流程改革推进力度、加强考核反馈意见的针对性2项整改措施纳入2016年度绩效任务；其余6项作为局内绩效整改事项，纳入2016年度局折子工程。对8项整改事项实行按月督察的形式，确保高效完成。

（尹明锐）

政务信息

【概况】2016年，全市环保系统共报送政务信息4372条，编辑《北京环保信息》578期，向环境保护部、市委、市人大和市政府报送信息约370条，累计被上级部门采用信息544条次。市环保局被环境保护部评为“信息工作表现突出单位”、被市委评为“上报中央办公厅信息成绩突出单位”、被市政府评为“优秀信息工作单位”。

【信息考评】昌平区、海淀区、通州区、房山区、大兴区、顺义区环保局，市环保局机关大气处、监察总队、应急处、督查处、水环境管理处、机动车处、宣教处，局直属单位监测中心、宣传中心、投诉举报中心等被评为“全市环保系统2016年度政务信息管理先进单位”，杨枭等20名同志被评为“优秀信息工作者”，“通州区建成‘智慧环保’信息化系统”等54篇信息被评为“优秀信息”。市环保局还对各直属单位政务信息工作开展了年度绩效考评。

（高志强）

市环保工作会议

【2016年全市环保工作会议】 1月26日，市环保局组织召开2016年全市环保工作会议。会议传达了中央政治局常委、副总理张高丽1月4日在北京大气污染防治座谈会上的重要讲话精神及市委书记郭金龙有关指示精神、市长王安顺在第105次市政府常务会议上的讲话要求、2016年全国环境保护工作会议精神，研究分析当前形势，部署2016年6方面、21项全市环保工作任务。市环保局党组副书记、副局长方力主持会议，市环保局领导、各区环保局局长、局机关相关处室负责人共60人参加会议。

会议明确，2016年，全市环保工作要深入贯彻市委、市政府一系列决策部署，牢固树立和大力践行绿色发展理念，聚焦大气和水污染防治，以改善环境质量为核心目标，坚持治环境、抓减排、保安全、强监管、提能力，确保“十三五”时期的环境保护工作开好局、起好步。

【2016年第二次全市环保工作会议】 7月20日，市环保局在北京会议中心组织召开全市环保工作会议，市环保局党组书记、局长陈添主持会议，市环保局领导，各区环保局局长，局机关相关处室负责人共40人参加会议。

会议传达了相关会议精神，总结交流上半年环保工作，部署下半年工作任务。针对下半年工作，会议要求，全市环保工作要以改善环境质量为核心，全面落实国家大气、水和土壤污染防治行动计划，聚焦2017年本市$PM_{2.5}$浓度下降到60微克/米^{3}左右目标，进一步加大工作力度，不断强化改革创新，全面完成各项环保工作任务，以不断改善的环境质量推动国际一流的和谐宜居之都建设。

（高志强）

调查研究

【统筹安排全年调研工作】 2016年5月24日，市环保局办公室印发了《2016年全市环保系统调研课题计划》(京环办〔2016〕63号)，确定了57个调研课题，内容涵盖高排放车监管、城乡结合部污染治理、黑臭水体和劣V类水体污染治理等难点工作，以及生态文明建设和环境保护行政管理、污染源综合管理、环境安全监管、环境监测监管能力提升、环境保护经济政策和公共政策创新等重点工作；要求全市环保系统领导干部提高调查研究的思想自觉、行动自觉，将调查研究工作作为落实中央八项规定、践行“三严三实”、开展“两学一做”教育活动的有力“抓手”，细致、扎实地做好调查研究工作，高质量完成调研报告；强调要坚持以成果的应用来评价调查研究成效，加快调研成果的应用和转化，为推进新时期全市环保工作提供有力保障。

【重大课题调研】 2016年，确定10项市环保局局领导主持的重大调研课题，有关处室和直属单位选派人员参加，组成调研小组，集中资源、凝聚智慧，攻克难题。

【完善局领导基层调研联系点制度】 2016年，重新确定局领导基层联系点，每位局领导负责联系1~2个区县环保局，实现17个区环保局全覆盖；明确局内责任处室、各区县环保局负责调研对接工作的责任人及联系方式，便于统筹安排局领导调研活动。

【举办全市环保系统政策研究与调查研究工作培训会】 2016年9月19日，市环保局举办了全市环保系统政策研究与调查研究工作培训会，国家能源局、市发改委有关同志就电能替代、道路遗撒治理等政策的制定背景、过程、内容进行了介绍和解读；市委研究室原巡视员康庆强同志讲解了开展调查研究的意义、方法和调研报告撰写的注意事项。市环保监测中心、延庆区环保局就调研工作组织、优秀调研报告形成过程分享了经验。各区环保局分管领导和有关负责同志，市环保局机关各处室、直属各单位主要负责人和有关同志参加了培训。局领导周扬胜同志全程参加会议并提出工作要求。

【调研成果汇编】 2016年，汇总收集全市环保系统2015年度优秀调研成果共53篇，编印《2015年度市环保系统调研报告汇编》，并分发至全市环保系统各单位交流学习。

【调研成果评奖】 2016年，根据市委研究室、市人力社保局《关于开展第十二届北京市调研工作先进单位和优秀调研成果评选工作的通知》的要求，推荐《关于完善本市环保监管网络 提高基层环保监管能力的调查研究》等4篇调研报告参加2014—2015年度全市优秀调查研究成果的评选。局党组书记陈添同志主持、研究室承担的《关于完善本市环保监管网络 提高基层环保监管能力的调查研究》荣获优秀奖。该调研成果介绍了本市环保监管网络现状，客观分析了存在的问题，提出了完善本市环保监管网络、提高基层环保监管能力的政策建议，部分建议已纳入市政府有关文件或转化为实践。

【实地调研取得成效】 2016年，市环保局党政领导班子成员实地调研522次，合计382天。局领导周扬胜同志针对过境交通运输污染问题，带队实地赴天津港、唐山港、北京铁路局、呼和浩特铁路局、延庆进京交通检查站调研，形成《关于停止天津港等集港煤炭公路集港业务 削减京西北大货车排放污染的建议》调研报告，2017年1月9日，市环保局将调研报告报送环境保护部，其中关于煤炭运输“公转铁”的建议，作为京津冀及周边地区大气污染防治协调小组第八次会议议题部署，纳入《京津冀及周边地区2017年大气污染防治工作方案》。

（全昌明　金辉）

污染投诉举报和信访

【概况】 2016年，全市环保系统共受理环境污染投诉举报和信访事项45306件，同比减少了3773件，降幅8.3%。其中，大气污染占67.1%，同比减少了14.4%，主要反映工业废气、餐饮油烟、锅炉烟尘、机动车尾气、扬尘等；噪声污染占22.7%，主要反映社会生活噪声、工业噪声等；水污染占5.5%，主要反映远郊区工业企业污水直排等问题；固体废物、电磁辐射及其他污染占4.7%，主要反映医疗废物、工业废料违规处置以及高压输变电工程、移动通信设施电磁辐射等问题。全年受理事项均已按时办结，按时办结率100%；解答群众咨询10万余件，均及时妥善答复。

【有奖举报】 3月18日，印发《北京市环境保护局对举报环境违法行为实行奖励有关规定（暂行）》（京环发〔2016〕7号），根据举报人举报线索发现难易程度、对环境危害程度、举报人协查情况等给予举报人100~50000元奖励。开发有奖举报信息系统，制定《北京市环境保护局对举报环境违法行为实行奖励工作规则》（京环办〔2016〕25号），调整工作力量，积极开展有奖举报工作，办结有效举报线索367件，奖励50名市民，发放奖金12.63万元。

【法治信访】 5月13日制定并印发《北京市环境保护局关于依照法定途径分类处理信访问题的意见》(京环发〔2016〕9号)，主动公开《环保领域信访问题法定途径清单》，各类信访问题分类导入法定途径处理，引导群众按照法定途径解决信访问题。

【阳光信访】 为适应阳光信访和拓宽渠道的新要求，11月10日组织召开2016年网上环境信访工作业务培训会，市环保投诉举报中心于2016年11月成立网信科，拓展信访和投诉举报业务系统。对于上级部门交办的信访和投诉举报事项，借助上级网站主动公开办理结果；对于直接承办的经查证属实的重点案件，已在“12369”门户网站上主动公开。专人负责“12369”微信举报平台受理、转办、督办、反馈等工作，共受理群众诉求1001件，办理情况已全程公开。

【责任信访】 依据《北京市环境保护局信访办理考核办法》，对信访案件办理时限、办理质量、信息工作等进行严格考核并通报考核结果，每月对账，每季度通报。完善回访工作机制，明确专人按照一定比例对案件办理抽查回访，定期通报结果。各区环保局按期办结率、按时反馈率、群众满意率“三率”情况稳步提升。

【信访宣传】 5月5日组织以“信访法治在路上，网上信访更阳光”为主题的《信访条例》宣传月启动活动。先后接受北京电视台、《北京青年报》等多家媒体采访，其中实施有奖举报工作在中央电视台CCTV-13新闻频道《新闻直播间》报道；制作“北京：举报环境违法行为最高奖5万元”“12369北京环境信访宣传月启动”等专题宣传片，在北京电视台、公交媒体持续播出，环境信访工作有更多机会走进公众的视野，社会反响良好。

（孙立颖）

北京市环境信息中心

【统筹规划环境信息化建设】 2016年，完成《北京市“十三五”时期环境信息化建设规划》编制工作，通过专家评审。基本完成“大数据技术在污染源监管工作中的应用研究”“信息化建设项目全流程管理信息系统建设方案研究”和“北京市污染源管理编码规则研究”等3项研究课题，形成了《北京市环境保护局信息化建设项目全流程管理办法》和《北京市污染源管理编码规则》修订稿。以“大数据技术在环境影响评价工作中的示范应用”为课题，向市科委申报“绿通”项目，通过了专家评审。完成市环保局8个部门17个信息化项目的预审、报审以及7个信息化系统的验收报备工作，截至2016年年底，已有16个项目获得批复。按照《北京市环境保护局正版软件使用管理办法》，统一采购了874套正版Office办公软件，督促各单位及时建立正版软件台账。

（陈海宁　陈华　张光怡　杨凯）

【开展业务信息化项目建设】 2016年，组织开展了机动车审批管理系统（二期）软件测试、安全测试、上线试运行和终验工作。完成局办公室重点工作管理系统、局研究室快报系统、大气处督察系统和锅炉治理统计管理系统的建设开发、初步验收、试运行和培训工作。完成建设项目环境影响评价审批系统建设开发、初步验收和试运行工作。完成排污申报与排污费征收及稽查管理系统建设开发、软件测试和试运行等工作，顺利通过终验。完成环境监测管理信息系统升级改造项目、老旧机动车淘汰资金补贴管理系统、行政审批业务综合管理系统和建设项目审批总量控制指标管理系统等项目的需求分析、原型设计等工作，年底完成软件开发。

（蒋昕　蒲铮　张光怡　王晓爽）

【升级改版北京市环境保护局政府网站】 2016年，市环保局政府网站升级改版工作是2016年局折子工程的重点任务。截至12月31日，新版政府网站门户完成升级工作，部署上线进入试运行阶段。

（陈海宁　蒲铮　白钰）

【业务应用系统和综合办公平台运维】 2016年，全面服务保障市环保局综合办公平台和公文处理系统以及各个业务信息化系统的稳定运行。截至12月31日，完成日常运维1307次，修改数据库、系统漏洞和需求变更512项，保障局系统公文收发管理系统（含直属单位公文系统）收发各类公文20187件。

（蒋昕　蒲铮　王晓爽　白钰）

【信息化基础设施运维】 2016年，提升市环保局机关和直属各单位的互联网带宽，为直属各单位建设了无线局域网络，全面落实巡检制度，开展网络、基础设施和信息安全等巡检58次，完成上、下半年对全市环境信息网接入区环保局和直属各单位的现场巡检2次；配合局保密办，检查局机关152台次非涉密计算机；建立环境信息资源管理台账，升级云资源管理平台，为相关单位和应用系统部署实施37次资源分配；保障各级视频会议55次，组织视频会议联调64次；严格落实了人员和设备进出机房管理规定，进出机房人员144人次、设备20台次。为局机关和监察总队办公用计算机、笔记本、打印机等750台次进行维修，更换零部件310件，保障了业务工作的顺利开展。

（黄广平　李华　潘飞）

【局政务网站运维】 2016年，发布信息1800条，页面浏览量近2010万人次，同比增加100%；针对北京市政府网站信息内容建设专项考评中发现的问题，及时进行整改，得到好评；加强网站安全防护，积极组织并配合漏洞扫描、渗透性测试等安全检查工作，确保局政府网站安全稳定运行。

（陈海宁　蒲铮　白钰）

【网络及信息安全运维】 2016年，组织开展了市环保局信息安全体系研究，形成《关于北京市环境保护局信息安全体系建设调研的报告》；开展了信息系统脆弱性分析和加固，以及信息系统漏洞扫描工作，整改了23个中高危脆弱点，完成了杀毒工具的安装实施；按照上级要求，开展了网络和信息系统安全自查工作，截至12月31日，未发生任何网络和信息安全重大事件。

（黄广平　李华　程皓）

【指导各区环保局信息化工作】 2016年，利用市环保局环境数据中心的建设成果，实现了与顺义区、通州区、海淀区和大兴区环保局根据业务信息化建设需求的相关数据共享。组织完成各区环保局环境信息网络专用链路服务商调整工作，进一步加强了链路运行的稳定性，提高了环境信息网络对市环保工作的服务保障能力。组织完成上、下半年对各区环保局环境信息网络、专用设备、用户管理、计算机安全、环保视频会议系统等相关情况的现场巡检工作，确保了全市环境信息网络及环保视频会议系统的安全运行。组织全市环保系统信息化交流工作会议，组织各单位交流网络管理和信息化建设经验。

（黄广平　李华　刘晋波　程皓）

体制改革与人事

生态文明体制改革 | “放管服”改革 | 监测改革 | 机构人事 | 离退休干部工作

生态文明体制改革

【概况】 2016年，北京市认真落实中央生态文明体制改革的要求，坚持问题导向，注重总体谋划，注重夯实基础，注重责任落实，加快建立健全生态文明制度体系，全面完成16项重点改革任务，累计出台改革文件46个，有序推进生态文明体制改革。强化改革督察，按照“督任务、督进度、督成效，察认识、察责任、察作风”的要求，推动重大改革方案落地见效。

【全市生态文明体制改革组织机构】 2016年3月，根据市委全面深化改革领导小组的工作部署，原生态文明体制改革专项小组、原大气污染防治体制机制改革专项小组整合组建新的生态文明体制改革专项小组，由市委常委、秘书长、副市长张工同志任组长，副市长林克庆同志任副组长，市政府副秘书长赵根武、刘印春任协调人，确定了市环保局、市委组织部等31家成员单位。6月，生态文明体制改革专项小组印发了《生态文明体制改革专项小组工作规则》《生态文明体制改革专项小组办公室工作细则》，明确了机构设置、职责任务，建立了专项小组全体会议、专题会议制度，完善了动态报送、信息沟通、督察督办等工作制度和机制。

【统筹协调　督促落实】 2016年11月25日，生态文明体制改革专项小组办公室印发了《北京市生态文明体制改革路线图时间表》(京生态改组〔2016〕3号)，将43项重点改革任务，逐一落实责任，明确完成时限，推动改革落地。市委、市政府认真落实中央“1+6”要求，坚持问题导向，组织市委组织部、市发展改革委、市环保局、市编办、市审计局等市有关部门制定了《关于全面提升生态文明水平推进国际一流和谐宜居之都建设的实施意见》《北京市生态文明体制改革路线图时间表》《北京市生态环境监测网络建设方案》《北京市环境保护督察方案》《北京市环境保护工作职责分工》《关于深入推进领导干部自然资源资产离任审计试点工作意见》《党政领导干部生态环境损害责任追究实施细则》等“一揽子”改革文件。协调开展自然资源资产负债统计、自然资源资产离任审计试点。

认真贯彻“三督三察”要求，对中央出台一年以上的重大改革文件的本市落实情况进行自查，对大气污染防治体制机制改革、水污染防治工作方案、环境污染第三方治理、碳排放权交易、水环境区域补偿、环境监管执法、重大环境建设问题约谈、平原地区生态林用地及管护政策等8项改革方案的落地情况，开展督察，推动了重大改革加快落地、释放红利。

【改革成果】《北京市生态环境监测网络建设方案》：针对生态环境监测网络范围和要素覆盖不全、部门间监测网络规划布局不统一、技术规范和评价方法不统一等突出问题，按照“谁考核、谁监测”的原则，市环保局牵头制定了《北京市生态环境监测网络建设方案》，报经市政府审议通过，8月26日印发实施，提出了生态环境监测网络建设的指导思想、基本原则、主要目标和20项重点任务，为开展资源、生态、环境等方面的考核问责提供了技术支撑和科学依据。

《北京市环境保护工作职责分工（试行）》《北京市环境保护督察方案（试行）》：落实中央关于环境保护“党政同责、一岗双责、失职追责”的要求，市环保局牵头制定了《北京市环境保护工作职责分工（试行）》《北京市环境保护督察方案（试行）》，并报经市委常委会、市政府常务会审议通过；其中，《北京市环境保护督察方案（试行）》由市委办公厅、市政府办公厅于12月2日印发。

中共北京市委、北京市人民政府《关于印发〈北京市环境保护工作职责分工〉的通知》（京发〔2016〕29号），明确了6类主体的环保工作职责。在纵向上，按照“党政同责、一岗双责”的要求，明确了市、区、乡镇（街道）三级党（工）委、政府共26条职责；在横向上，按照“环保部门统一监督管理与相关部门分工负责相结合”的要求，明确了组织、纪检、宣传等3个党委工作部门和环境保护、发展改革、公安、交通等34个相关政府职能部门共150条职责。

（仝昌明　金辉　张智才　李阳）

“放管服”改革

【精简审批事项】 2016年，按照市政府审改办统一部署，落实国务院关于取消中央制定地方实施行政审批事项的相关决定要求，本市取消了“加工利用国家限制进口、可用作原料的废五金电器、废电线电缆、废电机等企业认定”“机动车排气污染定期检测机构委托”两项行政审批事项；取消了“污染场地环境恢复方案审批和恢复后场地检测报告备案”“进出口有毒化学品环境管理登记预审”两项非行政许可审批事项。

【清理行政审批服务中介】 2016年，按照市政府办公厅《关于清理规范本市行政审批中介服务的通知》的要求，市环保局对行政审批中介进行全面清理。梳理中介事项的设定依据、设定层级、实施机构等，通过优化内部环节作出取消的处理决定，并明确了规范后的监管方式。取消的中介服务事项是：1.建设项目竣工环境保护验收监测；2.建设项目竣工环境保护验收调查；3.拆除或者闲置防治污染设施处置方案的环境影响评价报告；4.拆除或者闲置防治污染设施达标排放的检测报告；5.危险废物处置设施、设备和配套的污染防治设施的环境影响评价文件；6.办理固体（危险）废物跨省转移所需的危险废物成分含量全分析报告。其中，对“建设项目环境保护验收委托监测事项”提出取消验收监测委托中介事项的初步方案，推动清理后验收事项办理平顺过渡。

【深化审批流程改革】 2016年，落实“一会三函”改革任务，推进备案登记制度。对符合“一会三函”试点的建设项目，简化受理手续。认真组织落实《北京市公共服务类建设项目投资审批改革试点实施方案》和《关于加快北京市交通基础设施等公共服务类建设项目投资审批有关工作的意见》的有关要求，对通过市政府集中审议同意纳入“一会三函”的项目，进一步简化项目受理条件，建设单位持发改部门制发的《建设项目前期工作函》即可办理环评审批。推进环评登记表项目备案制。按照修订后的《环境影响评价法》，自2016年9月1日起在全市范围内对环境影响登记表类项目不再审批环评文件，上述项目在建设单位做出环保承诺后直接予以备案，纳入日常管理。

（杨芳　杜小娟）

监测改革

【完成国家环境空气质量监测事权移交工作】 为贯彻落实国家环境空气质量监测事权上收的精神，按照《关于做好国家环境空气质量监测城市站社会化运维交接工作的通知》（环办监测函〔2016〕1527号）和《关于进一步做好国家环境空气质量监测城市站社会化运维交接工作的通知》（环办监测函〔2016〕1891号）要求，自2016年9月起，市环保局积极开展了国控环境空气质量监测自动站运维交接工作，成立了由主管局领导负责的交接工作组，召开了全市运维交接工作会议。市环保局加强协调组织，为了实现监测站点的平稳交接，保证数据的连续、准确，多次与环境保护部环境监测司和中国环境监测总站沟通交流，就运维交接模式、运维公司能力保障等问题数次会商。市环保监测中心按照交接工作要求，分析归纳出交接工作中需重点保障的站房设备交接清查、数据审核、数据传输等环节，主动与社会化运维单位（河南鑫属实业有限公司）对接，帮助社会化运维单位健全管理制度、增加运维人员数量、提升数据质量保障能力。为了保证现场交接的顺畅，双方技术人员提前演练检查内容，熟悉操作动作，确保在预定的时间段内完成全部仪器检查内容，最大限度保障了数据连续不间断。

截至2016年10月20日，本市12个国控环境空气质量自动监测子站的站房、设备、相关资料已经与社会化运维单位（河南鑫属实业有限公司）全部交接完毕，由中国环境监测总站组织继续开展站点日常运维。

（全蕾）

机构人事

【水污染综合治理协调处挂牌】 6月，北京市机构编制委员会办公室批复市环保局大气污染综合治理协调处加挂水污染综合治理协调处牌子。为大气污染综合治理协调处（水污染综合治理协调处）增加“负责京津冀及周边地区水污染防治协作小组办公室文电、会务、信息等日常运转工作；受京津冀及周边地区水污染防治协作小组办公室的委托，承担京津冀及周边地区水污染防治协作、联防联控的具体联络协调工作”的职责。

【重要人事任免】 11月25日，北京市第十四届人民代表大会常务委员会第三十一次会议决定：任命方力为北京市环境保护局局长。免去陈添的北京市环境保护局局长职务。12月30日，市环保局召开干部大会，市委常委、秘书长、副市长张工宣布方力、陈添职务调整的决定。

【干部管理】 2016年，深入贯彻《干部选拔任用条例》，严格干部管理监督，不断加强机关干部队伍建设。根据工作需要，统筹考虑局系统干部队伍整体情况，市环保局机关、监察总队全年共调整任用处级干部50人。其中，提拔任职19人，调整29人，规范单位任职2人。

2016年，通过公务员考录、公开遴选、面向社会招考等方式引进局系统岗位需要的各类人才共37人。其中，通过公务员考录、公开遴选、转任等方式，进入机关、总队的公务员共10人；招考应届毕业生和社会人员共21人；接收安置军转干部6人。

截至2016年12月，市环保局机关143人。其中女干部55人，少数民族干部9人，中共党员127人，博士8人，硕士73人；市环境监察总队（行政执法专项编）76人，其中女干部25人，少数民族6人，中共党员69人，硕士35人。

按照区委组织部关于干部调整的意见，市环保局党组对顺义、延庆、东城、怀柔、朝阳等15个区环保局领导班子成员调整情况进行研究，并向相关区委组织部复函意见。

【干部监督】 2016年2月，市环保局党组印发《关于完善局系统干部民主推荐工作的意见》的通知，规定了民主推荐的适用范围、形式和时效，规范了民主推荐程序（包括会前准备、召开会议推荐、进行个别谈话推荐、对会议推荐和谈话推荐情况进行综合分析），并就民主推荐参加人员范围、个人署名推荐、分析和运用民主推荐结果、加强民主推荐纪律监督等事项进行了明确。

扎实做好领导干部个人有关事项报告工作。坚持“凡提必核”，对市环保局系统36名处级干部的个人有关事项报告进行抽查核实。其中随机抽查13名、重点抽查核实13名。对局系统201名处、科级干部档案信息进行登记、分析、核实。对提拔任用列为考察对象的，对其干部人事档案必审。

【人才培养】 8月，市环境保护监测中心主任张大伟被环境保护部授予第二批“国家环境保护专业技术领军人才”称号，市环境保护监测中心高级工程师杨懂艳被环境保护部授予第二批“国家环境保护专业技术青年拔尖人才”称号。

11月，按照《北京市优秀人才培养资助实施办法》落实各项培养支持措施，市环境保护科学研究院、市环境保护监测中心共5人获得2016年度北京市优秀人才培养青年骨干个人项目资助。

加强干部培养锻炼，选派2名干部到冬奥组委工作；选派1名干部到对口扶贫区挂职村第一书记；选派1名干部去中国银行挂职；选派1名高级工程师参加第八批“人才京郊行”，挂职任房山区燕山发展和改革委员会主任助理。

【援藏援疆】 2016年，组织开展第八批援藏干部选派工作，市环保局选派2名优秀干部赴藏分别担任拉萨市环保局副局长和拉萨市环境监测站站长。接收乌鲁木齐市干部来京挂职培训共4批7人。

【专业技术人员管理】 依据市编办批复的职责（业务范围）和所属事业单位承担的科研任务情况，对科研规模、科研项目、科研及创新能力等进行了分类，提出了调整高级职称结构比例申请并制定了调整方案，经市人力社保局批准，将北京市环境保护科学研究院高级职称比例由27.3%调整到50%，北京市环境保护监测中心高级职称比例由37.1%调整到40%，北京市辐射安全技术中心高级职称比例由30.8%调整到40%。组织完成北京市环境保护科学研究院等8个事业单位2015年下半年岗位聘用结果变化汇总备案审核工作，并完成公开招聘、处分等项工作的备案及人员流动情况的汇总统计。

截至2016年年底，直属事业单位管理人员336人，其中女性98人，少数民族13人，中共党员199人，博士5人，硕士51人；专业技术人员531人，其中女性295人，少数民族23人，中共党员317人，博士71人，硕士234人。高级职称137人，中级职称215人，初级职称132人。

【培训管理】 2016年，制定《北京市环境保护局培训费管理办法》。组织40余名局处级干部分别参加中组部的专题调训和市委组织部、市人力社保局的各类专题培训班；组织15名区环保局局级干部参加全国地市级环保局长岗位培训班；组织公务员开展五大发展理念网上专题轮训班，组织局系统处级及以上干部及全体科级公务员继续开展干部在线学习和公共知识培训学习。

2016年派出5个出国（境）培训团共10人次，分别赴美国、瑞典、德国、加拿大等国家参加培训。

【考核表彰】 经市人力社保局批准，市环保局作为考核工作先进典型纳入全市公务员平时考核试点单位。按照《北京市环境保护局公务员平时考核试点工作方案》的要求，对列入试点范围的监察总队公务员平时考核办法以及考核评价指标做了进一步研究探索，制定了分级分类的考核指标体系，同步完成了考核系统的改造。试点工作取得预期成效，得到市人力社保局的高度评价。

2016 年，市环保局对 13 家事业单位年度绩效任务完成情况进行了全面考评，组织完成了对 13 家直属单位满意度调查工作，将问卷调查统计结果作为各单位绩效任务书中满意度指标得分的主要来源。

按照环境保护部颁发长期从事环保工作纪念章活动安排，2016 年全市环保系统在职、离退休人员共 548 人获得“从事环保工作三十年纪念章”。其中，市环保局机关、监察总队共 34 人，各直属事业单位共 317 人；各区环保局（含直属单位）共 197 人。

【荣誉称号】 4 月 13 日，北京市第十三次信访工作总结表彰大会上，市环保投诉举报中心被评为“2011—2015 年度北京市信访工作先进集体”。7 月 5 日，市环保投诉举报中心党支部被市直机关授予“市直机关先进基层党组织”称号。3 月 15 日，市环保投诉举报中心受理科被北京市妇女联合会、北京市人力资源和社会保障局、北京市总工会授予“北京市‘三八’红旗集体”荣誉称号。

2016 年，市环保监测中心获得“2013—2015 年度北京市减排先进集体”荣誉称号。7 人次分别获得“国家环境保护专业领军人才”“国家环境保护专业技术青年拔尖人才”“首都劳动奖章”“北京市优秀青年人才”“北京青年五四奖章”“优秀援藏干部”荣誉称号。

北京市环境保护局领导班子成员（2016 年）

党组书记　局长　陈　添（11 月免局长）
党组副书记　局长　方　力（11 月任局长）
党组成员　副局长　巡视员　庄志东（9 月退休）
党组成员　副局长　冯惠生
党组成员　驻局纪检组组长　谌跃进
党组成员　副局长　姚　辉
党组成员　副局长　李晓华（女）
党组成员　总工程师　于建华
副巡视员　徐　庆
副巡视员　刘广明
副巡视员　王瑞贤（女）
副局级　周扬胜

北京市环境保护局处（室）、直属单位主要负责人（2016 年）

办公室主任　陈维敏（女）
研究室主任　张　峰
法制处处长　芦建茹（8 月免）
　　白文杰（调研员，8 月主持工作）
科技标准处处长　阎育梅（8 月免）
环境监测处处长　刘贤姝（8 月免）
　　乔淑芳（女）(8 月任）
污染物排放总量控制处处长
　　乔淑芳（女）(8 月免）
行政审批处（环境影响评价处）处长
　　王大卫（8 月免）
　　王春林（8 月任）
水和生态环境管理处处长　韩永岐（8 月免）
大气环境管理处处长
　　于建华（兼）(8 月不再兼任）
　　李　翔（女）(副处长，8 月主持工作）
大气污染综合治理协调处处长
　　李立新（8 月免）
机动车排放管理处处长　李昆生
污染防治处（声环境和固体废物管理处）处长
　　王春林（8 月免）

辐射安全管理处处长　杨瑞红（女）
应急管理处处长　王　斌
督查处（北京市人民政府督查室环境保护督查处）处长　臧远伟
国际合作处处长　明登历（女）（8月免）
宣传教育处处长　郭　萌（女）
规划财务处处长　王瑞超
人事处处长　张　伟（女）
机关党委专职副书记　李　兵
工会专职副主席
　　李　兵（8月不再兼任）
　　芦建茹（女）（8月任）
离退休干部处处长　王大卫（8月任）
生态环境规划和建设处负责人
　　刘贤姝（女）（8月任）
区域协调处负责人　阎育梅（女）（8月任）
水环境管理处负责人　韩永岐（8月任）
土壤环境管理处（固体废物管理处）负责人
　　李立新（女）（8月任）
污染源管理处负责人　仲崇磊（8月任）
科技和国际合作处负责人　明登历（女）（8月任）

北京市环境监察总队（环境监察处）总队长（处长）
　　仲崇磊（8月免）
　　赵志威［副总队长（副处长），8月主持工作］
北京市环境保护科学研究院院长
　　宋　强（4月免）
　　姜　林（副院长，4月主持工作，8月任院长）
北京市环境保护科学研究院党委书记　付跃强
北京市环境保护监测中心主任　张大伟
北京市环境保护宣传中心主任　凌　越
北京市辐射安全技术中心主任
　　宋福祥（9月辞职）
　　副主任　厉凛楠（9月主持工作）
北京市固体废物和化学品管理中心主任　唐丹平
北京市机动车排放管理中心主任　冯玉桥
北京市环境影响评价评估中心主任　邱大庆
北京市城市放射性废物管理中心主任　陈东兵
北京市环境应急与事故调查中心主任
　　仲崇磊（兼）（8月免）
　　李　华（8月任）
北京市环境保护投诉举报电话咨询中心主任
　　杜凤军
北京市环境保护局机关服务中心主任　赵振松
北京市环境信息中心主任　陈海宁
北京市环境保护局离退休干部服务中心主任
　　卢长青
驻局纪检组监察处处长　李国霞

（田世扬）

离退休干部工作

【概况】 2016年，市环保局系统离退休人员551人（其中离休17人），党支部6个。认真落实党中央办公厅和国务院办公厅《关于进一步加强和改进离退休干部工作的意见》，深入扎实开展“两学一做”学习教育，积极探索新时期离退休干部工作的新规律和新特点，精心打造新平台、新载体，紧紧围绕环保中心工作，切实加强离退休干部思想政治和党组织建设，认真落实离退休干部政治和生活待遇，依托老干部活动站开展丰富多彩的文体活动。

【承办市直离退休干部工作现场会】 7月28日，市环保局承办了市直机关离退休干部为党的事业增添正能量暨“两学一做”学习教育现场会，市老干部局、市直机关工委、市直系统各单位有关领导和部门负责同志及离退休干部代表100余人参加。会上，宣传和推广了市环保局离退休干部工作的经验和做法。市环保局副局长李晓华作了“适应新形势加强和改进离退休干部工作”的主题发言；离退休干部服务中心主任卢长青介绍了“抓住好载体　增添正能量”的工作经验；局机关退休党支部书记程英、机关退休干部代表杜少中，分享了积极投入“两学一做”学习教育、为党的事业增添正能量的实践、收获和感受。市老干部局副局长刘向东、市直机关工委委员王玉忠，在讲话中对市环保局老干部工作取得的成绩给予了充分肯定，要求市直系统各单位积极学习和借鉴。

8月30日，《中国老年报》在头版位置以“为首都天空添一抹蓝”为题，报道了市环保局离退休干部助力和谐宜居城市建设的先进事迹。

【创建离退休干部环保宣传“先锋岗”】 2016年，为了充分发挥离退休干部的政治优势、经验优势、威望优势，为党的事业增添正能量，市环保局创建了离退休干部环保宣传“先锋岗”。先锋岗由10名市环保局原局、处级领导干部组成，年长者已74岁，他们将环保知识带进了社区、学校、企业和街道。其中，机关退休党支部书记还为市政府机关办的离退休干部开展了“让低碳环保走进家庭”知识的宣传，6名退休干部共宣讲40余次。

【成立离休干部志愿服务小组】 市环保局系统共有离休干部17人，平均年龄85岁。市环保局离退休干部服务中心成立了志愿服务小组，定期走进离休干部家庭，为他们送去学习、服务和温暖。全年共对机关5名离休干部和局系统1名离休干部进行上门志愿服务。

【开展丰富多彩的文体活动】 市环保局全年共组织离退休干部开展各类文体活动约190场，参加人数8000多人次。其中，举办了离退休干部迎新春茶话会，局主要领导出席，向老同志送上新春祝福，并通报了环保工作；组织了主题参观学习活动，参观了南水北调团城湖调蓄站、北京义利食品加工厂和古北水镇；开展了“转动视角，定格精彩”离退休干部摄影学习培训班，结课后举办了摄影成果展；组织了“颂歌献给党”卡拉OK比赛和第三届离退休干部台球比赛；举办了离退休干部纪念红军长征胜利80周年“赞长征　颂党情”文艺展示活动。这些载体和平台，不仅加强了老同志之间的学习、沟通和交流，还愉悦了心情，强健了身体，得到了老同志们的一致好评。

（孙晶）

规划与财务

环保规划 | 财务与投资

环保规划

【概况】2016年，为落实国家“十二五”规划的考核要求，开展了北京市实施《国家环境保护“十二五”规划》(以下简称《规划》)终期自评估。按照市委、市政府的工作部署，市环保局牵头编制了《北京市“十三五”时期环境保护和生态建设规划》《通州区生态环境保护专项规划》，承担了“‘十三五’时期北京市改善环境质量的思路与措施研究”、“北京城市总体规划生态环保专题研究”，全面推进本市环境污染防治，努力提升环境治理能力。

【开展落实《国家环境保护“十二五”规划》自评估】按照环境保护部办公厅、国家发展改革委办公厅联合印发《关于开展〈国家环境保护“十二五”规划〉终期评估与考核工作的通知》(环办〔2015〕68号)，以及《北京市〈国家环境保护“十二五”规划〉自评估工作方案》(京环函〔2015〕557号)的要求，由市环保局、市发展改革委牵头，市科委、市市政市容委、市水务局等10个部门配合，开展本市落实《规划》终期自评估工作。为确保评估结果客观、公正，委托环境保护部环境规划院作为第三方进行评估。历经三个月的评估，征求了10个部门的意见，形成了《北京市实施〈国家环境保护“十二五”规划〉终期自评估报告》《北京市实施〈国家环境保护“十二五”规划〉终期自评估指标任务重点评估表》，2016年4月报送市政府，副市长张工批示同意以市环保局名义上报环境保护部办公厅、国家发展改革委办公厅。自评估报告主要涉及污染物减排完成情况、突出环境问题解决情况、重点领域环境风险防控、环境保护基本公共服务体系完善评估、规划政策措施实施评估、国家环境保护五年规划评估与考核的建议等内容。

【编制《北京市“十三五”时期环境保护和生态建设规划》】2016年，按照市委、市政府的工作部署，市环保局牵头编制《北京市“十三五”时期环境保护和生态建设规划》。2014—2015年，先后完成了前期研究工作，2016年重点针对规划文本中工业区污染综合防治、铁路运输污染减排、机场污染减排、能源供应和消费清洁化等内容，多次专题征求市政府各有关委办局、区政府、北京铁路局、首都机场集团公司等部门意见，吸纳社会公众、专家学者等意见，经局长专题会、局长办公会审议后，报请分管市领导、市政府副秘书长审核。11月上旬，市政府第133次常务会议审议通过，12月28日，市政府印发了《北京市“十三五”时期环境保护和生态建设规划》(京政发〔2016〕60号)。“十三五”期间，北京市将围绕首都城市战略定位和京津冀协同发展，落实国家《“十三五”生态环境保护规划》，聚焦大气、水、土壤污染防治三个重点，全面推进环境污染防治，推进形成绿色发展格局，持续加强环境风险防控，努力提升环境治理能力。

【参与《北京市国民经济和社会发展第十三个五年规划纲要》及相关专项规划编制】 2016年，按照《北京市“十三五”规划编制工作方案》（京政办发〔2014〕51号）要求，市环保局承担北京市“十三五”规划前期研究重大课题《“十三五”时期北京市改善环境质量的思路与措施研究》。2016年，依据研究成果，将环境保护相关指标和大气、水等环境要素的污染防治措施纳入《北京市国民经济和社会发展第十三个五年规划纲要》。

【参与编制《北京城市总体规划》】 2016年，按照市委、市政府的工作部署，由市规划国土委牵头编制《北京城市总体规划》，各委办局负责专题研究，市环保局负责北京市生态环境保护专题研究。2016年，依据研究成果，重点提供了环境保护核心指标体系，大气、水、土壤污染防治措施，环境安全监管等内容。

【编制《通州区生态环境保护专项规划》】 2016年，为贯彻落实习近平总书记关于规划建设北京城市副中心的指示精神，按照市委、市政府的统一部署和市规划国土委《关于通州区专项规划及专题研究有关事宜的函》（市规划国土函〔2016〕79号）的要求，明确相关委办局分别牵头组织推进17项专项规划和15个专题研究。市环保局牵头负责《通州区生态环境保护专项规划》（以下简称《专项规划》）工作。《专项规划》范围以北京城市副中心155平方公里为核心，立足通州全境，兼顾廊坊北三县。内容包括9章34节，梳理了通州区生态环境保护现状及未来面临的压力和挑战，明确了近期和远期环境质量、生态建设等主要指标。核心任务和措施是优化空间布局和产业结构，着力改善大气、水环境质量，加强土壤、噪声、固废等污染防治，强化辐射安全监管，加强生态建设与保护，协同推进周边地区环境污染治理等。

（王瑶）

财务与投资

【环保资金投入】 2016年，市级财政大气污染治理投入165.6亿元，主要用于支持实施“煤改清洁能源”、老旧机动车淘汰、绿色货运推广、新能源汽车示范推广、企业环保技术改造，环境监测能力建设保障等。

2016年，市级财政水资源保护投入176.6亿元。实施新一轮污水治理和再生水利用三年行动方案，污水处理率达到90%；保障南水北调水利工程运行和密云水库调蓄工程建设；推进河湖水系连通，加快通惠河等河道水质还清；落实1000多个节水型单位和社区创建奖励资金，促进再生水循环利用。

2016年，市级财政完善垃圾处理体系投入30.5亿元。促进垃圾减量，实行生活垃圾分类投放、分类清运，处理生活垃圾约800万吨；建设餐厨垃圾收运体系；保障阿苏卫等垃圾处理设施建设，提升建筑垃圾处理能力。

2016年，市级财政城乡绿化美化投入190.2亿元。拓展绿色生态空间，保障平原造林、山区生态林建设、废弃矿山生态修复等工程支出需求；提升公园城市绿化水平，新增城市绿地408公顷；提高林木管护等补助标准，实施44.8万亩绿隔地区、“五河十路”绿色通道林木管护工作；加强重点区域市容环境、景观质量建设等。

【环保经济政策】 6月4日，市环保局、市财政局、市质量技术监督局联合印发《北京市燃气（油）锅炉低氮改造以奖代补资金管理办法》（京环函〔2016〕293号），对实施低氮改造的锅炉业主单位给予设备投资额1/4~1/3的补助。10月，上述三家单位联合印发相关事项的补充规定，进一步完善了锅炉低氮改造以奖代补管理办法。

10月，北京市财政局、北京市环境保护局

印发《关于国Ⅰ国Ⅱ排放标准轻型汽油车淘汰更新贷款优惠政策的通知》，对2016年12月1日至2017年12月31日期间淘汰（转出本市和提前报废）国Ⅰ和国Ⅱ排放标准的轻型汽油车（燃料种类为汽油的小型、微型客车及轻型、微型货车）并更换新车的车主给予贷款优惠，要求高于现有市场贷款优惠标准。各新车车型优惠政策具体标准依据车主更新新车时贷款金额，由金融机构和汽车企业共同制定发布。

11月21日，北京市人民政府办公厅发布了《北京市人民政府办公厅关于印发〈北京市促进高排放老旧机动车淘汰更新方案〉的通知》（京政办发〔2016〕47号），规定2016年12月1日至2017年12月31日期间，经解体厂解体报废的国Ⅰ和国Ⅱ排放标准轻型汽油车将继续给予并提高政府补助，不同阶段具体补助标准不同，第一阶段较第二阶段补助标准车均高出2000元。政府补助和企业奖励申领办理工作流程、政府部门职责分工以及交易办理平台具体功能和第三方工作职责等相关事项，仍按《北京市人民政府办公厅关于印发〈北京市进一步促进老旧机动车淘汰更新方案（2015—2016年）〉的通知》（京政办发〔2015〕5号）执行。

【重点能力建设项目】 2016年11月正式批复的北京机动车排放实验室（二期）建设工程项目，总投资12788万元，由市政府固定资产投资全额安排。项目总建筑面积5659米^2，建设内容包括：重型整车污染物排放检测区、车用油品质量与油气排放检测实验室、在用车排放实验室和其他配套用房等，同步实施供排水、电力、热力等配套工程。项目综合采用节能减排技术，建成后应达到绿色建筑二星级标准。截至2016年年底，项目正式启动实施，签订用地合同，支付相关款项。

2015年批复的北京市大气环境质量监测网络升级项目，2016年继续安排预算资金11526.87万元，基本完成了整体项目的实施，项目投入资金主要用于环境空气评价子网、污染专项监测子网、区域污染监控子网、时空趋势监控子网及移动监测系统建设。

2015年批复的北京市空气质量预报预警及决策支持平台项目（总投资6476万元），年内实施取得明显进展。截至2016年年底，项目已完成大气环境综合分析及应用系统、空气质量预报预警业务应用系统、环境气象监测预报预警应用系统、空气重污染应急决策支持平台等四大业务应用系统的需求分析、设计、开发、测试及初步部署。

【资金审计和绩效监督】 内部审计方面，开展了针对市环科院、辐射中心、应急中心离任主要负责人的经济责任审计；开展了对市环保局机关、监测中心、机动车中心、离退休干部中心、固管中心年度内部审计工作。

外部审计方面。1.“审计署”京津冀特派办完成了北京市经济责任审计工作及落实稳增长等政策措施情况跟踪审计、北京市水污染防治相关资金审计。2.市审计局完成了北京市大气污染防治专项资金审计、2015年部门预算执行和预算草案审计等工作。

绩效监督方面。1.委托第三方机构开展了2015年环保技改及新技术示范推广项目及工业废水治理项目绩效评价工作，对2015年环保技改及新技术示范推广项目及工业废水治理项目，以及2014年绩效评价中工程未完工、支付进度未完成项目开展绩效评价，涉及项目77个，财政资金22075万元。2.委托第三方开展2015—2016年南部四区大气污染治理专项转移支付资金绩效跟踪工作，对南部四区在燃煤锅炉和工业园区清洁能源改造、工业大院整治和高污染高耗能企业退出、推广分布式清洁能源使用、全面取缔商用燃煤茶浴炉、加强外埠过境重载货车监管、加快燕山石化污染物治理等方面的资金使用情况进行审计，共涉及市级财政43亿元资金，其中房山区11.77亿元、通州区11.44亿元、大兴区10.7亿元、丰台区9.09亿元。

（郑定伟）

法制标准

环保法制　环保标准

环保法制

【概况】 2016年，市环保局将依法行政的要求落实到各个方面、各个环节，积极推动《中华人民共和国大气污染防治法》的贯彻实施等各项重点工作；稳步开展排污许可证、危险废物管理等立法、规范性文件审核、行政处罚案件审核、行政复议和诉讼、法制宣传培训等各项日常工作，使环保工作依法依规顺利开展。

【法规规章的“立、改、废”】 2016年，启动危险废物地方立法工作。“北京市危险废物污染环境防治条例”被列为2016年市政府立法调研项目，市人大常委会立项论证项目。5月31日，市环保局组织召开了危险废物立法立项论证工作讨论会，正式启动危险废物立项论证工作。组织4次立法调研活动，陪同市人大城建环保办、市人大法制办和市政府法制办分别对7家单位的危险废物收集、贮存、处置利用情况进行了实地调研。根据调研的情况和市人大常委会有关部门、市政府法制办的意见，多次修改完善立项论证报告，并于8月19日正式向市法制办报送。参加市政府法制办、市人大常委会城建环保办分别于9月21日和11月10日组织召开的立项论证会，相关委办局、有关人大代表、委员、专家学者、企业代表等参会并对条例立法的必要性和可行性等问题发表意见。2016年12月，市十四届人大常委会第九十七次主任会议讨论通过了关于制定《北京市危险废物污染环境防治条例》的立项论证报告，决定制定《北京市危险废物污染环境防治条例》。

开展《北京市大气污染防治条例》修订必要性、可行性论证，与《中华人民共和国大气污染防治法》进行对比，梳理存在冲突的条款，总结执行中的问题，并对《条例》条款的修改提出具体建议。

完成《北京市密云水库怀柔水库和京密引水渠水源保护管理条例》(以下简称《条例》)的废止工作，2016年7月30日报送市政府法制办《北京市环境保护局关于地方性法规清理的处理意见》，北京市环保局建议将《北京市密云水库怀柔水库和京密引水渠水源保护管理条例》纳入《建议废止的地方性法规目录》。《条例》主要包括保护区范围划定、防止水源污染的管理措施和要求、相关部门职责等内容，其中，后两项内容均已被国家和北京市有关法律法规替代，《北京市人民政府关于公布密云水库怀柔水库和京密引水渠饮用水水源保护区范围的通知》对密云水库、怀柔水库和京密引水渠饮用水水源保护区范围依法进行了明确。因此在《条例》废止后，不存在管理上的空白，做好了《条例》废止后相应工作的衔接。

【法制宣传教育】 2016年，组织全市环保系统处级干部法制培训。结合新时期的特点，市环保局先后组织全市环保系统处级干部开展了主题为“培养法治思维，提高依法行政能力”和

“加强法制培训、提升法制思维能力”两次培训会，会议邀请了中国政法大学法学院院长薛刚凌教授、北京师范大学法学院副院长张红教授、环境保护部政策法规司法规处处长王炜、市政府法制办依法监督处副处长窦辉和有关方面的律师等专家学者，分别以“依法行政的要求与能力”“当前依法行政的热点与难点”“新《环评法》及两高司法解释”“2016年度依法行政绩效考核规定”和“规范性文件的制定与案例”为题作了专题讲座。

加强基层执法人员法制培训。为提高全市环境监察执法队伍素质，提高执法效能，保障新法出台后全市环境监察工作能够顺利开展，先后在北京市环境监察总队、北京市机动车排放管理中心召开了新修订的《中华人民共和国大气污染防治法》培训会。市级环境监察执法人员和全市各区机动车排放站站长、副站长、骨干、执法人员共计200余人参加了会议。两次培训内容紧紧围绕《中华人民共和国大气污染防治法》(最新修订版)、《北京市大气污染防治条例》和《北京市环境保护局关于印发〈北京市环境保护局行政处罚自由裁量基准〉(2016版)的通知》(京环发〔2015〕37号)，结合新法重点和基本原则，从法律适用规则和新《大气污染防治法》法律责任条款与我市大气条例对比与适用两个方面，进行了全市新《大气污染防治法》与本市大气污染防治条例对比和应用培训。

【规范性文件审核】 规范性文件履行法定程序。年内，对于以市环保局名义发布的12件规范性文件，均按规定向市政府法制办报请备案；审查拟以市政府或市政府办公厅名义发布的6件文件，均提前报请市政府法制办进行了合法性审核。对于规范性文件存在的法律风险点、具体内容表述、发文程序等内容与市政府法制办、法律顾问进行多种形式多次沟通协调，确保文件在低法律风险前提下顺利发布。另外，还审核各类文件20余件次，对于某些可能存在法律风险和疑点难点关键问题的非规范文件也反复与法律顾问、市政府法制办进行沟通，确保发布文件低法律风险。

【编制全市环保系统权力清单】 1.对需要在环保局外网和局内网公示的责任清单和各项权力运行流程图分别进行合法性审核，并及时根据法律法规的修订进行动态调整。2.对法定的乡、镇政府环保职责进行梳理。3.按照市编办的工作安排，完成市政府有关部门环保职能的确认和细化，并起草有关汇报文件。

【复议诉讼】 1.全年，接待申请行政复议申请人40余人次，经解释环保法规、标准和政策，申请人当场撤回复议申请2件，正式受理行政复议案件25件，均已审结。在受理的25件行政复议案件中，不服信息公开7件，不服行政许可2件，不服行政处罚10件，不服行政征收6件。2.2016年，市环保局共办理诉讼案件2件。

2016年度，行政复议、行政应诉和行政调解工作总体情况是复议案件受理数量明显上升，行政复议事由和被申请人相对集中，信息公开案件处理难度较大。通过耐心细致的工作，在维护申请人合法权益的基础上，努力化解行政争议，并根据申请人提出的撤回行政复议申请，及时作出终止行政复议决定的15件，依法调解6件，调解、撤回复议申请率超过80%，节省了行政资源。

北京市环保局 2016 年度行政复议结果

（2016 年 1 月 1 日—2016 年 12 月 31 日）

序号	被申请人	事由	申请复议时间	结果	复议机关
1	朝阳区环保局	申请人北京吉野家快餐有限公司东坝中路餐厅不服朝环保罚字〔2015〕873 号《行政处罚决定书》	2016 年 1 月 7 日	申请人撤回复议申请，终止行政复议	北京市环保局
2	西城区环保局	申请人孙某不服西城区环保局（2015）第 6 号 -（1）告《政府信息公开告知书》	2016 年 1 月 12 日	申请人撤回复议申请，终止行政复议	北京市环保局
3	西城区环保局	申请人孙某不服西城区环保局（2015）第 6 号 -（2）告《政府信息公开告知书》	2016 年 1 月 12 日	申请人撤回复议申请，终止行政复议	北京市环保局
4	西城区环保局	申请人孙某不服西城区环保局（2015）第 6 号 -（3）告《政府信息公开告知书》	2016 年 1 月 12 日	申请人撤回复议申请，终止行政复议	北京市环保局
5	西城区环保局	申请人孙某不服西城区环保局（2015）第 6 号 -（4）不存《政府信息不存在告知书》	2016 年 1 月 12 日	申请人撤回复议申请，终止行政复议	北京市环保局
6	西城区环保局	申请人孙某不服西城区环保局（2015）第 6 号 -（5）不存《政府信息不存在告知书》	2016 年 1 月 12 日	申请人撤回复议申请，终止行政复议	北京市环保局
7	海淀区环保局	申请人北京阿露丝医疗美容门诊部不服海环保罚字〔2015〕第 398 号《行政处罚决定书》	2016 年 1 月 25 日	申请人撤回复议申请，终止行政复议	北京市环保局
8	昌平区环保局	申请人北京绿创环保设备股份有限公司环保设备厂不服昌环保监察罚字〔2015〕290 号《行政处罚决定书》	2016 年 3 月 8 日	申请人撤回复议申请，终止行政复议	北京市环保局
9	朝阳区环保局	申请人张某、周某、李某不服朝环保审字〔2016〕0004 号《关于对北京大西北餐饮管理有限责任公司项目环境影响登记表的批复》	2016 年 4 月 11 日	维持原具体行政行为	北京市环保局
10	朝阳区环保局	申请人北京华纺正金物业管理有限公司二分公司不服京朝环监限字〔2016〕2 号《排污费限期缴纳通知书》	2016 年 5 月 19 日	申请人撤回复议申请，终止行政复议	北京市环保局
11	房山区环保局	申请人刘某不服房环保审字〔2010〕0143 号《关于京石二通道（大苑村—市界段）高速公路工程建设项目环境影响报告书的批复》	2016 年 5 月 26 日	维持原具体行政行为	北京市环保局
12	朝阳区环保局	申请人北京威立雅污水处理有限责任公司（北苑污水处理厂）不服京朝环费字［2016］000540 号《排污核定与排污费缴纳决定书》	2016 年 5 月 31 日	申请人撤回复议申请，终止行政复议	北京市环保局
13	朝阳区环保局	申请人北京北排水环境发展有限公司（小红门再生水厂）不服京朝环费字［2016］000390 号《排污核定与排污费缴纳决定书》	2016 年 6 月 22 日	申请人撤回复议申请，终止行政复议	北京市环保局
14	丰台区环保局	申请人北京城市排水集团有限责任公司（方庄污水处理厂）不服丰环费字［2016］000602 号《排污核定与排污费缴纳决定书》	2016 年 6 月 23 日	申请人撤回复议申请，终止行政复议	北京市环保局
15	朝阳区环保局	申请人北京城市排水集团有限责任公司（高碑店污水处理厂）不服京朝环费字［2016］000391 号《排污核定与排污费缴纳决定书》	2016 年 6 月 24 日	申请人撤回复议申请，终止行政复议	北京市环保局

续表

序号	被申请人	事　由	申请复议时　间	结　果	复议机关
16	西城区环保局	申请人孙某不服西城区环境保护局〔2016〕第5号－非本《非本机关政府信息告知书》	2016年8月1日	责令被申请人依法告知申请人公开申请的政府信息的行政机关名称、联系方式	北京市环保局
17	朝阳区环保局	申请人北京华汇房地产开发中心不服京朝环费字［2016］Z001047号《排污核定与排污费缴纳追缴决定书》	2016年8月19日	申请人撤回复议申请，终止行政复议	北京市环保局
18	石景山区环保局	申请人付某不服石环保罚〔2016〕39号《行政处罚决定书》	2016年11月25日	当事人经调解达成协议	北京市环保局
19	石景山区环保局	申请人李某不服石环保罚〔2016〕40号《行政处罚决定书》	2016年11月25日	当事人经调解达成协议	北京市环保局
20	石景山区环保局	申请人王某不服石环保罚〔2016〕41号《行政处罚决定书》	2016年11月25日	当事人经调解达成协议	北京市环保局
21	石景山区环保局	申请人王某不服石环保罚〔2016〕42号《行政处罚决定书》	2016年11月25日	当事人经调解达成协议	北京市环保局
22	石景山区环保局	申请人赵某不服石环保罚〔2016〕43号《行政处罚决定书》	2016年11月25日	当事人经调解达成协议	北京市环保局
23	石景山区环保局	申请人胡某不服石环保罚〔2016〕44号《行政处罚决定书》	2016年11月25日	当事人经调解达成协议	北京市环保局
24	西城区环保局	申请人孙某不服西城区环境保护局〔2016〕第5号－非本（复议）《重新答复告知书》	2016年11月28日	维持原具体行政行为	北京市环保局
25	丰台区环保局	申请人李某不服丰环保监察罚字〔2016〕313号《行政处罚决定书》	2016年12月01日	申请人撤回复议申请，终止行政复议	北京市环保局

北京市环保局2016年度行政诉讼情况

序号	原告	案　由	裁判结果
1	王某山 张某明 付某兰 穆某明	不服北京市环保局2005年9月30日作出的《北京市环境保护局关于东风家园五区（第六宗地）环境影响报告表的批复》（京环审〔2005〕927号），先向市政府申请行政复议，后又于2016年2月向海淀区人民法院提起行政诉讼	海淀区人民法院于2016年8月11日作出裁定，驳回原告的起诉
2	刘某苗	不服北京市房山区环保局2010年4月8日作出的《关于京石二通道（大苑村—市界段）高速公路工程建设项目环境影响报告书的批复》（房环保审字〔2010〕0143号），先向北京市环保局申请行政复议，后又于2016年7月向房山区人民法院提起行政诉讼	房山区人民法院于2016年8月8日作出裁定，驳回原告的起诉

（明莉）

环保标准

【概况】 2016年，市环保局继续围绕污染减排、改善首都环境质量的目标，特别是落实清洁空气行动计划等中心工作，从“以标准支撑和引领环境管理战略转型”的角度出发，注重体系优化，促进标准实施，通过标准的制修订为环境管理提供导向、依据、规范。年内，在研标准项目28项，完成公开标准征求意见9项、送审10项、报批8项、发布5项。截至2016年年底，北京市现行有效地方环保标准63项，其中大气污染物排放标准38项（固定源20项、移动源18项）、水污染物排放控制标准2项、其他环境管理技术类标准23项。委托市环科院开展3项标准实施情况评估。

【标准实施评估】 1.《城镇污水处理厂水污染物排放标准》（DB 11/890—2012）实施情况。2016年，19项基本控制项目监督性监测和企业自监测，全因子达标率为94.1%，其中，新（改、扩）建城镇污水处理厂全因子达标率为91.1%，现有城镇污水处理厂全因子达标率为95.8%。2012—2015年城镇污水排放量增加了8.8%，但城镇生活污水COD排放量削减17.0%，氨氮排放量削减21.7%。2.《铸锻工业大气污染物排放标准》（DB 11/914—2012）实施情况。2013—2016年铸锻企业数量由92家降至13家，标准的发布实施有助于加快规模小、管理差、排放水平较高的铸锻企业淘汰。现有企业TSP、PM_{10}、SO_2、NMHC的减排量分别为2014.3吨、1126.4吨、280.2吨、990.9吨。3.《防水卷材行业大气污染物排放标准（DB 11/1055—2013）》实施情况。通过标准实施，促进沥青防水卷材生产企业生产工艺、日常管理、末端治理方面进行升级改造，企业达标比例为63.6%，部分未达标企业由于政策清退等因素疏于设施运维。2013—2016年，VOCs、沥青烟分别减排50.67吨、7.07吨。

【发布车用汽油、车用柴油标准】 2016年，第六阶段车用燃油标准进一步加严。10月20日，由市环保局组织编制的《车用汽油》（DB11/238—2016）、《车用柴油》（DB11/239—2016）正式发布，2017年1月1日正式实施。两项标准的技术指标参照了现行国际上最严格的车用燃油标准。在汽油方面主要加严四项指标，有助于减少大气氧化性，减少$PM_{2.5}$和臭氧生成：（1）加严烯烃含量限值；（2）加严芳烃和苯限值；（3）加严车用汽油的蒸气压并更加精细化；（4）加严车用汽油的馏程50%蒸发温度限值。在柴油方面同样进行了部分指标加严：（1）加严多环芳烃的含量限值；（2）增加B5车用柴油的技术要求和试验方法；（3）在柴油中加入清净剂；（4）根据油品炼制工艺的变化，对车用柴油的密度、运动黏度、闪点等指标进行调整。

【发布挥发性有机物便携式监测方法标准】 12月22日，由市环保局组织编制的《固定污染源　废气甲烷/总烃/非甲烷总烃的测定　便携式氢火焰离子化检测器法》（DB11/T1367—2016）正式发布，2017年1月1日开始实施。该标准是北京市发布的首个挥发性有机物便携式监测方法地方标准，用于现场监测，解决了现场采样—实验室分析可能遇到的分析过程复杂、分析周期长、高温源冷凝损失、运输损失等问题，可以最大限度地保留样品原有特点，使分析结果更真实反映污染物的排放情况，同时将填补当前固定污染源甲烷、总烃和非甲烷总烃现场监测方法的空白。

（高喜超）

【现行标准目录】

北京市地方环保标准目录

（截至 2016 年 12 月 31 日）

序号	标准编号	地方标准名称	性质
1	DB 11/123—2000	轻型汽油车简易瞬间工况污染物排放标准	强制
2	DB 11/182—2003	摩托车、轻便摩托车稳态加载排气污染物排放限值及测量方法	强制
3	DB 11/318—2005	装用点燃式发动机汽车排气污染物限值及检测方法（遥测法）	强制
4	DB 11/501—2007	大气污染物综合排放标准	强制
5	DB 11/502—2008	生活垃圾焚烧大气污染物排放标准	强制
6	DB 11/503—2007	危险废物焚烧大气污染物排放标准	强制
7	DB 11/588—2008	埋地油罐防渗漏技术规范	强制
8	DB 11/639—2009	核技术利用放射性废物、废放射源收贮准则	强制
9	DB 11/T656—2009	场地环境评价导则	推荐
10	DB 11/T673—2009	清洁生产标准　金属切削加工	推荐
11	DB 11/T674—2009	清洁生产标准　果蔬汁及果蔬汁饮料制造	推荐
12	DB 11/121—2010	在用柴油车加载减速烟度排放限值及测量方法	强制
13	DB 11/122—2010	在用汽油车稳态加载污染物排放限值及测量方法	强制
14	DB 11/183—2010	在用三轮汽车和低速货车加载减速烟度排放限值及测量方法	强制
15	DB 11/206—2010	储油库油气排放控制和限值	强制
16	DB 11/207—2010	油罐车油气排放控制和限值	强制
17	DB 11/208—2010	加油站油气排放控制和限值	强制
18	DB 11/832—2011	在用柴油汽车排气烟度限值及测量方法（遥测法）	强制
19	DB 11/847—2011	固定式燃气轮机大气污染物排放标准	强制
20	DB 11/T783—2011	污染场地修复验收技术规范	推荐
21	DB 11/T784—2011	移动通讯基站建设项目电磁环境影响评价技术导则	推荐
22	DB 11/T810—2011	重金属污染土壤填埋场建设与运行技术规范	推荐
23	DB 11/T811—2011	场地土壤环境风险评价筛选值	推荐
24	DB 11/T835—2011	生活垃圾填埋场恶臭污染控制技术规范	推荐
25	DB 11/T838—2011	地铁噪声与振动控制规范	推荐
26	DB 11/890—2012	城镇污水处理厂水污染物排放标准	强制
27	DB 11/914—2012	铸锻工业大气污染物排放标准	强制
28	DB 11/1055—2013	防水卷材行业大气污染物排放标准	强制
29	DB 11/1056—2013	固定式内燃机大气污染物排放标准	强制
30	DB 11/184—2013	在用非道路柴油机械烟度排放限值及测量方法	强制
31	DB 11/185—2013	非道路机械用柴油机排气污染物限值及测量方法	强制
32	DB 11/307—2013	水污染物综合排放标准	强制

续表

序号	标准编号	地方标准名称	性质
33	DB 11/4054—2013	水泥工业大气污染物排放标准	强制
34	DB 11/946—2013	轻型汽车（点燃式）污染物排放限值及测量方法	强制
35	DB 11/964—2013	车用压燃式、气体燃料点燃式发动机与汽车排气污染物限值及测量方法（台架工况法）	强制
36	DB 11/965—2013	重型汽车排气污染物限值及测量方法（车载法）	强制
37	DB 11/T1032—2013	医疗废物一次性包装箱	推荐
38	DB 11/T1033—2013	工业射线探伤辐射安全和防护分级管理要求	推荐
39	DB 11/T1034.1—2013	交通噪声污染缓解工程技术规范　第 1 部分　隔声窗措施	推荐
40	DB 11/T1034.2—2013	交通噪声污染缓解工程技术规范　第 2 部分　声屏障措施	推荐
41	DB 11/044—2014	汽油车双怠速污染物排放限值及测量方法	强制
42	DB 11/045—2014	柴油车自由加速烟度排放限值及测量方法	强制
43	DB 11/097—2014	低硫煤及制品	强制
44	DB 11/120—2014	摩托车和轻便摩托车双怠速污染物排放限值及测量方法	强制
45	DB 11/1195—2015	固定污染源监测点位设置技术规范	强制
46	DB 11/1201—2015	印刷业挥发性有机物排放标准	强制
47	DB 11/1202—2015	木质家具制造业大气污染物排放标准	强制
48	DB 11/1203—2015	火葬场大气污染物排放标准	强制
49	DB 11/1226—2015	工业涂装工序大气污染物排放标准	强制
50	DB 11/1227—2015	汽车整车制造业（涂装工序）大气污染物排放标准	强制
51	DB 11/1228—2015	汽车维修业大气污染物排放标准	强制
52	DB 11/139—2015	锅炉大气污染物排放标准	强制
53	DB 11/447—2015	炼油与石油化学工业大气污染物排放标准	强制
54	DB 11/T1178—2015	地铁车辆段、停车场区域建设敏感建筑物项目环境噪声与振动控制规范	推荐
55	DB 11/T1278—2015	污染场地挥发性有机物调查与风险评估技术导则	推荐
56	DB 11/T1279—2015	污染场地修复工程环境监理技术导则	推荐
57	DB 11/T1280—2015	污染场地修复技术方案编制导则	推荐
58	DB 11/T1281—2015	污染场地修复后土壤再利用环境评估导则	推荐
59	DB 11/238—2016	车用汽油	强制
60	DB 11/239—2016	车用柴油	强制
61	DB 11/T1319—2016	排污单位自行监测实验室建设及运行管理技术规范	推荐
62	DB 11/T1367—2016	固定污染源废气　甲烷 / 总烃 / 非甲烷总烃的测定　便携式氢火焰离子化检测器法	推荐
63	DB 11/T1368—2016	实验室危险废物污染防治技术规范	推荐

环境影响评价管理

建设项目环评管理 | 规划环评管理 | 北京市环境影响评价评估中心

【综述】 2016年，继续严格审查新改扩建项目环评文件，进一步规范建设项目主要污染物总量指标和管理，建立重大项目环评会商机制，推进落实市政府对于重点项目，做好投资项目环保监督、管理及服务，统筹协调全市环评审批，加强环评机构资质管理，积极推进“十三五”规划环评编制。

（杨芳　杜小娟）

建设项目环评管理

【严格审批建设项目环评文件】 2016年，落实《京津冀协同发展规划纲要》，对于不符合首都功能定位，属于《北京市新增产业的禁止和限制目录》的项目，不予受理；严格执行《北京市环境保护局关于建设项目主要污染物排放总量指标审核及管理的补充通知》，对未取得总量控制指标、基础设施不完善的项目，不予审批。市环保局全年共接受一般类建设项目环评报告书（表）163个，其中，批准103个项目，24个项目因材料不全不予受理，10个项目因供热、污水排放未配套建成暂缓审批，26个项目因不符合我市产业政策、污染排放难以控制被劝退。批准项目涉及总投资约1648.1亿元，环保投资约20.95亿元，COD减少141.1吨，氨氮减少1.48吨，二氧化硫减少17.2吨，氮氧化物减少10.6吨。

【推进重点项目环评管理】 延崇高速公路北京段属于2022年冬季奥运会重要配套工程，通过组织编制生态影响报告，协商市交通委、市规划国土委，调整了可能造成生态影响的敏感路段，有效缓解了可能产生的影响。垃圾处理设施项目属于我市重点推进的基础设施建设项目，多次协调推进参与阿苏卫循环经济园、房山区循环经济产业园、丰台区建筑垃圾资源化项目、房山区建筑垃圾资源化项目，调研我市生活垃圾焚烧发电项目环境管理工作。

【依法行政实施登记表备案管理】 9月1日，新修订的《中华人民共和国环境影响评价法》开始实施，其中对环境影响评价登记表类项目改为备案管理。8月31日，市环保局印发《北京市建设项目环境影响登记表过渡期间的备案工作说明》，弥补环境保护部未出台相关细则的空缺；及时跟踪北京市备案工作开展情况，做好政策解读及实施情况监督；与市工商局协调沟通餐饮类登记表项目手续办理事宜，明确建设项目环评审批不再作为建设单位办理营业执照的前置条件。

【统筹协调全市环评审批工作】 2016年，加强对区环保局审批工作监督指导，确保环评审批权限下放后区环保局“接得住”“接得好”。就区域限批、总量前置、“双随机”监管、环评违法建设项目清理和登记表备案等政策向区环境保护局开展执行的解读及部署工作。

【加强环评机构管理】2016年，印发《北京市环境保护局办公室关于贯彻落实环境保护部〈建设项目环境影响评价资质管理办法〉的通知》（京环办〔2016〕90号）、《北京市环境保护局关于加强建设项目环境影响评价机构考核管理的通知》（京环发〔2016〕19号），进一步明确了对北京市环评机构的考核管理要求。组织开展了环评机构2015年度考核，并将相关问题向有关环评机构进行了通报。完成资质预审工作共21项。其中，新申请资质3项，名称变更4项（机构改制），资质晋级3项，资质范围调整7项，资质延续4项，法人或住所变更5项，就31位环评工程师在职情况向环境保护部提出进一步调查的建议。

【建立环评会商机制】2016年，北京市环保局与天津市、河北省的环境保护部门初步建立重大项目环评会商机制。根据环境保护部、国家发展改革委、财政部联合印发的《重点区域大气污染防治“十二五”规划》中“建立重大建设项目环境影响评价会商机制”的有关要求，河北省环保厅就遵化热电联产工程、保定西北郊热电厂、大唐保定热电厂和神华国华三河电厂三期工程扩建项目四个热电项目来函征求意见，市环保局从燃料种类、污染物排放标准、总量替代、热电比例控制、应急减排措施等方面分别回函提出意见建议。

【市政务服务中心大厅入驻相关审批事项登记受理】2016年，18项公共服务事项入驻市政务服务中心大厅，分别是：1.建设项目环境影响评价审批；2.建设项目环境保护设施竣工验收；3.拆除或闲置防治污染设施审批；4.危险废物经营许可证核发（权限内）；5.贮存危险废物超过一年的批准；6.转移固体废物出本市贮存处置的批准；7.大气污染物排放许可证核发；8.水污染物排放许可证核发；9.符合规定排放、耗能标准的机动车车型和非道路移动机械的认定；10.机动车排气污染定期检测机构委托；11.辐射安全许可证核发（权限内）；12.转让放射性同位素批准；13.废弃电器电子产品处理企业资格审批；14.加工利用国家限制进口、可用作原料的废五金电器、废电信电缆、废电机等企业认定；15.在两库一渠一级保护区内船只下水或下水船只改变用途批准；16.污染场地环境恢复方案审批和恢复后场地检测报告备案；17.《进口废物批准证书》签发初审；18.进出口有毒化学品环境管理年度备案。“窗口”共受理审批6964件，每日接待约30人次，接听咨询电话约50个。做好服务，来办事人员提供材料齐全的当即接受，材料不全的耐心解释并一次性告知所缺材料，准确解答相关的各种咨询。对当日应受理和办结的事项做到2个100%完成，无差错率100%。

（杨芳　杜小娟）

规划环评管理

【推进“十三五”规划环评编制】2016年，依据《北京市环境保护委员会办公室关于依法开展本市“十三五”规划环境影响评价工作的通知》（京环保委办〔2015〕1号）文件精神，督促相关委办局、各区政府依法依规开展规划环评文件编制，已督促完成《北京市“十三五”时期能源发展规划》《北京市“十三五”时期基础设施建设发展规划》等10项规划环评篇章的编制；已完成《北京市“十三五”时期交通发展建设规划环境影响报告书》《“十三五”时期城乡供排水设施建设规划环境影响报告书》的审查工作。

【专项规划环评审查】2016年，市环保局完成了对《北京兴谷经济开发区总体规划环境影响报告书》《平谷区马坊镇中心区南部地区控制性详细规划环境影响报告书》《北京临空经济示范区环境影响评价报告》《通州文化旅游区（九棵树中路以西地区）街区深化方案环境影响报告》《新首钢高端产业综合服务区控制性详细规划环境影响报告书》的审查。推进大兴区生物医药基地、大兴区黄村工业开发区、丰台区丽泽商务区启动规划环评编制。

（杨芳　杜小娟）

北京市环境影响评价评估中心

【概况】 2016年，北京市环境影响评价评估中心依职责承担了建设项目环评技术评估、规划环评技术审核、土地一级开发环保预审意见办理等主要工作；同时完成简化优化公共服务流程、协助加强环评机构管理、建设项目环评污染物新增量审核、政策技术支持等主要任务；在内部业务流程、管理流程、信息化建设等方面取得进展和成效。

【规划及项目环评技术评估】 2016年，共接收环境影响评价项目110个，出具技术评估报告27份、评估意见35份，组织召开专家技术评估会34次，23个项目未通过技术评估。探索京津冀环评会商机制，对河北三河电厂三期工程、保定西郊热电厂一期燃煤机组项目以及大唐保定热电厂项目提出了项目环评会商技术评估意见。对“十三五”交通规划、“十三五”城乡供排水设施建设规划、新首钢高端产业综合服务区等6个规划环评报告书进行技术审查，协助组织召开规划环评审查会议并提出规划与规划环评完善建议。对“十三五”规划中的综合性、指导性规划和房山葡萄酒庄园规划等5个规划环评篇章进行技术审查后出具意见。

【重点项目前期介入与后期跟踪】 2016年，为延崇高速公路，轨道交通3号、12号、19号线，新机场高速，京原与京通铁路电气化改造等重点市政基础设施项目提供环评前期技术指导和优化措施建议；在某汽车制造项目审批前开展调研，重点关注焊接与涂装工艺中沸石转轮吸附、焚烧和收尘措施等产污环节和环保措施，对汽车行业VOCs控制措施进行了初步的分析，为环评审批提供技术支持。推动新材料产业基地规划实施跟踪评价，取得阶段性成果；针对阿苏卫循环经济园、兴延高速、地铁17号线、地铁3号线等项目出现的行政复议、行政诉讼、居民信访等事件，为市环保局提供相应的环保应对技术支持；协助协调解决陕京四线项目建设有关问题。

【审批技术支持服务】 2016年，协助落实“放管服”审批制度改革开展相关工作，包括简化优化公共服务流程、研究制定供给侧改革落实方案、为建设项目竣工验收工作提供技术支持；规范建设项目污染物排放总量前置，编制了建设项目环评污染物新增量审核指南，并发布实施《北京市环境保护局关于建设项目主要污染物排放总量指标审核及管理的补充通知》，用于污染物排放总量前置管理；为登记表备案管理提供保障支持；对18个土地一级开发项目进行环保审查并出具意见；发布实施《北京市环境影响评价技术审查专家库管理办法》并主动公开，专家库与区环保局共享。

【协助开展环评机构管理】 2016年，依据环境保护部出台的资质管理办法开展北京市环评机构管理调研，借鉴其他省市经验，完成调研报告；协助起草发布《北京市环评机构考核管理要求》；开展年度考核，通过环评文件质量考核、资质条件复核等方式进行评议，并将考核结果通过网络进行公示和通报；办理环评机构资质预审，年内共完成资质预审28项。

【环评政策技术研究】 2016年，编制建设项目环评污染物新增量审核指南、房地产类建设项目环评技术审查指南；开展完成了汽车制造行业污染物排放情况调研、利用废弃油脂生产生物柴油调研和新建电子封装新材料生产项目情况调研；开展完成了北京市近年来审批环评项目的特点分析研究，对建设项目分类管理名录实施情况进行统计分析；开展了京津冀战略环评有关研究分析。

（李楠）

大气污染防治

年度清洁空气行动计划 | “清煤降氮”工程 | 机动车污染防治 | 工业污染防治 | 扬尘污染防治 | 空气重污染预警应对

【综述】 2016年是北京市落实国家《大气污染防治行动计划》(以下简称“大气十条”)、北京市五年清洁空气行动计划的关键之年，为推进空气质量持续改善，北京市贯彻落实党中央、国务院的工作部署，以中央环保督察为契机，针对问题、补齐“短板”，先后制定实施了《北京市2013—2017年清洁空气行动计划重点任务分解2016年工作措施》《北京市贯彻落实〈京津冀大气污染防治强化措施（2016—2017年）〉实施方案》。措施聚焦重点区域、重点领域、重点时段，以农村散煤、高排放车、城乡结合部治理为重点，推进南部四区强化治理，狠抓大气污染执法年行动，推动周边省区市联防联控、联合应急，促进社会公众主动参与、积极减排。

2016年，北京市空气质量持续改善，四项主要污染物累计浓度均同比下降。其中，全市$PM_{2.5}$累计浓度73微克/米^3，同比下降9.9%；空气质量达标天数（优和良）198天，同比增加12天，达标率为54.1%；共发生空气重污染39天，同比减少7天。

（谢金开）

年度清洁空气行动计划

【印发实施2016年清洁空气行动计划】 1月12日，市长王安顺主持召开第105次市政府常务会议，专题听取审议2016年清洁空气行动计划编制情况。王安顺强调，要牢牢抓住中央以及市、区各级高度重视大气污染防治工作的有利契机，认清大气污染的极端严峻形势，突出抓好拆除违建，治理散煤、高排放车和“散乱污”企业，修订重污染应急预案等重点工作，确保完成全年治理目标。1月23日，市政府办公厅印发实施《北京市2013—2017年清洁空气行动计划重点任务分解2016年工作措施》(京政办发〔2016〕11号)，明确84项重点任务，重点实现打好治理散煤、高排放车、城乡结合部的“三大战役”；完善空气重污染应急预案和大气污染防治责任落实机制；全面提高环境监测、监管能力；进一步推进空气质量持续改善，实现2016年全市$PM_{2.5}$浓度同比下降5%左右的目标。相关部门、各区政府均制定了本行业、本辖区的细化落实方案。

【定期调度清洁空气行动计划进展情况】 为推动2016年清洁空气行动计划各项措施落实，建立了“市政府常务会议每季度专题审议，市大气办每月调度”的定期调度工作机制。2月29日，市委常委、秘书长、副市长张工组织召开2016年全市大气污染防治工作暨“大气污染执法年”专项行动工作会议，对做好2016年大气污染防治重点工作进行了动员部署。4月26日，市长王安顺主持召开第114次常务会议，听取审议一季度空气质量及清洁空气行动计划进展情况；7月14日，王安顺主持召开第123次市政府常务会议，听取审议本市上半年空气质量形势分析及清洁空气行动计划进展情况；10月18日，王安顺主持召开第132次市政府常务会议，听取审议本市前三季度空气质量形势分析及清洁空气行动计划进展情况。

市大气污染综合治理领导小组办公室充分发挥协调调度作用，定期调度清洁空气行动计划各项措施落实情况，每月向市政府报告清洁空气行动计划进展情况并通报各区。市环保局每月由局主要领导或主管局领导主持召开全市环保系统大气污染防治工作调度会；建立大气污染防治攻坚战协调督促责任制，由各位局领导包片负责督促各区大气污染防治措施的落实，并定期进行现场调研指导，协调解决困难问题。

【印发实施两年强化措施】贯彻落实《京津冀大气污染防治强化措施（2016—2017年）》，7月14日，市长王安顺主持召开第123次市政府常务会议，审议通过了本市细化实施方案。7月29日，市政府办公厅印发实施《北京市贯彻落实〈京津冀大气污染防治强化措施（2016—2017年）〉实施方案》（京政办字〔2016〕37号）。两年强化措施在2016年清洁空气行动计划基础上，全面落实国家强化措施的要求，围绕空气质量目标任务，按照“突出重点、补齐‘短板’”的原则，重点突出升级加码措施、突出属地责任落实、突出强化城市环境精细化管理，提出了13项具体强化措施和3项实施保障措施。为推动两年强化措施落实，按照市政府要求，两年强化措施与2016年清洁空气行动计划任务统筹实施、统筹督察、统筹考核。

（谢金开）

“清煤降氮”工程

【概况】2016年，在压减燃煤方面，全市大规模推进郊区燃煤锅炉、民用散煤采暖清洁能源改造，完成总容量8488蒸吨/小时燃煤锅炉清洁能源改造；全年“无煤化”向城乡结合部和农村地区延伸，完成城乡散煤治理共计25.6万户。全市燃煤总量压减到847万吨，提前一年完成国家下达的压煤任务。在燃气锅炉氮氧化物减排方面，在全国率先开展燃气锅炉低氮燃烧改造，发布《北京市燃气（油）锅炉低氮改造以奖代补资金管理办法》，累计治理3249台、总容量10986蒸吨/小时燃气锅炉。

（曾景海　邢敏　刘晓）

【燃煤总量压减到847万吨】按照国务院《大气污染防治行动计划》和《北京市2013—2017年清洁空气行动计划》要求，到2017年北京市燃煤总量应控制在1000万吨以内。根据统计局数据，2016年全市燃煤总量为847万吨，提前一年实现国家下达的五年煤炭消费总量控制目标。

2016年全市燃煤消费总量中，第一产业24万吨，第二产业455万吨，第三产业127万吨，居民生活241万吨。各区煤炭消耗量分别为：东城区1.7万吨，西城区1.6万吨，朝阳区205.7万吨，海淀区22.8万吨，丰台区13.6万吨，石景山区3.8万吨，门头沟区16.7万吨，房山区158.0万吨，通州区61.8万吨，顺义区54.3万吨，大兴区51.1万吨，昌平区93.7万吨，平谷区42.1万吨，怀柔区16.7万吨，密云区57.4万吨，延庆区40.1万吨，开发区0.3万吨。

全市能源结构不断优化。全市能源消费总量达到6962万吨标准煤，能源消费增速由“十一五”时期的4.7%降至“十二五”时期的1.5%。2016年全市煤炭消费总量比2010年减少1680万吨，占能源消费总量的比重由29.6%降至9.8%，天然气、电力等优质能源比重提高到90.2%，其中，天然气消费快速增长，占比由14.6%增长到31.7%。

（曾景海　邢敏）

【完成燃煤锅炉清洁能源改造总容量8488蒸吨/小时】2016年，全市下大力气强化燃煤锅炉清洁能源改造，改造完成1855台、总容量8488蒸吨/小时，完成量是清洁空气行动计划原定目标总容量3000蒸吨/小时的2.8倍，可减少燃煤212.2万吨，相应减少烟尘3.4万吨，二氧化硫1.8万吨，氮氧化物0.6万吨。自1998年实施第一阶段大气污染治理措施以来，北京市按照“由小及大，由内到外”的原则实施燃煤锅炉清洁能源改造，截至2016年年底已累计淘汰燃煤锅炉总容量76000余蒸吨/小时，2016年的改造规模历年最大。

2016年各区改造量分别为：门头沟区35台、132蒸吨/小时，房山区339台、1134蒸吨/小时，通州区760台、2208蒸吨/小时，顺义区290台、1205蒸吨/小时，大兴区148台、1998蒸吨/小时，昌平区131台、1111蒸吨/小时，平谷区41台、98蒸吨/小时，怀柔区47台、233蒸吨/小时，密云区34台、291蒸吨/小时，延庆区30台、78蒸吨/小时。

1998—2016年全市燃煤锅炉清洁能源改造完成量统计表

年份	改造完成量	
	台数/台	容量/（蒸吨/小时）
1998—2002	10633	22410
2003—2008	5704	22141
2009—2013	812	9195
2014	843	7950
2015	947	6044
2016	1855	8488
合计	20794	76228

（曾景海　邢敏）

【通州区实现基本无燃煤锅炉】 通州区结合行政副中心建设和规划要求自我加压，重点加强能源结构调整，推进煤烟型污染治理。2013—2016年四年累计拆除燃煤锅炉总容量4251蒸吨/小时，取缔台账内全部茶浴炉、大灶1502台。年内，为加速推进燃煤设施清洁能源改造工作，通州区加大经济鼓励，制定出台《通州区燃煤锅炉清洁能源改造区级补助、奖励工作办法》，同时，各乡镇在市、区两级政策之上进一步出台配套措施。全区共拆除燃煤锅炉总容量2208蒸吨/小时，在远郊区中率先实现了辖区内基本无燃煤锅炉。

（曾景海　邢敏）

【二氧化硫年均浓度下降到10微克/米^3】 北京市空气质量持续改善，与燃煤直接相关的二氧化硫年均浓度从1998年的120微克/米^{3}下降到2016年的10微克/米^3，下降幅度达91.7%，浓度水平接近国际大都市年均值，在北方大城市中最低。与2015年的13.5微克/米^{3}相比，2016年的二氧化硫年均浓度实现进一步下降，下降幅度达25.9%。

（曾景海　邢敏）

2016年全市散煤治理完成情况统计表

区名	城镇社区户数/万户	农村地区户数/万户
朝阳区	0.5	0.81
海淀区	0.5	1.11
丰台区	0.9	1.64
石景山区	1	0.35
门头沟区	—	0.7
房山区	—	4.32
通州区	—	4.87
顺义区	—	0.61
大兴区	—	3.64
昌平区	—	0.93
平谷区	—	1.16
怀柔区	—	0.9
密云区	—	1.4
延庆区	—	0.28
合计	2.9	22.72
总计	25.62	

注：城镇社区数据来源于市环保局，农村地区数据来源于市农委。

【完成25.6万户民用散煤清洁能源替代】2016年，“无煤化”向城乡结合部和农村地区延伸，全市农村地区完成663个村、约22.7万户“煤改清洁能源”，城四区城镇地区完成了47个街道、约2.9万户民用散清洁能源替代。全市散煤治理总共完成25.6万户，削减年用煤量约77万吨，减少烟尘年排放量7700吨、二氧化硫年排放量5236吨、氮氧化物排放量1540吨。

（刘晓）

【在全国率先开展燃气锅炉低氮改造】6月4日，市环保局、市财政局、市质量技术监督局联合印发《北京市燃气（油）锅炉低氮改造以奖代补资金管理办法》（京环函〔2016〕293号），在全国率先开展燃气锅炉低氮燃烧改造。年内，全市燃气锅炉低氮改造完成3249台、总容量10984蒸吨/小时。

2016年各区改造量分别为：东城区389台、682蒸吨/小时，西城区731台、1160蒸吨/小时，朝阳区726台、2766蒸吨/小时，海淀区655台、2304蒸吨/小时，丰台区424台、2432蒸吨/小时，石景山区158台、680蒸吨/小时，通州区40台、154蒸吨/小时，大兴区43台、154蒸吨/小时，昌平区27台、155蒸吨/小时，开发区56台、497蒸吨/小时。

（刘晓）

机动车污染防治

【概况】2016年，北京市以重型柴油车、营运性轻型汽油车排放达标为重点加强高排放车监管，加快高排放老旧机动车淘汰和行业车辆结构调整，推进京津冀及周边地区联防联控，促进北京市机动车排放污染进一步降低。截至2016年年底，北京市机动车保有量为571.7万辆。按照环境保护部总量减排核定，机动车氮氧化物排放量为6.6万吨。

【新车排放管理】1月1日起，北京市新增公交车、环卫车、旅游车、邮政车、渣土车、班车、校车、机场巴士等市域内用车，应选购加装壁流式颗粒物捕集器（DPF）的车辆。市环保局全年共发布机动车环保目录19批4107个车型，新注册登记加装DPF柴油车累计7640辆。全年共完成129辆（台）新车环保一致性抽检工作，403辆（台）在用车辆符合性抽检工作，重型车抽检比例达52%。

【油品标准】市环保局联合市质监局组织有关单位开展第六阶段车用燃油地方标准研究制定，10月20日正式发布北京市第六阶段《车用汽油》（DB 11/238—2016）和《车用柴油》（DB 11/239—2016）标准，并于2017年1月1日起实施。中国汽车技术研究中心试验表明，在车载诊断系统（OBD）没有报警、车辆状态正常的情况下，在用汽油车使用第六阶段油品后车辆颗粒物排放降幅达10%，非甲烷有机气体和氮氧化物总体上能够达到8%~12%的排放削减率。在用柴油车燃用第六阶段油品后排放结果平均值均有下降，氮氧化物下降4.6%，颗粒物下降9.1%，总碳氢化合物下降8.3%，一氧化碳下降2.2%。

【老旧机动车淘汰】2016年，继续实施《北京市进一步促进老旧机动车淘汰更新方案（2015—2016年）》（京政办发〔2015〕5号），对使用6年及以上、提前报废的老旧车车均补助8000元，小客车最高补助8500元，重型柴油车最高补助21500元。若报废老旧机动车的车主更换新车，汽车生产企业按照平均标准不低于政府补助的原则再给予车主购置新车奖励。2016年12月1日实施了《北京市促进高排放老旧机动车淘汰更新方案》，对提前淘汰国Ⅰ、国Ⅱ标准轻型汽油车的车主给予政府补助。年内，北京市共淘汰高排放老旧机动车44万辆（其中报废22.9万辆），可年减少一氧化碳、氮氧化物、碳氢化合物和颗粒物排放共5.8万吨，其中氮氧化物4271吨，碳氢化合物5804吨。

【在用车排放管理】 3月25日，市环保局印发了《2016年移动污染源监管工作方案》(京环办〔2016〕30号)并组织宣贯，进一步明确职责和任务，加强协调与配合，采取以市级为督导，各区为主体，社区、街、乡、镇分管落实的多级监管模式，以重型柴油车和营运性轻型汽油车监管为主线，突出重点行业、重点车型、重点道路、重点时段执法监管，促进本市机动车排放污染进一步降低。

在用车日常检查情况。1.加强重点行业入户抽查。组织各区深入公交、环卫、邮政、出租、货运、旅游、渣土、省际客运等八大行业企业单位，核查车辆台账，检查车辆排放，督促企业加强维护保养，确保达标使用；依据季节用车特点，定期组织开展全市性专项执法检查，严肃查处违法行为，加大宣传曝光力度，促进行业车辆减排。2.加强重点车型综合治理。指导全市依托建筑垃圾运输联合督导组，协调市政市容委、住建委等六部门每月开展建筑垃圾运输车联合检查。全市各部门团结协作，在“超标源头、违规现场、污染去向”三方面做好围追堵截，执法效果显著。3.加强重点道路执法监管。组织全市继续深化联勤联动机制，依托市、区两级联合执法办，采取长期驻站和共同执勤等方式，在进京道路、环路主要联络线、城区主干路、车辆停放场站周边道路“四道关卡”加大巡查执法力度，降低道路污染。4.加强重点时段应急保障。组织全市严格落实空气重污染应急减排措施，依托京津冀及周边地区机动车污染防治协作小组及本市各联合执法平台，跨区域联勤，多部门联动，高限查处违法行为，努力缓解移动源排放污染。2016年，北京市检查各类机动车1156.2万辆次，查处违规车10071起。

在用车定期排放检测。采取网络监控、巡查暗访相结合方式，加强对检测场检查力度，严把高排放、高污染、老旧车辆定期检验关。1.严控检测流程。充分发挥科技监管优势，锁定高排放车检测专线，逐车核查监控图片、数据、过程和录像，发现问题及时查处，进一步规范检测秩序。北京市机动车排放管理中心共核查年检数据2.5万条，整改检测问题6项，暂停检测线8条。2.加强现场监控。督促各检测场设立监控室，各区安排专人加强对柴油车检测过程的现场监督，发现冒黑烟车或替车检测等违法行为及时查处，提高监管效率。3.提升管控效果。要求各检测场对新增重型柴油车检测线加装摄像头，强化排气管检测流程监控力度，实现重柴检测全过程监管，保证检测质量。4.严把上牌环节。组织全市认真落实重柴国五标准，督促检测场逐车核查本市新增八类重点车型壁流式颗粒捕集器(DPF)安装情况，不合规定车辆不予注册。2016年，全市巡查检测场6359场次，查处违法检测场6起。

【油气回收及油品清净剂监管】 2016年，市环保局加大力度开展全市油气检查抽测工作，采取定期检查、随机抽查和专项检查相结合的工作方式，对储油设施油气回收装置各关键点进行重点检查，强化企业自保体系建设，确保油气回收设施正常运行。2016年，北京市检查抽测储运油设施3.3万次，查处违法储运油设施107起。

为进一步了解本市油品、清净剂和尿素质量，2016年，市环保局组织完成了“市售车用油品及添加剂质量抽查项目”工作任务。结果显示，抽测的汽油样品全部合格，柴油样品合格率为80%；抽测的38个市售车用尿素产品合格率仅为47%，已将情况通报市工商、质监局两部门。

【出租车更换三元催化器】 9月7日，市环保局与市交通委、市委宣传部、市经信委、市国资委、市质监局、市公安局等单位共同召开了本市出租车更换三元催化器工作动员部署会，各区环保和交通部门、全市230余家出租车运营单位、三元催化器更换网点等共400余人参加了会议。9月9日，北京市正式启动出租车更换三元催化器工作，全年为4.3万余辆出租车更换三元催化器。同时，严查出租车不达标运营行为，对有上述违规情况的出租车依法上限处罚。

【国Ⅰ、国Ⅱ轻型汽油车限行】依据《北京市大气污染防治条例》第72条、第78条规定，11月18日，市环保局联合市交通委、市公安交管局发布《北京市环境保护局 北京市交通委 北京市公安局公安交通管理局关于对国Ⅰ及国Ⅱ排放标准轻型汽油车采取交通管理措施的通告》(京环发〔2016〕29号)，规定从2017年2月15日起，对本市及外埠的国Ⅰ、国Ⅱ排放标准轻型汽油车，实施五环路(不含)以内道路工作日限行。对于机动车违反规定进入限行区域道路行驶的，公安交通管理部门按照相关法律规定，给予罚款100元，每4小时计罚一次。

【首都机场电能替代污染减排】2016年，按照清洁空气行动计划，市环保局与首都机场集团公司、中国国际航空公司等多次沟通，在首都机场进行试点，鼓励机场用电动车辆设备替代柴油车辆设备。另外，市环保局积极推动飞机减排，对飞机"怠速"实施电能替代辅助动力装置(APU)，采用地面电源和空调供电送风，减少APU航空煤油消耗和排放污染。5月20日，市环保局领导周扬胜带队调研首都机场电能替代，将机场减排纳入"十三五"环保规划。

(田野 李京炜 高杰)

工业污染防治

【概况】2016年，疏解与整治提升相结合，进一步压低北京市工业污染源排放总量。淘汰退出工业污染企业335家，清理整治"散乱污"企业4477家，保留的企业通过实施清洁生产和技术改造等降低污染物排放量。加严排放标准、实施重点工程，推动重点企业VOCs减排。

(祁金龙)

【大力疏解非首都功能企业】2016年，市政府办公厅印发了《关于集中开展清理整治违法违规排污及生产经营行为有关工作的通知》(京政办发〔2016〕22号)，建立以常务副市长为总指挥，副市长林克庆、隋振江任副总指挥的市清理整治违法违规排污及生产经营行为专项整治指挥部，开展环保执法、整治无证无照违规经营、打击违法用地违法建设、安全生产整治等专项行动，通过取缔、关闭、改造升级等方式，明确到2017年年底完成50个重点区域、200个重点行政村和5000家企业的清理整治任务。

严格执行《北京市新增产业的禁止和限制目录(2015年版)》，禁限目录涉及小类599项，占全部国民经济行业分类的比例由32%提高到55%，其中城六区提高到79%，凡属目录涵盖的项目，不予办理核准备案手续。认真落实《北京市工业污染行业、生产工艺调整退出及设备淘汰目录(2014年版)》，不断加大污染企业调整退出力度，2016年共淘汰退出工业污染企业335家，四年累计退出1341家，超额完成国家下达的淘汰退出1200家的任务。开展"散乱污"企业摸底排查和清理整治，共清理整治挂账企业4477家。

落实《北京市市级以上工业开发区生态化建设推进工作方案》，评审认定9家市级以上工业园区基本建成为生态工业园区，累计评审认定生态工业园区19家。2016年完成26个镇村产业集聚区工业污染整治工作，累计完成56个镇村产业集聚区工业污染整治，超额完成累计50个的工作任务。

(祁金龙)

【强制性清洁生产审核】2016年，发布2016年清洁生产审核企业名单。开展强制性清洁生产审核培训会，督促企业启动实施清洁生产审核和技术改造，对企业清洁生产审核工作进行指导和评估，全年共组织130家单位完成清洁生产审核评估，其中强制性清洁生产审核企业51家。

（祁金龙）

【重点企业实施VOCs减排】 2016年，制定全市各区2016年减排任务指标，督促各区报送减排工作计划及进展情况，制定全市减排督察核查工作方案，督促市民政局等部门和重点企业，加快殡葬行业环保设施治理改造等重点项目进度。加强与市新闻出版局、北京印刷协会等部门沟通，建立和完善印刷行业VOCs排污收费工作机制，促进企业治污减排。组织制定《有机化学品制造大气污染物排放标准》《建筑涂料与胶黏剂挥发性有机物含量标准》，完善VOCs污染控制标准体系。燕山石化实施水煤浆锅炉改为天然气锅炉工程，以及工艺加热炉和二催化装置烟气脱硝、苯酚装置氧化尾气治理、设备泄漏检测修复措施等环保治理工程，全市工业企业挥发性有机物排放量比上年削减1.4万吨。

（赵伟）

【环保技术改造】 继续开展环保技术改造工程，通过技术革新减少污染物排放。市环保局组织各区、控股公司制订2016年度工业污染防治项目计划。提出燕化工艺加热炉烟气脱硝、强力家具公司水性漆改造、福田多功能汽车厂有机废气深度治理、新华印刷公司挥发性有机物治理等108项环保技改措施。协调督促市燃气集团等重点企业，加快实施燃气锅炉低氮燃烧技术改造、汽车涂装废气治理等重点项目。组织燕京啤酒公司等工业企业实施燃煤锅炉清洁能源改造。2016年共启动实施115项大气环保技改项目，完工103项。

（赵伟）

扬尘污染防治

【概况】 2016年，在全市1540个建筑施工工地、135家混凝土搅拌站安装视频监控系统；关闭16家非法新建、资质失效搅拌站；加强施工工地落实扬尘污染控制“五个百分之百”要求；积极探索扬尘污染防治第三方代管制度；88家施工工地采用抑尘剂等扬尘污染防治新技术；全市建城区道路“吸、扫、冲、收”新工艺作业率达87%，日再生水使用量达到2.31万立方米。

【施工工地扬尘污染控制】 2016年，通过强化“人防技防”，进一步加强清洁降尘。强化施工扬尘控制，在全市1540个建筑施工工地安装视频监控系统；市、区两级住房城乡建设、交通、水务、园林绿化等部门对各类施工工地落实扬尘污染控制“五个百分之百”要求情况进行持续检查督促。为提升环境污染治理效率和专业化水平，北京市积极推广环境污染第三方治理模式，在扬尘污染治理领域开展试点，首批试点中“建设项目扬尘治理整体解决方案”项目，由专业环境污染治理公司为北京住总集团承建的北京城市副中心、首都新机场等重点工程提供扬尘治理整体解决方案，确保满足施工环保标准。

【渣土车管理】 2016年，结合清洁空气行动计划任务目标，将全市渣土车违规信息纳入扬尘排污费核定依据，提高渣土车管理水平。

【混凝土搅拌站管理】 2016年，在全市135家混凝土搅拌站安装视频监控系统，保持对建材混凝土搅拌站治理力度不减，继续加强对混凝土搅拌站建设管控，落实压缩全市混凝土搅拌站生产规模任务、协调及时查处无行政许可混凝土搅拌站关停。7月6日印发《北京市大气污染综合治理领导小组办公室关于贯彻落实北京市清洁空气行动计划2016年工作措施 进一步做好混凝土搅拌站治理整合与绿色生产管理工作的通知》，强化对搅拌站新建、迁建等方面的管理；指导各有关区环保部门梳理全市范围内有资质搅拌站近两年的违法违规信息，为后续加严行政许可审核管理提供依据；开展搅拌站《预拌混凝土绿色生产管理规程》标准的专项检查。

（张国振）

空气重污染预警应对

【概况】 2016年，北京市第三次修订空气重污染应急预案，于12月15日正式实施《北京市空气重污染应急预案（2016年修订）》。针对12月16—21日出现的空气重污染过程，提前33小时向社会发布红色预警，至21日24时红色预警解除，本次红色预警持续124小时。

【修订空气重污染应急预案】 2016年，按照总体措施力度不减、重点措施细化加强、局部措施优化调整的原则，再次修订空气重污染应急预案。于12月15日正式实施《北京市空气重污染应急预案（2016年修订）》（京政发〔2016〕49号）。新预案针对上一版应急预案中污染物单日高浓度值应急体现不足、停课措施较为单一、预警响应程序不够简洁等问题，继续沿用健康防护引导、倡议性减排、强制性减排三类措施，由预警分级、应急措施、应急响应、组织保障等四部分组成，着重从统一预警分级标准、加强机动车措施减排力度、采用差别化的应急措施、因地制宜细化停产停工措施四个方面进行修订，使应急措施更加精细化、更加有针对性。

【空气重污染应急响应】 2016年，北京市以$PM_{2.5}$为首要污染物的空气重污染天数38天，启动空气重污染17次36天。其中，蓝色预警6次6天，黄色预警7次16天，橙色预警3次8天，红色预警1次6天。针对12月16—21日出现的空气重污染过程，15日11时，北京市提前33小时向社会发布红色预警，决定于16日20时至21日24时实施应急措施；至21日24时红色预警解除，红色预警持续124小时。市应急办、市空气重污染应急指挥部办公室联合组织，先后于10月31日、11月11日开展两次空气重污染红色预警启动演练，指挥部全体成员单位参加了演练，为实战奠定了基础。

（张国振）

水污染防治

生活饮用水水源保护　水污染防治行动计划　水环境区域生态补偿

【综述】 2016年是贯彻国务院《水污染防治行动计划》和《北京市水污染防治工作方案》的开局之年，市长和各区区长签订了《水污染防治目标责任书》，市政府办公厅出台了年度任务分解，各区结合实际明确了辖区水质目标和防治任务。市环保局切实发挥牵头统筹作用，组织各区政府和市有关部门全面完成了年度水环境质量目标和水污染防治工作任务。

生活饮用水水源保护

【概况】 饮用水水源关系到民众健康和大局稳定，市委、市政府一直高度重视饮用水安全问题。为加强饮用水安全，不断强化集中式饮用水水源地规范化建设，持续开展饮用水水源地环境状况评估工作，自本年度起向社会公开饮用水水质安全状况信息，保障公众知情权，提高饮用水水源保护水平。

【每季度公开城市集中式饮用水安全状况信息】 2016年，市环保局会同市水务局、市卫生计生委制定了《北京市市级集中式生活饮用水水质安全状况信息公开方案》，经市政府同意，5月25日起每季度在市环保局、市水务局、市卫生计生委3部门网站同步公开饮用水水源、自来水厂出厂水、城市末梢水水质情况。全年四季度水质情况均已公开全部达标。

【完成饮用水水源保护区划定】 2016年，除东城区、西城区无地下水集中式饮用水水源外，北京市其余14个行政区均完成了水源保护区划定工作。全市划定饮用水水源保护区321个，面积1300余平方公里，饮用水水源保护区面积占全市国土面积的8%。饮用水水源保护区划定后，安排810多万元实施饮用水水源保护区标志设置工作。

【完成市、区水源环境状况年度评估】 2016年，对4个市级饮用水水源（密云水库、海淀花园村、朝阳花家地、朝阳小亮马桥）和10个区级饮用水水源开展了评估。14个饮用水水源水质总体满足相关标准要求，14个水源地数据库提交环境保护部。

（史芫芫）

水污染防治行动计划

【国家考核水质断面】 2016年，北京市25个地表水国家考核断面中，达到或优于Ⅲ类的比例为40.0%（2016年考核目标为不低于24.0%），劣于Ⅴ类的水体断面比例为48.0%（2016年考核目标为不高于48.0%），国家要求2016年达标断面11个，达标10个，不达标的断面为平谷区东店断面；集中式饮用水水源水质达标率为100%（2016年考核目标为

100%）；地下水质量考核点位水质极差比例为3.4%（2016年考核目标为控制在3.4%左右）。城市建成区内共排查出57条（段）黑臭水体，年底前完成25条（段），占43.9%（2016年考核要求为达到40%）。

（李鹏）

【印发2016年水污染防治工作方案重点工作任务】 2016年1月，市政府办公厅印发《北京市水污染防治工作方案2016年重点任务分解》（京政办发〔2016〕10号），明确年度重点目标任务，完成时限和责任人。

【签订《水污染防治目标责任书》】 2016年，市长王安顺和各区区长签订了《水污染防治目标责任书》，明确了各区水质目标和任务要求。同时，王安顺市长还和6个市有关委办局也签订了目标责任书，落实了各有关部门的工作任务。

【指导督促各区制定水污染防治工作方案】 2016年，指导督促各区开展水污染防治工作方案编制。年底，全市16个行政区完成水污染防治工作方案编制并报市政府备案。协调市卫计委、市住建委、市经信委、市农委、市国土局、市水务局按照要求制定了本部门的水污染防治工作落实方案。

【指导各区编制水体达标方案】 2016年，指导各区政府参照环境保护部《水体达标方案编制技术指南》，按照"一河一策"要求，针对未达到水质目标要求的河流（湖泊），逐一制定水体达标方案。截至2016年年底，16个行政区政府均编制了达标方案。

【推动落实各项牵头任务】 2016年，针对《北京市水污染防治工作方案》中市环保局牵头的重点任务，研究制定了《北京市水污染防治工作方案局内任务分解》，细化明确了72项任务的牵头单位和协办单位。定期督促各责任单位通过督察系统填报牵头任务进展，并不定期组织会议研究推进中的问题。

【配合推进河湖生态环境管理"河长制"】 6月，市政府办公厅印发实施《北京市实施河湖生态环境管理"河长制"工作方案》（京政办发〔2016〕28号）。积极配合市水务局推动建立市、区、乡镇（街道）三级"河长制"组织体系，落实属地政府河湖环境"三查三清三治"管理责任。

【建立相关机制】 建立分析研判机制。针对各区《水污染防治目标责任书》中确定的地表水、饮用水、地下水有关断面、点位的水质情况，每月（地下水按照季度）组织市环保监测中心、市国土地勘部门等进行分析研判，对水环境质量不达标的断面、水质出现恶化趋势的断面进行深入研究，并向相关区政府函发预警，督促抓紧开展整治，推动断面达标和改善。

建立统筹调度机制。会同市水务局起草了市水污染综合治理领导小组及综合协调、工程建设办公室设立的有关文件。组织市发展改革委、市水务局等22个部门填报了本部门负责水污染防治工作的主管领导（局级）、联络员（处级）和工作人员信息，做到各部门有人抓、有人管、责任到人；建立了北京市"水十条"季度分析联席会制度，每季度组织相关委办局报告工作进展，分析问题，研究解决措施，推动工作落实。

建立督察反馈机制。联合市政府督查室将2016年88项重点任务列入市政府绩效管理及督察办公平台，制定了《2016年水污染防治工作方案重点工作任务督查方案》，向各区、各部门印发了《督查通知单》；印发《督查与反馈》的《水污染防治工作专项督查月报》，每月报市委常委、副市长，市政府秘书长、副秘书长，并发各区人民政府，市政府相关委办局，通报当月水质达标情况和水污染防治工作进展，提出需关注的重点问题和下一步工作建议。同时，每月通过《北京环保信息》的"水环境质量状况"专栏刊登66个市级地表水水质考核断面的水质情况和不达标断面的名单，报市政府有关领导参阅，并送市相关部门，各区政府、各区环保局参考。

（李鹏）

水环境区域生态补偿

【概况】 自2015年起，北京市开始实施《北京市水环境区域补偿办法（试行）》（京政办发〔2014〕57号），水环境区域补偿包括跨界断面补偿和污水治理年度任务补偿两部分。完不成水质目标任务的区政府须缴纳跨界断面补偿金，完不成污水治理任务的区政府须缴纳补偿金，补偿金全部安排用于水污染防治项目。通过实施区域补偿，运用经济手段强化水环境管理，切实落实了各区政府水环境保护和治理的属地责任。

【组织对各区跨界断面水质进行监测】 2016年，组织对各区跨界断面水质进行监测，联合市水务局按季度向区政府通报考核监测断面达标情况、污水治理任务完成情况、补偿金核算情况，并提出工作要求。9月，联合市水务局召开新闻发布会，向社会公开了水环境区域补偿办法实施情况。水环境区域补偿金由市水务局会同市环保局、市财政局组织各区政府进行核算，按年度收缴。其中，市环保局负责跨界断面补偿金核算，组织社会化第三方检测机构，每周对各区跨界断面水质进行监测，每月对各区跨界断面补偿金进行核算。

【开展跨界断面及水质考核标准调整工作】 2016年，依据国家《水污染防治行动计划》考核的新要求，在充分考虑各区意见的基础上，组织开展跨界断面及水质考核标准调整工作，通过现场踏勘、协调会商、研究讨论，初步达成了一致意见。现行跨界断面共83处（其中20处入境参照断面，63处补偿断面）。优化后的断面共计98处，其中24处入境参照断面，74处补偿断面，断面设置覆盖全市16个行政区。编制《北京市环境保护局　北京市水务局关于对北京市水环境区域补偿跨界断面和水质评价标准进行优化的请示》（京环文〔2016〕118号），报请市政府批准后自2017年1月起执行。

【开展补偿金核算工作】 2016年，按照《北京市水环境区域补偿办法（试行）》（京政办发〔2014〕57号），结合补偿断面水环境质量，开展补偿金核算工作，2015年各区需缴纳跨界断面补偿金97427万元；2016年，各区需缴纳跨界断面补偿金71400万元。补偿金用于水源地保护、污水处理设施及配套管网、相关监测设施建设与运行维护等水环境治理相关工作，实现专款专用。

（黄斌）

自然生态与农村环境保护

自然生态保护　　农村环境保护

自然生态保护

【概况】 贯彻落实市委、市政府关于北京市推进生态文明建设的决策部署，推动生态保护红线划定相关工作，进一步加强自然保护区管理制度建设，持续推进生态创建工作，不断提高生态文明和生态保护水平。

【推进生态保护红线划定】 落实环境保护部《关于加快推进生态保护红线划定工作的通知》和市政府工作要求，完善生态保护红线方案，在大气环境改善、水源保护、生物多样性维护等八个方面分别划定生态保护红线，针对方案多次与市规划委召开对接会议，并多次与环境保护部开展对接沟通，形成了生态保护红线划定方案，并于2016年8月将经市政府同意的《北京市生态保护红线划定方案》报送环境保护部。

【完善自然保护区管理制度建设】 市环保局结合北京市自然保护区建设管理实际，参照国家级自然保护区调整的有关管理要求，研究起草了《北京市地方级自然保护区调整管理规定》，组织有关自然保护区行政主管部门召开了专题座谈会，征求了7个相关区政府的意见，反复修改完善，通过了市政府法制办的合法性审查。会同有关部门向市政府报送了《关于印发〈北京市地方级自然保护区调整管理规定〉的请示》，市政府于2016年8月正式印发了《北京市地方级自然保护区调整管理规定》(京政发〔2016〕37号)，坚持首都“首善标准”，按照从严管理的原则，对地方级自然保护区调整的原则、适用对象、调整程序、申报材料、评审、批准、公布、违规处理等内容进行了规定。

【持续推进生态创建】 市环保局组织人员参加了环境保护部“国家生态文明建设示范区培训班”，系统学习了《国家生态文明建设示范区管理规程（试行）》《国家生态文明建设示范县、市指标（试行）》《国家生态文明建设示范村镇指标（试行）》等生态创建规范文件，会后积极与环境保护部沟通，推动生态创建工作，并安排资金对2010年和2011年获得“北京郊区环境优美乡镇”“北京郊区生态村”命名的乡镇、村开展了复查工作。截至9月底，顺利完成了96个国家级生态乡镇和2个国家级生态村、12个北京郊区环境优美乡镇和686个市级生态村的现场复查工作。经复查，全部通过现场复查。现场复查后，邀请参加复查工作的专家，组织召开了2016年生态复查总结会，系统梳理了近年来生态乡镇和生态村建设的经验、存在的突出问题，指出了今后生态创建工作努力的方向。

（王海华）

农村环境保护

【完成畜禽禁养区划定推进关闭搬迁】 4月13日，市环保局、市农委、市农业局联合向各相关区印发《关于划定畜禽养殖禁养区的函》（京政农函〔2016〕10号），明确了饮用水水源保护区、风景名胜区、自然保护区等区域作为禁养区的要求，同时明确了各区政府是畜禽养殖疏解调整工作的责任主体。截至2016年年底，本市已完成畜禽养殖禁养区划定工作，共划定面积约5190.25平方公里。共关闭搬迁禁养区内养殖场353家。

【进一步加强农村污水治理】 以污水治理为重点，市环保局配合市农委、市水务局组织完成140个建制村的环境综合整治。2016年8月30日市环保局联合市水务局、市财政局制定了《北京市农村污水处理和再生水利用设施运营考核暂行办法》（京水务排〔2016〕142号），市级财政按照3元/米^{3}的基数对农村地区的污水处理和再生水利用设施运营经费给予补贴，为加快推进本市农村污水治理提供了有力保障。

（冯恺）

土壤、固体废物污染防治

土壤污染防治　固体废物污染防治　北京市固体废物和化学品管理中心

土壤污染防治

【《北京市土壤污染防治工作方案》】 5月，国务院印发了《土壤污染防治行动计划》，要求各级地方人民政府于2016年年底前制定并公布土壤污染防治工作方案，并报国务院备案。根据市领导的要求，市环保局成立《北京市土壤污染防治工作方案》（以下简称《方案》）编制工作领导小组和编写工作小组，启动《方案》编写起草工作。编写小组积极参加环境保护部组织召开的《土壤污染防治行动计划》落实工作座谈会，领会中央政策精神，学习各地工作经验。召集市国土、农业、卫生、水务等相关部门多次讨论，结合北京市实际，研究起草了《方案》（征求意见稿），征求市发展改革委、市经济信息化委、市财政局、市规划国土委、市住房城乡建设委、市城市管理委、市农委、市水务局等21个部门、16个区政府及北京经济技术开发区管委会意见，并召开座谈会听取专家意见，修改完善后形成《方案（报审稿）》。

11月29日，市政府常务会135次会议审议并原则通过《北京市土壤污染防治工作方案（报审稿）》。

11月29—30日，市环保局组织召开土壤环境管理培训会，邀请环境保护部等部门的专家分别就《土壤污染防治行动计划》及土壤环境管理思路，以及《北京市土壤污染防治工作方案》编制情况等进行了专题讲解，指导各区土壤污染防治工作方案的编制工作。

12月26日，市政府印发《北京市土壤污染防治工作方案》（京政发〔2016〕63号），共分总体要求、防治任务、保障措施、组织实施四个部分，48项措施。工作目标：到2020年全市土壤环境质量总体保持稳定，建设用地和农用地土壤环境安全得到基本保障，土壤环境风险得到基本管控；受污染耕地安全利用率达到90%以上，再开发利用的污染地块安全利用率达到90%以上。到2030年，土壤环境质量稳中向好，建设用地和农用地土壤环境安全得到有效保障，土壤环境风险得到全面管控；受污染耕地安全利用率达到95%以上，再开发利用的污染地块安全利用率达到95%以上。

【污染场地治理】 2016年，重点加强东方化工厂、焦化厂和首钢等污染地块的环境管理工作。指导市地勘局加快推进东方化工厂原址场地调查工作，有关情况及时反馈给东方化工厂调整转型工作领导小组办公室。加强焦化厂等污染地块的环境管理，严格相关手续，加强现场监管，及时办理信息公开事宜，及时向市政府相关部门报送有关情况。督促首钢公司加快推进污染土壤治理修复设施相关手续的办理，加强设施建设，提升整体治理修复能力。

（郑磊）

固体废物污染防治

【概况】 2016年，全面落实固体废物环境管理制度，多角度优化工业污染防治策略和手段，积极探索社会源危险废物监管新模式，以强化固体废物监管促进工业污染减排，以强化危险废物监管全力保障首都环境安全，确保北京市固体废物管理系统化、科学化、法制化、精细化、信息化管理水平不断提高。通过全市各方共同努力，工业固体废物处置利用率达到100%，市区生活垃圾无害化处理率达到100%，郊区生活垃圾无害化处理率达到99.56%，工业危险废物和医疗废物基本得到安全处置。

【固体废物污染环境防治状况】 1. 工业固体废物。年内，北京市产生工业固体废物596.57万吨，综合利用量510.84万吨，处置量85.73万吨，处置利用率100%。主要产生的工业固体废物有尾矿、炉渣、粉煤灰、煤矸石、脱硫石膏和其他废物等。其中，粉煤灰、煤矸石和脱硫石膏全部得到综合利用；尾矿大部分综合利用，剩余部分全部得到安全处置。

2. 工业危险废物。2016年，北京市工业企业产生危险废物12.99万吨，综合利用量6.01万吨，处置量6.98万吨，处置利用率100%。主要产生的危险废物有染料、涂料废物、废有机溶剂与含有机溶剂废物、表面处理废物、废酸、油/水、烃/水混合物或乳化液等，以上5种危险废物产生量占总量的59.04%。年内，北京市执行危险废物转移联单制度的工业企业有1128家，危险废物市内处置利用量9.61万吨（利用3.68万吨，处置5.93万吨），跨省处置利用量为1 .73万吨（利用1.66万吨，处置0.07万吨），其余为产废企业自行利用（0.67万吨）或自行处置（0.98万吨）。产生危险废物重点单位均按法规要求制定了危险废物管理计划和应急预案。

3. 医疗废物。2016年，北京市医疗卫生机构共产生医疗废物3.31万吨，其中，北京润泰环保科技有限公司处置1.89万吨，北京固废物流有限公司处置1.42万吨，基本实现了医疗废物无害化处置。

4. 城市生活垃圾。2016年，北京市生活垃圾产生量872.61万吨，日产生量2.38万吨，其中城区垃圾产生量553.11万吨，无害化处理率100%，郊区垃圾产生量319.5万吨，无害化处理率99.56%。目前北京市已建成垃圾处理设施35座。其中，转运站9座，生化处理厂8座，填埋场11座，焚烧厂7座，设计总处理能力24341吨/日，其中填埋场设计处理能力9141吨/日，焚烧9800吨/日，其他5400吨/日。

5. 废弃电器电子产品。年内，北京市2家废弃电器电子产品拆解利用处置单位共接收各类废弃电器电子产品150.49万台，全部得到无害化处理。主要的废弃电器电子产品有废电视机、废洗衣机、废电冰箱、废空调、废电脑等。

【危险废物经营许可证管理】 北京市共有16家单位持有危险废物经营许可证，经营范围覆盖43类危险废物，核准的经营规模31.60万吨/年。2016年，实际处置利用危险废物（含医疗废物）16.38万吨。所有许可证单位均依法制定了意外事故防范措施和应急预案。年内，市、区两级环保部门共检查许可证单位421家次，重点检查许可证单位危险废物的收集、贮存、利用、处置情况，污染防治设施及在线监测系统运行情况，转移联单运行及管理情况等。

【推进危险废物立法】 2016年，在查阅国内外文献、广泛调研、征求各方意见的基础上，编制完成《〈北京市危险废物污染环境防治条例〉立项论证报告》，对立法的必要性、可行性及立法思路等进行了论述，并按照要求将论证报告报送市政府有关部门。配合市人大、市政府法制办针对产废单位、处置单位等进行实地现场调研，会同相关部门、专家多次座谈听取意见，做好立法各项前期准备工作。

【加强危险废物监管】 2016年，动态更新了全市危险废物重点源名单，制定印发了《北京市“十三五”时期危险废物规范化管理督查考核工作实施方案》。组织完成对全市17个区的规范化管理督察考核工作，共抽查单位166家。为全面落实环境保护部、公安部要求，联合市公安局制定印发了《北京市打击涉危险废物环境违法犯罪行为专项行动方案》，于7—11月在全市范围开展打击涉危险废物环境违法犯罪行为专项行动，严厉打击非法转移、处置和倾倒危险废物的环境违法犯罪行为，遏制非法倾倒、处置危险废物多发势头，确保首都环境安全。

【破解医疗废物、垃圾飞灰处置能力不足难题】 2016年，按照市政府要求，积极推进医疗废物、垃圾飞灰处置设施建设。截至11月底，润泰公司医废二期、环卫集团董村医废项目和琉璃河水泥厂飞灰二期环评报告书均已基本编制完成，立项可研、规划土地等各项前期审批手续正在有序进行。为妥善应对医疗废物产生量快速增长，经报请市政府同意，将部分金州公司原收集后运往润泰公司的医疗废物改送至环卫集团处置。积极协调天津壹鸣公司购置车辆，增加跨省转移运力，缓解本市飞灰处置能力不足的压力。

（周苑松）

北京市固体废物和化学品管理中心

【概况】 北京市固体废物和化学品管理中心受市环保局委托，承担北京市固体废物、危险废物、化学品监督管理方面的技术性、事务性、辅助性工作。年内，开展了工业固体废物（危险废物）的环境统计、转移审批及污染防治信息的发布、危险废物经营许可资质技术审核、年度评估、化学品环境统计、消耗臭氧层物质环境管理与宣传、全过程场地环境管理、强制性清洁生产审核等工作，启动了土壤污染状况详查工作，完成了固体废物管理系统的更新换代。

（唐丹平　王然）

【北京市固体废物管理系统完成更新换代】 1月1日，北京市固体废物管理系统完成升级改造后正式上线。北京市固体废物管理系统建立于2006年5月，借助该系统，北京市成为全国第一个实现危险废物转移信息化管理的省份。为适应北京市固体废物环境管理的新内容、新要求，升级改造后的固体废物管理系统在原有固体废物环境管理模块基础上，新增污染场地环境管理、化学品管理、强制性清洁生产审核管理等内容，优化系统功能，提高运行流畅度，并实现与环境保护部固体废物管理系统的对接。

（肖晓峰　王然）

【北京市土壤污染状况详查工作启动】 2016年，为落实国务院《土壤污染防治行动计划》和《北京市土壤污染防治工作方案》，受市环保局委托，北京市固体废物和化学品管理中心牵头启动北京市土壤污染状况详查工作，市财政局、市规划国土委、市农委、市农业局、市园林绿化局、市水务局、市经济信息化委等部门参与，该项工作计划于2020年完成。北京市固体废物和化学品管理中心成立详查工作组，组织研究工作思路，编制了《详查工作方案》。

（唐丹平　王然）

【举办北京市污染场地环境管理高级研修班】 9月19日至10月11日，市环保局主办、北京市固体废物和化学品管理中心举办了“污染场地环境管理”高级研修班，培训对象为环保系统从事污染场地环境管理工作的青年骨干及在京从事污染场地调查评估、治理修复、环境管理等相关业务的科研院所、企事业单位的专业技术或管理人员，研修内容设集中培训、在线学习、专题论坛、实地考察、撰写论文、主题沙龙六部分。研修班学员56人，集中学习阶段实际参与人数84人次，分别来自北京市51家环境管理部门或行业内单位。

（王然）

【开展危险废物规范化管理督察考核工作】 年内，对全市17个区环保局及152家重点源企业（包括9家实验室）和14家危险废物经营单位开展危险废物规范化管理督察考核工作，其中，汽修企业、实验室等社会源危险废物产生企业属首次纳入考核范围。同时，配合华北督查中心完成对北京市危废重点单位的抽查考核工作，共抽查房山区、大兴区、通州区、昌平区及北京经济技术开发区5个区的12家危险废物经营单位和25家重点源产生单位。

（肖晓峰　王然）

【发布固体废物污染环境防治信息的公告】 按照《中华人民共和国固体废物污染环境防治法》和《大中城市固体废物污染环境防治信息发布导则》(国家环境保护总局公告2006年第33号）要求，编制《北京市2015年固体废物污染环境防治信息的公告》，6月5日由市环保局公开发布，自2006年起，已累计发布10期。2015年，我市工业固体废物处置利用率达到100%，市区生活垃圾无害化处理率达到100%，郊区生活垃圾无害化处理率99.43%，工业危险废物和医疗废物基本得到安全处置。

（肖晓峰　王然）

【加强化学品环境管理】 2016年，开展本市首次化学品生产使用情况调查，确定全市属于调查范围的企业398家，化学品生产使用种类1651种，化学品生产量229.553万吨，使用量469.292万吨。开展持久性有机污染物环境统计工作，完成21家二噁英（PCDD/Fs）排放源企业、2家全氟辛基磺酸类化合物（PFOS）加工企业和10家六溴环十二烷（HBCD）加工企业调查统计。开展了3家有毒化学品进出口企业年度备案，发布了《北京市环境保护局办公室关于加强有毒化学品进出口企业环境监管情况的通知》，制定了区环保局现场核查表和年度核查汇总表等，进一步规范环境监管相关工作。

（高杰　王然）

【持续推进场地全过程环境管理】 2016年，完成13块场地环境评价报告的技术审核工作，其中9块受到污染，待修复土壤约33.8万立方米；完成3个污染场地治理修复项目的修复方案技术审核工作和1个项目的修复效果验收工作；编制17份技术审核意见报市环保局。

（王然）

【强化清洁生产环境管理】 2016年，完成北京化工厂等51家（54家次）企业强制性清洁生产审核工作，其中41家企业通过评估；对105家次自愿性清洁生产审核企业的环保守法情况进行审核；《中国环境报》刊发《强化预审核阶段排查，鼓励企业自主参与——北京力推强制性清洁生产审核》文章，从“重点监管对象纳入审核范围”“预审核阶段开启全面排查”“加大政策与资金支持力度”三个方面专题报道了北京市强制性清洁生产审核工作经验。

（杨候剑　王然）

【推进淘汰消耗臭氧层物质（ODS）环保宣传】 2016年，将涉消耗臭氧层物质有奖举报纳入我市举报奖励制度中，推进公众提高淘汰消耗臭氧层物质、保护臭氧层的意识。

（高杰　王然）

放射性、噪声污染防治和电磁辐射环境管理

放射性污染防治 | 电磁辐射环境管理 | 噪声污染防治 | 北京市辐射安全技术中心 | 北京市城市放射性废物管理中心

【综述】2016年，市、区环保部门全面落实“放管服”工作要求，全力配合“清洁空气行动计划”任务实施，以确保辐射环境安全为底线，加大高风险源监管和隐患排查，规范从业单位管理，提升辐射安全管理水平，降低辐射环境安全风险。全市放射源和射线装置安全受控，全年未发生辐射事故，辐射环境质量保持良好。电磁环境管理和噪声污染防治工作稳步推进。

（欧阳琛）

放射性污染防治

【严格辐射类行政许可审批】2016年，严格依据国家相关法律法规、技术标准依法行政，依托辐射类环评技术审评机制，以行政许可为“抓手”，严把辐射类从业单位准入关口，有效夯实辐射安全管理基础。全年共受理辐射类项目、活动1473件，通过审核1159件。通过严格把关，有效地阻止了一些不符合管理要求的活动。截至2016年年底，全市共有辐射安全许可证持证单位2441家（其中放射源单位237家，射线装置单位2371家），在用放射源（不含部队）4904枚，废旧放射源29078枚，在用射线装置8496台。

【深化落实“放管服”要求】结合新修订《中华人民共和国环境影响评价法》及“放管服”行政审批改革精神，深化落实“放管服”要求。加强对审批权限已下放区环保局的Ⅲ类射线装置单位、移动通信基站等项目环评审批、监管的业务培训。落实环境保护部《关于明确核技术利用辐射安全监管有关事项的通知》要求，优化放射性药品生产、使用场所的划分和管理要求，简化部分辐射安全许可证申领程序。落实《关于印发〈建设项目环境保护事中事后监督管理办法（试行）〉的通知》要求，由市城市放射性废物管理中心承担环评验收前项目现场检查。升级、完善现有辐射审批系统，组织市、区环保局审批、监管人员进行系统使用培训。

【加强辐射安全监督执法】市、区环保部门严格落实年度监督检查计划，按照放射源4次/年、Ⅱ类射线装置2次/年、Ⅲ类射线装置1次/年的频次，开展对辐射工作单位的日常监督检查。落实第五次全国核与辐射安全监管工作会议精神，加大对辐照装置、伽马刀等Ⅰ、Ⅱ类放射源的倒装、运输活动现场监督检查。全年检查辐射工作单位2633家次，发出限期整改通知101份，实施行政处罚34家，罚款80.4万元。召开放射源安全专项检查行动工作部署会，传达全国放射源安全检查专项行动精神，部署本次大检查的目的、内容、部门分工和进度安排等。

【辐射反恐应急保障】落实国家和我市有关文件精神，圆满完成“两节”、“两会”、G20峰会等重要敏感时期的辐射反恐应急保障工作，相关工作得到国家核安全局和市反恐办的肯定。组织《中华人民共和国反恐怖主义法》宣贯。开展《北

京市环保局辐射事故应急预案（2015年版）》培训。以探伤作业过程中发生放射源丢失为背景进行辐射事故应急演练，提高应急监测与处置能力。

【辐射环境监测技术支持】 按环境保护部应急指令要求，组织开展应对第四次、第五次朝核应急监测工作，并派出应急监测专家及技术人员赶赴东北，支援边境地区辐射环境监测工作。环境保护部印发《关于表扬第四次朝鲜核实验环境应急工作中表现突出的单位及个人的通报》，市辐射中心及市环保部门3名同志获表现突出单位及个人表彰。

【推进规范化管理】 修订市、区辐射安全监督检查大纲，突出预防为主的管理思想，进一步细化了检查内容、程序、报告制度等内容，强调重点单位、重点行业、重点部位的监管。规范本市医疗机构放射性废物处置，制定了《医疗机构核医学放射性废物清洁解控管理办法（试行）》，并在全市6家三甲医院开展试点。继续开展“辐射安全规范单位”创建工作，全年完成76家单位创建验收，督促辐射工作单位提高主体责任意识，加强自身核安全文化建设，提高辐射安全管理水平。

（欧阳琛　崔莉）

电磁辐射环境管理

【配合落实空气质量监测网子站建设】 空气质量趋势监控网络建设是北京市大气污染治理重点工程。为推进监控网络建设工作，协调北京铁塔公司依托该单位所属移动通信基站塔杆，为建设全市1500个监测子站建设提供站址支持。北京铁塔公司将此作为落实北京市政府和铁塔集团战略合作伙伴协议重要举措，全力保障工作如期完成。

【督促历史遗留输变电项目清理】 按照环境保护部《关于印发〈输变电建设项目重大变动清单（试行）〉的通知》（环办辐射〔2016〕84号）要求，督促北京市电力公司进一步完善输变电建设项目管理机制，梳理未验收项目以及建设有重大变更的项目，加快输变电历史遗留违法违规建设项目清理工作，确保输变电建设项目合法合规。

【妥善应对顺义后沙峪高压线行政复议】 顺义区天竺村回迁安置房建设配套三条同塔双回110千伏高压输电线路向南侧迁移工程，引起周边居民不理解，联名向环境保护部、市委巡视组等部门投诉并提出行政复议。市环保局联合顺义区政府、国网北京市电力公司召开居民座谈会，就相关高压线迁改的工程背景、环保标准及环保监管职责等进行了沟通。环境保护部经环评文件审查、现场勘验等环节，认定项目环评文件不存在复议申请人反映的弄虚作假等问题，评价结论可信，对市环保局作出的环评审批许可予以维持。

（崔莉）

噪声污染防治

【噪声立法及标准制修订】 立项开展“北京市环境噪声污染防治办法修订研究”项目，完成招投标、合同签订和项目启动工作，下一步按计划组织开展立法调研。市环保局会同有关部门组织开展《北京市住宅隔声设计规范》标准相关噪声振动内容的制修订立项工作，下一步拟通过现场调查测试、配套设备设施噪声治理试点等开展标准编制工作。

【“两会”建议提案办理】 按时办理完毕2016年“两会”涉及噪声污染防治的建议提案共计18件。办理过程中组织监测中心入户监测并积极联系代表委员沟通情况，立足法规标准向代表委员做好解释。根据代表要求，组织两次代表面谈会，召集包括市人大代表联络室、市政府办公厅代表联络处及市交通、发展改革等有关部门，就代表提出的问题进行现场解答。

【加强噪声环境管理】 印发《北京市环境保护局办公室关于进一步加强环境噪声污染防治工作的通知》(京环办〔2016〕67号)，组织各区环保部门继续开展中高考期间噪声污染防治专项执法检查，并加强日常噪声监管。经过为期1个月的时间，各区环保、公安、城管、住建部门通过联合执法、集中查处、限期整改等，有效缓解了中高考期间噪声污染状况，为广大考生创造了较好的学习和考试环境。

（徐少辉）

北京市辐射安全技术中心

【概况】 2016年，根据工作计划方案的要求，完成辐射环境常规监测任务，在全市辖区内布设辐射环境质量监测点位128个；完成2个核设施单位、13个重点核技术利用单位、6个电磁辐射发射设施以及13个高压输变电设施周围环境的监督性监测工作；完成《2016年北京市辐射环境质量报告书》的编制工作，年内全市电离、电磁辐射环境质量良好，电离、电磁污染源周边辐射环境状况保持正常。

（陈昱雯）

【电离辐射环境监测】 2016年，对20个市级饮用水水源地、28个区级地下水水源防护区和32个市级地下水“水源防护区”进行水中总放射性及铀钍镭监测；对本市核设施单位、重点污染源单位、核技术应用单位按照监测计划进行监测，涉及20余个监测项目，涵盖空气、气溶胶、气碘、废水、地下水、饮用水、钴源水、土壤、植物等介质；对本市93个辐射项目进行验收监测，对100家辐射工作单位进行专项监测。

1月，朝鲜第四次核试验，按环境保护部应急指令要求，市环保局成立移动监测小组支援东北边境地区，进行辐射应急监测并安排一名γ能谱分析专家赴东北核与辐射安全监督站协助开展γ能谱分析。同年9月，朝鲜进行第五次核试验，按照环境保护部应急办指令要求，启动应急响应工作，成立应急工作指挥小组，派一名γ能谱分析人员赴辽宁丹东市对辐射应急监测工作进行技术支持。

2016年，电离自动监测系统的运行工作稳定开展，重点对综合站中的部分电制冷和气象配件进行更新，以及完成超大流量自动站的验收，确保了自动系统的连续稳定运行和数据的及时上报；完成了北京市核与辐射应急监测调度平台建设项目，实现了与上级部门互联互通；按照环境保护部要求做好国家监管重点核设施外围辐射环境监测系统改造（北京）项目有关工作。

（甘睿琳　李梦珂　陈昱雯）

【电磁辐射环境监测】 2016年，完成北京市电磁辐射常规监测，共27个监测对象、170个监测点位，所有测值与2015年相比无显著变化；共完成622个基站的现场验收监测工作；发出569份基站的验收报告。完成9个项目的基站验收监测和总报告的编制，完成电磁辐射类环保验收项目3个。

开展通州区大型电磁发射设施环境调查项目。1. 对通州区电磁发射系统进行普查，确定了大型电磁发射设施13个，主要分布在通州区的中北部；2. 重点对572短波广播发射台周边半径2.5公里范围内进行电磁辐射环境水平调查和监测，摸清了台区短波天线类型、数量、分布、环境现状和周边规划，掌握了其电磁辐射环境时间分布、水平分布、垂直分布、传输衰减和敏感点的电场强度。编制完成《通州区大型电磁发射设施环境调查报告》。

2016年，电磁自动监测系统的运行工作稳定开展，完成了所有电磁自动站的网络模块升级，确保了数据持续稳定传输。

（李飞 李梦珂 陈昱雯）

北京市城市放射性废物管理中心

【放射源安全监督检查】 防止辐射事故发生，排查隐患，降低风险。2016年，检查辐射工作单位530家次，其中涉源单位296家次、射线装置单位234家次。创建单位36家，环保验收单位46家。发出《辐射安全和防护工作检查情况》报告179份；对16家单位的领导进行了约谈；发放限期整改通知4份；向监察总队移交《辐射工作单位涉嫌违法问题移交单》7家次、向区环保局移交10家次，对13家次单位违法行为进行处罚，罚款46.447万元，并对北京市7家有条件豁免的含源设备生产销售单位进行了专项检查。

全年完成59次放射性物品运输的检查，其中Ⅰ类放射性物品运输活动55次，Ⅱ类放射性物品运输活动4次。监督原子高科与中核404公司，清查历史遗留废旧放射源835枚，整备于29个容器中送离北京。采取“驻检”形式，对昌平区、顺义区、房山区的辐射安全管理工作实施督察和现场指导，共检查80家区环保局发证单位。

按照环境保护部《关于印发全国放射源安全检查专项行动总结的函》（环办辐射函〔2017〕1561号）要求，组织全市开展专项行动。放废中心按照“全覆盖、零容忍、严处理”的标准，做到“4个百分之百”：含源单位100%检查覆盖；安全隐患100%要求整改；违法行为100%依法查处；放射性废物100%妥善处置。环境保护部对北京市专项行动实施情况进行了现场督察，北京市被评为最高的优秀等次，认为领导重视、响应及时、部署周密，行动开展卓有成效。

【放射性废物回收贮存】 2016年年初，北京市城市放射性废物管理中心分别与部队和社会化运输公司签订了《放废库运行管理协议》《放射性废物（源）收贮运输协议》，并针对部队精简整编召开军地双方工作会，研究部署年度放废库运行管理工作，更新了放废库计算机管理系统数据信息。为实现全年“保安全、消隐患”的目标，前后出动500余人次，行程30000余公里，完成57家次单位的放射性废物收贮任务，收贮废旧放射源183枚、放射性废物6950升。

（张馨蕊）

污染源综合管理与环境应急

污染源综合管理　　突发环境事件应急

污染源综合管理

【概况】2016年，北京市采取优化产业结构、压减燃煤总量、加强机动车污染防治等手段，加大减排力度，主要污染物二氧化硫、氮氧化物、化学需氧量和氨氮排放总量分别下降15.4%、10.3%、7.7%和8.1%，超额完成国家下达任务。总结排污许可试点经验，配合国家构建排污许可"一证式"管理体系，为本市排污许可证正式核发做好准备工作。完成了环境统计和排放清单编制等基础工作。

（祁金龙）

【超额完成"十二五"总量减排目标】"十二五"期间，北京市全社会共同行动，扎实推进主要污染物总量减排工作，在地区生产总值年均增长7.7%、常住人口增加208.6万人的情况下，主要污染物二氧化硫、氮氧化物、化学需氧量和氨氮排放总量分别下降31.81%、30.39%、19.34%和24.96%，下降率均达到了国家向北京市下达目标（四项污染物分别削减13.4%、12.3%、8.7%和10.1%）的两倍以上，累计完成进度位居全国前列。

（祁金龙）

【超额完成2016年度总量减排目标】2016年，国家向北京市下达了二氧化硫、氮氧化物、化学需氧量和氨氮排放总量分别削减11.6%、8.4%、2.9%和3.2%的年度目标。

北京市通过大力推进《大气污染防治行动计划》《水污染防治行动计划》实施，综合推进各项减排措施，四项主要污染物排放量分别削减15.4%、10.3%、7.7%和8.1%，圆满完成年度任务。

（祁金龙）

【2016年主要减排措施】大气污染物减排方面。1.优化产业结构，严格执行《北京市新增产业的禁止和限制目录》和《北京市工业污染行业生产工艺调整退出及设备淘汰目录》，关停国华、京能两座燃煤电厂，淘汰各类污染企业335家，清理"散乱污"企业4477家。2.压减煤炭总量至847万吨。3.加强机动车污染防治，发布第六阶段车用油品标准，淘汰转出老旧机动车44万辆，4.3万余辆出租车完成三元催化器更换。

水污染物减排方面。1.强化生活污水治理，落实加快《污水处理和再生水利用设施建设三年行动方案（2013—2015年）》，新建再生水厂41座，升级改造污水处理厂19座，污水处理能力由2012年的398万米^3/日提高到612万米^3/日，再生水生产能力由每日约205万立方米提高到273万立方米。2.注重工业污染防治，在淘汰落后产能的同时，推动石油化工、汽车制造、酒饮料加工等重点行业清洁化改造，25家工业园区全部完成自动在线监控装置安装。3.强化农业污染治理，完成畜禽养殖禁养区划定，实施禁养区内养殖场关停搬迁，完成100家规模化养殖场粪污治理。

（祁金龙）

【国家下达北京市“十三五”时期主要污染物总量减排目标】 12月20日，国务院印发《“十三五”节能减排综合工作方案》，明确了全国化学需氧量、氨氮、二氧化硫、氮氧化物和挥发性有机物排放总量比2015年分别下降10%、10%、15%、15%和10%的总体目标，并将减排任务进一步分解落实到各地。下达北京市“十三五”时期的主要污染物总量削减任务是：化学需氧量、氨氮、二氧化硫、氮氧化物和挥发性有机物排放总量比2015年分别下降14.4%、16.1%、35%、25%和25%。

（祁金龙）

【排污许可】 2014年，本市在朝阳区、房山区和北京经济技术开发区选取了水泥、印刷等行业的20家重点企业开展排污许可证试点。2015年，本市曾计划出台排污许可证管理的政府规章，并积极推进；后考虑到要与国家层面的顶层设计相衔接，经书面请示环境保护部并商市政府法制办，决定暂缓出台政府规章。2016年，根据环境保护部要求，积极参与国家方案的编制工作、排污许可证的国家立法，配合构建排污许可“一证式”管理体系，开展本市排污许可核发准备工作。

与环境保护部对接。2月25日，环境保护部召开排污许可证工作座谈会，市环保局介绍北京市排污许可证试点及立法推进工作进展，对环境保护部起草的管理办法提出了具体意见建议。3月1日，市环保局主管领导带队赴环境保护部交流，汇报北京试点情况。5月13日，市环保局主管领导带队参加环境保护部《污染物排污许可制实施方案》征求意见座谈会，进行交流座谈。7月8日，市环保局副局长李晓华带队赴环境保护部；与大气司副司长汪键汇报交流。

研提意见。5月起，对环境保护部污染物排放许可制实施方案、排污许可管理暂行办法和造纸、火电行业及部分区域、流域排污许可管理工作方案8次书面研提意见。

组织培训。11月25日，组织各区排污许可管理人员，参加环境保护部统一组织安排的排污许可证方案、办法、行业工作方案培训会。12月，组织召开本市排污许可管理工作会，向各区讲解国家排污许可制实施方案总体思路，通报环境保护部工作进展，同时要求各区做好许可证核发准备工作。

（于艳）

【2016年环境统计】 根据“十三五”环境统计报表制度和统计口径，全市顺利完成了2016年度环境统计工作，编印了《2016年北京市环境统计数据手册》。2016年全市重点调查单位2493家，其中重点调查工业源1331家、规模化畜禽养殖场（小区）979家、集中式污染治理设施183家［污水处理厂148家、垃圾处理厂25家、医废（危废）处置厂10家］。全市化学需氧量排放总量8.71万吨，其中城镇生活源6.39万吨、农业源1.99万吨；全市氨氮排放总量0.56万吨，其中城镇生活源0.51万吨；全市二氧化硫排放总量3.32万吨；氮氧化物排放总量9.61万吨，其中机动车6.10万吨；全市烟（粉）尘排放总量3.45万吨。

（肖灵）

【2016年大气污染物排放清单】 在2015年试点工作基础上，2016年对2015年度排放清单进行动态更新。此次清单编制基准年为2015年。污染源范围包括本市行政区域内的化石燃料固定燃烧、工艺过程、移动、溶剂使用、农业、扬尘、生物质燃烧、废弃物处理、油气储运、餐饮、天然源等十一类主要大气污染源；污染物范围包括二氧化硫（SO_2）、氮氧化物（NO_x）、可吸入颗粒物（PM_{10}）、细颗粒物（$PM_{2.5}$）、挥发性有机物（VOCs）、氨气（NH_3）等6项主要污染物。编印了《北京市2016年度大气污染物排放清单编制报告》。2016年北京市大气污染源排放清单结果为：SO_2、NO_x、PM_{10}、$PM_{2.5}$、VOCs和NH_3排放量分别为

23392吨、140804吨、158895吨、44655吨、287328吨和35412吨。

（肖灵）

突发环境事件应急

【应急工作体系】北京市环境保护局环境应急管理工作领导小组下设环境应急管理工作领导小组办公室（以下简称应急办），应急办设在市环境应急与事故调查中心。负责环境应急管理的日常工作。应急办成员单位包括市环境监察总队、市环保监测中心、市环境保护宣传中心、市固体废物和化学品管理中心、市辐射安全技术中心、市城市放射性废物管理中心、市环境投诉举报电话咨询中心、市环境信息中心和市环保局机关服务中心。

【风险源管理】2016年，市环保局结合《水污染防治行动计划》及本市水污染防治工作方案，组织开展了集中式饮用水水源地专项检查，全市共出动执法人员1200余人次，排查集中式饮用水水源地附近的环境风险源单位490余家，发现存在环境安全隐患企业30余家，对发现的问题均依法进行了查处。结合开展“小散乱污”企业、工业大院排污专项整治行动和危险化学品企业专项检查行动，组织开展环境安全隐患排查与整治工作，全市共排查各类可能存在环境安全隐患的企业1200余家次。

【应急演练】2016年11月3日，市环保局联合通州区环保局、北京金隅红树林环保技术有限责任公司在通州区某企业组织开展了2016年突发环境事件应急演练。演练以北京市环境风险管理与应急指挥系统和4G无线通信网络技术为支撑，利用语音、短信、定位、信息查询、图像和视频传输等多种信息交互形式，对演练现场作业进行远程调度指挥。市环保局、通州区环保局、金隅红树林专业应急处置队伍和参演企业四个部门的参演成员在1小时内完成了突发环境事故的先期处置、信息上报、应急启动与响应、应急处置等科目的演练。副巡视员刘广明和部分机关处室、直属单位的领导、河北省环境应急与重污染天气预警中心和天津市环境应急与事故调查中心领导以及各区应急主管局长，在市环保局应急指挥大厅观摩了演练过程。

【应急处置】2016年，本市妥善处置突发环境事件32起，均为一般性环境事件，未造成环境污染，同比减少24起。其中，由生产安全引起的12起，占37.50%；由交通事故引起的5起，占15.62%；由遗弃废弃物引起的6起，占18.75%；由非法倾倒事件引起的2起，占6.25%；由违法排污引发的1起，占3.12%；其他原因引起的6起，占18.75%。

（魏军武）

环境监测

环境质量监测	污染源监测	监测质量管理	监测能力建设	环境监测规划与计划	北京市环境保护监测中心

【综述】 北京市环境监测系统围绕生态文明体制改革和首都环境质量改善中心工作，不断加强环境质量和污染源监测，强化监测质量管理，积极推进生态环境监测网络建设、环境质量监测、污染源监测及信息公开等工作，为各项污染防治工作提供了有力的支撑，圆满完成了各项监测任务。

（金蕾）

环境质量监测

【空气质量监测网络升级建设】 2016年，组织新增空气质量自动监测站建设，布设$PM_{2.5}$高密度监测网，基本建成具有国际领先水平的新一代“4+1”空气质量监测网络。落实全国“两会”期间空气质量监测预测工作，顺利完成安利纽崔莱2016年国际长跑节、2016年国际田联世界田径挑战赛北京站和“北京马拉松”空气质量服务保障工作。

【水质自动监测站点建设】 2016年，按照《北京市水污染防治工作方案》的要求，开展地表水、地下水和集中式饮用水水源地水质监测，加强综合分析和数据应用，完成水环境区域补偿、南水北调进京水的水质监测、跨界地表水国控断面确认和联合监测等重点工作，推进新增12个水质自动监测站点建设。

【建立国控土壤环境质量监测网络】 2016年，按照环境保护部《关于开展重点区域土壤环境质量监测风险点位布设工作的通知》的要求，确定45个国控土壤环境质量监测风险点位，上报环境保护部审核。结合北京市土壤污染防治工作要求，研究本市土壤环境质量监测点位布设方案。

【完成重点生态功能区县域生态环境质量考核】 2016年，完成对密云、延庆两区的年度国家重点生态功能区县域生态环境质量监测、评价与考核工作。12月，向国家报送《北京市国家重点生态功能区县域生态环境质量考核工作报告》。

（金蕾）

污染源监测

【污染源监督性监测及信息公开】 2016年，制定年度污染源监督性监测方案，加强监督性监测信息公开，建立市、区两级和同级环保部门内部监督性监测信息公开的协调联动机制，组织区环保局每季度公开国家重点监控企业和市级重点排污单位监督性监测信息，在市环保局政务网站公布每季度30万千瓦火电厂监督性监测数据和各区国家重点监控企业监测数据汇总信息，满足公众知情权。

【公开重点排污单位企业自行监测信息】 2016年，积极稳妥推进企业自行监测信息公开，组织200余家国家重点监控企业和市级重点排污单位在北京市企业事业单位环境信息公开平台和企业网站公开自行监测信息，每月将污染源监测信息公开调度软件信息上报环境保护部，对信息公开情况进行网络抽查，提高了全市污染源监测信息公开内容的时效性和完整性。

（金蕾）

监测质量管理

【环境监测质量管理监督检查】 2016年，制定并实施年度全市环境监测质量工作方案，开展市、区两级环境监测机构环境质量和污染源监测质控考核、实验室间比对和能力验证。采用多种方式对大气、水、土壤和污染源手工监测全过程，以及空气、地表水、噪声等自动监测系统进行监督检查。

【社会化环境监测机构能力认定】 2月，召开社会化环境监测机构能力认定工作启动会，修改完善社会化环境监测机构能力认定申办指南、技术审核细则和申报软件系统。5月通过市环保局政务网站发布能力认定结果，共有38家社会化监测机构申请并通过能力认定。8—10月，开展社会化环境监测机构质量监督检查，重点检查市区两级环保部门委托通过能力认定的社会化环境监测机构所开展的污染源监测的监测质量，检查范围覆盖2016年市区两级环保部门对外委托的全部监测项目，共抽查监测报告及原始记录250份。

（金蕾）

监测能力建设

【区级监测人员持证上岗考核】 2016年，组织市环保监测中心和市机动车中心完成2016年区级监测人员持证上岗考核工作，共对考核合格的15个区级环境监测站的279人（2993项次）和7个区级机动车排放管理站的23人（411项次）发放上岗证。完成通州区监察人员废水采样持证上岗考核首次试点工作，提高了环境监察执法的效率和合法性。

【环境监测管理和业务能力培训】 2016年，举办全市环境监测管理和业务能力培训班，加强环境监测人才队伍建设。先后开展环境监测业务综合能力、监测业务基础能力、污染源监测信息公开、环境监测管理等4次培训，培训人数达到400余人次。开展全市环境监测科技论文比武活动。

【编制监测技术规范地方标准】 2016年，编制完成《排污单位自行监测实验室建设及运行管理技术规范》，5月1日正式实施。6月，召开培训工作会对该标准进行了宣贯和解读。

（金蕾）

环境监测规划与计划

【编制《北京市生态环境监测网络建设方案】》 2016年，在调研市气象局、市水务局等10个部门的基础上，编制形成《北京市生态环境监测网络建设方案（报审稿）》(以下简称《方案》)。6月7日，市政府常务会议审议通过《方案》，8月26日由市政府办公厅印发实施。《方案》按照国家《生态环境监测网络建设方案》要求，结合本市实际，提出了今后几年生态环境监测网络建设的指导思想、基本原则、主要目标和重点任务。

【编制《北京市2017年环境监测工作方案》】 2016年，结合本市环境管理需求和环境监测能力，组织编制了《北京市2017年环境监测工作方案》(以下简称《工作方案》)，《工作方案》包括监测工作要点和监测计划两部分。在环境质量监测上，坚持市级考核和监测原则；在污染源监测上，加强企业自测、环保部门监督性监测，突出执法监测联动；在监测队伍上，统筹好市、区两级环境监测力量，发挥社会监测机构的作用。

【编制发布环境状况公报】2016年，编制完成《2015年北京市环境状况公报》(以下简称《公报》)，《公报》编制过程中多次核实各环境要素数据和重点工作素材，增加“十二五”专栏，并对《公报》版面设计进行改版。4月13日召开新闻发布会和接受媒体采访，向公众宣传解读本市环境状况。

（金蕾）

北京市环境保护监测中心

【概况】 2016年，北京市环境保护监测中心认真落实“三大行动计划”和《北京市2016年监测工作方案》，基本完成新一代空气质量监测网络建设和空气质量预报预警及决策支持平台建设，优化空气质量监测及预报预警体系，完善水环境监测网络和土壤监测网络，切实加强监测数据分析和评价，加大科技创新力度，不断提升空气质量信息发布和宣传水平，圆满完成各项工作。在管理决策、环境考核、污染治理、成因分析、服务公众等方面发挥了积极作用，为首都环境质量的持续改善提供了强有力支撑，为环境监测事业的发展壮大奠定坚实基础。

（兰平）

【新一代空气质量监测网络】 按照《北京市大气环境质量监测网络升级方案（2015—2017年）》总体部署，年内，新建空气质量自动监测站30余个，建成1300余个点位的$PM_{2.5}$高密度监测网以及新一代静止卫星接收系统。形成由环境空气评价子网、污染专项监测子网、区域污染监控子网、时空趋势监控子网及移动监测系统组成的新一代“4+1”监测网络。

（安欣欣）

【空气质量预报预警监测】 2016年，根据监测中心预报结果，共启动空气重污染预警17次，覆盖重污染日36天。其中，蓝色预警6次6天，黄色预警7次16天，橙色预警3次8天，红色预警1次6天（12月16日至21日），识别率超90%。监测中心从技术手段、会商机制和硬件支撑等方面持续优化提升空气质量预报预警能力。一是通过对空气重污染案例的详细剖析，完善京津冀区域的统计预报模型和区域污染源清单，改进数值模拟预报技术等技术手段，不断提高预报的准确性；二是区域空气重污染期间专家组、气象局、京津冀及周边省（区、市）空气质量联合视频会商机制已经建立并日趋完善；三是完成空气质量预报预警及决策支持平台建设，建成国内一流的数字化预报预警会商大厅，构建创新性的大数据分析平台架构，支撑了预报会商分析过程中对各类信息的快速调度、整合分析等各方面的需求，增强为管理部门提供精细化预报预警服务产品的能力。

（李云婷）

【水环境区域补偿监测】 2016年，监测中心按照《北京市环境区域补偿办法（试行）》，对全市83个水环境区域补偿断面开展监测。监测中心创新采取“采测分离”工作模式，按现场采样、样品流转、实验室分析3个环节，对监测工作实施相互独立的分段式管理，由不同监测机构分别完成。市环保监测中心从全流程监督、全过程质控、实时监控、记录留痕、同步监测分析5个方面，对监测工作全流程进行监管。该工作模式得到环境保护部、市政府等上级部门的高度认可。全年共采集样品3800余个，获得监测数据1.6万余个。编制完成监测简报12份，水质分析月报12份，水环境区域补偿监测半年及全年形势分析报告各1份，总报告1份。通过实施补偿监测，各区政府积极响应，努力改善辖区内水环境质量，降低跨界断面水环境污染物浓度，保证水质达标。2016年，85个补偿断面中，核算补偿金的63个断面污染物浓度整体下降，氨氮同比减少16.1%，总磷同比减少26.8%，水环境质量整体呈好转趋势。

（梁云平）

【监测执法联动】 2016年，市环保监测中心配合管理部门完成执法监测、信访监测等监测任务359项，同比增加20.9%。其中，在采暖季、重污染预警期间，夜间监测46天，双休日监测28天，完成远郊区燃煤锅炉监测65家，现场配合检查企业燃煤设施47家；在“大气污染执法年”专项行动中，开展VOCs行业现场监测20余家，开展废水企业、污水处理厂、垃圾填埋场、规模化畜禽养殖场等行业的专项执法监测60余家。

（郑海涛）

【科研创新】 1月24日，大气颗粒物监测技术北京市重点实验室首届学术委员会暨管理委员会会议顺利召开。郝吉明院士、刘文清院士等业内知名学者及市环保局主管领导出席会议。会议审议并通过了管理委员会管理章程和学术委员会管理章程，充分肯定了重点实验室各项工作所取得的成果与进展，并对重点实验室的定位、研究方向及运行管理等方面提出了意见和建议。

2016年12月，市环保监测中心承担的“北京市环境遥感与地面综合监测‘一张图’关键技术研究及集成应用”项目获环境保护科学技术奖二等奖。全年申请专利54项，其中发明专利13项，获得专利授权27项。发表论文48篇，其中发表于国内核心期刊28篇，EI源期刊11篇，SCI源期刊3篇，最大期刊影响因子超过10。编写出版《北京市生态环境变化（2000—2011年）调查与评估》著作。

（邹本东）

【信息发布】 在《人民日报》发布的2016年度政务微博影响力排行榜中，监测中心官方微博@北京环境监测首次进入全国十大环保系统微博排行榜，是全国环境监测系统唯一上榜微博。

12月30日，监测中心对“北京空气质量”网站和手机APP进行再次改版上线。进一步美化展示界面，丰富展示功能，为公众提供更全面的空气质量监测数据服务和更优质的用户体验。

（陈晨）

环保督察与环境监察

环保督察　环境监察

环保督察

【概况】 为全面提升生态文明建设水平、解决突出环境问题，推进落实环境保护“党政同责、一岗双责”的要求，2015年，经中央全面深化改革领导小组第十四次会议审议通过，中办、国办联合印发《环境保护督察方案（试行）》，规定两年内实现对全国各省（区、市）督察一轮。2016年年底，中央环境保护督察组进驻我市，正式开展督察工作。督察期间，我市成立协调联络组，全力配合督察组完成督察进驻各项服务保障工作；同时立行立改，解决了一批群众身边的突出环境问题，取得了良好效果。以中央环保督察为契机，注重总结积累，探索开展本市环境保护督察工作，印发实施了本市环境保护督察方案。整合全市资源，全年开展了多轮次、全覆盖的环境保护综合督察和专项督察，全面督促落实各项任务。

【接受中央环保督察】 中央第一环境保护督察组于2016年11月29日至12月29日对北京市开展了为期一个月的环境保护督察工作。督察进驻首日，北京市配合督察组组织召开了督察进驻情况沟通会、动员部署会、工作汇报会等三个重要会议，市委书记郭金龙代表北京市对各区、市有关部门主要负责同志进行动员部署，并向督察组汇报本市生态环境保护工作进展。督察组由时任全国人大内务司法委员会主任委员马馼同志任组长，环境保护部副部长赵英民同志任副组长。督察期间，督察组通过听取汇报、调阅资料、个别谈话、走访问询、受理举报、现场抽查等方式，共与22名现任和退休市领导，19名市级部门和有关区主要负责同志进行个别谈话。走访29个部门和单位，赴16个行政区开展下沉督察，调阅资料7436份，受理来电举报2889件、来信举报1149件，经梳理合并分批向本市交办有效举报2346件。截至2017年1月，中央环保督察组转办件已全部办结并公开处理结果，共责令整改企业1220家，立案处罚824家，拘留28人，约谈624人，问责45人。

为做好中央环境保护督察服务保障工作，市委、市政府专门成立了以张工、林克庆等市领导为组长，6位部门负责人为副组长的督察工作协调联络组，专门对接、服务保障中央环保督察组对我市环保督察工作。协调联络组成员由市委办公厅等15个单位组成，下设综合、资料、联络、宣传、信访、后勤、安保7个工作组；建立了组内各项工作规则和程序。督察期间，协调联络组共接收督察组下达任务30件，向各区、市有关部门下发个别谈话、走访问询、下沉督察、问询核实等各类通知76份，报送工作信息25期。同时，本市以中央环境保护督察为有利契机，全面强化各级党委、政府环境保护主体责任落实；建立了市、区两级信访件督查督办机制；注重信息公开与宣传引导，在市政府门户网站及市级主要媒体设置“环保督察　立查立改”专栏，公开信访举报处理结果。

【重点开展全市环境保护督察】 本市于2014年年底设立了市环保局督查处，并加挂市政府督查室环境保护督查处的牌子，在市政府督查室的指导下，对各部门和各区政府落实环保重点任务情况开展督察，这在全国尚属首例。环保督查处成立以来，以“整合督察资源、创新督察机制、强化督察实效”为原则，坚持并不断完善派驻专人常驻市政府督查室、督察和绩效考评合一、定期通报情况等机制，借助市政府督察办公平台、《督查通知单》、《督查与反馈》等手段，不断强化“督政”效果。

2016年，制定并实施《北京市环境保护局2016年环保督查工作方案》，明确各处室督查检查工作职责，建立完善定期会商、联合检察、督察考核等工作机制。制定2016年清洁空气行动计划、水污染防治工作专项督察方案，将重点工作列入市政府重点专项督查平台，并以《督查通知单》名义发至各单位。强化督考合一。协调市政府绩效办将清洁空气行动计划、水污染防治纳入各区政府、市有关部门专项考评范畴，组织制定了清洁空气行动计划、水污染防治绩效任务书和考核细则。综合考虑日常督察检查、重点任务完成、环境质量变化等情况，按照市政府绩效办要求，对27个市级部门清洁空气行动计划、21个市级部门水污染防治工作年度绩效任务进行了审核。采取集中察查和专项督察相结合方式，针对散煤、“散乱污”、黑臭水体治理等重点任务，开展分层次、多轮次督察。共为市政府督查室编发《督查与反馈》清洁空气行动计划、水污染防治月报20期，编发《督查与反馈》专报24期。编发《环保督查信息》19期，通过市环保局办公平台向局领导、机关各处室、各直属单位、各区环保局发布。

【制定《北京市环境保护督察方案（试行）》】2016年，深入推进生态环保工作体制改革，创新督察工作方式方法。组织学习国家《环境保护督察方案（试行）》，全面掌握中央环保督察目的和要求，并密切关注中央环保督察动态。赴河北省深入调研，学习其他省市环保督察进展情况及经验做法。在结合中央环保督察试点、中央前两批环保督察实践和本市实际情况的基础上，制定《北京市环境保护督察方案（试行）》，并经市生态文明体制改革专项小组全体会议、市政府第133次常务会议、市委常委会第245次审议通过，2016年12月2日，市委办公厅、市政府办公厅联合印发实施，奠定了开展市级环境保护督察的制度基础。在2016年年底市委十一届十二次全会上，明确提出要落实好《北京市环境保护督察方案（试行）》，2017年实现对16个行政区环保督察全覆盖。

（侯京卫）

环境监察

【概况】 2016年，全市环境监察执法机构围绕环境质量改善核心工作，落实清洁空气行动计划、水污染防治工作方案阶段性目标，组织开展了日常监管“双随机”抽查和“大气污染执法年”、水环境专项执法、排污申报收费、违法违规建设项目清理等执法工作，严厉打击各类环境违法行为。

【深入开展“大气污染执法年”行动】 2016年，市环保、城管、工商、质监、交通执法等部门联合开展了贯穿全年的“大气污染执法年”行动，以解决损害公众健康的突出环境问题为重点，紧紧围绕散煤、高排放机动车、城乡结合部等重点防治领域和区域，开展“治散煤”“净四气”“降三尘”专项执法，严厉打击了各领域、各环节环境违法行为。截至2016年12月底，环保、城管、工商、质监、交通执法等部门在“大气污染执法年”专项执法中共查处各类违法违规行为29059起，罚款10155.427万元。

“治散煤”。市质监、环保、城管执法、工

商、交通执法等部门，依据职责从散煤生产、加工、储存、运输、销售、使用等各环节强化监管，通过在重点时段、重点部位开展联合执法，严厉打击非法生产、销售、使用劣质散煤的行为，取缔违法违规的煤炭企业和销售点。2016年，质监部门共立案查处煤炭质量违法案件43起，处罚金额50.54万元；工商部门立案查处固定场所无照经营燃煤违法商户42户，罚没款5万余元，强制取缔91户，责令停止经营225户；城管执法部门查处街头无照售煤及涉煤类违法行为3419起，罚款4.27万元；交通执法部门查扣“黑货运”133辆，查处货运业内违章403起，对货运车辆的违法违规行为共计罚款65.84万元；环保部门处罚餐饮、洗浴、住宿等服务业不使用清洁能源案件211起，处罚金额278.5万元，查封燃煤小锅炉41家，处罚单位煤质超标案件12起，处罚金额45万余元。

“净四气”。市环保部门牵头开展“净四气”（燃煤废气、VOCs废气、工业废气、机动车尾气）专项执法。全市环保部门共查处固定及移动源大气类环境违法案件11578起，罚款4952.71万元。固定源监管方面，根据季节污染特征，强化新排放标准贯彻执行，每月针对一个重点行业以“五个一”流程开展执法工作，即拍摄一部新标准宣传片、召开一场新标准宣贯会、督促企业开展一个月的自查自改、组织开展一个月的专项执法检查、查处曝光一批典型违法案件。先后组织开展了燃煤锅炉、汽修、印刷、家具制造、餐饮、汽车制造、工业涂装、干洗等行业以及违法违规排污企业的集中整治；截至2016年12月底，处罚大气类违法案件1394起，罚款4082.71万元。移动源监管方面，强化油气排放日常执法，狠抓重型柴油车排放监管，突出公交、环卫、邮政、出租、货运、旅游、渣土、省际客运等八大重点行业，夜间重点时段和进京路口、环路主要联络线等重点区域，深化联勤联动机制和多部门综合执法，形成了“进京口拦、高速路堵、城环路截”的监管模式；截至2016年12月底，共处罚超标车辆、违规检测场和储运油设施共10184起，罚款870万元。

“降三尘”。市城管执法部门牵头开展“降三尘”（施工扬尘、道路扬尘、因烧致尘）专项执法。全市城管执法部门共查处环境违法案件13125起，处罚金额5077.067万元。其中，露天烧烤违法案件1635起，处罚金额212.23万元；露天焚烧违法案件465起，处罚金额9.447万元；施工扬尘类违法案件11025起，处罚金额4855.39万元。继续深化环保、城管联合执法机制，重点针对“三烧三尘”等面源污染每月开展“联合执法周”专项行动，开展联合督察和执法检查1000余次。

【水环境监察执法】 2016年，全市环保部门紧紧围绕重点流域水体水质改善，组织开展了排入地表排污单位、城镇污水处理厂及工业园区集中污水处理设施、垃圾填埋场以及畜禽养殖场专项执法检查。严厉查处了一批具有典型意义的环境违法案件，有力震慑了违法排污企业，并对2016年涉水环境违法10起典型案例进行曝光。

2016年，全市查处水环境违法行为罚款达3981.81万元。其中，全市连续按日计罚案例共4起，罚款89万元。2016年环保部门主要围绕以下水环境违法行为开展了执法检查：1.对将废水排入地表的排污单位开展执法检查。环保部门对水污染物排入地表，尤其是入河的排污单位进行了检查和监测，共查处涉及水环境违法行为145起，其中按日处罚2起。2.对城镇污水处理厂及工业园区集中污水处理设施开展执法检查。在通过自动监控系统对重点涉水排污单位进行实时监控的同时，开展集中执法检查和监测，共查处涉及水环境违法行为7起。3.对集中环保治理设施开展执法检查。对垃圾填埋场等集中环保治理设施进行检查和监测，共查处涉及水环境违法行为6起，其中按日处罚2起。4.对生活型污染源开展执法检查。结合禁养区的划定及禁养区内规模化畜禽养殖场的退出，环保部门开展执法检查，共查处畜禽养殖场环境违法行为15起。5.对其他涉水排污单位进行执法检查。在日常工作中，环保部门一方面根据公众举报提供的线索开展执法检查，同时还采取“双随机”原则，将执法人员随机匹配到排污单位进行执法检查。共查处设施不正常运行、超标排放等水环境违法行为47起。

【危险废物执法监管】 固体废物类292起，金额549.2万元；联合公安部门开展了打击涉危险废物环境违法犯罪行为专项行动，重点检查了432家重点行业危险废物产生单位和15家危险废物经营处置单位，责令限期整改2起，立案查处环境违法案件18起。

【落实网格化环境监管制度】 2016年，联合市政府督查室开展专项督察，通过市大气办向各区政府通报存在的问题，督促加大落实力度；联合市城管委印发了《关于印发环境监管纳入网格化城市管理实施方案的通知》(京管函〔2016〕110号)，充实细化环境监管内容，补充完善新增事项。各区基本将辖区划分为区、街道(乡镇)、社区(村)三级网格，市级网格平台1个，区级网格平台16个，街道乡镇级网格331个，社区和村基础网格2.2万余个。

【落实日常监管“双随机”抽查制度】 1月1日起，全市环保系统在污染源日常监管领域正式实施随机抽查制度，并作为选取日常监督检查对象的主要方式。5月，市环保局制定印发了《关于进一步规范日常监管随机抽查工作的通知》(京环办〔2016〕59号)，市环境监察总队制定了随机抽查事项清单，并报市政府审改办备案，明确了抽查依据、抽查主体、抽查内容、抽查方式等；依托现有环境监察信息化平台和排污申报登记等信息库，建设了全市统一的随机抽查系统，内置了污染源库和执法人员库。其中，根据排污量大小、环评类别、环境守法状况等，将污染源和建设项目划分为重点、一般和特殊三类，每种类别都明确了抽查要求。制定印发了随机抽查实施细则，进一步明确细化了随机抽查相关要求，确保随机抽查规范实施。全市全年环保系统共开展各类污染源执法检查58887家次，其中随机抽查12068家次，通过“双随机”抽查查出环境违法行为223起。

【排污申报收费】 2016年，市环境监察总队推进企业网上办理排污申报工作，全市共实现网上申报2万家，其中完整申报12551家；以施工工地扬尘排污费征收、城镇污水处理厂超标收费、阶梯收费政策落实等为重点，继续加大排污费征收工作力度；开展了整车制造行业VOCs排污费征收专项稽查。共计开单金额608500762.5元。

2016年市局及各区排污费征收统计表

市环保局及各区	征收金额/元
市环保局	2000546.38
东城区	510080.95
西城区	7767748.36
朝阳区	58357128.74
丰台区	56271733.21
石景山区	16203171.35
海淀区	31730348.91
门头沟区	12364355.67
房山区	79418363.77
通州区	60641550.51
顺义区	80926164.39
昌平区	40033695.38
大兴区	50890318.54
怀柔区	10345918.44
平谷区	11346683.05
北京经济技术开发区	43478351.65
密云区	41805504.74
延庆区	4409098.47
合计	608500762.5

【清理整顿违法违规建设项目】 5月开始，市环保局组织制定《北京市清理整顿违法违规建设项目工作方案》，组织全市开展建设项目清理整顿工作，全年北京市环保监察机构排查发现的1294个违法违规建设项目已全部完成清理任务（包括已上报环境保护部台账中的926个项目和各区在后续清理整顿中排查新增的368个项目），完成率为100%，其中淘汰关闭549个，整顿规范310个，完善备案435个；对1296个违法违规建设项目按期进行了清理，全年累计处罚违法行为963起，处罚金额5410.37万元。

【开展京津冀联动执法】 1.天津达沃斯论坛召开期间空气质量保障工作。6月23日至7月1日，京津冀三地对燃煤企业、工业企业、面源污染和移动源污染防治措施的落实情况进行检查，共检查企业13000余家次，查处环境污染问题474个；2.11月16日至19日、12月17日至21日空气重污染预警期间，两次组织启动空气重污染应急联动执法，共同加强对燃煤企业、传输通道城市高架源、面源污染和应急措施落实情况的督察检查，京津冀三地共出动固定污染源执法人员2万余人次，检查污染源单位或点位1万余家次，发现并查处环境污染问题500余起。

（刘和旻）

京津冀环境协同治理

大气污染联合防治　水污染联合防治

【综述】 2016年是落实《京津冀协同发展规划纲要》重大国家战略、加快推进京津冀生态环保率先突破的关键一年，市环境保护局认真履行区域污染防治协作职责，进一步深化京津冀及周边地区大气污染防治协作机制，建立京津冀及周边地区水污染防治协作机制，牵头开展京津冀及周边地区大气和水污染联防联控工作，努力推进区域空气、水环境质量改善。

（王飞）

大气污染联合防治

【京津冀及周边地区大气污染防治协作小组】经党中央、国务院同意，2013年10月，京、津、冀、晋、蒙、鲁六省（区、市）和国家发改委、财政部、环保部、工信部等七部委共同成立了京津冀及周边地区大气污染防治协作小组，办公室设在北京市环保局。2015年5月河南省和交通运输部加入该小组。截至2016年年底，京津冀及周边地区大气污染防治协作小组共召开7次全体会议，部署区域大气污染年度重点工作、秋冬季强化方案；各中央有关部门在调整能源结构、优化交通运输方式、加强专项资金保障等方面出台了一系列方案措施；各地积极落实减排任务，淘汰落后产能，减煤换煤取得了实质性进展；完成“APEC”“抗战胜利70周年阅兵”等国家重大活动期间区域空气质量保障任务。

（王飞）

【召开区域大气协作机制会议】 召开京津冀及周边地区大气污染防治协作小组第六次和第七次全体会议，推动落实区域污染联合防治年度重点工作。

5月20日，京津冀及周边地区大气污染防治协作小组第六次会议在北京国二招宾馆召开。中央政治局常委、国务院副总理张高丽出席会议并作重要讲话，中央政治局委员、北京市委书记、协作小组组长郭金龙主持会议。京津冀及周边地区大气污染防治协作小组全体成员出席会议，中央有关部委、中国工程院、军委后勤保障部、央企负责人、北京市各区及有关委办局主要负责人、河北省重点城市主要负责人列席会议。会议听取了北京市、天津市、河北省、河南省人民政府大气污染防治工作进展及下一步工作安排。听取了中国工程院院士贺克斌介绍实施《大气污染防治行动计划》中期评估结果。会议审议了《京津冀大气污染防治强化措施（2016—2017年）》《京津冀及周边地区水污染防治协作小组工作规则》《京津冀及周边地区落实〈水污染防治行动计划〉2016—2017年实施方案》。

10月20日，京津冀及周边地区大气污染防治协作小组第七次会议在北京会议中心召开。中央政治局委员、北京市委书记、协作小组组长郭金龙主持会议。协作小组各成员单位出席会议，京津冀及周边地区大气污染防治协作小组办公室、中央有关企业、北京市各区政府和有关部门、天津市武清区、河北省、山东省、河南省大气污染传输通道城市政府负责同志列席会议。会议总结前一阶段区域大气污染治理进展和经验，重点分析了当前大气污染防治工作形势，全面部署了2016年冬及2017年春京津冀及周边地区大气污染防治工作，会议要求各地积极贯彻落实会议精神，严格落实冬季大气污染防治措施，不断加强空气重污染预警预报能力建立，有效提高区域重污染预警时效性、准确性，促进区域空气质量取得持续改善。

（王飞）

【出台区域大气污染共治方案】 2016年，充分发挥京津冀及周边地区大气污染防治协作机制的作用，积极主动协调相关国家部委，按照《大气污染防治行动计划》和《京津冀大气污染防治强化措施（2016—2017年）》的要求，不断加大区域大气环境治理的政策和资金支持力度，加快清洁能源供应，出台区域大气污染共治方案。

加强相关政策引导。国家发改委、工信部、财政部、环境保护部、交通运输部、国家能源局等国家部委先后印发《关于进一步推进成品油质量升级及加强市场管理的通知》（国家发改委、公安部、财政部、环境保护部等11部门，2016年2月）、《关于推进电能替代的指导意见》（国家发改委、国家能源局、财政部、环境保护部等8部门，2016年5月）、《京津冀大气污染防治强化措施（2016—2017年）》（环境保护部、北京市、天津市、河北省，2016年6月）、《重点行业挥发性有机物削减行动计划（2016—2018年）》（工信部、财政部，2016年7月）、《高效节能环保工业锅炉产业化实施方案》（工信部，2016年7月）等十余个促进区域大气污染防治工作的重要政策文件。

加大专项资金支持。2016年，中央财政支持京津冀及周边地区大气污染防治专项资金90.7亿元，集中保障燃煤锅炉治理、农村散煤治理、燃煤电厂超低排放改造、大气污染传输通道高架点源治理等重点项目。国家发改委安排中央预算内投资总计11亿多元，重点支持京津冀及周边地区非电行业大气环境治理，钢铁、水泥、平板玻璃等重点行业脱硫脱硝高效除尘、挥发性有机物、扬尘抑制等大气污染防治项目和环境污染第三方治理试点。

加快重大项目建设。国家能源局牵头完成了“陕西四线宝地—香河—西集联络线”“港清三线”“安平增压站”三个天然气管道输送重点项目建设，预计增加京津冀地区天然气供应能力1900万米^3/日，建成中海油浮式LNG管道连接天津城市管网项目、中石化天津LNG外输管道团泊洼西段及接驳线项目、辽宁绥中电厂改接华北工程，核准开工建设锡林郭勒盟至山东、蒙西至天津南、榆横至潍坊特高压交流工程及山西盂县电厂至河北输电工程。

（王飞）

【京津冀核心区合作】 根据北京市分别与河北省廊坊、保定签订的《大气污染防治合作协议（2015—2017年）》，在总结2015年结对合作经验的基础上，积极谋划实施2016年两地大气污染合作治理项目。5月，完成对河北两市2015年大气治理工程验收及效益评估工作，对2016年合作项目提出了建议。10月，与河北两市就2016年度合作项目的主要治理方向、重点实施区域和具体项目清单达成一致，确定了北京支持资金的规模，签署了《2016年北京市支持保定市、廊坊市大气污染治理项目及资金备忘录》。11月，北京市支持两市2016年大气污染治理资金5.02亿元拨付到位，并督促两市尽快落实项目资金，加紧合作治理项目实施，确保早投入、早完工、早见效。12月，河北两市合作项目全部完成，共完成建成区外10蒸吨及以下燃煤小锅炉淘汰2323台、总容量4284蒸吨/小时，完成总容量20蒸吨/小时及以上燃煤锅炉提标改造56台、总容量2430蒸吨/小时。

（王飞）

【区域大气治理中长期规划】 为加快推进区域大气污染控制中长期规划研究进度，建立了定期调度制度，年内累计开展了规划文本及部分专题讨论会四轮次13场次讨论，不断明晰了大气污染源清单、重点行业污染控制工程等设计，统一了区域内重点城市空气质量分期达标步伐，明确了减排责任和减排目标以及规划文本编制的要求。规划文本及部分专题取得阶段性成果后，两次征求内部专家及局内相关处室意见。12月7日，协作小组办公室组织召开专题会议，首次将规划向协作小组办公室各成员单位征求意见，会后收到意见建议50条，对规划文本进行修改完善，完成规划初稿。

（于敏）

【信息共享机制建设】 为加快区域大气污染防治信息和经验共享，实现区域空气质量和重点污染源等数据的统筹分析，在北京市财政支持和各省（区、市）的积极配合下，搭建了京津冀及周边地区大气污染防治信息共享平台，这是国内首个区域层面大气污染联防联控信息共享平台，经过一年多时间的建设调试，目前京津冀及周边地区大气污染防治信息共享平台已具备了信息发布、办公应用、空气质量和污染源数据分析等功能，为区域大气污染共治提供了信息支撑。

8月9日，京津冀及周边地区大气污染防治协作小组办公室在北京组织召开“京津冀及周边地区大气污染防治信息共享平台培训会”，北京市、天津市、河北省、山西省、内蒙古自治区、山东省、河南省等七省（区、市）环保厅（局）大气处和信息中心等单位参加会议，标志着京津冀及周边地区大气污染联防联控工作信息化迈上新台阶。此外，多方筹措资金，组织区域内各省（区、市）和重点城市召开涉及污染治理技术、环境管理等领域的专题培训，共同提升管理水平和能力。

（王飞）

水污染联合防治

【京津冀及周边地区水污染防治协作小组】 2016年，为深入贯彻落实《水污染防治行动计划》，按照党中央、国务院部署，于5月成立了由北京市牵头，天津市、河北省、山西省、内蒙古自治区、山东省、河南省七省（区、市）和环境保护部、国家发改委、工业和信息化部、财政部等12个部委共同组成的京津冀及周边地区水污染防治协作小组（以下简称水协作小组），中共中央政治局委员、北京市委书记郭金龙任组长，并形成副组长人员及其他组成单位。协作小组下设办公室，作为常设办事机构，办公室工作地点在北京市环境保护局。协作小组以“责任共担、信息共享、协商统筹、联动协作”为工作原则开展工作。

【京津冀及周边地区水污染防治协作小组第一次会议】 5月20日，中央政治局委员、北京市委书记、协作小组组长郭金龙主持召开了水污染防治协作小组第一次全体会议，制定了《京津冀及周边地区水污染防治协作小组工作规则》，部署了《京津冀及周边地区落实〈水污染防治行动计划〉2016—2017年实施方案》，明确了七省（区、市）两年工作目标、16项重点任务和8项工作要求。年内，建立了水协作小组成员联络机制，确定了各成员单位的联络员、联系人和信息员；形成信息报送制度，印发《京津冀及周边地区水污染防治协作小组办公室关于加强信息报送工作的通知》（京津冀水协办〔2016〕4号）；形成简报通报制度，年内编写了4期工作简报，通报水污染防治工作进展，交流工作经验。

【京冀跨界污染治理】 为加强区域流域水污染防治协作，加快治理潮白河下段水污染治理，水协作小组办公室组织召开2次协作小组办公室专题会议，协调北京市通州区、河北省廊坊市两地开展潮白河下段跨界污水治理工作。通过协调会商，统一了思想认识，确定了“统一规划、统一设计、统一标准、统一治理时限”的工作原则。6月底京冀两地环保部门编制完成初步治理方案；7月底双方进一步统一目标，合作完成潮白河（通州—廊坊段）达标方案的编制；9月底水协作小组办公室组织召开专家评审会，达标方案得到专家组一致同意。京冀两地先后印发达标方案并组织实施。

【突发事件应急联动】 按照《京津冀水污染突发事件联防联控机制合作协议》，5月，京津冀三地环保部门制定了《京津冀水污染突发事件联防联控2016年工作方案》。开展的主要工作有：一是开展跨境流域环境风险调查，对凤河西支、龙河等跨境流域进行了现场调研，摸清了流域周边实际情况，为编制跨境流域水污染应急预案奠定了基础。二是联合开展环境安全隐患排查，对京津冀三地五个现场及公司进行了实地检查，同时召开了环境应急管理工作会，对2016年京津冀水污染突发事件联防联控重点任务进行了会商，达成一致意向。三是联合开发应急指挥会商平台，经多次研究磋商，形成《京津冀突发环境事件应急联动指挥会商平台建设项目建设思路》，向市经信委提交了项目申报书。

（于敏）

科技、国际合作

科技管理

【推进科研项目的全过程管理】 市环保局加大与市科委协调力度，将北京市环保局科技需求及时与市科委对接。推动重点项目“燃气锅炉低氮燃烧技术装备研发与示范”“北京市大气氨排放特征及控制对策研究”“大气细颗粒物基准监测技术研究与规范建立”完成结题验收。针对北京市大气污染治理和监测面临的重点和难点工作，为保障北京市空气质量的持续改善提供了科学、客观的数据评价结果。“京津冀区域大气污染联防联控支撑技术研发与应用”“基于新一代卫星遥感、地面监测与分析模式的区域空气质量综合监测研究与应用”“基于大数据技术的北京地区 $PM_{2.5}$ 精细化来源研究”按计划开始相关研究工作。

“燃气锅炉低氮燃烧技术装备研发与示范”。该课题基于燃烧理论及低氮燃烧工程技术应用现状的分析，提出了面向中小型燃气锅炉的“FGR 型低氮燃烧器 + 烟气再循环”的低氮燃烧技术路线；通过数值模拟、中试试验和多目标燃烧优化主动控制研究，研发制造了 1.5 兆瓦 FGR 型低氮燃烧器及匹配锅炉；在此基础上，设计制造了 8 兆瓦、12 兆瓦 FGR 型低氮燃烧器，并结合烟气再循环用于工程示范，结果表明 NO_x 排放质量浓度低于 30 毫克 / 米 ^{3}。

“北京市大气氨排放特征及控制对策研究”。该课题针对重点氨排放源，开展了 20 余家企业的氨排放监测，确定了本地化氨排放因子；基于全市各氨排放源的活动水平，测算了 2014 年北京大气氨排放量并进行了减排情景分析；分析了氨排放的行业分布及空间分布特征；开展了氨与 $PM_{2.5}$ 的关系研究；针对重点氨排放源，提出了控制对策和建议。

“大气细颗粒物基准监测技术研究与规范建立”。该课题通过开展系统的细颗粒物（$PM_{2.5}$）手工监测和自动监测比对实验，获得了基准监测技术数据；研究分析了切割器、各类采样膜、采样条件等对测试结果的影响，研究建立既与国际接轨，又适合北京地区特点的 $PM_{2.5}$ 监测技术与配套的质量控制方法。

2016 年度完成的上述三个科研项目都直接针对北京市大气污染治理和监测面临的重点和难点工作，均达到预期成果，为保障北京市空气质量的持续改善、带动相关环保产业发展提供了坚实基础，并为清洁空气行动计划提供了科学、客观的数据评价结果。特别是重点项目“燃气锅炉低氮燃烧技术装备研发与示范”主要落实《北京市 2013—2017 年清洁空气行动计划》中关于加快天然气低氮燃烧等先进适用技术的示范推广，强化污染物减排的科技支撑，引进吸收国际上最先进的天然气低氮燃烧核心技术，设计与之匹配的国产锅炉主体和操作控制系统，形成燃气锅炉低氮燃烧系统，以削减燃气锅炉的 NO_x 排放。

【建立最佳实用技术体系、开展环境污染第三方治理相关工作】 研究提出本市最佳实用环境技术管理体系框架，完成燃用天然气、汽车制造、制药产业和白酒等4个重点行业的污染防治最佳实用技术指南和环保技术目录。此项目结果目前仅为内部使用。

配合市发展改革委，开展环境污染第三方治理管理办法、第三方治理机构诚信档案制度和第三方治理合同范本研究。开展环境污染第三方治理交流研讨，为推进第三方治理试点做好准备。

（李雪）

国际合作

【国际宣传】 2016年5月，市环保局与联合国环境规划署（UNEP）亚太区域办公室合作开展的历时两年的“北京大气污染治理措施成效评估”工作顺利收官，UNEP于5月24日内罗毕总部举办的第二届联合国环境大会（UNEA-2）期间正式发布了《北京空气污染治理历程：1998—2013年》评估报告（中英文版）。联合国副秘书长兼UNEP执行主任施泰纳先生出席了报告发布仪式，市环保局副局长李晓华出席。大会期间还举办了面向全球媒体的专题圆桌会议，邀请报告主要作者之一贺克斌院士、UNEP亚太区域办公室主任及国际专家解读报告。报告指出，1998—2013年，北京持续采取的能源结构调整和燃煤污染治理、机动车排放控制、空气质量监测能力建设、空气污染预警应急等大气污染治理措施对北京市空气质量改善发挥了积极作用，在保持经济高速增长的情形下成功实现了空气质量的改善，为全球其他发展中经济体创造了可以借鉴的经验。报告的发布及其结论得到中外机构、媒体的广泛报道和积极评价。

此外，北京市环境保护局年内共完成10余次重要外事接待，包括美国国家环境保护局空气与辐射事务助理局长、乌兰巴托市长、UNEP新任执行主任等，多次主动宣传和介绍了北京市环保工作进展。

【国际会议】 5月，市环保局副局长、巡视员庄志东率代表团赴韩国首尔出席了“2016年东北亚大气质量改善国际论坛”并作了题为“全力开展大气污染治理，走区域共治的道路”的主旨发言。

【国际合作交流】 2016年，市环保局进一步挖掘和拓展国际合作渠道，共签署5份国际合作文件，争取外国环境部门和国际环保组织在技术和资金方面的支持，服务北京市环保中心工作和机构能力建设。

继续推进与意大利环境、领土与海洋部的合作。市环保局与意大利环境、领土与海洋部联合召开2次中意—北京环保合作项目执行委员会项目会议，加强在施项目管理，商讨新的合作意向。全年共签署3份技术协议，包括2016年培训项目、2017—2018年培训项目和通州区域水环境综合治理方案优化项目。双方同意通过示范项目、能力建设等方式，将意大利和欧盟环境管理的经验和技术介绍给北京，促进北京市大气和水环境质量快速改善。

与丹麦环境保护署签订合作备忘录。市环保局与丹麦环境与食品部环境保护署（简称丹麦环保署）签订了合作备忘录，并在此合作备忘录框架下，确定了在水污染防治政策法规框架、河流流域水质改善（以延庆妫水河为例）综合措施、机动车低排区制度制定和运行、交通污染模型、重型柴油车污染控制等领域，通过技术研讨、人员交流和案例研究等方式开展合作。

与美国加利福尼亚州环保局签订合作备忘录。6月，在北京召开的第二届中美气候智慧型/低碳城市峰会开幕式上，市环保局与美国加利福尼亚州环保局续签了环保合作备忘录，进一步深化合作。

与世界银行、亚洲开发银行开展合作项目。市环保局积极参加世界银行污染管理与环境健康项目，联合在京举办“污染管理和环境健康规划项目京津冀空气质量管理政策国际研讨会”，通过开展技术研讨、能力建设和人员培训，支持北京市和京津冀区域环境管理工作。此外，利用亚洲开发银行资金援助和技术支持，开展了“京津冀重点区域大气污染治理现状调研”和“京津冀氨排放特征调研”两个研究项目。

利用友好城市合作框架开展合作。1. 首尔：在“北京－首尔混委会”环保组合作框架下，市环保局与首尔市政府气候环境本部开展了2次人员互访；2. 东京：1月，东京都环境科学研究所派主任研究员 Junya Hoshi（星纯也）先生来北京市环境保护科学研究院开展了为期近3周的大气污染防治技术交流和共同研究；3. 巴黎大区：市环保监测中心和巴黎大区空气质量管理中心（Airparif）的技术人员通过互访和研讨，深化了在空气质量预报预警和监测技术方面的技术合作。

（陈琦）

北京市环境保护科学研究院

【概况】 2016年，对2013—2017年清洁空气行动计划、北京环境总体规划等多项工作任务提供技术支撑，紧紧围绕国家及北京市重点和难点环境问题组织开展科学研究，新承担国家级、省部级等科研课题41项，为社会提供技术服务262项，同时与美国、加拿大、意大利等国家进一步加强国际环境合作与技术交流。

（张蕊）

【科研项目】

序号	项目名称	立项部门	进展情况
1	北京市生物多样性保护优先区域保护规划	环境保护部南京环境科学研究所	正在进行
2	堆肥对畜禽粪便中典型抗性基因去除特性研究	北京市委组织部	正在进行
3	北京市规模化猪场减排措施对抗生素抗性基因去除特性研究	北京市自然科学基金委员会办公室	正在进行
4	京津冀典型道路环境细粒子元素组成及来源解析	北京市委组织部	已完成
5	高炉渣余热回收协同转化生物质制氢机理研究	北京市自然科学基金委员会	正在进行
6	淡水生态环境损害物化溯源技术研究	中国科学院大学	正在进行
7	北京市加油站油罐防渗与检测资金投入评估及建议	环境保护部环境与经济政策研究中心	已完成
8	储油库大气污染物排放标准（修订GB 20950—2007）	中国环境科学研究院	已完成
9	汽油运输大气污染物排放标准（修订GB 20951—2007）	中国环境科学研究院	已完成
10	污染场地修复验收技术导则	中国环境科学研究院	已完成
11	污染土壤异位通风与生物堆耦合修复技术规范	环境保护部科技标准司	正在进行
12	“污染场地土壤气体中挥发性有机物监测与评估方法及关键控制技术研究”引智项目配套资金2016年	北京市外国专家局	已完成

续表

序号	项目名称	立项部门	进展情况
13	污染场地风险模拟与修复北京市重点实验室2016年度科技创新基地培育与发展过程子专项项目	北京市科学技术委员会	正在进行
14	京津冀区域级大气污染排放标准体系框架构建研究	北京市委组织部	已完成
15	城市污水处理气态污染物排放特征与监管技术研究	北京林业大学	正在进行
16	典型行业面源VOCs治理控制技术及排放标准研究	科学技术部	正在进行
17	京津冀一体化背景下的畜禽养殖业抗生素污染控制对策研究	北京市委组织部	正在进行
18	北京市京郊农村重点类型饮用水水质状况调查	中国环境科学研究院	已完成
19	VOCs无组织逸散控制系列标准	中国环境科学研究院	正在进行
20	家具制造业大气污染物排放标准	中国环境科学研究院	正在进行
21	京津冀区域生态修复技术适应性评价与集成研究	北京市委组织部	正在进行
22	煤化学工业污染物排放标准	中国环境科学研究院	已完成
23	密云水库上游流域森林水源涵养功能辐射效应及生态补偿机制研究	北京市自然科学基金委员会办公室	正在进行
24	北运河流域河流水动力作用下典型抗生素环境行为研究	北京市自然科学基金委员会办公室	正在进行
25	燃气热水锅炉烟气深度余热利用与低氮燃烧耦合技术研究与示范	北京市科学技术委员会	正在进行
26	北京市水资源调蓄与水污染控制关键技术研究与示范	北京市科学技术委员会	已完成
27	好氧发酵过程氨的排放异位控制技术研究	中国农业大学	正在进行
28	门头沟区生态保护红线区生态监管技术集成与示范	北京市科学技术委员会	正在进行
29	北京市挥发性有机物排污收费研究	北京市环境保护局	已完成
30	小五台山优势针叶树种径向生长对气候变化的响应	国家自然科学基金委员会	正在进行
31	京津冀区域清洁能源改造典型案例分析及政策建议	能源基金会（Energy Foundation）	已完成
32	北京市生态环境治理标准体系研究及关键标准制定	北京市科学技术委员会	正在进行

续表

序号	项目名称	立项部门	进展情况
33	城市扬尘时空过程与控制研究	科学技术部	正在进行
34	污染场地土壤和地下水中 VOCs 采样技术导则	中国环境科学研究院	已完成
35	异位热解吸收技术修复污染土壤工程技术规范（协作研究）	中国环境科学研究院	正在进行
36	化学氧化－强化生物降解技术联合修复 PAHs 污染土壤机理研究	北京市自然科学基金委员会办公室	正在进行
37	北京市优秀人才培养资助青年拔尖个人项目	北京市委组织部	已完成
38	北京市城市饮用水源基础状况评估技术支持	中国环境科学研究院	已完成
39	煤化学工业废气治理工程技术规范	环境保护部科技标准司	正在进行
40	京津冀及周边地区大气污染防治协作小组专项工作	北京市环境保护局	已完成
41	京津冀区域大气污染物动态排放特征及更新机制研究	科学技术部	正在进行
42	燃气锅炉低氮燃烧技术装备研发与示范	北京市科学技术委员会	完成验收，并形成规模化应用
43	典型行业源排放清单和排污许可量核算方法研究	北京市环境保护局	已完成
44	“北京大气氨排放特征及控制对策研究”引智项目配套资金	北京市外国专家局	已完成
45	北京市典型流域生态健康调查与评估	北京市环境保护局	已完成
46	北京市危险废物污染环境防治条例	北京市环境保护局	已完成
47	北京湾过渡带生态系统服务的梯度效应及其权衡与协同研究	国家自然科学基金委员会	正在进行
48	北京市市级和区县温室气体排放清单、废弃物流域温室气体排放清单（2011—2014 年）	北京市经济信息中心	已完成清单编制
49	北京市环境总体规划研究和编制项目	北京市环境保护局	15 个前期研究专题已形成第四阶段成果，提交 32 本北京环境总体规划前期研究专题报告，在此基础上编制形成了前期研究总报告初稿

（张蕊）

【环境标准】 2016年，市环境保护科学研究院编制《煤化学工业污染物排放标准》《家具制造业大气污染物排放标准》等国家标准8项、地方标准4项，开展《蓄热燃烧法工业有机废气治理工程技术规范》等技术指南、技术规范、技术导则12项。

序号	项目名称	课题来源
1	餐饮行业大气污染物排放标准	北京市环境保护局
2	建筑类涂料及胶粘剂挥发性有机物含量限值标准	北京市环境保护局
3	场地修复过程环境监理技术规范	北京市环境保护局
4	污染场地土壤再利用风险评估技术导则	北京市环境保护局
5	污染场地挥发性有机物调查与风险评估技术导则	北京市环境保护局
6	污染场地修复技术方案编制技术导则	北京市环境保护局
7	大气污染物综合排放标准	北京市环境保护局
8	有机化学品制造业挥发性有机物排放标准	北京市环境保护局
9	汽车替代燃料环境效益评价技术规范	中国环境科学研究院
10	污染场地土壤和地下水中VOCs采样技术导则	中国环境科学研究院
11	污染场地修复验收技术导则	中国环境科学研究院
12	煤化学工业污染物排放标准	中国环境科学研究院
13	清洁生产评价指标体系　环境及公共设施管理业	北京市发展和改革委员会
14	北京市百项节能标准修订——汽车维修和拆解业清洁生产审核指南及汽车维修和拆解业清洁生产评价指标体系	北京市发展和改革委员会
15	酿造工业污染物排放标准　葡萄酒、黄酒等	环境保护部科技标准司
16	病原微生物实验室排放标准	环境保护部
17	医疗机构水污染物排放标准（修订GB 18466—2005）	中国环境科学研究院
18	污水综合排放标准（修订GB 8978—1996）	中国环境科学研究院
19	家具制造业大气污染物排放标准	中国环境科学研究院
20	储油库大气污染物排放标准（修订GB 20950—2007）	中国环境科学研究院
21	汽油运输大气污染物排放标准（修订GB 20951—2007）	中国环境科学研究院
22	煤化学工业废气治理工程技术规范	中国环境科学研究院
23	污染土壤异位通风与生物堆耦合修复技术规范	中国环境科学研究院
24	蓄热燃烧法工业有机废气治理工程技术规范	环境保护部

（张蕊）

【成果奖励与论文发表情况】 "石油污染土壤强化生物修复技术及油田应用示范""火葬场大气污染管控关键技术研究与工程应用"分别获得环境保护科学技术奖二等奖、三等奖。

在Sustainability、Environmental Pollution、《环境科学研究》、《中国环境科学》等国内外重要学术期刊上共发表科技论文70余篇，撰写和出版论著1部，获得授权专利10项。

（张蕊　平萍）

【国际科技交流】 1月，日本东京都环境研究所星纯也研究员到市环境保护科学研究院访问并进行技术交流。双方探讨了大气污染防治方面的举措与经验，介绍了各自所开展的相关工作，增进了相互了解，推进开展更为深入的友城环保交流。

6月27—29日邀请美国专家Ms. Donna Chen到市环境保护科学研究院进行学术交流，双方就河流修复和管理方面遇到的挑战进行探讨，此次交流活动对开展北京市城市河流修复与管理相关工作提供了新思路。

10月，丹麦环保署高级顾问Hanne Holst Linulf女士及驻华使馆官员到市环境保护科学研究院访问。双方介绍了各自开展的科研工作情况，探讨了环境领域的合作方向，为中丹环保合作奠定基础。

市环境保护科学研究院通过“请进来”“走出去”等方式开展国际交流与合作。2016年完成10批次25人次因公出访任务，其中自组团组7批次18人次，随团出访3批次7人次，分别赴美国、加拿大、意大利等执行相关科研任务。

（王婧怡　张蕊）

宣传教育

新闻发布与宣传 | 公众参与 | 环境教育

新闻发布与宣传

【概况】 2016年，市环保局围绕中心工作和公众关心的热点问题，创新发布形式，主动开展新闻宣传，回应社会关切。打造“环保北京”“京环之声”“北京环境监测”微博、微信群，不断完善新媒体平台建设，开展线上线下活动，团结凝聚环保力量。全年组织新闻发布活动61次，发布新闻稿、新闻素材73篇；接待媒体采访124次；组织各区开展“清洁空气在行动”主题宣传报道活动14场；官方微博“环保北京”发布信息1550条。针对网络谣言和公众疑惑，及时回应并开展科普宣传，引导公众科学认知。联合第三方调查机构开展了2016年北京市公众环境意识调查研究，更好地了解公众参与环境保护的情况以及对环保工作的期望、建议。

（郭萌　刘雯）

【发布“2015年清洁空气十大关键词”】 1月18日，市环保局联合公众环境研究中心、自然之友等环保NGO，发布了“北京市2015清洁空气十大关键词”，总结回顾了北京市2015年大气治理的主要工作、重点举措和经验启示。十大关键词分别为：落实“史上最严”环保法、红色预警、北京蓝、去煤化、“特京五”柴油车标准、排污透明、区域协同共治、“对标”全球、严控挥发性有机物、全民参与。

（翟晓晖　刘雯）

【开展“清洁空气在行动”主题宣传报道】 5月至年底，北京市委宣传部、北京市大气污染治理领导小组办公室组织全市14个行政区（除东城区、西城区外）相继开展了以“清洁空气在行动”为主题的一把手访谈宣传报道活动，依据《北京市2013—2017年清洁空气行动计划重点任务分解2016年工作措施》(京政办发〔2016〕11号)，各区政府和北京经济技术开发区管委会重点宣传各区在“聚焦‘短板’、加大力度、全面推进”上的举措，打好散煤、高排放车和城乡结合部污染治理“三大战役”，完善大气污染防治责任落实机制，开展“大气污染执法年”专项行动等方面的具体年度任务、工作进展、亮点与成效。展现各区清洁空气行动计划落实成效，向公众传递北京市各级政府治理大气污染的信心和决心，《北京日报》、北京电视台等市属媒体设置专栏进行了系列专题报道。

（郭萌　刘雯）

【宣传与执法联动】 2016年，结合北京市环境监察执法工作、京津冀联动工作开展全年宣传策划。按照时间节点或围绕专项行动及时开展全市环境执法工作通报，在1月、7月下旬组织召开北京市环境监察和“大气污染执法年”行动相关内容新闻通报会，向媒体通报工作成效和执法安排，并对环境违法典型案例进行曝光；开展基层执法宣传，结合各区工作亮点和专项行动，先后开展房山、大兴、延庆等区环保部门固定源和移动源执法宣传，展现基层环保执法工作力度。11月11日，邀请媒体参加京津冀环境执法联动工作联席会，报道京津冀大气污染防治督导检查工作安排部署情况。

（郭萌　杜昊）

【“环保北京”微博成立五周年宣传活动】 3月31日，北京市环保局通过发布微信H5、开展微博转发互动活动等形式开展了官方微博“环保北京”开通五周年线上宣传活动。3月初开展了“环保北京”微博、“京环之声”微信、“北京环境监测”微博视觉整体设计工作，于3月31日正式上线。

（郭萌　刘雯）

2016年新闻发布活动一览表

序号	时间	内　　容	地点	类型	备注
1	1月4日	2015年全年空气质量新闻发布会	市环保局机关技术交流室	新闻发布会	
2	1月7日	2015年全年环境监察执法新闻通报会	监察总队四层会议室	新闻通报会现场执法	
3	1月11日	北京市散煤治理和燃煤污染控制工作会	环保局技术交流室	集体采访	
4	1月13日	市、区两级多部门联合执法	房山区	集体采访	
5	1月13日	机动车排放管理工作集体采访	环保局第三会议室	座谈会	
6	1月14日	市、区两级小散锅炉市、区联合执法	大兴区	现场执法	
7	1月18日	“北京市2015清洁空气十大关键词”发布	“环保北京”	网络发布	
8	1月24日	参加北京新闻广播“两会”直播访谈	北京会议中心	专题采访	
9	1月26日	市民对话“一把手”	北京会议中心	专题采访	
10	1月26日	“推进大气污染治理和水环境建设”专题新闻发布会	北京会议中心	新闻发布会	
11	2月7日	除夕夜空气质量集体采访	监测中心	集体采访	
12	2月19日	“习总书记视察北京讲话两周年来北京市新举措新变化新成果”新闻发布会	新闻出版大厦	新闻发布会	市新闻办组织
13	3月1日	2016年全市大气污染防治工作暨“大气污染执法年”专项行动工作会议	市委会议室	集体采访	市政府组织
14	3月11日	新闻广播全国“两会”特别节目《对话京津冀》	北京人民广播电台	专题采访	
15	3月18日	环保有奖举报政策新闻通报会	北京市环保投诉举报咨询中心	新闻通报会	
16	3月23日	2016年强制性清洁生产企业工作培训会	北京市环境保护宣传中心	集体采访	
17	3月23日	“大气污染执法年”行动新闻通报会	环保局第三会议室	新闻通报会	
18	3月27日	2016年北京环保公益大使聘任仪式	环保局技术交流室	集体采访	
19	4月6日	西城区环境执法晨查	西城区	集体采访	
20	4月13日	环境状况公报	环保局第三会议室	新闻通报会	

续表

序号	时间	内　　容	地点	类型	备注
21	5月5日	环境信访主题宣传月活动	紫竹院公园	集体采访	
22	5月19日	“践行‘两山’理论 推进首都生态文明建设”专题报告	丰台区	报告会	
23	5月26日	通州区“清洁空气在行动”宣传报道	通州区	新闻通报会	
24	6月6日	丰台区“清洁空气在行动”宣传报道	丰台区	新闻通报会现场采访	
25	6月7日	房山区“清洁空气在行动”宣传报道	房山区	新闻通报会现场采访	
26	6月14日	低氮燃烧改造补助资金管理办法新闻通报会	左家庄供热厂	新闻通报会现场采访	
27	6月16日	《关于全面深化改革　提升城市规划建设管理水平的意见》新闻发布会	新闻出版大厦	新闻发布会	市新闻办组织
28	6月21日	京津冀环境执法联动机制第二次联席会议	天津市	集体采访	
29	6月24日	大兴区“清洁空气在行动”宣传报道	大兴区	新闻通报会现场采访	
30	7月5日	海淀区“清洁空气在行动”宣传报道	海淀区	新闻通报会现场采访	
31	7月7日	朝阳区“清洁空气在行动”宣传报道	朝阳区	新闻通报会现场采访	
32	7月12日	2016年上半年全市环境监察执法工作新闻通报会	监察总队四层会议室	新闻通报会	
33	7月12日	北京市在用非道路移动工程机械登记和张贴标识工作启动会	新大都饭店	新闻通报会	
34	7月15日	2016年年中《市民对话“一把手”》访谈节目	北京电视台	专题访谈	
35	7月19日	石景山区“清洁空气在行动”宣传报道	石景山区	新闻通报会现场采访	
36	7月21日	“大气污染执法年”行动半年新闻通报会	环保局第三会议室	新闻通报会	
37	7月26日	延庆区“清洁空气在行动”宣传报道	延庆区	新闻通报会现场采访	
38	8月3日	昌平区“清洁空气在行动”宣传报道	昌平区	新闻通报会现场采访	
39	8月24日	顺义区“清洁空气在行动”宣传报道	顺义区	新闻通报会现场采访	
40	9月20日	密云区“清洁空气在行动”宣传报道	密云区	新闻通报会现场采访	

续表

序号	时间	内　　容	地点	类型	备注
41	9月21日	门头沟区“清洁空气在行动”宣传报道	门头沟区	新闻通报会现场采访	
42	9月23日	平谷区“清洁空气在行动”宣传报道	平谷区	新闻通报会现场采访	
43	9月27日	“展望‘十三五’，发展谱新篇”之“十三五”时期北京市水生态环境环境保护新闻发布会	新闻出版大厦	新闻发布会	
44	9月27日	延庆移动源百日行动	延庆区	集体采访	
45	10月13日	怀柔区“清洁空气在行动”宣传报道	怀柔区	新闻通报会现场采访	
46	10月19日	本市燃气锅炉低氮改造工作	华电（北京）有限公司	集体采访	
47	10月20日	本市全面启动出租车更换三元催化器	北京银建汽车修理有限公司	集体采访	
48	10月31日	本市“京六”车用油品发布	环保局技术交流室	新闻通报会现场采访	
49	11月3日	市环保局与环境保护部联合督察检查	—	现场执法	
50	11月4日	市环保局与环境保护部联合督察检查	—	现场执法	
51	11月9日	民用散煤治理工作新闻通报会	海淀区	集体采访	
52	11月11日	2016年京津冀环境执法联动工作联席会议	石家庄市	集体采访	
53	11月17日	橙色预警移动源督察检查	—	现场执法	
54	11月18日	橙色预警固定源督察检查	—	现场执法	
55	11月21日	北京市空气重污染应急预案及大气治理相关政策发布	新闻出版大厦	新闻发布会	市新闻办组织
56	12月2日	橙色预警固定源督察检查	—	集体采访	
57	12月3日	橙色预警移动源督察检查	—	集体采访	
58	12月15日	京津机动车排放联合执法	京津二高速北京市通州区永乐店综检站、天津市武清区武清北出口处	集体采访	
59	12月16日	红色预警固定源督察检查	—	集体采访	
60	12月17日	红色预警移动源督察检查	—	集体采访	
61	12月18日	方力局长带队赴燕山石化现场督察红色预警应急措施落实及京Ⅵ油品保供情况	燕山石化有限公司	集体采访	

（杜昊）

公众参与

【概况】 2016年，市环境保护宣传中心广泛开展“清洁空气　为美丽北京加油”主题系列活动，推出第三届北京环境文化周、第十二届首都高校环境文化季等众多主题多样、形式新颖、寓教于乐的公众参与活动，覆盖人群超过1亿人次，为公众分享环保智慧、体验绿色生活、参与环保工作搭建了平台。大力加强北京市环保联合会枢纽型组织建设，积极构建环保统一战线。

【第三届北京环境文化周】 6月1日至7日，市环保局联合市委宣传部、首都文明办等16家单位，共同举办“践行绿色发展　为美丽北京加油”第三届北京环境文化周。期间，举办了绿色传播大会，开展了“辟除十大环保谣言”、“污染环境十大陋习征集”、大学生环保音乐会、“绿色驾驶　全城嗨跑”等17项线上线下公众参与活动。辟除“十大环保谣言”成为媒体关注报道的焦点，仅6月1日、2日、5日，中央电视台、北京电视台、《北京日报》、新华网、人民网、中国新闻网、千龙网等近百家传统媒体、网络媒体分别刊发新闻、转载报道达400多篇次；“京环之声”微博一周内阅读量突破600万人次，“向环保陋习说NO”征集评选活动微博阅读量达1423.6万人次，在全社会引起强烈反响。

【聘任北京环保公益大使】 3月27日、6月1日，先后举办北京环保公益大使聘任公益宣传活动，国内著名演员李晨、奥运短道速滑冠军杨扬，被聘任为第四届北京环保公益大使。作为环保公益大使，他们拍摄环保公益广告，参与环保公益活动，发挥榜样的引领示范作用，积极传播环保正能量。

【绿色驾驶系列活动】 6月5日，在奥林匹克森林公园开展“绿色驾驶　全城嗨跑”活动。10月31日，联合市委宣传部、首都文明办、市交通委等6家单位，共同举办了新版绿色驾驶车贴发布会暨绿色驾驶知识巡展活动。11月5日，在城六区部分大型社区、写字楼、商业繁华地段1600个电梯广告位、50块LED电子屏、长安街数字公交站亭、盘古大屏等户外传播媒介宣传推广绿色驾驶理念，有效提升了公众参与的互动性和环保政策的精准宣传效果。

【第十二届首都高校环境文化季】 针对大中小学生群体，广泛开展集趣味性与知识性、互动性于一体的环保公众参与活动。10月26日，第十二届首都高校环境文化季举办，北京林业大学、清华大学等近50所高校师生参与迎冬奥环保知识竞赛、环保主题辩论赛、环保音乐会、环保涂鸦等16个项目、近百场环保主题活动，通过广播、电视、报刊、网络新媒体报道传播，影响受众百万人次。3月至6月，举办“我爱地球妈妈”中小学生中英双语演讲比赛，经过学校、各区初赛选拔，6月4日，在北京市环境保护宣传中心举行了演讲比赛决赛，从初赛到决赛，全体近2万名师生参与。8月，启动第一届北京环保儿童艺术节，活动以家庭为单位带动全社会关注环保科学，促进更多基层群众共建环保公益绿色生活，开展了环保校园小课堂、环保科普大讲座及惠民演出等。形式多样的环保公众参与活动，进一步提高了青少年群体的环保意识。

【公众参与活动深入开展】 2016年，策划、推动了环保主题手机游戏竞赛、动漫设计大赛、摄影比赛、环保知识手机竞答等多项品牌参与活动，环保宣传展示实现月月开奖、全年开展，活动延伸到365天×24小时。

【北京市环保联合会】 北京市环保联合会是由市环境保护宣传中心、市志联等7家单位联合发起，于2014年8月经北京市民政局批准，正式注册成立的环保类社会组织，包括环保类学会、协会、相关企事业单位、环境教育基地、新闻媒体等50家单位会员。2016年10

月，北京市环保联合会被北京市委社会工委认定为市级枢纽型社会组织。2016年，起草完成了《北京市环境保护局联系引导在京环保社会组织工作规则》，积极发挥北京市环保联合会对本领域社会组织的联系、服务、管理，加强环保类社会组织集群建设等枢纽型组织功能；联合首都互联网协会、市新闻工作者协会成立北京绿色传播联盟，依托京环之声网站开展环保宣传。联合公众环境研究中心、自然之友、道和环境与发展研究所、地球村、绿色和平、自然资源保护协会等环保组织和北京环保公益大使马布里、海清共同策划并通过网络发布北京市2015清洁空气十大关键词；联合会员单位及部分环保NGO，推动公众参与全市实施绿色领域消费工程等，积极构建环保统一战线。

（张立新　褚宏芍）

环境教育

【概况】 2016年，北京市环境保护宣传中心通过打造绿色传播平台、发挥环境教育基地“窗口”作用、开展绿色宣讲、拍摄科普动画片等，积极做好政策解读、环境科普工作，不断提高公众环境素养，推动环境教育深入发展。

【绿色传播平台】 为加强环保政策解读、科普宣传力度，不断提高公众环境素养，宣传中心全力打造覆盖广播、电视、网络等全媒体平台的绿色传播阵地。《北京空气质量播报》广播、电视栏目，全年不间断在北京城市广播电台和北京卫视新闻频道播出，围绕农村散煤、高排放机动车、城乡结合部污染治理“三大战役”以及“大气污染执法年”行动等，每天推出3分钟专题节目，全年安全播出3000余期。为强化平台联动、形成宣传矩阵，6月1日，北京环保公众网改版为京环之声网站。网站集文字、图片、音频、视频等多媒体形式于一体，通过“环保新闻”“我来拍”“红黑榜”“科普生活”“明星大使”等栏目发布信息1000余条，普及环保科学知识，推动公众参与。“京环之声”微博、微信主动回应网友关切，不断增强平台的互动性，舆论引导、公众动员能力显著增强。年内，“京环之声”微博粉丝突破200万，#同赞晨　共环保#、#环境污染十大陋习#等微博话题在微博公益榜均排名第一。“京环之声”微信粉丝接近6万，内容生产原创率达85%以上，单条微信阅读量最高达51534人次，持续占据“中国政务绿色公号周榜”榜首。9月26日，“京环之声”微信公众号入驻腾讯企鹅平台，发布的文章在天天快报、腾讯新闻客户端、QQ浏览器等平台渠道有效实现一键分发，多平台精准投放，拓展了中心原创内容的网络传播渠道。

【环境教育基地】 2012年、2014年，市环保局分两个批次评选出环境教育基地共26家。2016年开展了对26家环境教育基地的复核工作，并启动了第三批环境教育基地的申报工作，共上报13家。几年来，教育基地发挥自身特点，开展丰富多彩的环保游戏、体验、话剧等活动，积极为公众提供形式多样的环境教育服务，年均接待参观量超过2500万人次。通俗易懂、内容丰富的环保“课堂”，极大提高了公众的环境素养，也为公众参与环保公益活动提供了便捷渠道。

【绿色宣讲】 绿色北京绿色行动宣讲团围绕“十三五”环保规划、《京津冀协同发展纲要》等重点内容，深入全市16个区和北京经济技术开发区开展宣讲，全年共宣讲近百场次，直接受众近万人次。

【科普教育】 在《小哥白尼》《北京科技报》《课堂内外》等5种中小学畅销期刊开设专版，专题解读《环境保护法》、清洁空气行动计划等法规、政策、措施，连载环保科普知识，刊登学生在日常生活、学习中的环保心得、体会、思考及优秀环境教育、环保实践、环保活动案例等。2016年，5种期刊共编辑发行3000余万份。

【环保动画片】 制作2集环保动画片《P在囧途》、3集公益宣传短片，以拟人化的动漫形象、诙谐的通俗语言，讲解大气污染成因，开展科普宣传，取得了良好效果。在北京电视台等传统电视媒体及“京环之声”、腾讯、优酷等网络新媒体平台推出后，最高点击量达340万人次，覆盖人群超过1494万余人次。

（张立新　褚宏芍）

党建纪检群团

党的建设　纪检监察　工会、团委

党的建设

【概况】2016年，市环保局系统各基层党组织将抓好党建作为促进环保事业发展的核心，以高标准完成环保任务来展现党建的成效，遵循底线思维原则，以“两学一做”学习教育为主线，全面加强市环保局系统党的思想、组织、作风、制度建设和党风廉政建设，为完成以清洁空气行动计划为重点的各项工作、积极推进环保事业发展提供了思想和组织保证。

【制定年度党建工作要点】6月，按照市直机关工委和市环保局党组工作部署，结合从严治党的目标任务，市环保局系统认真研究制定了《市环保局直属机关2016—2017年度党建工作要点》，明确了4个方面、11项具体工作，并于7月1日召开市环保局系统党建工作会，进行了部署。

【开展“两学一做”学习教育】根据党中央和市委的有关精神及要求，5月3日—12月31日，在市环保局系统全体党员中开展“学党章党规、学系列讲话，做合格党员”学习教育。在学习教育中，通过“集中领学”（专题辅导、上党课）、“交流促学”（分组研讨、大会交流）、“参观见学”（参观红色教育基地）等方式，组织广大党员集中学习党章、党规和习近平总书记重要讲话精神；组织党员对照党章及合格党员“四讲四有”新要求，开展岗位承诺，确定一项年内要取得明显突破的工作，填写《做合格党员承诺书》，并公开承诺，接受监督。

【开展建党95周年系列纪念活动】6月21日至7月15日，组织党员干部开展“共产党员献爱心”捐献活动，共计捐款4.68万元。

6月25日至30日，采取讲党课、学习革命先烈和先进模范事迹、参观纪念展览、参观反映国家建设发展成就等方式，并为基层党组织下拨经费3.09万元，开展主题党日活动。

7月1日，组织召开党建工作会议，市环保局党组副书记、直属机关党委书记、副局长方力总结2015年党建工作，部署2016—2017年工作；会上2个党支部、1名党支部书记、2名党员做了典型发言；表彰了57名优秀共产党员、10名优秀党务工作者和10个先进基层党组织；走访慰问了5名生活困难党员，发放慰问金1万元。

【基层党组织换届工作】6月，根据人事调整情况，及时研究调整市环保局机关党支部2个；指导2个基层党组织健全支部班子、按期换届，任免基层党组织负责人12人次，配强支部书记和纪检书记、委员。

【接受市委巡视】3月1日至4月29日，市委第七巡视组对市环保局党组进行了专项巡视；7月15日，市委巡视组向市环保局党组反馈了巡视意见。市环保局先后召开了5次党组会、

1次局务会，研究部署巡视整改工作，讨论解决整改工作中的重点难点问题，通报整改进展情况。经过近2个月的整改，3方面9个重点问题21项具体整改任务均已得到纠正，并于9月13日以专报（京环党文〔2016〕5号）的形式向市委巡视工作领导小组报告了整改情况。

对2个直属事业单位领导班子进行了通报批评；给予党纪政纪处分4人，诫勉谈话5人，批评教育18人，约谈4人，提醒谈话15人；调整在同一岗位任职时间较长的处级领导干部12人，充实调整直属事业单位领导班子成员10人。

纪检监察

【召开党风廉政建设工作会议】 4月22日，召开2016年党风廉政建设工作会议，贯彻落实中纪委、市纪委全会精神和市政府党风廉政建设工作会议精神，总结市环保局2015年度党风廉政建设工作，部署2016年工作任务。市环保局党组书记、局长陈添同志主持会议并讲话，党组副书记、副局长方力同志代表局党组总结部署工作。会上，局党组书记、局长陈添与局领导，局领导与分管的部门和单位主要领导签订了党风廉政建设责任书52份。

【开展“为官不为”“为官乱为”问题专项治理和“整治查处侵害群众利益不正之风和腐败问题”专项工作】 4月12日，市环保局党组下发了《中共北京市环境保护局党组关于印发〈深化“为官不为”“为官乱为”问题专项治理工作方案〉的通知》（京环党发〔2016〕14号），4月15日驻局纪检组下发了《驻北京市环境保护局纪检组关于印发〈开展“整治和查处侵害群众利益不正之风和腐败问题”专项工作方案〉的通知》（京环纪发〔2016〕2号），自文件下发之日至12月10日在全局开展“两个专项”工作，强化监督执纪问责，进一步维护群众切身利益，转变工作作风，提升机关效能。

（陈三忠）

工会、团委

【关爱职工生活】 组织机关春节团拜会及慰问活动；对31人予以慰问或补助；为局两名劳模上报劳模疗养；为职工上1份重大疾病保险；为局系统职工以及女职工办理重大疾病保险和女职工特殊保险；为环科院成立“母婴关爱室”；组织安排2批80余名干部职工在北京市职工服务中心参加了“心理关爱服务活动”，参观心理示范功能区、体验专业心理设备、听取心理健康常识讲解等。落实市总工会、市直工会学习要求，积极为市环保局系统工会订阅《工人日报》《劳动午报》等多种学习报刊。

【工会自身建设】 根据市妇女儿童工作委员会《关于推荐北京市“三八”红旗集体和“三八”红旗奖章的通知》精神，组织市环保局系统推荐评选工作，北京市环境保护投诉举报电话咨询中心受理科被评为北京市“三八”红旗集体；根据市直工会《关于做好2016年市直机关全国五一劳动奖状、奖章、全国工人先锋号和首都劳动奖状、奖章、北京市工人先锋号推荐工作的通知》精神，完成了推荐监测中心主任张大伟获2016年首都劳动奖章的工作；北京市直工会于7月主办了北京市直机关第四届文化艺术节“北京新气象”摄影展览，全面展现京津冀协同发展战略背景下北京城市、创新发展新业绩和机关干部好作风。市环保局工会组织直属职工积极参赛，6名职工荣获三个二等奖、三个三等奖。

【文体活动】 元旦，市环保局工会组织市环保局2016年“绿色健走”活动；组织机关在职职工新春团拜；开展“培育好家风——巾帼在行动”主题实践活动；组织局机关、监察总队80名干部职工赴平谷区东高村进行义务植树活动；组织381人报名参加市直机关干部体质测试专场活动，按时完成市直工会年度体质测试工作并在市直单位排名第二；参加市直工会举办的第十届“和谐杯”乒乓球团体赛，市环保局代表队在98支代表队中进入32强；为进一步加强机关文化建设，提高市环保局干部职工素质和文化修养品位，11月市环保局工会举办“书法培训班”；坚持瑜伽锻炼；足球俱乐部继续开展活动；坚持持续性开展“健步走”活动。

【妇儿工作】 关心妇女儿童发展，加强职工互助保障工作，继续办理重大疾病保险和女职工特殊疾病保险全覆盖，关心女职工困难，维护女职工权益，提升女职工素质，关心单身干部职工等。工会在“三八”国际妇女节前后组织开展健康知识讲座、趣味文体活动、花艺培训、评选优良家风家训等丰富多彩的活动，力争让每一位女职工都能在活动中提高素质、感受关怀、陶冶情操，营造快乐工作的良好氛围。帮助职工解决子女暑期托管的现实问题，同时宣传保护知识，让职工们感受到工会大家庭的温暖和关爱。

（杨素云）

【共青团工作】 2016年，组织团干部学习党的十八届六中全会会议精神、团中央改革重要文件精神，深入思考，提高责任感和使命感。组织完成2015年度团员统计和团费收缴工作；组织市环保局系统首届“环保青年才艺展示节”活动；举办第十五届环保青年学术演讲比赛。推荐的市环保监测中心的李云婷同志获得了第三十届“北京青年五四奖章”的荣誉称号；推荐优秀年轻干部参加国家治理青年人才培养计划；继续组织参与“我为改革献一策”活动，其中市环境监测中心的“北京、廊坊、保定‘4+2’区域大气污染现状、影响因素及治理策略初步研究”被评审为B类项目。按团市委统一部署，部署安排“1+100”联系青年活动。

（李里）

部门与行业环境保护

市经济和信息化委员会环境保护 | 市城市管理委员会环境保护 | 市农业委员会环境保护 | 市水务局环境保护 | 市园林绿化局环境保护 | 市农业局环境保护

市经济和信息化委员会环境保护

【概况】 2016年，北京市未核准或备案钢铁、水泥、电解铝、平板玻璃、船舶等产能严重过剩行业新增产能项目，无违规在建项目。7月，北京市现存3家水泥企业更名完毕，其中北京金隅琉水环保科技有限公司和北京金隅北水环保科技有限公司将完全转型为协同处置城市垃圾和危险废物的市政设施。10月31日，北京市关停退出工业企业335家，超额完成300家任务。2016年，北京市开展“散乱污”企业清理整治工作，制定2016—2017年度“散乱污”企业清理整治工作台账5534家，10月31日，完成销账4477家。10月31日，全市完成26个镇村产业集聚区工业污染整治工作，累计完成56个镇村产业集聚区工业污染整治，超额完成累计整治50个集聚区的工作任务。10月31日，北京市通过产业结构调整和燃煤设施清洁能源改造等方式拆除停用燃煤锅炉总容量1157蒸吨/小时。

12月13日，制定发布《北京市空气重污染应急工业分预案（2016年修订）》，组织各区重新制定工业企业停限产名单1200余家，按照“一厂一策”原则制定企业应急预案。

12月20日，公示第二批生态工业园区名单9家。2016年，北京市共启动4次空气重污染橙色及以上预警级别应急工作（其中红色预警1次），北京市1200余家工业企业采取了停限产措施。2016年，组织制定啤酒行业和集成电路行业清洁生产评价指标体系建设。

（郭钺）

市城市管理委员会环境保护

【概况】 近年来，北京市高度重视垃圾处理工作，在市委、市政府的领导下，全市各部门统筹规划、加强管理、开拓创新、攻坚克难，不断提升生活垃圾分类和减量化、资源化、无害化处理水平，生活垃圾处理资源化率逐年提高。2016年，生活垃圾清运量为872.61万吨，日均2.38万吨，同比增长10.41%，无害化处理量为871.2万吨，处理率为99.84%。

【生活垃圾处理设施建设】 “十二五”时期，生活垃圾处理设施建设取得可喜进展。建成4座生活垃圾焚烧厂，新增7600吨/日的处理能力，焚烧处理能力由2200吨/日增加到9800吨/日，比过去增加了近4倍；改扩建生化处理厂3座，新增生化处理能力1750吨/日，生化处理能力由3650吨/日增加到5400吨/日，比过去提升近50%，采用焚烧生化等资源化方式处理生活垃圾的比例由30%提高到60%，填埋处理比例首次下降到50%以下。

2016年，北京市生活垃圾处理设施26座（其中填埋场11座、生化厂8座、焚烧厂7座），生活垃圾总设计处理能力达到2.43万吨/日，其中焚烧、生化等处理能力已经达到1.52万吨/日，垃圾处理方式完成了从以填埋为主向以焚烧、生化等资源化方式的转变，处理结构日趋合理，垃圾处理能力紧平衡状态得到一定程度的缓解。

【生活垃圾处理设施运行管理】 实行“定期监测与在线监管相结合、信息公开与对外开放相结合”，不断强化日常监管，严格执行水、气、渣等各项污染物达标排放的工作要求，一是科学制定考评标准。出台《生活垃圾粪便处理设施运行检查考评办法》，委托专业单位对在运行的处理设施进行日常检查考评和定期环境监测工作。二是实行重要信息公开制度。运行数据与定期环境监测数据、技改工程公告等通过厂区门口的电子屏滚动显示，试行对外开放制度，每年约有10万市民通过预约方式参观了各类设施。三是实施排放在线监管。焚烧厂烟气排放指标在设计上依照国家和地方标准，甚至部分排放指标严于欧盟标准，并与环保部门实现互联互通，填埋场的渗滤液排放指标和排放量也实现了在线监管。同时，积极开展全市生活垃圾处理设施技改升级工作，在填埋场、堆肥厂、转运站等设施实施全密闭运行，并根据渗滤液产生量配套建设处理设施，环境污染控制水平显著提升。

2016年，北京垃圾渗滤液处理量为177.78万吨，清水全部用于厂内降尘、清洗、冲刷和冷却等，共为北京市节约水资源约100余万吨；填埋气处理量约1.6亿立方米，温室气体减排约120余万吨二氧化碳当量；填埋气和焚烧发电共7.4亿千瓦时，节约标准煤约30万吨。

【生活垃圾处理“十三五”规划】 根据生活垃圾产生量增长的现实情况与处理能力缺口，将打造东部朝阳高安屯、西部首钢鲁家山、南部北京环卫集团南宫及北部北京环卫集团阿苏卫等循环经济产业园，力争在“十三五”末基本实现生活垃圾资源化处理。

市农业委员会环境保护

【“煤改清洁能源”】 2016年，北京市围绕重点推进农村地区463个村庄的“煤改清洁能源”工作和优质煤全覆盖工作，到11月15日取暖季到来之时，463个“煤改清洁能源”村庄改造工程全面完成，并全部实施清洁供暖。各区在全力完成463个村庄的基础上，自我加压，超常规实施，到11月底北京市已完成663个村庄、22.7万户的“煤改清洁能源”任务，超额完成200个村庄，超额完成计划任务的43%。

【市、区政府扎实推进】 市委、市政府领导高度重视农村“煤改清洁能源”和减煤换煤工作，多次深入郊区农村调研，代市长蔡奇多次进村入户调研“煤改清洁能源”情况，市领导在通州调研后召开会议并确定了11项具体推进措施。各区认真落实主体责任，快速研究制定实施方案，明确补贴标准，落实资金预算，抽调人员成立了“煤改清洁能源”专门机构，全力推进工作。

【市各相关部门紧密配合】 市发改委、市财政局、市规划国土委、市城管委、市住建委等相关部门充分发挥职能作用，集中研究项目规划、简化审批、扶持政策等问题；有效指导各区顺利推进相关工作。

【电力、燃气企业鼎力支持】 国家电网北京市电力公司建立“日管控、周调度”制度，关键环节重点督导，各区供电公司全面整合施工力量，加快外电网工程建设。市燃气集团对管道辐射到的村庄逐村进行了调研、踏勘，调动集团部门和分公司、专业机构和基层单位共同推进燃气工程。

【借助专家团队，在技术路线、设备选型、质量管控等方面给予了技术支持】 为有效推进郊区农村“煤改清洁能源”工作，市新农村建设领导小组聘请了来自清华大学、中国环科院、中国节能等单位的22名专家组成专家顾问组，2016年7月6日副市长林克庆主持召开了部分专家座谈会，对本市“煤改清洁能源”技术路线进行了科学论证。

【出台指导性文件，科学推进各区工作】 为落实好市政府印发的实施方案，市新农办印发“1+3文件”，提出将农户取暖作为一个系统进行“一户一设计”，对设备招投标提出了严格要求，确保取暖效果。

【加强取暖设备运行维修服务工作】 2016年是大规模推进“煤改清洁能源”工作的第一年，量多面广，为确保设备正常运行，各区组织中标企业建立了设备后期维修服务体系，科学布局维修网点，全市各中标企业已建立了69个区域维修服务中心、550个村级维修站点，维修服务人员能够在接到电话后2小时上门，4小时内完成维修，4小时内无法完成维修的要立即更换新设备，确保农户正常采暖。

【加强燃煤监管，确保“煤改清洁能源”村庄成果】 为杜绝“煤改清洁能源”村庄再出现使用燃煤和未改造村庄使用“劣质煤”的问题，各区对改造村庄实施了炉具拆除、燃煤清理等措施，各区采取执法部门联合执法的方式，市、区共同建立了“村自治、乡（镇）监控、区检查、市巡查”的工作机制，有的区还设立了举报奖励制度，加强了燃煤使用的监管，确保工作成果。

【在简化审批程序方面进行创新】 提请市政府同意将农村“煤改电”“煤改气”工程审批纳入市政府“一会三函”审批范围；大大加速了工程的实施。

【在观念方面进行创新，将“煤改清洁能源”改造工作从购置取暖设备转向安装完善的取暖系统】 北京市提出了要把农户冬季取暖工作当做一个整体性和关联性的系统来实施，而不能仅仅是为了完成一台设备的安装。政府补助购买的不仅仅是设备，而是包括测量、设计、安装以及后期维修服务等全链条内容。

【创新实施“一户一设计”，满足每户冬季取暖的针对性需求】 要求各区严格根据取暖面积、住房条件等实际情况，在进行取暖负荷计算的基础上实施“一户一设计”。

【在工作模式方面进行创新，全面加速工作的推进】 如海淀区采取了项目管理公司参与管理的好模式。通州区实施划片管理，大大提升了农户设备选型的速度。朝阳区、海淀区对户内末端设备进行同步实施，有效提升空气源热泵的使用效果。大兴区、朝阳区对劣质燃煤治理采取“封村”管理模式，有效制止煤炭商贩进村推销。

【创新运用物联网技术，科学监管“煤改清洁能源”运行效果】 密云区通过运行服务监控平台，将大部分取暖设备的24小时运行数据无线传输至监控平台。中国空调检测中心在市新农办的指导下也组织力量对空气源热泵设备运行状况进行抽样监控，科学评价运行效果和能效。各区也在开展运行监控平台的建设，确保对2016年的中标企业、中标产品的质量及运行情况进行监控与后期评价。

【在监管模式方面进行创新，借助第三方力量全程督察各区工作】 市委督查室、市政府督查室开展了专项督察，市新农办委托第三方机构中国节能协会在全市开展全面督察。从2016年9月中旬起督察组分四个小组同步在各区开展督察，在10月31日前重点督察户内取暖设备安装情况；11月1日至15日，重点督察取暖设备测试情况；在11月15日取暖季开始后，重点督察取暖设备使用情况和村庄“无煤化”落实情况。

【采暖运行污染减排效果】2016年度的监测工作主要根据各种设备的安装量和中标企业情况以及产品特点，确定了以65家中标空气源热泵的企业和1家地源热泵企业及其各种型号产品为监测重点，同时兼顾了蓄能式电暖器和燃气壁挂炉。监测方法根据设备特点和数量各有侧重。通过对2016年推广使用的空气源热泵、地源热泵和燃气壁挂炉的监测结果来分析，上述设备都达到了预期效果，设备运行稳定、取暖效果良好。

经过监测核算每天每平方米供暖面积的供热量为40.48瓦，按照户均面积120平方米、120天供暖时段核算，供暖季热负荷56363.6兆焦，折合燃煤替代量3.3吨。2016年度北京市完成22.7万户“煤改清洁能源”任务，共计实现燃煤替代量75.6万吨，按照《民用煤燃烧污染综合治理技术指南（试行）》测算减排因子，比照无烟煤核算，二氧化硫减排3780.6吨，氮氧化物减排831.7吨，一氧化碳减排5.28万吨，挥发性有机物减排1361吨，PM_{10}减排1663.4吨，$PM_{2.5}$减排1058.5吨。

市水务局环境保护

【“十三五”时期水务发展规划】《北京市“十三五”时期水务发展规划》(以下简称《规划》）于2016年7月8日由北京市人民政府印发。《规划》的实施年限为2016年至2020年,《规划》总结了“十二五”时期水务发展成效，分析了“十三五”时期形势与挑战，明确了“十三五”时期的指导思想、原则、目标和主要任务等。《规划》确立的总体目标是到2020年，节水型社会率先建成，城乡水环境明显改善，水务基础设施更加完善，运行服务保障能力显著提高。《规划》提出了8项主要发展任务，包括全面建成节水型社会、深入推进污水处理与再生水利用、改善城乡水环境质量、提升城乡供水保障水平、提高水资源安全保障能力、完善防洪排涝体系、加快水务改革创新和推进京津冀水务协同发展。

【基本完成第一个三年治污方案】从2013年起实施第一个三年治污行动方案，加快污水处理和再生水利用设施建设。截至2016年年底，建成了清河第二、槐房、定福庄、高安屯、稻香湖和郊区城镇等一批再生水厂，北京市大中型污水处理厂增至67座。全市污水处理能力达到612万米^3/日，全市污水处理率提高到90%，基本解决了中心城区污水处理能力不足问题。

【启动实施第二个三年治污方案】5月5日，市政府印发《北京市进一步加快推进污水治理和再生水利用工作三年行动方案（2016年7月—2019年6月）》，着力解决城乡结合部、城市副中心、重要水源地和民俗旅游区村庄的污水治理问题。2016年升级改造污水处理厂4座，新建再生水厂12座。

【持续扩大再生水利用】市政府与各区政府签订了工作目标责任书，将再生水利用工作目标分解落实到各区政府和有关单位，持续扩大再生水利用。2016年再生水利用量达到10亿立方米，同比2015年新增0.52亿立方米。

【完善污水处理设施建设运营机制】优化项目审批流程，将污水处理和再生水利用设施建设项目相关审批权限由市级下放至区级。制定了《北京市农村污水治理和再生水利用项目实施暂行办法》和《北京市农村污水处理和再生水利用设施运营考核暂行办法》，明确项目组织、规划选址、项目审批、资金安排、竣工验收及投产运营等一系列流程。

【明确不同功能区污水处理设施建设和管理运行支持政策】 中心城区继续采用现行的特许经营模式，进一步完善污水处理和再生水利用设施体系。城市副中心实行政府建网、企业建厂、市级补贴、考核付费的工作模式，与中心城区投融资模式保持一致。其他城镇地区实行政府建网、企业建厂、区镇付费的工作模式，建设资金由特许经营主体承担，征地拆迁资金由相关区、镇政府统筹解决。其他农村地区实行厂网共建、市区补贴、考核付费的工作模式，建设资金由相关特许经营主体、市政府固定资产投资及相关区、乡镇政府共同承担，市级财政对运营经费给予补贴，补贴基数为 3 元/米^3，不足部分由相关区、乡镇政府统筹解决。

【积极打造生态再生水厂建设模式】 9 月 18 日，市水务局印发《北京市生态再生水厂评价办法（试行）》，引导再生水厂建成出水水质优良、污泥无害化、厂界无明显臭味及噪声、能量与生物质回收利用、节能低耗、环境友好的生态再生水厂。截至 2016 年年底，槐房、稻香湖、碧水等一批再生水厂有效解决了厂区的臭味和噪声问题，实现了节能节地降耗综合效益最大化。

【加强中心城区排水管网管理】 6 月 25 日，市水务局印发《北京市中心城区排水管网移交管理暂行规定》，规范了中心城区排水管网移交管理，不断提高中心城区排水管网运行安全管理水平。

【加大污泥处理处置监管力度】 市水务局对污泥处理处置全过程进行监管，制定统一制式的城镇污水处理厂污泥转运联单，建立污泥处理处置情况日报制度、污泥产量记录制度、污泥转运联单制度、污泥泥质检测制度、污泥处理处置场地巡视巡查制度等多项规范性制度措施。

【建立入河排污口和黑臭水体台账】 完成全市河道排污口和污染源的全面排查，建立了全市 835 个规模以上入河排污口台账。通过实施第一个三年治污行动方案，已消除 366 个入河排污口，目前正加快推进剩余 469 个排污口的治理。对全市黑臭水体进行排查，已筛查确定了全市黑臭水体 141 条（段），总长度约 665 公里，按照住建部的要求，分两批向社会公布了建成区 57 条（段）、248 公里黑臭水体名单。

【加快黑臭水体治理进度】 编印了《北京市黑臭水体整治工作方案》《黑臭水体治理实施方案大纲》，推动各区落实排污口治污责任和“一河一策”治理方案。截至 2016 年年底，141 条（段）黑臭水体中有 88 条（段）治理项目实现开工建设，其中城市建成区有 25 条（段）黑臭水体完成治理任务。

【制定黑臭水体治理激励政策】 加强黑臭水体治理资金保障，制定了《北京市黑臭水体治理清淤工程资金奖励补贴办法》，明确对黑臭水体治理清淤工程资金实行“以奖代补、先干后补”的奖励补贴机制。继续严格实施水环境区域补偿制度，促进各区政府进一步落实水环境保护和治理的属地责任，2016 年各区共缴纳水质断面和污水处理补偿金 10.8 亿元。

【实行河湖生态环境管理“河长制”】 2016 年 6 月 3 日，市政府办公厅印发《北京市实行河湖生态环境管理“河长制”工作方案》，组织 16 个行政区政府和市相关部门初步建立了市、区、乡镇（街道）三级“河长制”组织体系。“河长制”实施以来，2016 年水环境问题较 2015 年同期减少 60%，主要河湖生态环境质量有了明显改善，“河长制”工作取得了初步成效。全面实施河湖生态环境检查通报制度，通过公开招标形式引入第三方机构，对全市河湖环境维护情况分时分段设点（2319 个点）进行检查，检查范围涵盖全市 88 座水库、425 条 6414 公里河道，将考评结果每两个月在全市通报，建立问题台账，并督促问题整改落实。

【持续推进生态清洁小流域建设】 坚持以水源保护为中心，持续推进生态清洁小流域建设。2016 年实施 34 条生态清洁小流域建设工程，涉及延庆等 7 个区的 27 个乡镇、98 个村，服务人口 7.6 万人。

【大力实施密云水库库滨带治理】 落实《关于进一步加强密云水库水源保护工作的意见》要求，加强库区保水力度，持续推进 148~155 米高程范围内库滨带建设，2016 年完成一期工程 2 万亩。推进沿库区 155 米高程线 300 公里永久性围网建设，2016 年完成 109 公里。

【推进小型水体生态修复技术应用】 在生态清洁小流域建设中，引入欧盟水框架指令和近自然河沟道修复理念，尊重自然、顺应自然、保护自然，着力拓展河沟道防洪空间，恢复河沟道自然属性，保持横向、纵向、竖向连续性，改善水文状况和水质，2016 年共在全市 7 个山区行政区、23 条小流域中开展了 23.71 公里河（沟）道生态修复。

（田雨）

市园林绿化局环境保护

【概况】 2016 年，北京市园林绿化工作紧紧围绕北京市“十三五”时期园林绿化的发展目标，坚持服务首都功能定位，全面加快园林绿化建设，圆满地完成市委、市政府和首都绿化委员会部署的各项任务。全年新增造林绿化面积 1.27 万公顷（19 万亩），新增城市绿地 408 公顷。全市森林覆盖率达到 42.3%，森林蓄积量达到了 1724.55 万立方米；林木绿化率达到了 59.3%，城市绿化覆盖率达到了 48.4%，人均公共绿地面积达到了 16.1 平方米。

【山区生态建设】 2016 年，北京市山区生态建设不断提升，推进京津风沙源治理、太行山绿化等国家级重点生态工程，全市完成人工造林 0.57 万公顷（8.6 万亩），封山育林 0.4 万公顷（6 万亩）；在森林健康经营领域，全市完成林木抚育 4 万公顷（60 万亩），低效生态林改造 0.4 万公顷（6 万亩），彩色树种造林 1286.67 公顷（1.93 万亩）。

【京津风沙源治理工程】 截至 2016 年年底，北京市共完成人工林 0.33 万公顷（5 万亩）[困难地造林 0.13 万公顷（2 万亩）、宜林地造林 0.2 万公顷（3 万亩）]、低效林改造 0.4 万公顷（6 万亩）。栽植各种苗木 337 万株，修建作业道 83.2 公里，设置水泵 168 台，铺设浇水管线 124 公里。在低效林改造中，补植面积 0.198 万公顷（2.97 万亩）60.1 万株、抚育面积 0.358 万公顷（5.37 万亩）。为巩固京津风沙源治理工程一期成果，国务院决定实施京津风沙源治理工程二期工程规划（2013—2022 年），北京市规划范围包括门头沟、房山、大兴、昌平、平谷、怀柔、密云、延庆 8 个区，工程总面积 13114.82 平方公里，规划主要建设任务包括：人工造林 3.6 万公顷（54 万亩）、低效林改造 10 万公顷（150 万亩）、封山育林 13.33 万公顷（200 万亩）、人工种草 1.25 万公顷（18.75 万亩）、草种基地 500 公顷（0.75 万亩）、暖棚建设 35 万平方米、小流域综合治理 1900 平方公里、易地搬迁 2.5 万人。2013 年 7 月，北京市正式启动实施京津风沙源治理二期工程建设。2016 年，该工程涉及房山、门头沟、平谷、怀柔、密云、延庆、昌平 7 个区和市属林场（保护区）。截至 2016 年年底，北京市京津风沙源治理二期工程林业建设任务累计完成 3.57 万公顷（53.6 万亩），其中人工林 1.82 万公顷（27.3 万亩）[含全市平原造林工程 1.62 万公顷（24.27 万亩）]、困难地造林 0.13 万公顷（2 万亩）、封山育林 0.58 万公顷（8.7 万亩）、低效林改造 0.97 万公顷（14.6 万亩）。

【太行山绿化工程】 2016 年，北京的太行山绿化工程集中在房山区，2016 年房山区完成太行山绿化三期工程人工造林 0.13 万公顷（2 万亩）任务，共栽植油松、华北落叶松、侧柏、白桦、黄栌、元宝枫、山杏、栓皮栎、核桃等各种树苗 148 万株。该工程是国家重点生态建设工程，工程涉及北京市、河北省、山西省、河南省，从 1986 年开始在门头沟、房山开展太行山绿化试点工程，一期工程 1994—2000 年实施，二期工程 2001—2010 年实施，三期工程 2011—2020 年实施。

【平原地区生态建设】 2016 年，市园林绿化局结合农业结构调整，持续推进平原地区的绿化美化，突出城乡结合部、重要生态廊道、京津保地区和冬奥会、世园会、新机场周边等重点区域，共实施拆迁腾退 144.5 万平方米，新增造林绿化 0.358 万公顷（5.78 万亩），栽植各种苗木 230 万株。

【城市绿化建设】 2016 年，北京市新增城市绿地面积 408 公顷，其中新增静雅园等公园绿地 137 公顷、居住区绿地 161 公顷、道路绿地 63 公顷；建设小微绿地 56 处。公园绿地服务半径覆盖率由 67% 提高到 72%。完成东南二环、月坛南北街等 23 处老旧公园升级改造，完成居住区绿化 76 处。新建屋顶绿化 8.5 万平方米、垂直绿化 60 公里。完成道路增绿填彩项目 45 条，建设集雨型绿地 20 余处。

【城市副中心绿化建设】 2016 年，按照“世界眼光、国际标准、中国特色、高点定位”的要求，市园林绿化局会同有关部门编制城市副中心绿地系统规划和三年行动方案，城市副中心园林绿化建设全面启动。按照三年行动方案的要求，确定 84 项园林绿化重点工程。2016 年先期启动 42 个单体工程，确定绿化面积 0.43 万公顷（6.5 万亩）[新增林地绿地 1666.67 公顷（2.5 万亩），改造提升 2666.67 公顷（4 万亩）]。其中，核心区内实施 19 个项目，已完成绿地建设 200 公顷；核心区外实施 23 个项目，完成造林任务 666.67 公顷（1 万亩）。

【全民义务植树活动】 2016 年是首都全民义务植树活动开展 35 周年，全市深入开展全民义务植树活动。全年共有 387 万人次以各种形式参加义务植树活动，共植树 242 万株、抚育树木 1100 万株。社会力量认养认建绿地 453 块、面积达 583 公顷，认养树木 8.3 万株，投入认建认养资金达 8000 余万元。

【中央领导植树活动】 2016 年 4 月 5 日，党和国家领导人习近平、李克强、张德江、俞正声、刘云山、王岐山、张高丽等集体乘车，来到位于北京市大兴区西红门镇的植树点，同首都群众一起义务植树，习总书记强调：“发扬前人栽树后人乘凉精神，多种树种好树管好树”，激发首都广大人民群众绿化美化首都热情。

【自然保护区建设与管理】 2016 年，北京市加强与京冀地区协作，推进野三坡—百花山、海坨山、雾灵山区域等环首都国家公园体系建设前期工作，完成海坨山和雾灵山区域国家公园总体规划和科学考察编制；开展自然保护区总体规划编制。启动百花山国家级自然保护区、野鸭湖市级自然保护区、玉渡山区级自然保护区等保护区总体规划编制。实施松山国家级自然保护区森林体验能力建设，包括野鸭湖、汉石桥保护区湿地保护与恢复以及房山区佛子庄湿地保护奖励项目；调整松山自然保护区功能区划，并完成范围和功能区调整后的后续工作。启动了玉渡山、金牛湖、野鸭湖自然保护区范围调整和水头自然保护区批建工作；开展百花山科普宣教中心和科普馆建设。截至 2016 年年底，北京市园林绿化系统共建立各级各类自然保护区 16 个，总面积 13.02 万公顷，园林绿化系统自然保护区面积占北京市国土面积的 7.94%。其中，国家级自然保护区 2 个，市级自然保护区 8 个，区级自然保护区 6 个。按照类型划分，森林生态系统和野生生物类型自然保护区 12 个，湿地生态系统自然保护区 4 个。

【湿地恢复建设】 2016 年，北京湿地恢复建设重点推进通州东南郊、马驹河，大兴长营子，房山长沟，延庆野鸭湖，密云清水河，怀柔宝山等区域湿地恢复与建设，共恢复建设湿地2280公顷，其中恢复湿地1671公顷，新增湿地609公顷。

【京冀生态水源保护林】 2016年，京冀生态水源保护林建设合作项目造林任务重点安排在围绕密云、官厅两座水库上游重点集水区，涉及河北张家口市怀来、赤城、涿鹿、崇礼、沽源和承德市丰宁、滦平，共计2市7县，共造林0.67万公顷（10万亩），栽植各类苗木813.57余万株，修建作业路50515延米、围栏26191延米、工程碑14座、宣传牌38块，聘用专职管护员87名。截至2016年，京冀生态水源保护林建设合作项目8年来累计营造林4.67万公顷（70万亩），栽植苗木6300余万株，修建作业路23.6万延米、围栏11.96万延米、宣传碑牌345块，安排护林员468人。

（齐庆栓）

市农业局环境保护

【种植业结构调整】 2016年，北京市粮田面积110万亩，同比调减12%。粮食播种面积为132万亩，其中玉米播种面积100.5万亩，同比调减12.6%。小麦播种面积21.2万亩，同比调减12.8%，其他经济作物10.3万亩，基本保持稳定。

【养殖业结构调整】 2016年，北京市生猪出栏275.3万头，肉禽出栏3882.7万只，肉牛出栏7.4万头，肉羊出栏69.6万只，肉类总产量30.4万吨，鲜蛋产量18.3万吨，生鲜乳产量45.7万吨。全年生猪、牛、羊、家禽存栏量分别为165.3万头、16.2万头、59.6万只、1838.1万只。生猪出栏调减3.2%，肉禽出栏调减41.9%，禽蛋产量调减6.6%，牛奶产量减少20.1%。

【节水农业建设】 围绕粮食作物、设施作物、露地蔬菜和精品果园四大产业，建设高效节水示范区120个，累计推广高效节水技术6.45万亩次，实现总节水382万立方米。其中粮食作物喷灌施肥技术1.8万亩，总节水79.5万立方米；西甜瓜膜下微喷和覆膜沟灌技术0.56万亩，总节水70.7万立方米；蔬菜滴灌和膜下沟灌施肥技术3.38万亩，总节水214.2万立方米；食用菌定时微喷技术0.085亩，节水2.6万立方米；果树环绕滴灌施肥0.17万亩，节水12.7万立方米。

【减少化肥用量　防治农业面源污染】 一是推广测土配方施肥。根据不同区域土壤条件、作物潜力和养分综合管理需求，合理制定各区域、各作物施肥方法，提高农民科学施肥意识和技能，减少盲目施肥。二是调整化肥使用结构。优化氮、磷、钾配比，促进微量元素平衡使用，减少氮肥投入。三是促进有机肥替代化肥。通过合理利用畜禽粪便、秸秆等有机养分资源，改善土壤团粒结构，实现有机肥、无机肥相结合。2016年，全市肥料利用率达到32.5%，耕地化肥亩用量降低1.5千克，测土配方施肥物化技术覆盖率达85%。

【化学农药减量　防治面源污染】 一是推广绿色防控技术。应用生物防治、物理防治等技术，推广色板、太阳能杀虫灯、臭氧消毒、常温烟雾自动施药等产品，替代化学农药使用。二是推行精准科学施药。普及用药精准量具，规范农民农药习惯。根据病虫监测预报，坚持达标防治，适期用药。三是推行病虫害统防统治。扶持病虫防治专业化服务组织，规模开展专业化统防统治，实现植保机械与农艺配套，提高防治效率。2016年，全市实现农药减量使用2.4%，农药利用率提高到41.2%，统防统治覆盖率达到31.9%。

【畜禽养殖禁养区划定及规模化畜禽养殖场关闭搬迁】 2016年，为进一步加强农业面源污染治理，按照《北京市水污染防治工作方案》

（京政发〔2015〕66号）及《北京市水污染防治工作方案2016年重点任务分解》的要求，全市划定畜禽养殖禁养区面积5190.25平方公里；治理、关闭、搬迁禁养区内规模养殖场（小区）379家，其中治理26家（饮用水水源地二级保护区内）、关闭353家。

【畜禽养殖粪污治理】 推广粪污治理及资源化利用“三化”措施，即生产过程减量化、末端治理无害化、循环利用资源化。全市各区整合项目资金（生猪调出大县、环保资金、市级转移支付资金），通过粪污综合治理工程、种养结合良性生态循环、畜禽养殖废弃物第三方治理等模式，完成100家规模养殖场的粪污治理与资源化利用工作。

【农作物秸秆综合利用】 重点推广秸秆粉碎还田、收集加工青贮、黄贮、制作有机肥、加工膨化饲料、加工制作压块能源、加工制作菌棒七种处理利用模式，实现秸秆综合利用全覆盖。顺义区和怀柔区通过采取政府购买服务、处理利用补贴等方式，成功打造了农业废弃物综合利用模式和山区秸秆利用模式。2016年，北京市小麦秸秆已全部实现肥料化和饲料化利用，玉米秸秆有93%以上实现肥料化、饲料化、能源化、基料化利用，北京市农作物秸秆综合利用率达到98.1%。

【地膜残留污染防控】 开展农膜应用及废弃物处理现状调研，摸清北京市农膜应用现状及土壤地膜残留现状；开展生物可降解膜对比试验；推进蔬菜生产地膜回收利用示范区建设。在大兴区开展蔬菜生产地膜回收利用试点，依托企业全区9个镇设立20个经销网点，通过2千克旧膜换1千克新膜的鼓励措施，对规模化蔬菜生产区域废旧地膜进行回收利用。两年共回收旧地膜831吨，兑换符合标准的新地膜415吨，有效减少了地膜对环境的污染。

（王玉珏）

北京市各区环境保护

东城区环境保护

【概况】 东城区环保局是东城区政府依法监督管理辖区内环境保护工作的行政主管部门。主要职责是贯彻落实国家和北京市关于环境保护的法律、法规、规章和政策；建立健全环境保护工作制度，编制区环境保护规划和计划；负责区环境问题统筹协调和监督管理，承担落实区污染减排目标责任，制订主要污染物排放总量控制计划并监督实施；负责环境监察，组织开展环境保护执法检查；负责限期治理、排污申报登记、排污收费等制度实施；参与促进清洁生产，负责建设项目竣工环境保护验收；负责区环境监测，组织实施环境质量监测和污染源监督性监测；组织环境保护宣传教育工作。

2016年，东城区环保局实施北京市控制大气污染措施，办理建设项目环境保护审批333项，建设项目环境保护备案104项，建设项目环境保护验收180项，依法征收排污费200余万元。办理群众来信1823件，办理人大代表建议6件，政协提案7件，党代表建议2件。

（马春华）

【环境质量】 2016年，落实清洁空气行动计划各项措施，细颗粒物（$PM_{2.5}$）年均浓度77微克/米^3。可吸入颗粒物（PM_{10}）年均浓度95微克/米^3，二氧化氮（NO_2）年均浓度50.5微克/米^3，二氧化硫（SO_2）年均浓度10.5微克/米^3，降尘年均值4.8吨/（平方公里·月）。辖区水环境质量有所改善。区域环境噪声平均值53.3分贝（A）。道路交通噪声平均值68.9分贝（A），道路平均车流量4304辆/小时。

（马春华　赵华）

【中央环保督察迎检】 11月29日，中央第一环境保护督察组进驻东城区。东城区制定专门工作方案，成立由区委书记、区长任组长，主管副区长任执行组长的区级协调工作领导小组，负责督察组在东城区期间保障工作的组织领导和统筹协调。领导小组下设办公室，负责日常工作。领导小组办公室每日召开工作协调会，推进案件办理、材料准备、新闻宣传及其他重点工作。上报三批次29项督察资料均一次通过。截至12月23日，东城区共收到中央环保督察组转办信访案件71件，反映问题101项。其中，粉尘污染8项、环境秩序33项、违法建设28项、扰民问题28项、拆迁安置2项、信息公开1项、公房转租1项。已办结65件，责令整改62家，立案处罚31家，罚款3.97万元。

（马春华　席俊）

【环境信访】 2016年接到群众来信1823件，大气污染类1010件（其中餐饮油烟类750件），噪声污染类743件（其中固定声源噪声类529件），固废危废类2件，水污染类7件，建设项目类6件，辐射类55件。办理中央环保督察组转办投诉举报案件7件，其中发现2起环境违法行为，实施处罚15.2万元。经监察队复查，2家违法企业均已整改。重要信件领导阅批率、信访答复率、信访按时办结率均为100%。2016年未出现市、区级集体访和重复集体访，未出现重点地区非正常个访和集体访。

（马春华　李思伦）

【绩效管理环境保护专项考评】市政府绩效管理工作领导小组对东城区年度环境保护专项考评认定：$PM_{2.5}$年均浓度同比下降8.3%，超额完成年度同比降幅目标值（5%）；与2013年相比，累计下降18.1%，未完成累计降幅19.5%的目标。主要污染物减排完成年度目标。

（马春华　赵华）

【散煤燃烧治理】落实“禁售、禁运、禁存、禁燃”要求，集中开展“2016年储煤季散煤治理专项执法月”活动，各部门加强联合执法和督导检查，各街道落实属地管理职责，有效遏制燃煤反弹，东城区挂账的945户燃煤居民、255家商户，全部实现销账。同时，全面启动了东四地区、交道口地区“煤改电”设备更新工作。

（马春华　孟魁　何守钦）

【锅炉低氮改造】建立健全区领导调度、牵头单位统筹、街道办事处推进的三级联动工作机制，完成调试共164处锅炉房，拆除49处锅炉房，已签订改造合同共62处锅炉房，总计275处锅炉房，超额完成任务。

（马春华　李思伦）

【餐饮行业油烟检查】2016年7月至8月，出动执法人员810人次，检查餐饮企业390家次，发现10家餐饮企业存在环境违法行为，处罚金额10.5万元。

（马春华　孟魁）

【机动车排放监管】2016年，淘汰老旧机动车2.6851万辆，完成全年任务1.526万辆的176%。检查机动车48万辆，其中入户抽查2.9865万辆，完成全年任务的107%；夜查0.6万辆，完成全年任务的107%;路检、遥测42.7779万辆，完成全年任务的118%;巡查检测场1.6379万辆，完成全年任务的117%；处罚超标车422辆，遥感非现场超标车1597辆，处罚非道路施工机械11台。2016年巡查辖区的13家经营性加油站840座次，抽测54座次，处罚非正常使用油气回收装置加油站4座。

（马春华　李建新　李智）

【污染企业调整退出】2016年，市经济信息化委未给东城区下达污染企业调整退出任务。按照疏解一般制造业工作要求，东城区调整退出5家不符合首都功能定位的工业企业。分别为：北京迎时万佳纺织品有限公司、北京华隆兴业印刷有限公司、北京班纳发迅时装有限公司、北京市天环工贸发展中心、北京齐力轻型印刷厂。

（马春华　吕小军）

【扬尘污染控制】东城区网格中心落实精细化管理职责，加强环境问题监督。区住建委、区城管执法局开展联合执法，处罚违法违规行为，施工工地达标率始终在92%以上。区园林绿化局与园林绿化管理中心采取覆盖、围挡等措施，有效控制了绿化工程的扬尘污染。环卫中心保持“吸、扫、冲、收”清扫保洁新工艺作业覆盖率95%以上，重点道路每日机械冲洗2次以上。

（马春华　卢欣）

【空气重污染应急响应】2016年北京市共启动空气重污染应急17次36天。其中蓝色预警6次6天，黄色预警7次16天，橙色预警3次8天，红色预警1次6天。东城区落实指挥部办公室职责，对各成员单位工作落实情况进行监督，加强与成员单位信息沟通，及时通报反馈检查情况，确保信息及时有效。

（马春华　张剑）

【危险废物管理】 2016年，对5家工业企业、16家二级以上汽修厂、19家二级以上医院、4家印刷企业和6家实验室废液开展危险废物管理。完善危险废物规范处置制度，规范落实措施，东城区内的危险废物均交有资质单位处置并填报转移联单，贮存场所符合环保标准。医疗废物、医疗废水管理规范，医疗污水处理设施运行正常。

（马春华　吕小军）

【辐射安全行政许可】 2016年，受理各类辐射安全行政许可事项135件，全部办结。其中辐射类建设项目审批21件、辐射类建设项目验收14件、辐射安全许可证相关手续39件、放射性同位素备案61件。

（马春华　陈雷）

【辐射安全监管】 东城区辐射工作单位174家，其中涉源单位18家、放射源301枚，射线装置单位156家、射线装置652台（套）。2016年检查辐射工作单位154家次，出动人员320余人次，检查各类密封放射源301枚、各类开放性场所18处、各类射线装置539台（套）。

（马春华　陈雷）

【污染物总量减排】 2016年，北京市考核东城区大气主要污染物总量减排指标为氮氧化物和挥发性有机污染物2项。氮氧化物排放量比上年削减4.53%。全年淘汰老旧机动车2.6万辆，削减氮氧化物280吨。治理挥发性有机污染物排放企业1家，削减挥发性有机污染物6.72吨，完成市政府下达的3%和6吨的年减排计划。

（马春华　陈鸣）

【完成VOCs减排任务】 完成东城区2016年6吨清洁空气行动计划中挥发性有机物VOCs的减排任务。对辖区内挥发性有机物排放单位进行日常监管与监测，环保设施运行正常，污染物排放达标。

（马春华　吕小军）

【环境统计年报】 2016年，纳入环统调查范围的工业企业20家，确定15家工业企业为年度环境统计重点调查对象。环境统计数据通过规范性审核、平均水平合理性审核、完整性审核、突变指标审核，并对突变情况逐一进行数据分析，通过市环保局环统会审，完成工业源数据库上报。根据环境统计制度开展工业源监督性监测，工业企业废水、废气稳定达标率和锅炉烟气排放达标率均为100%。

（马春华　赵华）

【“大气污染执法年”行动】 2016年4月至12月，开展“大气污染执法年”行动。围绕散煤、重点区域，按照行业管理和属地监管相结合的原则，开展“治散煤”“净四气”“降三尘”专项执法行动。共出动执法人员6100余人次，检查单位3260家次，已做出处罚69起，罚款金额56.9万元。

（马春华　孟魁）

【行政处罚】 2016年，细化监察执法考评要求，每个执法组对所管辖区污染源主动巡查，运用法律法规对环境违法行为做出相应处理。出动执法人员8100人次，检查各类单位3900个次；做出行政处罚93件，处罚金额88.2万元，下达噪声类限期治理8件。

（马春华　孙敬敏）

【环保宣传】 2016年，组织东城绿色志愿者参加“志愿服务　爱满东城”学雷锋志愿服务高潮日活动和“减少灾害风险　建设安全城市”的防灾减灾日宣传活动，发放环保宣传材料3000余份，接待现场咨询100余人。与东直门街道合作开展“水文化节”活动、与龙潭街道共同举办“节水禁烟　食品安全”主题宣传活动；在贯穿东城区域的公交车身喷涂“同呼吸　共责任　齐努力”“倡导绿色出行　减少大气污染”等环保宣传口号，进行环保知识的宣传。向东城区所有社区和中小学赠送《中国环境报》共计约400份。围绕2016年六五世界环境日“改善环境质量　推动绿色发展”这一主题，在社区、街巷胡同内人流密集区利用板报、宣传橱窗、电子显示屏等进行宣传海报的宣传和展示，开展“每天徒步一小时”“拥抱蓝天　每周少开一天车”“环保讲座”等活动。联合区教委在全区范围选拔的10名中小学生，参加北京市第十八届小学生“我爱地球妈妈”演讲比赛和北京市第十四届中学生中英双语演讲比赛，取得了中学组一等奖，小学组一个二等奖、一个三等奖和两个优秀奖的优异成绩。

（马春华　王祎）

西城区环境保护

【概况】 2016年，西城区强化环境安全监管，实施多种污染物协同减排，区域环境质量有所提高。细颗粒物（$PM_{2.5}$）累计平均浓度为78微克/米^3，与2015年相比下降6.0%，与2013年开始监测以来相比累计下降14.9%，各项污染物浓度持续下降，实现了大气环境质量持续改善的目标；各个水质考核断面均达到或好于考核目标，广北滨河路（永引下段）和永定门（南护城河）达到年度考核目标，并较往年有所改善；区域噪声平均等效声级为54.0分贝（A），达标率91.7%，道路交通噪声监测路段73条，年平均值67.6分贝（A），声环境质量整体平稳。西城区平均降尘量为5.8吨/（平方公里·月）。鼓楼外大街（北护城河）年平均水质为Ⅱ类标准，好于年度考核目标。北海年平均水质为Ⅳ类标准，达到年度考核目标。广北滨河路（永引下段）和永定门（南护城河）年平均水质均为Ⅳ类标准，达到年度考核目标，较往年有所改善。工业废水达标排放率100%，重点污染源废水排放达标率100%。

【制定专项方案】 发布了《北京市西城区“十三五”时期生态西城建设规划》《北京市西城区“十三五”时期环境保护规划》《北京市西城区“十三五”时期大气污染防治规划》。为加快大气污染防治和水污染治理工作的落实，制定了《北京市西城区2013—2017年清洁空气行动计划重点任务分解2016年工作措施》《北京市西城区贯彻落实〈京津冀大气污染防治强化措施（2016—2017年）〉实施方案》《北京市西城区水污染防治工作方案》《北京市西城区水污染防治工作方案2016年任务分解》《北京市西城区实行河湖生态环境管理地方行政主要领导负责制工作方案》《北京市西城区突发水环境事件应急预案（初稿）》《北京市西城区水体达标方案》。推进环境全面监管，制定了《西城区网格化环境监管工作方案（试行）》。落实重污染应急预警，修订了《北京市西城区空气重污染应急预案（2016年修订）》。将各项重点任务进行分解落实，明确线路图、时间表、责任人，建立大环保督察工作管理责任制，落实每月小结、季度自查、半年调度的工作制度。坚持每月对污染物指标、水质达标率开展动态分析，每季度开展指标完成情况的自查自评，顺利完成清洁空气行动计划和水污染防治两项目标责任书中的任务指标。

【中央环保督察迎检】 11月29日至12月29日，中央第一环保督察组对北京市开展了环保督察工作，督察组向西城区转办群众环境信访案件157件，办结157件（属实111件，不属实46件），责令整改196家，立案处罚77家，约谈124人，罚款金额32.19万元。

【信访处理】 2016年,，西城区环保局共处理各类信访3512件，所有信访均按时办结，并按要求回复信访人，办结率100%。针对居民反映强烈的前公用胡同周边珠宝商户采用暗门、暗室以及产生废气的“失蜡法”石膏铸模进行作业的问题，下达《查封决定书》，查封现场留存的5台真空注蜡机和暗室内的总电源箱；依据《建设项目环境保护管理条例》第二十四条第一款第（二）项之规定，责令违法单位停止违法行为，按期完成整改，并处以罚款50000元整。

【规范行政许可】2016年，西城区环保局严格执行《北京市新增产业的禁止和限制目录》《西城区新增产业禁止和限制的管理目录》，控制和减少审批数量，全年不予审批项目95个。禁限工作联席会上，对5个建设项目的审批做出调整建议，编写相关案例分析材料；落实北京市清理整顿违法违规建设项目的清单整理报送和方案制定工作，对11家已开业但未办理验收手续的单位进行整改落实。按照绿色审批通道项目的要求，做好西城区44条道路建设审批的准备工作。完成区属医疗卫生机构30个建设项目和社区卫生服务机构标准化建设82个项目的相关审批工作。实施标准化审批，按标准化程序接待办事人员来访千余人次，实现"零违纪、零投诉"的工作目标。

【巩固"无煤化"成果及锅炉低氮改造】按照散煤"禁售、禁运、禁存、禁燃"的工作目标，清理整顿违规使用散煤问题。在采暖季对小煤炉问题进行联合执法检查。在非采暖季，结合"煤烟型治理检查任务"，重点对住宿、洗浴、餐饮业违法使用燃煤情况进行专项执法检查。根据《西城区2016年煤改电蓄能式电采暖设备更新工作方案》，西城区环保局对使用满十年确需更换的蓄能式电采暖设备，采取逐年、逐片居民自愿更新，巩固"无煤化"工作成果，2016—2017年度采暖季共更新"煤改电"蓄能式电采暖设备1677台。通过市价回收炉具、燃煤等价置换生活用品、发放补贴等形式回收散煤24万块，防止居民采暖小煤炉反弹。开展燃气锅炉低氮燃烧技术改造工作，制定《西城区燃气（油）锅炉低氮改造以奖代补资金管理办法》，完成235家锅炉房731台燃气锅炉的低氮改造任务。

【机动车污染防治】按照《北京市2016年流动污染源监管工作方案》要求，以重型柴油车及营运性轻型汽油车为重点，采取日常及专项检查的方式，在辖区重点路段、重点企业车辆停放地开展路检、夜查、入户及遥感监测工作。根据工作内容重新编制车辆检查记录表，将净化装置检查情况、OBD检查情况、排放标准配置一致性检查情况纳入日常检查范围。采用目测法、遥感监测法、双怠速仪器检测法对辖区所属或过境的机动车进行执法检查，并对排放超标、净化装置未正常使用等违法行为依法进行处罚。2016年共检查机动车43.9万余辆，处罚排放超标车辆345辆；转出及报废老旧机动车31197辆。

【工业污染治理】2016年，西城区环保局加强对69家汽车修理企业、12家印刷企业的规范整治力度，严查露天和无净化装置情况下的喷漆行为，制定重污染停限产名单，对2家工业企业进行环保技改，完成全区工业企业挥发性有机物减排10吨。

【扬尘污染管控】西城区环保局加强对工地扬尘的管理，对西城区工地进行全面检查，执行施工围挡、覆盖到位、工地清扫、洒水及时的控制扬尘标准。督促工地安装高效洗轮机，各工地洗轮机有效使用率达100%。5000平方米以上的土石方建筑工地均按要求规范安装在线监控系统。施工单位按要求落实控制扬尘措施，有效减少工地扬尘污染。

【安装$PM_{2.5}$小型监测设备】2016年，西城区环保局完成覆盖辖区内15个街道的$PM_{2.5}$小型监测设备安装工作。15个监测点位中，包含多种类型的场所，既有什刹海风景区管理处、官园公园、大观园北门等公众休闲场所，也有大栅栏社保所、广内街道办事处、牛街街道办事处等公共服务机构，还包括社区养老院、社区服务站等密集居民区，以及育才中学。$PM_{2.5}$小型监测设备可以精细化地反映空气质量的空间变化，设备的安装推进了北京市大气环境质量监测网络升级，为环境管理和决策、环境治理和执法提供了数据、技术支撑，为民众提供了全面细致的环境信息服务。

【空气重污染应急】2016年，北京市共启动空气重污染蓝色预警6次、黄色预警7次、橙色预警3次、红色预警1次。在各次预警中，西城区环保局充分发挥西城区空气重污染应急指挥部办公室职能，协调西城区住建委、城管执法监察局、发展改革委、市政市容委和各街道办事处等成员单位，落实“四停一冲”（停产、停工、停放、停烧，增加道路冲洗频次）降尘、减排措施，加大执法检查力度，配合西城区纪委监察局开展对各成员的督察工作；修订《北京市西城区空气重污染应急预案》，严格执行全市统一预警标准，将机动车限行措施的启动条件由红色预警降低到橙色预警，在橙色预警时国Ⅰ、国Ⅱ排放标准的汽油车禁行。加强精细化管理措施和名单管理制，建立空气重污染期间工地停工、企业停限产、重点作业道路和机动车停驶名单。由于西城区不涉及市级停限产名录企业，西城区应急预案修改为实施常年运行锅炉压减负荷，印刷行业停产限产，汽修行业停止喷漆、烤漆作业3项倡议性减排内容，全面减少区域大气污染物排放。与西城区应急办联合拍摄空气重污染演练宣传片，加强空气重污染工作的宣传与培训。

【辐射及危险废物监管】 西城区环保局对重点单位的辐射工作场所开展隐患检查和排查，加强对Ⅰ、Ⅱ、Ⅲ类放射源的倒源、运输和收贮等高风险活动的监管，确保核心区的辐射环境安全。督促核技术利用单位及时安全收贮，落实辐射安全事故应急预案，在北京市城市放射性废物管理中心的指导下，妥善处理北京教育学院、中兵勘察设计研究院2起历史遗留放射源事件。全年办理辐射类建设项目环境影响评价审批39件，辐射类建设项目环境保护设施竣工验收5件；办理辐射安全许可证新增、变更、延续、注销等共计67件；办理各类放射性同位素进口、出口、转让、送贮备案共计101件。

【大气污染执法行动】 2016年，西城区环保局组织各相关委办局成立西城区“大气污染执法年”行动领导小组，以解决损害群众健康的突出环境问题为重点，围绕散煤、高排放机动车等重点防治领域，按照行业管理和属地监管相结合的原则，开展“治散煤”“净四气”“降三尘”专项执法行动。充分发挥各街道办事处的作用，建立属地落实机制，将燃煤监管责任有效落实到街道、社区。建立多部门联动机制，形成日常监管和定期巡查机制，杜绝散煤生产、销售、运输、使用，严厉打击劣质煤经营行为；开展ODS专项执法行动，重点检查发泡、制冷及ODS销售三个行业。针对汽修企业开展专项执法检查行动，重点推进绿色维修，杜绝违法行为；针对施工扬尘、道路遗撒致尘、因烧致尘问题，落实清洁空气行动计划阶段性目标，加大城市精细化管理减排降尘力度。全面实施环境保护网格化管理，将环境监管工作纳入区域网格化城市管理系统，将环境监管职责具体落实到街道办事处和社区。坚持每季度至少召开一次与相关执法单位的联席会议，开展专题调研工作，聘请专业法律顾问，及时解决环境执法中的法律适用、管辖、协调等具体问题。全年实施各类行政处罚391起。处理各类来电信访3512件，办结率100%。

【行政执法与刑事司法衔接】 2016年，1月1日，新修订的《中华人民共和国大气污染防治法》正式开始施行后，新法内容进一步加大对环境违法行为的执法力度，强化对监管人员的责任追究，西城区环保局与西城公安分局开始实施“行刑衔接”，将行政执法与刑事司法进行衔接，环保与公安部门实时联动。加强行政执法部门与公安、检察机关对执法中发现的涉嫌犯罪案件的移送、办理、监督、反馈等工作以及相互间的衔接与配合，纠正“以罚代刑”现象，及时惩处违法犯罪行为。进一步明确执法部门之间案件移送的范围、种类、标准、方式和程序，落实承办机构和责任，切实保证行政违法案件的及时移送和处理。

【排污费征收】 2016年，征收排污费776.77万元，其中扬尘排污费146.88万元，挥发性有机物排污费297.95万元，锅炉排污费331.94万元。

【环境教育宣传活动】 西城区环保局围绕全国防灾减灾日、六五世界环境日、世界无车日等环保纪念日开展宣教活动，举办中小学生环保演讲比赛，“环保课堂”进社区、进企业、进学校等活动。发放各类宣传折页共计 1.8 万余份、宣传品 3.4 万余份；布设关于 $PM_{2.5}$、空气重污染预警、环保知识、环保应急等展板 300 块、条幅 100 条、易拉宝 90 个。受众群体 4 万余人次。

（李阳）

朝阳区环境保护

【概况】 2016 年，朝阳区环保局完成四环路内“无煤化”、燃气锅炉低氮技术改造、老旧机动车淘汰以及各项污染物总量减排任务指标。2016 年，朝阳区 $PM_{2.5}$ 年均浓度 75 微克 / 米 ^{3}，同比下降 9.6%，与 2013 年监测元年相比 $PM_{2.5}$ 下降 17.6%。2016 年空气质量优良天数 198 天，比 2015 年增加 12 天。

2016 年，属于北京市考核断面的亮马河北岗子七棵树和通惠河上段高碑店湖 2 个断面年均值达到Ⅳ类水质标准，水质类别高于Ⅴ类水体标准，提前三年达标。属于国家考核断面的通惠河新八里桥东、坝河下段沙窝、清河沙子营 3 个断面水质同比均有显著改善，几项主要污染物的年均浓度明显降低，2016 年 12 月，通惠河新八里桥东断面和清河沙子营断面水质达到Ⅳ类。

2016 年，奥林匹克森林公园和奥体中心 2 个辐射环境自动监测站测得的 γ 辐射剂量率年均值在环境本底范围内，属正常水平，全年均未检出其他放射性物质。

【部署环保督察】 2016 年 11 月 27 日，朝阳区副区长王志勉主持召开农村地区迎接中央环保督察组工作动员部署会。区环保局、区农委、区监察局主要领导和各乡政府党政正职领导参加会议。部署会后，王志勉带队，到来广营乡等地区实地检查中央环保督察组督察环境保障工作落实情况。区环保局、属地乡政府党政正职领导陪同检查工作。

【中央环保督察迎检】 2016 年 11 月 29 日上午，北京市召开迎接中央环境保护督察工作会后，朝阳区立即行动，随即区委书记吴桂英组织召开了全区迎检工作动员部署会。会议明确要求，全区各相关单位要组织落实、发动基层、主动作为、建立长效机制，对环境保护工作责任落实、任务完成、应急执行、监督执法和立行立改等情况进行自查，以最坚决的态度、最严格的制度、最有力的措施推进全区环境保护工作。

【中央环保督察组在朝阳区调研考察】 2016 年 12 月 6 日，中央环保督察组马駇组长等领导一行，到朝阳区调研考察环境保护工作。曹立平、武绍贵等中央环保督察组领导，陈添、金树东、郑江等市级机关和市属单位领导，朝阳区委书记吴桂英、区长王灏、副区长王志勉等区领导陪同调研考察活动。

【中央环保督察组到朝阳区下沉督察】 12 月 12 日，中央环保督察组一行 3 人下沉朝阳区，相继同区水务局、区环卫中心、区市政市容委主要领导及市环卫集团固废物流公司负责人进行了谈话，谈话中涉及朝阳区水体治理、垃圾转运处置能力建设及环保监管情况等多个方面。

【基本实现全区无燃煤锅炉】 2016 年 1 月 19 日，根据北京市压减燃煤工作领导小组办公室下发的《关于做好 2015 年压减燃煤目标完成情况考核工作的通知》（京压煤办〔2015〕3 号）要求，市压煤办委托北京节能环保中心对朝阳区 2015 年压减燃煤项目进行现场核查，7 家单位、25 台共计总容量 87 蒸吨 / 小时燃煤锅炉已经全部完成拆除工作，基本实现全区无燃煤锅炉的目标。

【部署"无煤化"】 2016年5月15日，朝阳区召开区委常委会、区长办公会，就2016年城市地区"无煤化"有关情况进行研究，区环保局、区发改委、区社会办、区农委、区财政局等单位参加了会议。会上朝阳区环保局就城市地区2016年四环路内"无煤化"工作进行汇报。强调四环路以内地区基本实现"无煤化"是2016年、2017年的重点任务。

【"无煤化"工作】 朝阳区召开"无煤化"工作部署电视电话会，全面动员部署全区"无煤化"工作。区委副书记、区长王灏强调，全区上下要充分认清形势，做到思想、认识、任务、行动的聚焦，围绕"无煤化"工作目标，主动攻坚克难，以最高标准、最大力度，推进各项工作。副区长王志勉、杨树旗、黄晓伟参加会议。会上，区环保局、区农委、区社会办、区发改委、朝阳供电公司等单位分别就2016—2017年"无煤化"工作方案和有关任务进展等情况进行了汇报。

【散煤随机检查】 2016年11月8日，朝阳区副区长王志勉带领区环保局、区社会办、区农委、区城管执法局等相关部门负责人，对朝阳区城乡结合部地区散煤的使用及销售情况进行随机检查，最大限度减少散煤燃烧造成的环境污染。

【成立水污染综合治理领导小组】 2016年8月，经朝阳区政府研究同意，区编办批复，朝阳区水污染综合治理领导小组正式成立，区委副书记、区长王灏任组长，主管环保和水务的副区长任副组长，成员包括区委宣传部、区发展改革委、区环保局、区水务局等职能部门及各街乡的主要领导。

【开展处置辐射事故应急演练】 2016年10月27—28日，朝阳区环保局举行了"2016年朝阳区处置辐射事故应急综合演练"，市环保局辐射处、放废中心、辐射中心领导莅临观摩指导。

【在线监管放射源】 2016年8月12日，北京市环保局、朝阳区环保局和区公安分局联合对北京柯莱斯皮合成革有限公司放射源送贮工作进行了现场监督。该单位是朝阳区放射源重点监管单位之一，也是朝阳区唯一一家在线使用放射源的涉源单位。

【开展"大气污染执法年"工作】 2016年4月5日，朝阳区开展"大气污染执法年"工作。区大气办制定并印发了《朝阳区"大气污染执法年"行动工作方案》(朝大气办〔2016〕1号)，实化各项工作措施，细化各部门、各街乡工作职责。加强执法力度，开展"治散煤"专项整治行动，开展"净四气"大气污染专项执法行动，开展"降三尘"大气污染防治行动。

【专项行动】 2016年7月1日至15日，朝阳区环保局开展建筑垃圾运输车和施工机械排放专项执法检查行动，已完成摸底排查任务，建立了辖区内48家在施工地、44台施工机械及20家建筑垃圾运输单位（177辆建筑垃圾车辆）的台账，并100%签订了《环保达标承诺书》。

【专项执法检查】 2016年11月1日，朝阳区环保局联合运管局朝阳管理处、交通执法队、车管所朝阳分所，对辖区内机动车检测检验机构及周边维修企业开展专项执法检查。

【世界环境日活动】 2016年6月3日，在望和公园举行"践行绿色发展，为美丽朝阳加油"主题宣传活动，活动现场设立"环保加油站""低碳我先行""环保卫士""环保咨询台"等，通过多种形式，向群众宣传绿色发展理念、绿色生活知识、减煤压煤等。期间，还组织了"环保科普大讲堂""环境保护随手拍"有奖征集等活动。

（赵海涛）

海淀区环境保护

【概况】 2016年，海淀区环保局以改善环境质量为核心，大力实施了大气污染防治、水污染治理、污染物总量减排和环境风险防范等环保中心工作，年度各项指标任务圆满完成，辖区内各类污染源得到有效管控，环境管理水平稳步提升，辖区环境质量持续改善。牵头制定了《海淀区环境保护职责分工》和《海淀区大气污染防治专项责任清单》，开展了大气污染源排放清单、重点区域污染源分析、水环境应急保障等课题研究；建设区级电磁辐射环境自动监测系统和固定式多车道机动车尾气排放实时监测系统，北坞市级空气质量监测站的新建工作和北部新区区级站的扩建工作全面完成。

全年，区域空气中细颗粒物（$PM_{2.5}$）年均浓度同比下降10%，超额完成任务目标，空气质量改善幅度居全市前列；水源三厂和团城湖等2个集中式饮用水水源，京密引水渠、土城沟、清河3个地表水监测断面以及大牛坊地下水监测点位全部达到考核要求，在此基础上长河水质还实现了提前达标；主要污染物二氧化硫、氮氧化物、化学需氧量和氨氮排放总量分别同比下降8.5%、3.55%、4.11%和2.6%，均超额完成市政府下达的年度任务。

【环境质量】 在大气主要污染物方面，2016年，海淀区细颗粒物（$PM_{2.5}$）年均浓度为72微克/米^3，同比下降10%，较2013年相比下降26.5%，近三年累计改善幅度居全市首位；二氧化硫（SO_2）年均浓度为11微克/米^3，同比下降27.6%；可吸入颗粒物（PM_{10}）年均浓度为87微克/米^3，同比下降15.5%；二氧化氮（NO_2）年均浓度为58微克/米^3，同比上升3.4%。在河流方面，2016年，海淀区监测河流10条（段），总长79公里，其中京密引水渠、昆玉河、长河、土城沟、清河上段、清河下段、万泉河等7条河流水质达标，占监测总长度的72.9%，同比上升了11.2%。南沙河、永引上段、小月河等河流水质未达到功能水体标准，主要污染物指标为氨氮、总磷、化学需氧量，属于有机型污染。在湖泊方面，2016年，海淀区监测湖泊6个，水域面积427万平方米，其中昆明湖和团城湖水质达标，达标总面积占监测水域面积的52.2%。八一湖、玉渊潭湖、圆明园湖、紫竹院湖水质未达到功能水体标准，主要污染物指标为化学需氧量、生化需氧量和总磷。在声环境方面，2016年，海淀区声环境质量基本稳定，较上年有所改善。在辐射环境方面，2016年，海淀区空气、水体、土壤中的放射性水平与往年相比无明显变化，均属正常环境水平，辐射环境质量状况良好。

【中央环保督察迎检】 11月29日至12月29日，中央第一环保督察组对北京市开展了环保督察工作，并于12月15日至17日下沉到海淀区开展督察工作，对韩家川污水管线截污工程、稻香湖再生水厂、阜成路餐饮一条街等点位进行现场督察检查，详细了解了大工村垃圾焚烧处理厂、六里屯垃圾填埋场、渣土运输、餐厨垃圾处置、山后地区水污染防治及城乡结合部环境卫生等方面的情况和问题。督察期间海淀区共接收中央环保督察组交办群众举报案件316件，其中重点案件35件，已全部办结。通过办理已责令整改238家，立案处罚58家，罚款50.96万元；完成了六批次调阅资料的收集工作，累计整理上报资料700余份。

【政务信息公开】 海淀区环保局按照海淀区人民政府办公室《关于印发〈海淀区2016年政务公开工作要点〉的通知》（海政办发〔2016〕58号）要求，完成了《海淀区环境保护公共服务信息公开办法（试行）》的修订工作，梳理编制了区级环境保护行政主管部门所属事业单位提供公共服务的事项目录、公开范围等信息3篇，公开空气重污染应急预案并进行深度解读2篇，公开治理高排放机动车的信息79

篇，公布年度重点排污单位名录 6 条，并督促指导重点排污单位依法向社会公开环境信息 6 条，开展重点排污单位环境信息公开情况检查 9 篇，主动公开建设单位环评审批信息 915 条、验收信息 469 条，以上重点公开内容全部在海淀区环保局网站进行了公开。

【环境信访】 2016 年，海淀区环保局累计受理信访案件 5870 件。环保局信访工作人员针对案件逐一开展排查调处，确保件件有查处，事事有回复，全年信访案件的处理率、及时办结率达到 100%，未出现因环境信访排查调处不力而造成群体访、集体访和越级访等现象，有效化解了环境纠纷，确保了春节、“两会”等重大节日、活动期间的环境秩序。2016 年，共承接人大建议和政协（党派）提案 6 件，其中人大建议 4 件，政协提案 2 件。海淀区环保局认真扎实的工作态度和高质量的办案结果，得到了代表和委员们的充分肯定和高度评价，满意率达到了 100%。

【环评文件审批审查】 海淀区环保局以服务全区创新发展为核心，严格环境准入门槛，严格执行总量控制前置审批制度和全市新增产业禁限目录，全年累计审批建设项目 884 个，其中报告书类 9 个、报告表类 267 个、登记表类 608 个，验收建设项目 470 个，否定 236 个不符合海淀区功能定位等问题的新建项目。设置“绿色通道”对全区重点项目进行快速审批，不断优化环保审批办事流程，减免企业提交材料和检测等中间环节，为企业节省办事时间。

【燃煤污染防治】 为进一步推动海淀区散煤污染治理，海淀区成立了“无煤化”工作领导小组，制定实施了《2016—2017 年基本实现“无煤化”工作总体方案》和《海淀区 2016 年压减燃煤、清洁能源建设工作计划》，通过外电网改造、相变储能锅炉房建设、连接周边热源集中供暖和分户“煤改电”户内设备改造等强化措施，年内共完成四环内 10 个街道和北部地区 3 个镇 26 个村共计 15716 户住户和 63 家企事业单位的“无煤化”改造，压减燃煤 8.97 万吨，超额完成年度任务。

【机动车污染防治】 海淀区环保局通过路检夜查、遥感监测和定点巡查等多种方式，突出加强了对高排放机动车淘汰政策宣传和监管处罚力度，疏堵结合，全年共检查机动车 97 万辆，淘汰老旧机动车 5.82 万辆，超额完成年度任务。同时，海淀区环保局加强了油气的排放监管，全年累计检查加油站 2231 家次，抽测 192 家次，处罚 6 家，罚款金额 26 万元。

【工业大气污染防治】 2016 年，海淀区共清理整治“散乱污”企业 67 家；在完成 300 家单位燃气锅炉低氮治理目标的基础上，迎难而上、自我加压，共组织 368 家单位实施了治理改造；完成了东陶机器（北京）有限公司、北京北冶功能材料有限公司等 6 家单位的环保技改工程；通过深度治理、原料替代、技术升级等方式削减挥发性有机物 236 吨，超额完成年度任务。

【扬尘污染控制】 海淀区按照绿色施工和“五个百分百”的要求，加大施工工地整治力度，建立了渣土运输“黑名单”，全区工地达标率为 93.8%，全面实施机械化道路清扫，不断增加洒水作业频次，积极开展绿化美化工程，有效提升清洁降尘效率。

【空气重污染应急】 2016 年，海淀区累计启动空气重污染预警 17 次，其中蓝色预警 6 次、黄色预警 7 次、橙色预警 3 次、红色预警 1 次。2016 年 12 月 15 日，正式实施《海淀区空气重污染应急预案（2016 年修订）》（海政发〔2016〕19 号）。空气重污染期间，区委书记、区长等区领导多次带队深入一线督导检查，全区各单位、各街镇严格按照应急预案要求，第一时间启动应急响应，严格落实了停工、停驶、停限产等保障措施，最大限度发挥了“削峰”“降速”作用，有效缓解了空气重污染带来的不利影响。

【饮用水水源保护】 海淀区环保局持续推进饮用水水源保护区规范化建设，联合温泉镇海泉水厂、碧水青山水厂和苏家坨镇稻香湖水厂、宏伟水厂开展4个镇级集中式饮用水水源保护区风险源的排查，督促清理保护区内垃圾堆、违规建筑等。制定了《集中式饮用水源保护区专项检查方案》，重点对环境风险源和水源保护区内的医院开展检查。开展了《北京市海淀区饮用水水源保护区突发环境事件应急预案》编制工作，进一步完善突发环境事件应急响应机制。

【水污染防治】 2016年，海淀区环保局联合海淀区水务局编制完成了《海淀区水污染防治工作方案》，深入开展饮用水水源地环保规范化建设，实施加油站防渗漏改造工程，编制完成《北京市海淀区水源保护区突发环境事件应急预案》；开展了北部地区企事业单位污水排放情况调查，建立了污水转运联单管理制度；研究制定了《北京市海淀区各镇河道水体断面水质评定细则（试行）》，针对苏家坨等6个镇实施了河道水质考评，全面强化了属地水污染防治工作的责任落实。

【环境噪声监测】 2016年，海淀区建成区区域声环境质量稳定达标。海淀建成区内共有噪声网格测点136个，达标网格数111个，达标率81.6%；区域环境噪声平均值为53.3分贝（A），达到国家55分贝（A）的限值要求。建成区道路交通噪声环境质量稳定达标。海淀建成区交通噪声监测路段60条，达标路段47条，达标率78.3%；道路交通噪声平均值为69.2分贝（A），与上年相比降低0.7分贝（A），声环境质量保持稳定。

【危险废物监管】 海淀区环保局制订了《2016年度危险废物环境监管工作计划》，对辖区危险废物产生单位进行了重新梳理，更新监管台账。全年完成了辖区422家危险废物产生单位注册信息的网上审核工作，组织了180多家高等院校、科研院所、检测机构、工业企业、医院、污水处理厂等实验室产废单位进行专题培训，对30余家重点工业企业开展了规范性考核培训和执法检查。

【辐射环境安全监管】 2016年，海淀区环保局联合海淀公安分局开展常态化联合执法、定期专项巡查，对全区52家放射源单位、555枚放射源，448家射线装置单位、1205台射线装置，实施了从产生到处置的全过程监管。创建10家“辐射安全示范单位”。建成并投入运行八里庄、区环保局和环保科技园三个电磁辐射环境自动站，监测数据在海淀环保局官网上实时公示。

【污染减排】 海淀区环保局制定实施了《海淀区2016年污染减排工作方案》，围绕结构调整、工程治理和监督管理三大领域，淘汰退出4家规模化畜禽养殖场，推进“无煤化”、燃气（油）锅炉低氮改造以及老旧机动车淘汰，强化对全区5家污水处理厂和32家村级污水处理站的巡查监管。全区主要污染物排放总量持续削减，二氧化硫、氮氧化物、化学需氧量和氨氮排放量为2239吨、10771吨、3644吨和285吨，分别较2015年下降8.5%、3.55%、4.11%和2.6%，超额完成了市政府下达的年度减排任务。

【行政执法】 2016年，海淀区环保局在全区范围内开展了“大气污染执法年”以及北部地区涉水企业排查等专项执法行动，严格落实了“双随机”抽查机制。全年，共检查固定源单位3000余家次，查处环境违法案件166起、超标排放机动车500余辆，罚款金额526万元，对5家单位的违法排污设施实施了查封，征收排污费3200余万元。在已实施大气污染防治网格化管理的基础上，将水和固体废弃物污染防治纳入网格管理，初步建成了职责清晰、内容全面、程序规范的网格化环境监管体系。

【征收排污费】 2016年，海淀区环保局以排污申报征收专项为“抓手”，对辖区内污染源和污染物排放种类、数量等进行摸底调查，做到了申报登记全面、真实和准确。加大国控、市控和区控源的监察排查工作，及时更新污染源台账，全年共完成排污费收费登记单位数3500家。同时，制定了《北京市海淀区环保局排污费征收管理制度》和《北京市海淀区环保局排污费征收程序实施细则》，严格按照排污费征收管理制度和程序，实现了依法、全面、足额、征收排污费。全面启动征收VOCs等行业排污费。全年共征收排污费3200余万元。

【环境宣传教育】 2016年，海淀区环保局通过“海淀环保”政务微信公众号，发布空气质量、工作动态、绿色生活小贴士等信息累计180余篇。联系各级新闻媒体积极宣传环保工作，中央电视台、北京电视台、《北京日报》、人民网、《北京晚报》、《海淀报》等媒体报道海淀区环保工作70余次。组织开展以“推动绿色发展　共建美丽海淀”为主题的六五环境日宣传活动，并深入街道社区和驻区企业，开展系列普法宣教活动。组织开展了全区中小学生环保演讲比赛，选送的优秀选手在全市中小学生环保演讲比赛中获得了优秀奖。

（王东）

丰台区环境保护

【概况】 严格执行北京市、丰台区禁限目录要求，2016年共受理申报1485项，完成审批353项，备案627项，因不符合区域功能规划、产业政策等原因退回604项。2016年，丰台区紧贴首都功能定位和京津冀协同发展，组织编制《丰台区环境总体规划（2016—2030年）》，发布实施《丰台区“十三五”时期环境保护和建设规划》(丰政发〔2016〕17号)，划定“城市增长边界、生态保护红线”“生态保护红线区、缓冲区、集中建设区”，为区域发展空间规划编制提供技术保障。成立区大气污染防治专项行动指挥部，统一组织、协调实施清洁空气行动计划，持续推进环境监测预警系统、网格化环保监管机制和城乡区域“无煤化”建设。2016年度，丰台区环保局被评为“北京市公务员管理工作先进集体”，丰台区环保局大气污染防治监督管理科被中华全国总工会授予“全国工人先锋号”荣誉称号，丰台区环保局大气污染防治青年突击队被共青团北京市委授予“北京市青年文明号”荣誉称号。

2016年，丰台区细颗粒物年均浓度79微克/米^3，同比下降9.2%；可吸入颗粒物年均浓度99微克/米^3，同比下降12.4%；二氧化硫年均浓度11微克/米^3，同比下降21.4%；二氧化氮年均浓度53微克/米^3，同比上升1.9%，区域环境质量持续改善。主要污染物二氧化硫、氮氧化物、化学需氧量、氨氮排放量分别同比削减33.78%、5.6%、4.01%、5.57%，超额完成年度任务目标。

【中央环保督察迎检】 2016年11月29日至12月29日，中央第一环境保护督察组对北京市开展了环保督察工作，并于2016年12月15日至17日下沉到丰台区开展督察工作，与区发改、经信、环保等7个部门开展谈话，现场督办工地扬尘管控、油品监管、“煤改电”等重点工作；12月20日中央督察组马駮组长带队到丰台区调研考察。督察期间，丰台区健全区级统筹协调机制，厘清相关部门和街乡镇的环保职责，实施环保“听民意、排民忧、解难题”系列行动，启动“环境执法攻坚战”，共收到中央环境保护督察组交办件423件，其中重点交办案件39件，转交其他区办理2件，已全部办结。通过办理依法行政拘留125人、刑事拘留3人，宣传告诫人数10万余人；完成七批次调阅资料的收集工作，累计整理上报资料4000份、230余万字。

【政务信息公开】 按照丰台区政府《2016年政务公开工作要点》要求，严格落实政务公开“三级清单”中的环境保护信息公开，深入推进“五公开”，2016年在丰台区环保局门户网站公开环境类信息207条，办理依申请公开8条，政务微博公开政府信息926条，政务微信公开政府信息52条，实现“应公开、尽公开，应上网、尽上网”要求。

【环境信访】 采取快受理、快调查、快办理和快答复举措，有效解决环境信访投诉问题，2016年，受理涉环境问题信访举报3704件，同比下降11.8%。按来源渠道分，“12369”环保投诉举报咨询中心1724件，环境热线、信访综合、市长信箱和局办室转办1863件，其他途径117件；按污染类别分，反映大气污染2241件，噪声污染980件，水污染114件，固体废物9件，其他360件。按时办结率100%、反馈率100%。

【规划环评】 2016年8月31日，丰台区环保局组织召开“北京丽泽金融商务区‘十三五’发展规划”环评审查会，区发改委、商务委、住建委、规划分局、国土分局、水务局等6个部门和7名专家参会，经过现场踏勘、内容汇报、专家提问、专家组论证等程序，一致通过规划环评审查。规划环评对推进丽泽商务区“北京市绿色生态试点区”规划建设具有重要意义，对加强“十三五”期间规划环评具有重要示范作用，对丽泽金融商务区内的今后建设项目环评将予以简化。

【丰台区环境总体规划】 丰台区作为环境保护部环境总体规划编制的城区试点，编制实施丰台区环境总体规划，划定生态保护红线和最小生态安全距离，优化生产、生活、生态空间管控，基于“生态驱动，共生发展”的整体战略，制定近期（到2020年）、中期（2020—2025年）、远期（到2030年）的阶段性目标，明确由自然格局、环境亲和、绿色发展、生态宜居、制度手段5个方面45项指标构成指标体系，其中约束性指标35项、引导性指标10项。2016年基本完成生态红线初步划定和规划文本编制工作，并与区规划分局、国土分局等相关部门进行衔接。

【丰台区2016年生态文明与环境保护专题研修班】 2016年8月10—12日，丰台区环保局联合区委组织部、环境保护部宣传教育中心举办丰台区2016年生态文明与环境保护专题研修班。区环保局局长隆重进行开班动员，并作丰台区环境保护形势与任务的专题讲座。培训期间，邀请环境保护部原总工程师万本太解读国家“十三五”环境保护形势、工作思路和重点任务；邀请中国环境科学学会副理事长、原核安全总工程师杨朝飞作“以环境质量为核心，打好大气、水、土壤三大战役”专题讲座，全方位介绍污染治理政策和技术思路等；邀请中国环境干部管理学院刘定慧教授以新《环境保护法》《大气污染防治法》《环境影响评价法》为重点，解读环境监管执法工作中法规运用、案例解析和存在问题等；安排区环境监察支队重点介绍丰台区环境质量现状、重点工作任务、监察执法重点，梳理讲解需区各部门协同配合的工作。培训帮助丰台区处级干部牢固树立生态文明理念，增强环境保护意识，推进全区生态文明建设。丰台区大气污染防治专项行动指挥部成员单位处级领导共60人参加培训。

【大气污染防治】 2016年，丰台区压减燃煤超过10万吨，实施“煤改清洁能源”3.4万户，其中24个村、1.6万户实施“煤改电”；四环路以内实现“煤改清洁能源”10120户，超额完成任务。淘汰高排放老旧机动车54731万辆，更换三元催化器7017辆。清理整治违法违规排污及生产经营行为企业123家，退出工业污染企业19家，清理违规建设、投产污染项目29家。实施挥发性有机物治理12项和技改工程9项，审核强制性清洁生产企业3家，推进燃气锅炉低氮燃烧技术改造2602.5蒸吨/小时。

【大气颗粒物源解析】 2016年11月17日，丰台区第64次区长办公会研究通过《丰台区颗粒物来源解析项目建设方案》。项目主要是利用辖区近三年空气质量监测结果和气象资料，分析大气污染物的季节变化、日变化规律及其与气象因素和源排放的关系，找出丰台区大气污染的成因，建立丰台区大气污染源“人为源”和“天然源”排放清单，开发源清单管理系统；应用受体模型对全年受体细颗粒物的来源进行解析计算，结合污染源排放清单，评估丰台区大气细颗粒物四季的主要来源及其贡献分担率的空间变化特征，评估基准年丰台区大气颗粒物的源解析结果并提出相关措施。本项目经区财政评审和公开招投标后于2017年实施，项目建设周期为18个月。

【大气污染防治青年突击队】 2016年6月24日，丰台区环保局成立由16名36周岁以下人员组成的大气污染防治青年突击队，重点承担“煤改清洁能源”等“急、难、险、重”任务，统筹协调推动“无煤化”相关事宜；深入街乡镇和社区村大力宣讲“无煤化”政策，确保完成年度任务。2016年大气污染防治青年突击队荣获“北京市青年文明号”称号。

【机动车污染防治】 2016年，建立与市政市容委渣土站、城管、住建委联合检查机制，集中开展渣土车、非道路移动机械、工程运输车、出租车、驾校教练车、省际旅游、物流大户等专项执法检查，加强对机动车尾气排放的执法监管，移动源污染得到明显控制。全年淘汰老旧机动车54731辆；检查各类机动车345571辆，共处罚超标车辆（机械）160辆（台）；巡检加油站2124座次，检查油库48场次，二次回收189座次、三次回收11座次；巡查检测场480场次，监管检查检测场车辆30207辆。

【空气重污染应急】 统筹大气污染的长期治理和短期应急，重新修订区空气重污染应急预案，停限产企业由241家增至325家。2016年，启动应急预警17次，其中蓝色预警6次、黄色预警7次、橙色预警3次、红色预警1次，空气重污染预警总次数同比减少2次，最大限度减少污染物排放。

【饮用水水源保护】 2016年，开展长辛店镇、园博园管理中心乡镇级集中式饮用水水源地周边环境整治，按时完成长辛店水厂水源地、王佐镇水厂水源地2个镇级集中式饮用水水源地的饮用水水源地标志牌设置，共制作安装界标牌16块、宣传牌13块。

【辐射环境安全监管】 2016年，组织开展放射源安全专项检查和辐射安全大检查，及时消除辐射安全隐患，积极推动辐射安全规范单位创建，对丰台区11家医疗机构单位进行排污申报登记。检查涉源单位60家次、辐射单位192家次、医疗机构85家次，共处罚辐射类环境违法行为6件，罚款8万元，已全部整改完毕。全年未发生辐射安全责任事故。

【行政执法】 2016年，立案413起，查封34家单位排污设施，立案起数同比增长55.7%。全年召开重大处罚审委会18次，研定重大行政处罚问题72件，共作出处罚决定358件，罚款480万元，加处罚款8.3万元，申请法院强制执行16件，发出责令改正128件，限期治理3件。

【排污费征收】 加强申报登记与日常监察执法、行政许可、信访办理、专项检查行动的结合，采用经济杠杆倒逼排污企业加大环保投入力度。2016年完成排污申报登记3500家，排污费开单771家、5749万元，开单家数增长30%，金额增长90%；其中扬尘开单264家、3842万元，挥发性有机物（VOCs）开单30家、100万元。

【环境宣传】 2016年开展“清洁空气在行动”“煤改电”“无煤化”等系列宣传报道，传播环保理念、宣传环保知识，经验做法被北京电视台、《北京日报》等百余家媒体报道；举办2016年环境宣传周暨六五环境日主题宣传活动，组织拍摄《蔚蓝行动——煤改电工作巡礼》纪录片，制作环保宣传片4部、动画宣传片2部，在地铁、公交移动电视、社区（村）滚动播放；联合区委组织部举办丰台区生态文明与环境保护专题研修班，组织参加北京市2016年度中小学生环保演讲比赛，组成讲师团深入社区（村）开展宣讲，增强机关、企业、学生和社区群众的环保意识。组织各类集中宣讲活动25次，发放《一封信》、宣传册、宣传海报20余万份，发布政务微博1286条、微信32条，政务头条号96条，累计阅读量达到7万余次，报送各类信息188条，其中在《丰台报》刊登新闻15篇。

（李强）

石景山区环境保护

【概况】 2016年，石景山区环保局全面贯彻党的十八大和十八届三中、四中、五中、六中全会精神，深入贯彻习近平总书记系列重要讲话精神和治国理政新理念新思想新战略，聚焦“两大生态”建设，以改善环境质量为核心，以解决环境领域突出问题为重点，落实清洁空气行动计划2016年工作措施，推动各项工作不断前进。全区空气中细颗粒物（$PM_{2.5}$）累计平均浓度为78微克/米^3，同比下降7.1%，完成北京市下达的下降5%的目标任务；地表水国家考核断面水质达标；声环境质量保持稳定；放射源、射线装置100%落实许可证管理，危险废物得到全过程监管和安全处置；通过环保宣传有力提升了公众环保意识和环保工作影响力；环境质量稳步提升，未发生影响群众健康的突发环境事件，环境安全得到保障，为区域经济转型发展提供了良好的环境基础。

【大气环境质量】 2016年，石景山区大气中细颗粒物浓度为78微克/米^3，同比下降7.1%；可吸入颗粒物、二氧化硫、二氧化氮年均浓度分别为107微克/米^3、11微克/米^3、50微克/米^3，分别同比下降5.3%、15.3%、7.6%。降尘量年均值为7.3吨/（平方公里·月），比2015年下降14.1%。

【水环境质量】 选取6眼水井作为监测点位，分别是杨庄水厂深水井、杨庄水厂浅水井、首钢物业公司苹果园站、北京市燕山水泥厂200米浅水井、永定林工商公司、炮厂小区水站。选取pH值、高锰酸盐指数、总硬度、溶解性总固体、氨氮、硝酸盐氮、硫酸盐、氯化物、亚硝酸盐氮、汞、铅、挥发酚、氰化物、砷、镉、六价铬、铜、锌、铁、锰、硒、阴离子表面活性剂、氟化物、总大肠菌群24项指标作为评价参数。地下水环境质量除总硬度略有超标外，其他各项指标均符合《地下水质量标准》（GB/T 14848—93）中Ⅲ类标准值。与2015年相比，石景山区地下水水质变化不大。除总硬度外，其余监测项目全部达标。

【声环境质量】 2016年，石景山区建城区区域环境噪声昼间平均值为50.5分贝（A），总体水平为二级，评价为较好。与2015年相比下降2.9%，达到国家标准。2016年石景山区建城区交通干线噪声监测昼间平均值为71.5分贝（A），总体水平为三级，评价为一般。与2015年相比总体水平基本持平。

【生态环境指数】 2016年，石景山区生态环境状况指数（EI）为50.5，较适合人类生活。相比于2015年，2016年石景山区生态环境状况指数（EI）变化值（ΔEI）为+3.8，生态环境质量变化幅度分为第3级，生态环境质量明显改善。

【中央环保督察迎检】 2016年11月29日至12月29日，中央第一环保督察组对北京市开展了环保督察工作，并于12月16日至21日下沉到石景山区开展督察工作。石景山区实施7×24小时工作制，采取“核查、办理、反馈、复查、建档”五步工作法，及时处置信访交办件，保障了所有案件48小时内全部处理、整改完成。截至2017年1月5日，区环保局共收到中央环保督察交办信访举报案件20件，全部按期办结。其中，主办9件，会办11件。累计责令整改4家，立案处罚4家，处罚金额3.7万元。

【环境信访】 将信访工作作为环境监察工作中的重要一环，将日常监察与信访调处相结合，全面排查环境安全隐患，减少信访投诉。2016年处理、办结环境信访695件，同比下降26.3%，案件办结率始终保持100%。大气、噪声、水、辐射和其他类信访分别为441件、165件、28件、29件和32件，分别占比63%、24%、4%、4%、5%。其中，1件信访件被评为环保系统优秀办理件。

【环境准入】 全面贯彻落实《中华人民共和国环境影响评价法》、《建设项目环境影响评价分类管理名录》（环境保护部令第33号）、《北京市新增产业的禁止和限制目录（2015年版）》和污染物总量控制规定，严控新增污染源。2016年共审批各类建设项目130件，对《建设项目环境影响评价分类管理名录》未作规定的12个项目出具不予受理通知书，全年共否决不符合区域发展定位和环保要求的项目40项。自2016年9月1日实行环境影响登记表备案管理以来，石景山区环保局严格按照《北京市建设项目环境影响登记表过渡期间的备案工作说明》要求，对39件登记表项目予以备案。

【落实清洁空气行动计划实施方案】 2016年，石景山区委办、区政府办联合印发《北京市石景山区2013—2017年清洁空气行动计划重点任务分解2016年工作措施》（京石办发〔2016〕11号），包括空气质量目标、压减燃煤任务、控车减油任务、治污减排任务、清洁降尘任务、综合保障措施六部分，共44项重点任务，77项工作措施，涉及牵头单位39个。按照环境保护“党政同责、一岗双责”要求，各部门全面实施各项污染减排工程。通过棚户区改造、拆除违建、大杂院整治、环保奖励拆改腾退、平房区清洁能源改造、散煤专项执法等方式实现压减燃煤3.56万吨，实现全区基本“无煤化”；全年淘汰老旧机动车7061辆；启动实施1项环保技改项目，完成1家企业强制性清洁生产审核，实现挥发性有机物减排10吨，有力推动燃气锅炉低氮改造工作，完成改造62家，超额完成50家的年度任务；全区5000平方米以上25家工地全部安装远程视频监控设备，道路清扫保洁机扫率、机保率、新工艺洗地率、冲刷率均达到99%。

【环保实事】 石景山区政府办印发《2016石景山区十件环保实事》，包括市控空气质量自动监测站建设、燃气锅炉低氮改造、北京国中景山压力容器制造有限公司退出、老旧机动车淘汰等项目，总投资1.769亿元，其中市财政投资0.565亿元、区财政投资0.604亿元、企业自筹0.6亿元。大气污染治理项目4项，污水治理项目1项、土壤治理项目1项、生态建设和环保能力建设项目4项，十项实事项目全面完成，实现削减燃煤1.3万吨，削减二氧化硫110吨、氮氧化物99吨，削减挥发性有机物5.92吨。

【燃气锅炉低氮提标改造】 通过成立以主管区长为组长的改造工作领导小组、出台《石景山区燃气（油）锅炉低氮改造补助资金管理办法》等一系列保障措施，2016年，石景山区燃气锅炉降低氮氧化物排放的提标改造工程取得突破性进展，共完成62家156台总容量657.6蒸吨/小时燃气锅炉改造任务。市政府给石景山区下达的任务是50家，超额完成市政府下达的任务指标的26%，为实现全区空气质量改善目标提供了有力支撑。

【机动车污染控制】 2016年，石景山区淘汰老旧机动车15240辆，完成全年任务量的277.1%，完成比例在全市排名第三，在城六区排名第一。继续深化“五重三查”机制，联合城管委、城管执法局、交管局等部门联合开展建筑垃圾运输车专项整治行动，严厉打击渣土运输车超标排放行为；联合城管执法局、住建委等部门开展非道路移动机械专项执法检查，联合质监局、交管局等部门开展检测场专项执法。2016 年，累计检查车辆 324866 辆，完成全年任务量的 115.0%。巡检加油站 1015 座次，完成全年任务量的 105.7%，抽测 49 座次，完成全年任务量的 102.1%。2016 年，累计检查超标车辆 904 辆，处罚尾气超标车辆 96 辆，处罚金额 3.3 万元。

【空气重污染应急】 石景山区政府印发《石景山区空气重污染应急预案（2016 年修订）》（石政发〔2016〕24 号），并报市环保局备案。编发石景山区空气重污染应急工作简报 25 期，各项应急措施落实到位，高位指挥调度、部门协同落实、联合督察检查的重污染应急工作机制基本形成。

【水环境监管】 编制《石景山区杨庄水厂集中式饮用水水源 2015 年度环境状况评估报告》。按照《饮用水水源保护区标志技术要求》（HJ/T 433—2008），在水源保护区设置界牌和宣传牌。编制《石景山区集中式饮用水水源保护区突发环境事件应急预案》，健全完善石景山区集中式饮用水水源保护区突发环境事件应对机制。加强对饮用水水源地周边的工业、加油站、汽修、餐饮和医院等重点单位的监督管理，明确责任和监管任务，将固定源建档立案，一源一档，并实施动态分类管理，严格执法，严厉打击破坏饮用水安全的环境违法行为。全年未发生突发水环境应急事件。

【危险废物监管】 严格审核危险废物产生单位，为监管奠定基础，共审核通过 90 家单位。顺利通过市环保局关于危险废物规范化管理督察考核工作，继 2013 年取得第一后连续 3 年名列前茅。完成了特定行业危险废物（固体废物）专项调查、联合开展打击危险废物环境违法犯罪行为专项检查。检查危险废物产生单位 80 家次，建立完善了 14 家重点工业企业和社会源单位管理档案。2016 年共下达了限期整改 12 家，行政处罚 3 家，累计罚款 3 万元。

【辐射环境安全监管】 受理Ⅲ类辐射项目行政许可和放射源、放射性同位素备案事项 68 件。加强核技术利用单位监管，累计检查 110 家次。完成了辖区内 25 家新发证单位和许可证延续单位“辐射安全规范单位”创建工作。

【法制工作】 针对新修订《中华人民共和国环境保护法》《中华人民共和国大气污染防治法》和《中华人民共和国环境影响评价法》等法律法规，9 月 29 日，在北京京西燃气热电有限公司举办 2016 年重点企业环保知识竞赛活动。组织召开环保行政处罚听证会，就餐饮企业的违法行为行政处罚进行公开听证。加大对处罚企业的曝光力度，形成环保执法高压态势，通过日常检查、夜查、联合执法等形式，检查工业、餐饮、汽修、印刷等各类企业共计 1000 余家次，累计出动人员 3000 余人次。召开处罚领导小组讨论会 10 次，研究案件 23 件。2016 年实施行政处罚共计 52 起，罚款 101.4 万元。

【“大气污染执法年”行动】 制定《石景山区大气污染执法年行动工作方案》并严格落实。大力开展大气污染执法工作，全力全面摸清石景山区大气排放污染源底数，以“治散煤”“净四气”“降三尘”为执法重点，始终保持严厉打击环境违法行为的高压态势，共出动执法人员 3000 余人次，通过日常检查、夜查、联合等执法形式，检查工业、餐饮、汽修、印刷、洗染、家具、工地等各类企业 1000 余家次，立案查处 52 起，罚款 101.4 万元，查封 2 起，移交 29 起。

【环保网格化管理】 石景山区政府印发《石景山区环境保护网格化管理实施方案（试行）》（石政办发〔2016〕2 号），报市政府备案并向社会公开。石景山环保局协调申请网格化专项资金，对 160 名城管体系兼职协管员开展培训。推动在现有城市治理监督平台增加环保模块，网格员通过信息平台反馈环境问题信访案件 3 件。选派 9 名执法经验丰富的同志到各街道指挥中心工作。

【“双随机”抽查】 依据《关于在污染源日常环境监管领域实施随机抽查制度的工作方案》（京环办〔2015〕124 号）要求，每月随机抽取执法人员和日常环境监管对象，开展水气声渣全要素、事中事后全过程监管。全年共对 240 家单位开展“双随机”执法检查，检查名单在石景山区环保局外网进行公示，做到公开透明。

【排污申报】 2016 年，完成 214 家工业企业的网上申报登记工作，对辖区 118 家工业企业征收了排污费，征收金额共计 1620.3 万元，均为大气类污染物收费，同比上升 216%。其中，对 60 家施工工地征收扬尘排污费 573.37 万元，分别为 2015 年征收家数的 2 倍，排污费的 4.5 倍。

【环保验收】 2016 年，石景山区环保局共接受建设项目环境保护验收咨询 75 个，受理申请 45 个，办结 45 个。

【环境监测】 2016 年完成辖区内 138 家污染源企业 314 个频次的监督性监测，其中废气监测 98 家 238 个频次，废水 40 家 76 个频次。

【突发环境事件应急】 石景山区环保局完成《石景山区突发环境事件应急预案》修订，通过专家评审会评审，并按照专家意见进行修改完善；完成辖区内的 6 家重点环境风险源单位报备的《突发环境事件应急预案》审核、登记和备案。2016 年未发生影响群众健康的突发环境事件，环境安全得到保障。

【环保宣传】 石景山区政府印发《石景山区加快推动生活方式绿色化实施方案》（石政办发〔2016〕23 号）。围绕“改善环境质量　推动绿色发展”主题，开展六五环境日系列宣传活动，包括生活方式绿色化启动仪式，组织公众开放日活动，现场环保宣传，环保宣传进机关、进学校。结合地球日、环境日、无车日开展“推动生活方式绿色化　建设生态石景山”“缓解交通拥堵　绿色文明出行”等主题环保宣传活动 13 次。石景山区环保局联合区委宣传部，开展“清洁空气在行动”区长访谈集体采访活动。推进生活方式绿色化“十进”工作，利用报纸、电视、“绿色石景山”微博微信等媒介宣传环保法律法规、工作动态、环保热点、环保科普知识等内容，加大环境保护宣传力度，积极推进石景山区环境文化建设。

（詹发燕）

门头沟区环境保护

【概况】 2016 年，门头沟区环保局按照“战略上打持久战、战术上打歼灭战”的方针，深入实施《大气污染防治行动计划》，全面落实《水污染防治行动计划》和《土壤污染防治行动计划》，生态文明示范区建设工作稳步推进。2016 年，门头沟区 $PM_{2.5}$ 平均浓度为 68 微克 / 米^3，同比下降 11.7%，比 2013 年同期下降 25.3%，$PM_{2.5}$ 平均浓度累计下降率全市排名第二。二氧化硫降幅 14.48%，氮氧化物降幅 5.33%，化学需氧量降幅 19.77%，氨氮排放量降幅 14.92%。水污染防治工作取得新进展，完成《门头沟区水污染防治工作方案》和《门头沟区不达标水体（中门寺沟）达标方案》的编制工作及门头沟区饮用水水源保护区标志设置工作。编制《门头沟区国家生态文明建设示范区 2016 年行动计划》，确定包含生态经济、生态环境、生态人居、资源承载、生态文化五大系统 26 项考核指标，确立 32 项重点工作任务行动计划。完成门头沟区获得命名的 8 个国家级生态乡镇和 10 个北京郊区生态村的复查工作，相关镇村根据核查组的意见进行整改。完成百花山国家级自然保护区 8 类重点人类活动点位的实地核查。完成了生态文明建设规划编制工作。

【完成 $PM_{2.5}$ 目标】 2016年门头沟区 $PM_{2.5}$ 的平均浓度为68微克/米^3，比2013年同期下降了25.3%，$PM_{2.5}$ 平均浓度累计下降率全市排名第二。

【中央环保督察迎检】 2016年11月24日，门头沟区召开环保督察工作动员部署电视电话会。会上，传达北京市环保督察工作部署会精神并部署门头沟区工作，区环保局总结门头沟区大气污染防治2016“利剑”专项行动进展情况，区领导付兆庚提出工作要求。门头沟区建立“四个明确”信访举报案件快速查处办理工作机制。区委主要领导亲自批办，明确主责区领导及主责部门；区督察工作协调联络组登记转办并按照24小时办结、48小时办结、72小时办结三类，明确办理时限和办理要求；多部门联动进行案件核查，严肃问责追责，明确依法处罚措施并责令整改；区委督查室及区政府督查室全程督办，明确办理质量并督促整改落实到位。门头沟区收到中央环保督察组交办的信访案件20件，责令整改16家，约谈41人，立案处罚1家、罚款10万元。

【环境信访】 2016年共接到信访总数415件。其中“12369”接收142件、为民服务中心接收242件、来电来访接收29件，信访综合办公系统接收2件，目前均已全部办结。在全部信访件中，水污染27件、大气污染260件、噪声污染100件、辐射污染14件，其他类14件。反映问题最多的依然是大气污染，其中以餐馆油烟、煤场及石料厂扬尘问题体现尤为严重。

【建设项目环评审批审查】 2016年共受理办结各类审批服务事项71件，其中建设项目环境影响报告书4件、建设项目环境影响报告表45件、建设项目环境影响登记表22件，完成建设项目工程环保验收16件，其中报告书1件、报告表10件、登记表5件；2016年9月1日实行登记表备案制，年内完成建设项目环境影响登记表备案18件。行政审批受理办结率100%。

【召开大气污染防治动员会】 2016年3月10日，门头沟区召开全区大气污染防治工作暨“大气污染执法年”专项行动工作会议，对做好2016年全区大气污染防治重点工作进行动员部署。2016年10月27日，召开防治大气污染“利剑”专项行动动员部署会，部署门头沟区大气污染防治2016“利剑”专项行动工作。区政府与相关责任单位和镇街签订《门头沟区人民政府清洁空气行动计划2016年工作措施及空气重污染应急目标责任书》。

【燃煤污染防治工作】 制定印发《门头沟区2016年加快压减燃煤和清洁能源建设工作实施方案年度任务计划》。2016年门头沟区工业企业已累计完成削减燃煤1.5万吨。140蒸吨/小时燃煤锅炉清洁能源改造任务已改造完成或正在施工燃煤锅炉为143蒸吨/小时。“煤改电”实施18个村。

【机动车污染防治】 2016年超额完成市政府下达的淘汰高排放老旧机动车目标任务，累计淘汰5229辆，完成率179%。检查机动车39.9万辆；进京口检查车辆3.2万辆；机动车检测场监管巡查250场次，现场监督检查车辆1.67万辆次；检查工地86家次，非道路施工机械55台。加强油品质量的监管，检查加油站1129次，抽测52家；共处罚92起，罚款17.08万元。

【扬尘污染控制】 2016年门头沟区建筑规模5000平方米以上的施工工地已按要求全部安装视频在线自动监控系统。不断提高道路清扫保洁水平，“吸、扫、冲、收”新工艺作业率达96%以上。

【空气重污染应急】 2016年，北京市空气重污染36天，启动空气重污染应急预警17次。门头沟区按照预警等级做好应对工作，全年预警期间出动执法人员2100人次，检查机动车排放约7.1万辆次，检查污染源单位和点位1361个，发现环境违法问题20起，均为裸地渣土垃圾未苫盖等污染问题，移送属地处理完毕。

【水污染防治】 门头沟区政府常务会、区委常委会审议通过《门头沟区“十三五”时期环境保护和生态建设规划》，生态红线划定工作基本完成。编制发布《门头沟区水污染防治工作方案》，明确35项具体目标任务，年内全部完成；编制《门头沟区不达标水体（中门寺沟）达标方案》。完成门头沟区饮用水水源保护区标志设置工作。255块集中式饮用水水源保护区标识牌和交通类标识牌设立完毕并完成验收，已投入使用。编制完成集中式饮用水水源地评估报告。完成军庄镇污水处理站、雁翅镇污水处理站、王平污水处理站、妙峰山镇污水处理站4套COD在线监测设备，新增4套氨氮在线监测设备及更换4套排口流量计并对出口测量段进行改造工作。

【全面推进生态文明建设工作】 编制《门头沟区国家生态文明建设示范区2016年行动计划》，确定了包含生态经济、生态环境、生态人居、资源承载、生态文化五大系统26项考核指标，确立了32项重点工作任务行动计划，通过门头沟区政府第76次常务会和门头沟区委第十一届第105次常委会审议，2016年5月11日以区委办和政府办名义正式下发执行。完成区内8个国家级生态乡镇和10个北京郊区生态村的复查工作，相关镇村根据核查组的意见进行了整改。2016年8月，市环保局、市农委对门头沟区获得命名的国家级生态乡镇和北京郊区生态村进行复查工作。9月，按照环境保护部和市环保局要求，对门头沟区百花山国家级自然保护区人类活动情况进行实地核查。2016年，生态文明建设规划完成规划初稿编制第二轮修订工作，已征求相关部门意见，准备召开专家评审会。完成门头沟区国家卫生区复审，社会建设自查，风景名胜区整改，民俗村、民俗户评定等多项临时性工作任务。

【生态保护红线】 2016年，门头沟区启动生态保护红线区生态监管项目。门头沟区环保局通过有效对接协作、监测指标体系构建、监管平台建设与示范，落实好区生态保护红线区生态监管项目。

【主要污染物减排】 2015年，门头沟区主要污染物排放基数为：化学需氧量4700吨、氨氮249吨、二氧化硫3189吨和氮氧化物2988吨。

2016年，门头沟区年度减排任务为：化学需氧量及氨氮削减比例均达到3%，二氧化硫及氮氧化物削减比例均达到5%。即化学需氧量需削减141吨，氮氧需削减7.47吨，二氧化硫需削减159.45吨，氮氧化物需削减149.4吨。

经测算，门头沟区2016年完成化学需氧量削减量516吨，氮氧化物削减量35吨，二氧化硫削减量516吨，氮氧化物削减量355吨。削减率分别为3.15%、9.19%、31.04%和14.33%，四项指标均超额完成年度减排任务。

【环境监察执法】 严格环保执法，加大环境违法案件的公开和曝光力度，处罚决定书全部上网曝光。2016年共立案28起，罚款145.83万元。运用新环保法查封16家污染源单位。

【“双随机”执法检查】 2016年1月1日起，按照《北京市环境保护局办公室关于印发〈关于在污染源日常环境监管领域实施随机抽查制度的工作方案〉的通知》要求，实施随机抽查制度。2016年出动466人次，随机检查企业233家次。按时通过门头沟区环保网站向社会公开随机抽查开展情况信息。

【排污征收】 2016年完整申报户数235家，收缴114家排污单位的排污费，收缴排污费金额1236.43万元。其中施工工地收缴扬尘排污费698.9万元。

【环境宣传】 门头沟区环境保护局积极参加

《全国防灾减灾日》宣传活动，以《大气污染防治法》为主要内容进行宣传，发放《新环保法知识宣传》《北京市民绿色消费指南》《绿色生活必修课》《报废车　补贴申领　拍卖车　换购新车》宣传册等宣传材料共计1000余份。宣传周期间，区环保局对涉及安全风险隐患的重点源开展排查，对排查中发现的问题，责令立即整改并制定防范处置预案，确保社会安全稳定。2016年5月21日至23日，百花山国家级自然保护区开展为期两天的2016年“国际生物多样性日”宣传活动，门头沟区环保局在活动现场设立4幅展板、悬挂横幅1条、发放宣传材料500份、播放音频资料15次。积极做好六五世界环境日宣传工作，2016年6月2日至6日开展以“改善环境质量　推动绿色发展”为主题的环保宣传活动，进社区设立宣传站3个，专题讲座1期，悬挂宣传标语20条，同城播放环保宣传片3期，安排辖区74个社区在板报、橱窗、电子显示屏等宣传展示700余条。走进剧场东街、葡萄嘴、东辛房北涧沟三个社区开展宣传活动，分别悬挂“践行绿色发展　为美丽北京加油”“人人动手　共享蓝天”“同呼吸　共责任　齐努力　为美丽北京加油”宣传标语20条，发放《环境污染事件公众应急手册》《环保小常识》《空气重污染预警响应级别及应急措施》等宣传材料共计2000余份。做好“一二·四”法制宣传，12月2日在区体育馆前组织开展了国家宪法日暨全国法制宣传日宣传活动，发放《北京市大气污染防治条例》《北京市水污染防治条例》《北京市环境噪声污染防治办法》等环保法规及环保小常识等6000余册。

（刘艳辉　安智剑）

房山区环境保护

【概况】 2016年，房山区大气主要污染物细颗粒物（$PM_{2.5}$）年均浓度为83微克/米^3，同比下降13.5%；降尘量为4吨/（平方公里·月），较2012年同期下降36.5%。开展大气污染专项执法季行动，共出动执法人员600人次，检查排污单位1225家次，处理群众投诉举报913件，监测单位229家次，发现环境违法行为111家，其中行政处罚89家，行政处罚金额339.5万元；查封排污设备22家。完成《房山区“十二五”环境质量报告书》编制工作。成立环境保护专家组，为房山区环境保护工作建言献策。开展六五世界环境日宣传活动。完成2016年土壤环境监测工作。与中国环境科学研究院签订大气环境保护战略合作框架协议，为房山区大气污染防治工作的管理决策提供强有力的科技支撑。完成2016年专项监测工作，完成374家企业建设项目环境保护验收监测；完成2家重点工业污染源氨排放监测；完成区内长期运行锅炉、80多台燃气锅炉烟气监测；完成2家废水和3家VOCs减排核算专项监测；完成区内施工工地扬尘监测23家次；完成区内污染物排放监督抽测、群众信访监测，配合监察部门做好日常执法检查监测，排污收费监测等。排污收费征收显成效，2016年排污申报登记3312家，较2015年同期（3127家），新增185家；排污费征收单位480家，征收金额8411.6万元（其中征收扬尘排污费2360.7万元、征收VOCs排污费990.7万元），排污费征收家数及金额较2015年同期（316家，7119.5万元），分别增长了51.9%、18.1%。

【编制房山区“十二五”环境质量报告书】《房山区“十二五”环境质量报告书》共分为环境概况、污染源排放状况、环境质量状况、结论与建议四大部分，涵盖自然环境与社会经济概况、环境空气质量、水环境质量、声环境质量等二十个章节，并首次在报告书中写入集中式地表水饮用水水源地、南水北调北京入水口—惠南庄、细颗粒物、一氧化氮、臭氧等内容。“十二五”期间，房山区的大气环境质量明显改善，“十二五”末空气质量达到了房山区有空气质量监测数据以来历年最好水平。

2015年全区大气主要污染物可吸入颗粒物、二氧化硫、氮氧化物累计浓度分别较2010年（143微克/米^3、42微克/米^3、64微克/米^3）下降21.5%、62.9%、12.5%。2013年开始监测细颗粒物（$PM_{2.5}$），2015年细颗粒物累计浓度比2013年（106.8微克/米^3）下降9.9%。水环境方面，拒马河断面水质稳态达标，大石河、小清河水质较2010年有所改善。声环境方面，房山区区域环境噪声等效声级平均值在69.5~71.6分贝（A）之间，总体情况较好，达标网格数和达标率保持平稳，道路交通噪声呈下降趋势。

【成立环境保护专家组】 为加快推进房山区产业转型升级、构建高精尖经济结构，区环保局、区水务局和区园林绿化局共同组建环境保护专家组，并制定了环境保护专家组咨询工作方案。专家组的职责包括：对房山区环境与发展的战略性、全局性、前瞻性问题开展咨询、综合调查研究、分析和预测，提出评估建议。年内，对房山区大气、水和生态环境建设等方面进行综合研究、咨询，并提出建议等7项。

【签订大气环境保护战略合作框架协议】 2016年12月8日，房山区环保局与中国环境科学研究院签订了《关于共同推进北京市房山区大气环境保护战略合作的框架协议》并委托其开展达标研究工作。按照协议，中国环境科学研究院将利用约一年的时间，对房山区大气环境质量进行科学分析研究，并提供工作建议报告，为了确保研究的科学性、客观性，中国环科院还在房山区建立了北京市远郊区首处大气细颗粒物和臭氧综合监测平台，并已于2016年11月底正式运行。

【重点监控企业调整】 调整后，2016年，房山区共有重点监控企业202家（含国控、市控企业60家），其中重点工业企业120家、污水处理厂17家、垃圾处理厂（场）3家、危险废物处置经营许可单位4家、重点医院8家、规模化畜禽养殖重点监控单位50家。针对重点监控名单，进一步加强污染源管理、环境监察、环境监测等工作：加大监管力度，做好监察执法、监督性监测、排污申报登记和环境统计等相关工作；监察、监测一体化，擅自停运污染防治设施、偷排、超标排放等违法行为，一经发现要严格依法查处；督促重点监控企业进一步健全企业环境管理制度，做好信息公开、严格危险废物管理，开展清洁生产和污染治理，进一步减少污染物排放。

【工业园区管理机构环保岗位设置】 2016年5月至6月，房山工业园区（东、西区）、良乡工业开发区、北京高端制造业基地、石化新材料产业基地工业园区等5个工业园区相继完成管理机构环保岗位设置工作，以进一步强化园区各项环保工作落实。根据《北京市水污染防治方案》等文件要求，环保岗位将履行以下6项主要职责：1.宣传环境保护法律、法规、标准、政策，督促园区内企业严格落实各项环境保护要求及措施；2.掌握污染源排污状况；3.协助各园区内环境保护展开巡查工作；4.协助区环保局及其他负有环境保护监督管理职责的部门开展日常环境执法检查工作；5.协助开展重大环境污染事故的调查处理工作，参与突发环境事件的应急处置，负责空气重污染应急期间各项应急措施落实情况的监督检查；6.做好上级环境保护部门和所在乡镇（街道）安排的其他环境保护工作。

【沥青厂粉尘治理环保技改项目完工】 北京市政路桥建材集团有限公司房山沥青厂粉尘治理技改项目位于房山沥青厂现有厂址内，对现有生产设施进行粉尘治理的环保技改，主要包括地面硬化、设备除尘、加装罩棚。项目实施后，除尘设备排放的废气中粉尘浓度低于15毫克/米^3，粉尘的去除效率大于85%；料场罩棚可减少露天堆放料场的粉尘无组织排放，以年产30万吨沥青混合料计算，年减排量为240吨。

【房山区2016年清洁空气行动计划措施显成效】 2016年，房山区$PM_{2.5}$年均浓度为83微克/米^3，同比下降13.5%（降幅居全市第4位），大气污染防治各项措施成效显著。

压减燃煤。全年共压减燃煤80.22万吨。完成燃煤锅炉拆除和清洁能源改造总容量1648.5蒸吨/小时，超额完成市政府下达的800蒸吨/小时任务。农村地区共完成89个村的“煤改清洁能源”以及10个村的棚改工程，同时在清洁能源未覆盖地区配送优质型煤17.3万吨，实现全覆盖。

工业治污。严控环境准入环节，否决340个不符合产业发展、布局以及环保要求的项目；淘汰退出不符合首都功能定位的污染企业37家，提前一年完成五年173家的淘汰退出任务；开展清退疏解低端产业专项行动，完成1091家违法违规排污及生产经营行为的清理整治工作；启动环保技改项目13项，完工9项，提前超额完成全年启动10项的任务指标；削减挥发性有机物271吨，超额完成减排任务；5家单位通过强制性清洁生产审核评估，超额完成市级3家任务指标。

严控车辆。全年淘汰更新老旧车21537辆，提前超额完成8000辆的任务；更换出租车三元催化器3266个；新增电动出租车200辆、新能源环卫车3辆，投放公租自行车2700辆；开展大型货车运输秩序专项整治行动，检查货运车辆227503台次，按照交叉执法、严厉处罚的原则，各部门累计查处大货车违法行为62142起，罚款1431.38万元；与保定联合出台《房山区、保定市联合治超工作方案》，建立属地案件移交、责任倒查和信息资源共享机制，强化外埠进京车辆管控。

清洁降尘。全年降尘量为4吨/（平方公里·月），较2012年同期下降36.5%。组织工地联合执法446次，检查工地5182家次，立案104起、罚款91.2万元，住建、城管、环保三部门联合约谈建筑施工项目参建方3起，确保施工工地达标率达到97%以上。严查“三烧”，累计查处违法行为76起，罚款8.36万元，规范违法行为2715起，罚没炉具929套；受理举报1927件，较2015年同期（3414件）下降43.6%。新建再生水加水站点12处，累计使用量达到11.96万立方米。

加强监管。建成“区—镇—村”三级大气环境监测网络，共建24个乡镇（街道）$PM_{2.5}$标准自动监测站点及550个简易自动监测站点；安装3处机动车尾气固定遥感监测装置，对过往车辆进行24小时不间断监测；招聘198名环保员，并派驻到全区各个乡镇街道，实现监管重心下移。全年共查处环境违法行为1960件，行政处罚金额1044.33万元；运行新《环境保护法》查封排污设备32件。排污申报登记3312家，征收金额8411.6万元（其中征收扬尘排污费2360.7万元、征收VOCs排污费990.7万元），同比增长18.1%。

【专项监测】 2016年，完成374家企业建设项目环境保护验收监测；完成2家重点工业污染源氨排放监测；完成区内长期运行锅炉、80多台燃气锅炉烟气监测；完成2家废水和3家VOCs减排核算专项监测；完成区内施工工地扬尘监测23家次；完成区内污染物排放监督抽测、群众信访监测，配合监察部门做好日常执法检查监测、排污收费监测等。

【土壤环境监测】 按照工作部署，房山区环保局在2016年第三季度开展了农村土壤监测工作。选取旅游型村庄十渡镇西关上村和生态型村庄长沟镇西长沟村开展农村土壤环境质量监测，完成pH值、阳离子交换量、铅、汞、镉、砷、铜、铬、锌、镍十个项目的监测工作，监测结果全部合格。2013年以来，房山区先后有瓦井、务滋、磁家务、篓子水、西河等村庄参与农村土壤环境质量监测，土壤监测逐步规范化。

【大气污染专项执法】 房山区环保局自2015年11月1日至2016年3月31日在全区范围内开展大气污染专项执法季行动，加强对燃煤使用单位、挥发性有机物排放行业的监管力度，严厉查处锅炉超标、露天烧烤、露天焚烧、使用劣质煤、使用经营性小煤炉等违法行为，促进清洁能源改造，持续改善区域空气质量。大气污染专项执法季工作期间，区环保局共出动执法人员600人次，检查排污单位1225家次，处理群众投诉举报913件，监测单位229家次，发现环境违法行为111家，其中行政处罚89家，行政处罚金额339.5万元；查封排污设备22家。

【排污收费征收】 在原有工作的基础上，2016年房山区环保局重点做好施工工地扬尘排污费征收工作，继续严格落实阶梯式、差别化排污费征收政策，做到依法严格核定、全面足额征收，充分发挥排污费征收经济杠杆调节作用，督促企业自觉治污减排。全年排污申报登记3312家，同比增加185家；排污费征收单位480家，征收金额8411.6万元（其中征收扬尘排污费2360.7万元、征收VOCs排污费990.7万元），排污费征收家数及金额较2015年同期分别增长了51.9%、18.1%。

【六五世界环境日宣传活动】 2016年6月5日是第45个世界环境日，主题为“为生命呐喊”，中国主题为“改善环境质量　推动绿色发展”。6月5日，房山区在昊天广场开展世界环境日主题宣传活动，通过悬挂横幅、摆放展板、发放材料、提供业务咨询等形式，向公众宣传、普及环保法规和环保知识。当天，燕山地区举办了“绿色燕山梦”环保主题宣传活动。此次活动共有1000余人参加、发放各类宣传材料4万余份，并在《房山报》制作了世界环境日专版，房山电视台进行了专题宣传，努力营造全民参与环保的良好氛围，呼吁全社会改善环境质量、共建绿色房山。此外，区环保局还与区司法局联合，利用凯捷风公交传媒车载视频系统、房山普法网（http://fspf.bjfsh.gov.cn）、普法微博（@房山普法）和微信（房山普法）开展环境保护法律法规宣传，同时开展网上环保法规有奖答题活动。

（万璐）

通州区环境保护

【概况】 2016年，通州区空气质量较2015年得到进一步改善，细颗粒物（$PM_{2.5}$）平均浓度为80微克/米^3，位居全市第14位；改善率为14.0%，居全市第二位。可吸入颗粒物（PM_{10}）、二氧化硫、二氧化氮三项污染物持续好转。二氧化硫、氮氧化物、化学需氧量、氨氮四项主要污染物实际削减量分别为3157吨、1602吨、722吨、127吨，实际削减率分别为41.63%、16.47%、3.30%、4.05%。

【体制机制建设】 2016年，编制《通州区2013—2017年清洁空气行动计划》《通州区关于进一步强化大气污染防治持续改善空气质量的工作意见》《通州区水污染防治工作方案》等专项方案40余个。从压减燃煤、治污减排、控车减油、清洁降尘等方面，全面治理通州区大气环境；从强化城镇生活污染治理、推进农业农村污染防治、深化工业污染防治、全力节约保护水资源等方面，全面治理通州水环境。建立“周调度、月督察、季汇报”的大气、水污染防治联席会制度。区长办公会专题调度，着力协调难点问题；区领导定期调度，推动重点问题解决；区委常委会每季度统筹调度清洁空气计划进展，并通报辖区空气质量改善情况。

制定《通州区2016年清洁空气行动计划考核办法》《通州区水环境乡镇跨界断面补偿办法（试行）》等，建立了大气、水专项工作考核机制。建立三级“河长制”，按照“一河一长、条块结合、属地管理”的原则，形成“政府主导、属地负责、行业监管、专业管护、社会参与”的水环境管理体系。制定了《监察执法工作规范》《流动源执法工作规范》《行政处罚案件审核制度》《建设项目环境影响评价审批验收工作规范》《燃煤锅炉清洁能源改造补助资金申报与发放工作规范》。通过规范工作流程、统一表格、明确重点，强化依法行政，不断推进行政工作制度化、规范化、程序化。

【规范行政行为】 2016年，通州区环保局根据现有的环保法律法规及相关政策文件，对所承担的行政职能进行梳理。共梳理出共计八大类342项行政职权，其中行政处罚278项，行政许可8项，行政强制6项，行政确认7项，行政征收1项，行政检查7项，行政奖励10项，其他行政事项25项。

【环评审批】 2016年，通州区环保局严格执行新《环境影响评价法》，制定《区环保局简化优化公共服务流程 方便基层群众办事创业工作实施方案》《通州区环保局关于优化公共服务类建设项目环保审批流程的意见》，简政放权，放管结合，优化服务，最大限度方便群众办事创业。简化登记表项目办理流程。实施备案制管理，规范备案工作程序，按餐饮、汽修、工业、房地产、娱乐、干洗等6类常规项目，分门别类制定《登记表建设项目备案条件及相关法律责任必读文本》，强化项目单位主体责任。全年完成登记表项目备案214项。

实行阳光审批，审验项目同步公示。利用网上审批方便、快捷、透明的优势，实现审批事项咨询、受理、申报、审批等环节网络化服务，依托区电子监察系统对审批流程进行动态监督。环评文件受理、审批项目、“三同时”验收项目全部网上公告。2016年完成建设项目审批439项，建设项目审批总数同比2015年下降16.4%；完成建设项目验收192项，验收项目总数同比2015年减少18.6%。

【“放管服”改革】 2016年，通州区环保局助推“放管服”落到实处。一是优化审批流程，简化审批手续和环节。对北京城市副中心公共服务类建设项目，严格落实国务院、市、区审批改革试点实施方案要求，积极优化审批流程，简化审批手续和环节，压缩审批时限，实现高效办理。2016年85项重点建设项目完成环评审批58项（含不需审批13项），占全年重点工程的68.2%。二是明确环境准入，推动产业转型升级。严格执行市、区两级《禁限目录》，对不符合区域产业政策和城市总体规划要求、环境污染严重的建设项目，坚决不予环境准入。控制源头污染排放，守好环境治理改善的第一关。全年拒批工业项目70余项。三是强化空间管制，优化空间开发格局。严格落实相关法规要求，加强规划环评与建设项目环评联动，积极协调市级相关部门，逐步推进区域总体和专项规划环评落地实施。

【基础数据管理】 完成2015年环统综合年报，涉及170家工业企业、136家农业企业、18家污水处理厂、2家垃圾场及3家危废企业。2015年与2014年相比，煤炭消耗量，工业废气、二氧化硫、氮氧化物及烟粉尘排放量，化学需氧量、氨氮排放量均呈大幅下降趋势。完成辖区国控、市控源共20家单位四个季度数据的网上直报工作。

【燃煤污染防治】 2016年，通州区共计总容量2225.277蒸吨/小时燃煤锅炉已全部拆除完毕。共压减燃煤48.57万吨，在远郊区中率先建成燃煤锅炉禁燃区。实施“煤改清洁能源”的村庄共计139个村，其中“煤改电”村庄138个村，“煤改气”村庄1个村。全区农村地区“煤改清洁能源”工作已全部完成。“煤改电”安装工作已全部完成，共安装46926户；宋庄镇小堡1个村已完成全部“煤改气”工作，共计1100户。订购优质煤18.5万吨，全部配送完毕，实现优质燃煤全境覆盖的目标。

组成区级打击整治工作小组，对固定销售点、游商销售进行打击。开展联合执法74次，没收车辆58辆，没收劣质散煤170余吨，基本实现全区无劣质煤销售。

【机动车污染防治】 2016年，通州区环保局开展专项行动，驻扎进京路口，对过境进京大货车进行执法检查，深入辖区内各大物流集散地、用车大户等外埠重型柴油车集结地对车辆的品牌型号、排放标准、净化装置类别、尿素添加情况等逐一进行登记检查。依托联勤联动执法办公室、交通秩序大整治工作平台，开展路检夜查。完成城区货车禁限范围扩大工作，确定禁限范围，禁限方案已通过区长办公会审议。2016年，通州区共淘汰老旧车13458辆（不含转出），完成全年任务的129%。共检查机动车189.68万辆，完成全年任务的228%，其中：进京路口核发环保凭证76.7万份，抽查过境小客车69.3万辆，劝返不符合标准车辆2004辆；遥感检测车辆40.29万辆，处罚25辆；入户检查车辆2.31万辆，处罚车辆629辆，检查各类施工机械0.13万台，处罚施工机械107台；路检夜查0.99万辆，共处罚351辆；检查加油站2440家次，抽测250家次，处罚加油站19家次，处罚储油库1家；巡查检测场255场次，抽查机动车1.5万辆，处罚1家次。全站共办理处罚案件1133件，处罚金154.99万元。

【空气重污染应急】 2016年，通州区印发《通州区空气重污染应急预案（2016年修订）》（通政发〔2016〕37号）。重污染应急启动具体流程为：一是接收市级指令，及时传达预警，提示工作要点，督导各成员单位进入应急状态；二是区级空气重污染应急指挥部办公室会同区政府督查室对各成员单位应急措施落实情况进行督察检查；三是区级领导根据预警级别进行指挥调度、现场检查，区级空气重污染应急指挥部办公室通报各成员单位应急措施落实情况，分析空气质量，做出工作建议；四是收集各成员单位应急措施开展情况，形成工作总结，及时报送市空气重污染应急指挥部办公室及区级部门。全年共启动空气重污染应急17次，其中蓝色预警6次、黄色预警7次、橙色预警3次、红色预警1次。

【饮用水水源保护】 2016年3月16日，北京市人民政府下发京政函〔2016〕24号《北京市人民政府关于调整通州区集中式饮用水水源保护区范围的批复》，至此通州区新一轮的水源保护区调整划分工作圆满结束。投资60余万元，完成水源保护区标志牌的设置安装，全区水源井128眼，共计安装界标牌134块，其中一级区128块、二级区6块，宣传牌106块、交通警示牌8块。对区级集中式饮用水水源地进行2015年度水源地环境保护状况评估。

【水污染防治】 2016年，通州区环保局与通州区水务局开展区内6个乡镇的黑臭水体治理任务，新建59座污水处理设施，新增污水处理能力3.68万吨/日；碧水污水处理厂完成提标改造，污水处理能力达到18万吨/日。在全市率先建立区级河流自动在线监测系统，完成13座自动在线监测子站建设，河流水质数据实时上传，分析通州区地表水水质现状及变化趋势。完成禁养区和限养区15家畜禽养殖场关闭搬迁；完成8家规模化养殖场粪污治理工程。完成饮用水水源地保护区标志设置工作，共安装界标134块、宣传牌106块、交通警示牌8块。在全市率先实施水环境乡镇跨界断面补偿工作，印发《通州区水环境乡镇跨界断面补偿办法（试行）》，对11个乡镇河流跨界断面不达标情况实施生态补偿；建立月通报会制度，对乡镇跨界断面水质浓度、乡镇应缴纳的补偿金数额、各乡镇缴纳情况排名等进行通报，并提出合理化建议，为乡镇水污染治理出谋划策。完成4条中小河道治理工程，启动两河、六片区水环境治理PPP建设项目，多部门联合、多措施并举共推水环境治理工作。

2016年7月4日至8日，意大利专家团赴通州区进行现场调研，通州区环保局联合北京市环保局、通州区水务局组织召开中意合作通州水环境治理项目交流会，就提升城市副中心水环境质量和提高水环境管理能力展开全面、深入交流研讨。

【环境监测】 北京市空气质量监测网络在通州区中心城区设立用于考核的大气自动监测子站1座，监测项目为环境大气中的二氧化硫、二氧化氮、可吸入颗粒物、臭氧、细颗粒物和一氧化碳。通州区共设置降尘监测点3个，分别覆盖对照区、工业区和居住区。监测频次为全年连续采样，每月取、放样并分析1次。大气降水监测点位于北京市通州区环境保护局院内，逢雨（雪）监测，监测站监测项目有pH值、电导率、降水量，及降水中的硫酸根离子、硝酸根离子、氟离子、氯离子、铵离子、钙离子、镁离子、钠离子、钾离子浓度。辖区内河流共设置监测断面19个，其中，国控断面5个，其余为市控断面。地表水基本监测项目有水温、pH值、溶解氧、化学需氧量、高锰酸盐指数、生化需氧量、氨氮、石油类、挥发酚、汞、铅、氰化物、砷、镉、六价铬、铜、锌、阴离子表面活性剂、氟化物、总磷、总氮、粪大肠菌群、臭和水色共计24项，国控断面增测电导率、流量。

设置集中式地下饮用水水源地监测井1眼。每季度监测1次，分别在1月、4月、7月、10月第一周采样，其中7月监测1次全项（39项），其他季度监测pH值、高锰酸盐指数、总硬度、氨氮、硝酸盐氮、亚硝酸盐氮、硫酸盐、氯化物、汞、铅、挥发酚、氰化物、砷、硒、镉、六价铬、铜、锌、铁、锰、氟化物、阴离子表面活性剂、总大肠菌群等共计23项。

通州区声环境质量监测分为手工监测和自动监测两种。手工监测：区域环境噪声监测范围为36.4平方公里，共划分监测网格135个，覆盖面积33.75平方公里；道路交通噪声监测共计27条路段，总长为29.71公里。2016年通州区建成区区域环境噪声平均值为55.4分贝（A），2016年昼间道路交通噪声公里计权等效声级为69.3分贝（A）。自动监测：在通州区城区内设置3个噪声自动监测点，分别为现有功能区的1类区、2类区和4类区。

对通州区西集镇郎东村进行土壤环境质量和地下水水质监测。土壤监测项目主要是pH值、铜、铅、锌、镉等10项，地下水监测项目为pH值、高锰酸盐指数、总硬度、氨氮、硝酸盐氮、亚硝酸盐氮、硫酸盐、氯化物、汞、铅、挥发酚、氰化物、砷、硒、镉、六价铬、铜、锌、铁、锰、氟化物、阴离子表面活性剂、总大肠菌群等共计23项。

【污染源解析】 2016年，开展通州区$PM_{2.5}$源解析，明晰区域$PM_{2.5}$各方贡献率；开展污染源普查性监测，建立污染源排放清单，从污染物成因、组成、总量及变化趋势等方面对11个乡镇、4个街道分别进行综合分析，实现一镇（街）一册，并编制通州区污染源普查报告。

【信息化建设】 2016年，通州区环保局河流水质在线监测系统完成验收，进一步完善通州区水质统计分析信息化系统，为实施通州区生态补偿、水污染应急处置等提供技术支撑。污染源监控系统加大覆盖面，开展100家企事业机关单位食堂、通州核心区餐饮企业安装“一主机多探头”油烟在线监测设备；对新增过渡性污水处理设施安装12个在线监测系统，加强污染防治设施全过程监控。固定遥感系统进一步加密，在京塘路榆林庄桥南、通香路西集杜店村西路口安装固定遥感监测设备。政务办公信息化系统进一步整合，实现环保业务及办公等工作领域全覆盖，与环境综合业务平台有机结合。

【环境执法监管】 2016年，围绕“治散煤”“净四气”“降三尘”，大力开展“大气污染执法年”行动。严厉打击汽修、餐饮、家具制造、印刷等行业大气污染物超标排放、治理设施不正常使用等行为，加大对集中污水处理设施及工业企业超标的监管力度。2016年，处罚违法案件400家，罚款金额1546.62万元。运用新《环境保护法》以来，共查封企业排污设施66起。其中重大案件移送司法部门1起。用足用严行政政策，利用经济杠杆加强污染源监管。2016年征收排污费5671.78万元，同比增长92.68%。

【网格化管理体系】 2016年，通州区环保局建立三级环保管理体制，逐步完善建立基层环保机构，配备乡镇专职及协管人员。第一批环保专业执法机构已派驻到马驹桥、张家湾、宋庄、潞城、台湖、漷县7个乡镇开展环境执法工作。招募的239名专职网格环保监督员已全部入驻1809个全区网格化城市管理体系。与信息化系统相对接，构建覆盖全域的立体环境监管网络。从源头上减少环境污染隐患，提升环境监察手段，及时、快速解决辖区内环境污染问题，做到环境执法全覆盖、环保监管无盲点。

【环境宣传】 2016年，通州区环保局共组织接待新华社、北京电视台、《前线》杂志等主要媒体采访累计超过60人次，跟拍图片素材304次，视频拍摄118次。“通州环保”公众微信平台推出微信80期、101条，阅读量9万余次。开展社区宣传12次，共计发放宣传品3万余份。组织“生态文明大讲堂”近20场，听众3000余人。通过借助市环保局宣教中心平台、文明办“文明通州”平台、谋划通州环保网格化、空气重污染、通州环保信息化建设等纵深宣传20余次，组织“清洁空气行动计划区县行——区长访谈”。在六五世界环境日主题宣传活动中，牵头17个部门，组织200余名志愿者服务全区118个点位的“文明加油站”，通过大运通州网面向全区驾驶员发出“微蓝通州”倡议，响应号召的驾驶员超过20万人。

全年，分四个季度曝光环境违法问题588项。对无证照电镀窝点偷排案、狼图腾烧烤使用非清洁能源案等10余起案件通过报纸、网络、微信等进行曝光。

（丁媛）

顺义区环境保护

【概况】 顺义区打造环保统一战线，建立了网格化环境监管体系；用硬措施“出重拳”促进压煤减煤、控车减油、清洁降尘、治污减排，完善了空气重污染应急机制；严格环评审批，划定集中式饮用水水源保护区，开展水源地环境保护状况评估，制定并实施水环境区域考核；强化依法行政，规范行政行为，稳步推进“放权简政，管理服务”各项工作；进一步加强监察执法和环境监测，按照工作新形势增加监测范围和监测项目，配合开展了土壤环境调查与监测；积极开展环保宣传教育，及时做好信息公开工作，利用新媒体、传统媒体等大力引导公众参与环境保护；圆满完成中央环保督察迎检工作。顺义区大气环境质量逐步提升，地表水质量不断改善，声环境质量达标，电磁辐射环境安全，生态环境状况总体良好，环境安全得到有效保障。

【环境质量】 2016年，顺义区细颗粒物（$PM_{2.5}$）平均浓度为71微克/米^3，同比下降12.3%；空气质量达标天数为195天，占全年有效监测天数（362天）的53.9%；大气降尘年均值为6.3吨/（平方公里·月），同比降低33.7%。

地表水环境质量得到不断改善，其中京密引水渠李家史山和城北减河小东庄两个断面水质达标；小东庄、后苇沟水质类别与上年相比有所改善。集中式饮用水水源地水质状况良好。2016年集中式饮用水水源地水质监测第一水源地、第二水源地、北小营水源地、相各庄水源地、东府水源地五个水源地每季度检测项目达标率为100%。第三水源地2016年1月、4月和10月检测项目达标率为100%，7月是丰水期，达标率为97.4%。

2016年度城区区域环境噪声平均值为53.4分贝（A），达到国家标准。2016年顺义区共有辐射安全单位118家，γ辐射空气吸收剂量率属正常环境水平。

【中央环保督察迎检】 2016年中央环保督察期间，督察组转北京市信访件2346件，其中北京市转顺义区98件，其中，72件属实、26件不属实。对55家单位责令予以改正，约谈100人。

【规范行政行为】 共梳理权利清单367项，涉及法律9部、行政法规15部、部门规章33部、地方性法规3部、地方性规章2部。其中行政许可10项、行政强制7项、行政征收1项、行政检查7项、行政确认7项、行政奖励10项、行政处罚307项、其他18项。责任清单为通用责任清单，行政许可18项、行政处罚19项、行政确认9项、行政强制24项（强制措施13项，强制执行11项）、行政征收13项（税费类6项，实物类7项）、行政奖励5项、行政检查12项。行政复议1起，裁决为撤销决定。

【“放管服”改革】 顺义区环保局稳步推进“放权简政，管理服务”各项工作。2016年共取消区级行政审批事项2项，承接市环保局下放的行政审批事项2项；进一步规范环评机构从业行为，严肃查处环评机构出租出借环评资质、环评文件编制、质量低劣、环评工程师“挂靠”等违规行为，开展环评机构整治工作；共梳理行政职权367项；提供行政审批绿色通道服务，为重点项目落户提供保障；推动企业环境信息公开，畅通公众参与渠道。

【环评审批】 2016年共审批建设项目425个，登记表265个、报告表151个、报告书9个，其中完成顺义区乡村公路建设工程、白良路、牛栏山再生水厂等48个重点民生项目的审批工作。此外，新修订的《中华人民共和国环境影响评价法》于2016年9月1日实施以来，完成登记表备案项目183个。

【基础数据管理】 2016年，顺义区环保局开展2015年环境统计年报和2016年环境统计季报工作。2016年1月8日，区环保局下发《顺义区环境保护局关于报送2015年度环境统计年报工作的通知》，各企业上报相关信息，区环保局对各企业上报的相关信息进行初步审核后录入环境统计业务系统，上报市环保局审核。共计188家工业企业、16家集中式治理设施和137家规模化养殖场或养殖小区的相关信息纳入2015年环境统计。共完成40家企业年内四个季度的环境统计直报工作。

【信息公开】 2016年，顺义区环保局制定并印发了《顺义区环境保护局政府信息公开暂行办法》，更新了《北京市顺义区环境保护局信息公开目录》。在政府信息公开专栏共主动公开政府信息74条，其中全文电子化率达100%。收到政府信息公开申请11件，共涉及申请事项12项，已全部答复。政府信息公开的行政复议0件，行政诉讼1件、判决撤销。

【压减燃煤】 2016年，顺义区实施农村地区减煤换煤措施，完成“煤改气”1204蒸吨/小时，共削减燃煤26万吨。完成规模以上工业企业燃煤设施清洁能源改造386蒸吨，超额完成市政府下达的300蒸吨改造任务；全年共完成燃煤锅炉清洁能源改造1204蒸吨，占年度任务量（700蒸吨）的172%，超额完成全年任务。2016年全面推进“减煤换煤、清洁空气”行动，全区优质燃煤订购数量超过16.6万吨，完成配送15.5万吨，燃煤炉具订购14266台，全部配送到位。取暖“煤改电”工作先行推进的22个村、5700余户“煤改电”工作已经全部完成。在此基础上，顺义区自加任务实施的29个村、14000户电网增容改造已接近尾声，待完成后实施户内设备安装和线路改造工作。与此同时，顺义区探索实施农村取暖“煤改气”工作，前期调研和规划工作已经完成。

【控车减油】 2016年顺义区共淘汰黄标车、老旧机动车10989辆，占全年任务的134.7%；共检查机动车56.2668万辆，处罚超标车1164辆，罚款43.2万元，处罚数量位居全市第三；对安顺等9座加油站、储油库实施行政处罚，罚款29万元。

【治污减排】 2016年共否决建设项目审批550个。通过集中开展环境污染、无证无照、违法违建、安全隐患专项行动，市级“散乱污”企业台账中494家企业已全部完成整治。2016

年，顺义区调整退出工业污染企业50家，超过年度任务（45家）5家，调整退出企业涵盖铸造、电镀、喷涂、沥青防水、印刷、化工等污染行业；共完成环保技改项目12个；对54家企业实施VOCs减排，已完成VOCs减排817吨，占全年改造任务量的238%；累计完成2家镇村产业集聚区整治工作。

【清洁降尘】 顺义区2016年降尘量为6.3吨/（平方公里·月），好于8吨/（平方公里·月）的年度指标。加强道路扬尘污染控制，2016年共对151个工地实施监管，监管面积969.35万平方米。共检查工地115次，下发《检查记录单》345份，下发《限期整改通知书》127份，约谈8家施工企业，责令处罚2起。顺义区环保局与顺义区城管执法局、顺义区市政市容委等单位开展联合执法48次，迎接上级部门检查17次。顺义区内5000平方米以上土石方建筑工地已100%规范安装在线监测设备，已有99%的工地可实现监测数据与北京市城管执法局和各区住房城乡建设、城管执法部门等联网共享。

【空气重污染应急】 2016年，顺义区制定了《顺义区空气重污染应急预案（2016年修订）》并于12月13日以区政府名义印发实施。重污染应急启动具体流程为：一是及时下发通知，提出要求，督导各单位进入应急状态；二是迅速成立小组，开展督导，第一时间掌握各单位应急工作开展情况；三是深入基层一线，组织检查，及时规范各项工作；四是收集各单位应急措施开展情况，形成工作总结及时报送市指挥部办公室。全年共启动空气重污染应急17次，其中蓝色预警6次、黄色预警7次、橙色预警3次、红色预警1次。

【饮用水水源保护】 2016年11月16日，《顺义区环境保护局集中式饮用水水源保护区划定方案》获得北京市政府批复，对集中式饮用水水源保护区设置179块标识牌。对7个区级集中式饮用水水源地进行2015年度环境保护状况评估。每季度对西辛北区井、怡生园南侧井、北孙各庄村东井、东府水源地、北小营水源地、相各庄水源地、和谐广场水源地共7个集中式饮用水水源地的地下水水质进行监测，从下半年开始在顺义区环境保护局外网公开水质情况。

【水环境区域考核】 制定并实施《顺义区水环境区域考核办法（试行）》（顺政办发〔2016〕29号），考核范围适用于顺义区行政区域内流域上下游属地间的区域水环境考核活动。考核对象为19个镇政府及相关经济功能区管委会。考核指标为48个跨界断面水质浓度指标，包括化学需氧量（水质目标功能类别为Ⅱ、Ⅲ类的断面考核指标为高锰酸盐指数）、氨氮、总磷。考核分值共计100分，其中化学需氧量指标（或高锰酸盐指数）40分，氨氮指标30分，总磷指标30分。跨界断面水质浓度达到考核标准不扣分，未达到考核标准扣分。

【噪声污染防治】 2016年，顺义区环保局采取多方面措施开展噪声污染防治工作。一是健全完善了投诉统一受理、归口管理、限时办结机制，扰民噪声污染防治工作案件执法机制，宣传机制和监管责任追究机制等一系列噪声污染防治长效工作机制；二是联合公安、城管部门联合开展公共场所环境噪声专项整治行动；三是加大建筑施工噪声污染防治工作力度，对施工工地噪声实施严格建设审批制度，促使建筑单位采用低噪声的新技术和施工机械；四是加强工业企业噪声污染防治力度。2016年顺义区区域环境噪声实测点位103个，等效声级均值为53.4分贝（A），其中1类区域达标率为83.3%，2类区域达标率为80.6%。

【土壤环境调查与监测】 2016年12月，按照《北京市环境保护局办公室关于开展土壤污染重点行业企业空间位置遥感核实工作的通知》（京环办〔2016〕150号）要求，顺义区环保局开展土壤污染重点行业企业空间位置遥感核实工作。2016年12月15日，区环保局组织各镇、街道、经济功能区召开了顺义区土壤污染重点行业企业空间位置遥感核实工作部署会。会后，各相关属地和单位按照工作部署和《北京市土壤污染重点行业企业筛选原则》对市环保局提供名单中的490家相关企业进行初步筛选核实，结果报送区环保局。区环保局审核后，将企业信息录入遥感核查系统，形成完成企业清单和存疑企业清单，上报市环保局进行审核。

【危险废物监管】 2016年，顺义区环保局继续加大对危险废物的规范管理和日常重点监管，确定了1吨以上危险废物重点源名单，并对以上危险废物产生单位开展执法检查，建立“一厂一档”，严厉查处危险废物违法行为。共检查国家级重点源96家次，市级重点源69家次。

【辐射环境安全监管】 2016年，顺义区环保局按照国家推进“简政放权、放管结合、优化服务”改革工作的有关要求，简化审批程序，共进行辐射项目审批24项，其中移动基站审批项目2项，建设室外宏蜂窝基站393个，发放辐射安全许可证27项；建立日常监管长效机制，对全辐射工作单位台账进行整理，及时更新辐射工作单位名单，切实做到底数清、情况明；制定计划按频次检查，按照放射源每季度一次、Ⅱ类射线装置每半年一次、Ⅲ类射线装置每两年一次的频率制定每月检查计划并严格落实；对闲置废弃源和无证单位及时清查，全年对全区放射源单位现场累计检查52家次，射线装置单位检查95家次，共撰写现场意见120份；深入贯彻落实反恐工作，结合应急预案进行应急演练。

【污染减排成效】 2016年，顺义区大气污染物二氧化硫、氮氧化物分别削减966吨和558吨，削减比例分别为15.54%和5.89%。水污染物化学需氧量、氨氮分别削减502吨和58吨，削减比例分别为4.12%和2.00%。

【环境监测】 顺义区空气自动监测系统监测项目为细颗粒物、可吸入颗粒物、二氧化氮、一氧化碳、臭氧、二氧化硫，手工监测项目为降尘。地表水监测点分别为京密引水渠李家史山、潮白河向阳闸、怀河大坝、潮白河苏庄桥、箭杆河李各庄、城北减河小东庄、小中河南法信、李天路小中河桥和温榆河后苇沟，监测项目为水温、pH值、溶解氧、化学需氧量、高锰酸盐指数等24项，其中京密引水渠除上述项目外加测硫酸盐、氯化物、硝酸盐氮、铁、锰。对第一水源地（西辛北区井）、第二水源地（怡生园南侧井）、第三水源地（北孙各庄）、北小营水源地、相各庄水源地、东府水源地6个水源防护区进行水质监测；监测项目为pH值、高锰酸盐指数、总硬度等24项指标，2016年7月增加了色度、嗅、溶解性总固体等指标，共计监测39项指标。2016年顺义区区域环境噪声按500米×500米等间隔划分，共设监测网格103个，监测面积25.8平方公里。道路交通噪声监测路段为30条，累计路长43.3公里。2016年，配合北京市土壤环境质量监测，参与配合土壤取样，基础点位是龙湾屯镇大北坞村，赵全营镇忻州营村、西水泉村，李遂镇李庄村；背景点位是南彩镇俸伯村。土壤监测项目为pH值、阳离子交换量、镉、汞、砷、铅、铬、铜、锌、镍。

【“大气污染执法年”行动】 年内，顺义区环保局按照《北京市“大气污染执法年”行动工作方案》（京大气办〔2016〕14号）要求，组织协调区农委、区住建委、区城管局、区工商局、区质监局等部门和各镇、街道、经济功能区开展“治散煤”“净四气”“降三尘”专项执法行动，在发生空气重污染等特殊时期，进一步加大执法检查力度。“大气污染执法年”行动期间，全区共出动64780人次，检查28440家次，发现问题75起，处罚72起，处罚金额439.84万元。

【水环境监察执法】 2016年，顺义区环保局按照《北京市水污染防治工作方案》，开展排入地表、集中式饮用水水源保护区、南水北调工程沿线等特定功能区的执法检查，对金鸡河、无名河、港沟、温榆河、小中河等进行了重点摸排。2016年出动监察、监测人员430人次，对276家水污染企业进行了水环境监察，监测人员现场取水对其中的256家企业进行监测，其中19起废水排放超标企业已立案，处罚金额199.81万元。

【网格化管理体系】 2016年，顺义区环保局建立了网格化环境监管体系；确立了“以块为主、条块结合”的管理模式，将环境监管职责具体落实到全区镇、街道和经济功能区、村（社区）三级网格中，建立污染源动态更新与管理机制，建立分类分级处理和上报反馈制度；推进信息化平台建设，建立了“环境监管网络化管理系统”。

【排污征收】 2016年，顺义区环保局按时推进排污单位信息公开，辖区重点排污单位主要污染物排放情况等7项指标全部按时公开，近8年审批的7457家建设项目全部建立了“一厂一档”，推进了污染源监管的系统化、精细化、规范化、信息化。严格落实排污费征收政策，以施工扬尘、VOCs、5项重金属为重点，完成申报3500家，开单8100万元，入账6700万元。

【宣传引导】 积极开展环保宣传教育，利用网上网下“双平台”，通过顺义区环保局官方微信、微博，区电视台、电台、报纸、网站等，全方位宣传新《环保法》等法律法规；开通“环保顺义”微信公众号，把专业的法律法规、工作动态和环保知识，用简洁、生动的网络语言传递给公众，快速回应公众关心的热点问题。举办主题活动，通过开展“十三五”环保主题宣讲活动、六五世界环境日宣讲活动、顺义区节能宣传周等环保主题活动，向公众宣传环保理念，发放环保书籍、宣传册、环保袋等3000余份。

【公众参与】 通过区委理论中心组学习、处级领导干部培训、环保宣讲等，向政府部门、重点企业、公众全面解读环保政策，制作环保宣教系列微视频，强化政府的监督责任、企业的守法责任，引导公众参与。制作发布环保系列微视频，在区电视台、“环保顺义”微信公众号上播放，通过动画的形式向公众宣传大气污染防治重点工作、绿色生活理念等，积极传递环保正能量，倡导全社会共同关心和参与环境保护。

（段云雁）

大兴区环境保护

【概况】 大兴区环保局积极践行绿色发展理念，紧扣改善环境质量核心，以污染减排和总量控制为主线，以环保专项行动为切入点，全面提升环境监管水平，着力解决危害群众健康和影响可持续发展的突出环境问题，进一步完善机制、严格管理、真抓实干，取得了较为明显的成效。

2016年，大兴区细颗粒物（$PM_{2.5}$）年均浓度为89微克/米^3，同比下降7.3%，完成了年度降幅6%的目标任务，与2013年同比下降17.6%。水环境质量持续改善，区级集中式饮用水水源地水质状况优秀。全区声环境质量基本稳定，区域环境噪声共有1类区域123个，2类区域100个，平均等效声级为51.7分贝（A），等效声级年均值符合国家标准。全区共有辐射安全单位95家，放射源和射线装置安全受控，辐射环境质量良好。

（李洋）

【中央环保督察迎检】 2016年中央环保督察期间，大兴区共接到督察组转办案件104件，来电91件，来信13件，其中重点督办件8件，全部办结。共涉及大气污染类举报32件、水污染类举报9件、噪声污染类举报13件、垃圾污染类举报17件、综合或其他类33件，涉及城乡结合部地区共48件，属实案件80件，不属实案件24件。立案处罚12起，处罚金额25.12万元。

（李哲）

【政务信息公开】 大兴区环保局按照《大兴区2016年政务公开工作要点》的要求，2016年完成了《北京市大兴区环境保护局行政许可事项清单（2016年版）》的修订工作，在深化政府信息公开内容、完善政府信息公开配套、加强政府信息公开基础性工作等方面取得新进展。按要求公开了服务指南、权力清单、重点污染源监督性监测结果信息、行政处罚情况、环境应急信息、财政预决算、煤改工作进度信息、排污费征收信息、企业自行监测信息、重点流域地表水环境质量监测结果信息、查封扣押信息等。全年共主动公开政府信息数221条，其中行政职责类信息14条；业务动态类信息203条；法规文件类信息4条。

（吴迪）

【信息化建设】 在信息化一期、二期初步建立数据资源“一中心”、管理决策“一张图”、在线日常办公、收发文、行政处罚系统的基础上，2016年，大兴区环保局不断完善现有信息化系统与北京市环保局各部门信息系统的对接，拓展移动执法系统开发，成功对接了北京市环保局信息系统3个，初步开发了辐射和油气移动执法系统，以信息化手段为大兴区环境监管和环境执法带来了最大化的便捷。

（吴迪）

【环境信访】 将信访工作作为日常重点工作，对信访案件集体讨论、专题研究，确保不因为环保问题造成社会不稳定因素。2016年共受理群众信访3664件，其中大气类信访2704件，水类信访215件，噪声类信访648件，其他信访97件，全部得到妥善处理。环境信访事件处置结果群众满意度高，未引发信访群体性事件和恶性案件。

（陈晓思）

【环评文件审批审查】 按照《中华人民共和国环境影响评价法》（2016年修订）要求，大兴区环保局自2016年9月1日起对环境影响登记表实行备案管理，对环境影响很小、不需要进行环境影响评价的、应当填报环境影响登记表的项目备案963件。按照《环境保护部建设项目主要污染物排放总量指标审核及管理暂行办法》，严格执行《北京市新增产业的禁止与限制目录》，全年共受理建设项目环境影响评价文件490件、建设项目竣工环境保护验收文件173件，完成重点项目审批40件，审核通过涉及主要污染物排放总量替代的企业66家。

（王慧聪）

【“十三五”规划】 结合《大兴区“十三五”时期环境保护与生态建设发展规划编制工作方案》，拟定《新区“十三五”时期环境保护与生态建设发展规划》。会同北京经济技术开发区环保局主持召开专家评审会，听取规划报告编制单位介绍讨论，一致通过了该规划的专家组评审。2016年6月，《新区“十三五”时期环境保护与生态建设发展规划》正式通过大兴区政府常务会审议，并以大兴区发改委、环保局和北京经济技术开发区发改局、环保局名义联合发布执行。

（张艳）

【燃煤污染防治】 2016年完成燃煤锅炉改造2793.5蒸吨/小时（供暖2020蒸吨/小时，工业773.5蒸吨/小时）；农村地区共完成4.53万户“煤改清洁能源”工程，其中“煤改电”3.79万户，“煤改气”0.74万户；大兴区政府投资2.4亿元，完成8家行政事业单位“煤改电”项目及3家行政事业单位“煤改气”项目；全年累计清理非民用1蒸吨/小时以下高污染燃料设施5459台。

（恩宇翔）

【机动车污染防治】 2016年累计检查机动车排放85.9万辆，罚款25.2万元，为市级任务的1.3倍；淘汰老旧机动车1.45万辆，为市级任务的 1.1 倍。除日常路检、夜查、入户和移动遥测工作外，在兴华大街印刷学院路段和 104 国道凤河营进京检查站北安装配备了机动车固定式遥感检测设备，实现了双车道 24 小时不间断监测，使监测数据通过网络直接发送到站内服务器终端，工作人员在线、离线均可以进行统计与分析，有效提升了检测能力。

（陈冬）

【工业大气污染防治】 2016 年，大兴区严格执行《北京市清洁空气行动计划》《京津冀大气污染防治强化措施（2016—2017 年）》，在参照市级清洁空气行动计划任务量的基础上，制定更加严格的《2016 年大兴区清洁空气行动计划重点工作分工方案》《大兴区贯彻落实京津冀大气污染防治强化措施（2016—2017 年）实施方案》。陆续开展了“大气污染专项执法季”“大气污染专项执法年”等行动，对燃煤燃气锅炉、餐饮、汽修、印刷、家具、化工、工业涂装等按月开展专项执法检查，实现了“全覆盖、无死角”监管。2016 年共清理“小散乱污”企业 3000 家，提前完成 11 项环保技改项目、490 吨 VOCs 减排和 70 家工业污染企业调整退出，超额完成年度任务。

（恩宇翔　陈晓思）

【扬尘污染控制】 2016 年大兴区环保局联合大兴区住建委、市政市容委、城管执法局、交通局等部门，每周对施工工地开展联合执法检查专项行动，重点对工地扬尘治理、车辆管理、渣土清运等情况进行排查，全年共开展联合行动 45 次，检查工地 90 余家，对施工工地土方裸露、覆盖不完整、预警期间不停工等问题均及时移交相关责任单位并妥善处理。提前完成 2.03 万亩平原造林工程，新增城市绿地 101 公顷，绿色施工检查考核规模以上施工工地达标率 100%。

（陈晓思）

【空气重污染应急】 全面落实空气重污染应急措施，在重污染日期间每天对全区空气质量问题进行督察通报。成立空气重污染日专项巡查组，采取包片督察的方式，对施工工地、工业企业、路面道路、露天焚烧、渣土货运等开展督察检查，全区形成了以各属地镇街污染源为布控点，各职能部门专项检查为线，综合巡查为面的“点看”“线查”“面巡”相结合的巡查体系。2016 年共启动空气重污染预警 17 次 36 天，其中蓝色预警 6 次 6 天，黄色预警 7 次 16 天，橙色预警 3 次 8 天，红色预警 1 次 6 天；大兴区环保部门共出动检查组 608 组次 2003 人次，检查企业、施工工地 3399 家次，检查机动车 144076 辆次。

（恩宇翔　陈晓思）

【饮用水水源保护】 开展区级饮用水水源地环境状况评估，聘请北京市环科院作为技术支持单位，制作完成 2015 年度大兴区集中式饮用水水源环境状况评估数据采集系统和评估报告。按照《北京市环保局关于组织申报集中式饮用水水源保护区标志牌制作安装补助资金的通知》要求，完成大兴区一水厂、二水厂及 12 个相关镇的 32 家水厂标志牌安装工作，共安装标志牌 331 块。

（张艳）

【水污染防治】 2016 年出台《大兴区水污染防治工作方案》，编制《大兴区突发水环境事件应急预案》，加强对辖区内重点水污染源的监管执法力度，有效改善水环境质量，保障水环境安全。开展水污染防治“十小”企业清理取缔、工业园区污水处理自动在线监控、水污染物排放重点企业监察监测执法等，对 25 家水污染物超标排放单位依法处罚，处罚金额 151.73 万元。

（张艳）

【噪声污染防治】 2016 年大兴区建成区道路交通噪声路段共 25 条，路长 34 公里，道路交通噪声平均计权等效声级为 69.9 分贝（A），平均车流量为 2604 辆 / 小时，道路交通噪声达标路段 14 条，超标路段 11 条，交通噪声污染有所改善。开展社会生活噪声污染和多行业噪声污染问题治理，圆满完成中考、高考等重点时段绿色护考工作。通过督促企业加装噪声防治设施、选用低噪声工艺、调整工作时间等措施，妥善解决了空调室外机、餐饮业风机等噪声扰民问题，全年共接到噪声投诉案件 539 件，均妥善处理，办结率达 100%。

（陈晓思）

【土壤污染防治】 大兴区作为土壤污染重点行业企业空间位置遥感核实试点区，率先开展土壤污染防治工作。于 2016 年 11 月 25 日起，对全区 20 个镇街、产业基地管委会区域内的 1238 家企业基础信息和点位信息开展核实，确定出大兴区符合筛选原则企业 192 家，为全区土壤污染防治工作奠定了良好的数据基础。

（张艳）

【危险废物监管】 通过联合执法，从严监管危险废物的产生、分类、贮存、处置、利用等环节，督促各有关单位完善管理，提高处置水平，有效规范并加强了全区危险废物监管。开展对放射源单位检查，做好放射源全生命周期监督管理，从进口、运输、倒源、转让、收贮和日常安全等 6 个方面严查落实情况，2016 年共进行监督检查 150 余次，下达限期改正通知书 6 份。

（霍旺）

【辐射环境安全监管】 以审批促监管，对在城市建成区和敏感地区建设的移动通信基站开展现场勘探，对不符合要求的不予审批。结合大兴区结构调整、淘汰落后产业、打击违法建设的战略安排，对在违法建筑内开展辐射类活动的单位坚决不予审批，并要求停止开展辐射活动。开展对医疗机构、放射源单位等辐射安全专项执法工作，2016 年共审批基站 136 个，办理环保审批 56 件，验收 17 件，许可证 40 件，备案 300 件。

（霍旺）

【污染减排】 2016 年完成燃气（油）锅炉改造总容量 2600 蒸吨 / 小时。按照市环保局低氮改造监测验收相关要求，已全部监测达标，超额完成市局下达的 500 蒸吨 / 小时改造任务，实现了大兴区 2015 年 7 月前建成的老旧燃气锅炉应改尽改、提前达标，有效促进了全区氮氧化物减排。2016 年共审核通过涉及主要污染物排放总量企业 90 家。累计削减二氧化硫（SO_2）1409 吨，氮氧化物（NO_x）733 吨，化学需氧量 2209 吨，氨氮 267 吨，各项市级任务指标均翻倍完成。经市环保局核定：2016 年，大兴区二氧化硫排放量比 2015 年下降 21.81%；氮氧化物排放量比 2015 年下降 6.09%；化学需氧量排放量比 2015 年下降 8.6%；氨氮排放量比 2015 年下降 5.6%。

（李红卫　张迎）

【环境监测】 2016 年累计对环境质量各要素进行监测，其中环境空气 – 降尘 24 点次、大气降水 17 次、地表水水质 13 个断面 113 点次 347 项次、集中式地下饮用水水源防护区水质 4 次、重点垃圾填埋场周边地下水水质 4 次、农村环境质量 4 次，出具有效监测数据 3800 余个，质控数据 800 余个。累计对各类污染源进行监测，其中重点废气污染源（锅炉烟尘烟气）30 余家次、重点废气污染源（工艺废气）50 余家次、重点废水污染源 12 家次、污水集中处理设施 86 家次、固体废物集中处理设施 12 家次、重点污染源在线设备比对 18 家次、锅炉监测 150 余家次，环境统计单位（废水）和监察执法检测 200 家次，出具有效监测数据 4200 余个，质控数据近 700 个。

（乔朝辉）

【行政执法】 按照《北京市大气污染综合治理领导小组办公室关于印发〈北京市“大气污染执法年”行动工作方案〉的通知》（京大气办〔2016〕14 号）要求，制定《大兴区“大气污染执法年”行动工作方案》，联合大兴区工商局、质监局、城管执法局、交通局等部门开展“治散煤”“净四气”“降三尘”专项执法行动。结合日常执法与“双随机”工作，针对燃煤锅炉、挥发性有机物（VOCs）、使用消耗臭氧层物质（ODS）、涉危险废物环境违法犯罪行为等开展专项执法行动。2016年共出动执法人员5065人次，检查污染企业4439家，依法查封存在违法排污行为的企业87家，依法处罚存在环境违法行为的企业215家，处罚金额859.2万元，较2015年同比上升20.74%。

（陈晓思）

【环境网格化监管】 依托城市综合管理网格及网格化信息综合管理平台，将污染源监管职责纳入网格化体系当中，完成736个基本网格划定，形成了以机动车冒黑烟、扬尘、散煤污染、生产加工污染、河道排污、企业排污、固体废物污染、新增污染源、空气重污染预警等9大类环境问题为主的巡查体系。利用现有网格，明确三级网格部门及人员职责分工，将环境监管职责具体落实到镇街、村居、产业园区，形成从巡查发现、上报分转、分层处置与核查反馈的闭循环工作模式，实现了责任落实到网格，问题解决在网格。2016年网格巡查员及监督员共上报环境保护类案件785件，均妥善办结。

（陈晓思）

【环境应急】 按照新修订的《环境保护法》要求，坚持防治结合、预防为主原则，将环境应急工作重心前移，聚焦重点区域、重点领域、重要时段，圆满完成全国“两会”、国庆等重大会议、节日期间的空气质量应急保障任务。修订完成《北京市大兴区突发环境事件应急预案（2016年修订）》，将风险源管理与污染源管理有机结合，开展“百日环境安全隐患整治活动”，对全区98家环境风险源、19家涉氨企业、11家饮用水水源保护区重点防范单位进行全面检查，共妥善处置突发环境事件3起，均未造成环境污染。

（恩宇翔　陈晓思）

【排污费征收】 开展排污费征收工作，针对扬尘排污费和VOCs排污费，落实“阶梯式、差别化”收费模式，将排污单位污染治理水平与收费标准紧密挂钩，有效推动了全区污染企业的治污减排。对大兴国际机场安置房项目、地铁8号线三期项目、京台高速（北京段）项目、天堂河改线项目等重点工程项目开展扬尘排污费征收。2016年共对428家排污企业依法征收排污费5111.82万元，较2015年同比上升115.33%；其中征收扬尘排污费2942.69万元，较2015年同比上升115.05%。

（陈晓思）

【环保宣传】 积极开展环保宣传工作，其中《大兴区实施“压、推、创、罚”全力打好大气污染攻坚战》被北京市环保局评为优秀信息，并被环境保护部采用；《大兴区“五力齐发”全力打好大气污染防治攻坚战》被北京市环保局以专刊形式下发各区，进行了经验交流。联合中央电视台、北京电视台和新浪、搜狐等媒体网站开展环保系列宣传报道，其中联合北京市环保局拍摄的“煤改气”“煤改电”、加强老旧车治理等宣传片在北京电视台、大兴电视台多个频道播出，进一步提高了公众对环保工作的知晓率、支持率和参与度。

（赵红银）

昌平区环境保护

【概况】 昌平区环保局围绕建设美丽昌平的总体目标，以改善辖区环境质量为核心，以治理$PM_{2.5}$为重点，以确保辖区环境安全为底线，切实抓好大气污染防治、总量减排、环境监管、队伍建设等重点工作，较好地完成了各项任务，为建设国际一流科教新区奠定了良好的环境基础。

2016年，昌平区空气中细颗粒物（$PM_{2.5}$）年均浓度为61微克/米^3，全市排名第二；同比降幅为14.1%，全市排名第一。二氧化硫（SO_2）、二氧化氮（NO_2）、可吸入颗粒物（PM_{10}）平均浓度分别为8微克/米^3、46微克/米^3、85微克/米^3，同比下降33.3%、上升7.0%、下降8.6%。地表水饮用水水源地京密引水渠上苑桥点位持续符合Ⅱ类水体国家标准；全区地表水体监测断面化学需氧量、氨氮年均浓度分别为37.8毫克/升、11.9毫克/升，同比分别下降9.8%、上升11.2%。集中式饮用水水源地水质状况良好。昌平区建成区的区域环境噪声、道路交通噪声平均值分别为54.1分贝和63.6分贝（A），声环境质量基本稳定。辐射环境质量保持在正常水平。主要污染物二氧化硫、氮氧化物、化学需氧量和氨氮的削减率分别为6.97%、3.34%、3.86%和4.02%，完成市级下达的4%、3%、2%和2%的减排任务。

【中央环保督察迎检】 2016年11月29日至12月29日，中央第一环保督察组对北京市开展了环保督察，2016年12月9日至14日下沉昌平区开展督察。督察期间，共处理督察组转办件56件，按要素来分，涉及大气环境问题36个（扬尘10个、锅炉9个、油烟9个、喷漆4个、露天焚烧3个、垃圾异味1个）、水环境问题21个、噪声环境问题23个、固废环境问题1个。按区域来分，反映区域性环境问题达到27件，占属实和部分属实总件数的55%；涉及多部门职责的督办件达到48件，占属实和部分属实总件数的98%，其中环保牵头处理的占25%。此外，督办件7件为重复访。督察期间，累计出动执法人员约2932人次，检查企业1300家次，共立案处罚固定污染源环境违法行为148起、拟处罚570万元，下达责令改正决定书60份；抽查机动车9.2万辆次，处罚排放超标车或施工机械18个，罚款1.3万元。

【政务信息公开】 2016年昌平区环保局，通过政府信息公开专栏主动公开业务动态等各类政府信息850条，行政处罚类信息700余条，环境信访类信息350余条，全文电子化率达100%；收到政府信息公开申请共5件，其中传真方式的2件，当面申请的2件，邮寄方式的1件，已受理的依申请公开件全部按期予以答复，公开率为100%；昌平区政府对区环保局信息公开的考核成绩为100分。

【环境信访】 2016年共受理各渠道的环境信访件4414件，全部按时保质办结、其中优秀信访件16件。办理人大建议和政协提案8件。

【环境审批】 严格执行《北京市新增产业的禁止和限制目录》，严格控制建设项目主要污染物新增量。2016年累计审批许可项目600件、验收建设项目164件。自2016年9月1日起，实行建设项目环境影响评价承诺“备案制”，截至2016年底共备案项目371个。

【规范行政行为】 2016年，昌平区环保局妥善应对行政诉讼2件、行政复议3件，组织召开行政处罚听证会5次。依法申请区法院强制执行9件，向区检察院提供环境公益诉讼线索80余条，“两法衔接”平台录入117件。

【“放管服”改革】 2016年，昌平区环保局落实“放管服”的要求，取消2项许可事项和1项非许可审批事项，承接2项许可事项和1项行政确认事项，清理规范6项审批中介服务。

【基础数据管理】 2016年，开展年度环境统计，上报154家工业企业、36家农业规模化畜禽养殖场等单位的环境基础数据。

【“十三五”规划】 2016年，编制完成《昌平区“十三五”时期环境保护与生态建设规划》，包括“十二五”时期环境保护工作成效、“十三五”时期环保形势、“十三五”环保规划目标指标、“十三五”时期重点任务和保障措施。

【燃煤污染治理】 制定印发《昌平区2013—2017年清洁空气行动计划重点任务分解2016年工作措施》（昌政办发〔2016〕4号），明确到2016年，昌平区空气中细颗粒物年均浓度比2015年下降5%以上，实施58项重点任务，涉及68家单位。印发实施《昌平区贯彻落实〈京津冀大气污染防治强化措施（2016—2017年）〉细化实施方案》(昌政办发〔2016〕22号)，细化13项强化措施，涉及56家单位。2016年，实施燃煤锅炉清洁能源改造，共改造完成燃煤锅炉1175.88蒸吨/小时。累计压减燃煤31.14万吨，超任务指标压减燃煤21.14万吨。编制完成农村地区“减煤换煤，清洁空气”五年实施方案，在29个村实现“煤改清洁能源”，累计完成“煤改电”8147户、“煤改气”521户。

【区级锅炉补贴政策出台】 2016年8月25日，昌平区出台镇（街道）七站八所燃煤锅炉改用清洁能源补助资金政策。1蒸吨/小时及以上的燃煤锅炉，在享受市级补助资金每蒸吨/小时13万元的基础上，再享受区级补助资金每蒸吨/小时13万元，1蒸吨/小时以下的燃煤锅炉，享受区级补助资金每蒸吨/小时26万元；年内发放区级补助177.32万元。2016年9月12日，出台《昌平区燃气（油）锅炉低氮改造补助资金管理办法》，对已获得市级专项资金补助的项目实施单位，区财政按照市级补助资金标准，给予1:1比例配套资金支持；截至2016年发放区级补助197.26万元。

【机动车污染防治】 2016年，昌平区共淘汰24089辆高排放机动车，超额完成14080辆目标任务。更新燃油出租车197辆、对1364辆使用两年以上的出租车更换了三元催化器。全年共检查机动车133万余辆，其中入户检查2.8万辆、路检夜查0.58万辆、遥感检测127万辆、进京口巡查0.14万辆、检测场监测车辆2.8万辆，处罚各类流动污染源610件；检查储油单位2103站次，抽测201站次。全年共处罚金51万元。

【工业污染防治】 2016年，昌平区关停退出一般制造业和污染企业40家，累计退出162家，提前一年超额完成五年退出一般制造业和污染企业104家的任务。组织开展集中清理整治违法违规排污及生产经营行为，清理整治“散乱污”企业267家。全面清理“工业大院”，累计完成7个镇村产业集聚区的工业污染整治。组织11家单位完成清洁生产审核评估，实施14家企业环保技改工程。治理VOCs排放企业25家，减少挥发性有机物305.5吨。

【扬尘污染控制】 2016年，组织开展施工扬尘治理专项行动，对重点工地实施24小时远程视频监控，全区在施工程安装视频监控系统122项、扬尘在线监测设备2家。清理3家无行政许可资质搅拌站，监督19家混凝土搅拌站，搅拌楼主体二层及以上部分采取密闭作业，加装远程视频监控系统。加大新工艺推广力度，道路清扫保洁新工艺作业率提高到86%。全面禁止农作物秸秆露天焚烧，农作物秸秆综合利用率达到99%。

【空气重污染应急】 2016年，昌平区制定了《昌平区空气重污染应急预案（2016年修订）》并于2016年11月28日以区政府名义印发实施（昌政发〔2016〕28号）。2016年12月31日，橙色预警期间，环境保护部部长陈吉宁带队到昌平区督察慰问，全区应急工作得到了领导的肯定。全年共启动空气重污染应急17次，其中蓝色预警6次、黄色预警7次、橙色预警3次、红色预警1次。

【饮用水水源保护】 2016年，对全区23个集中式饮用水水源地、63眼集中式水源井、响潭水库和碓臼峪塘坝的新调整划定保护区开展标志设置。开展7个区级以上饮用水水源地环境状况评估。完成37平方公里生态小流域综合治理。按季度公开了饮用水水源、自来水厂出水水质。

【水污染防治】 编制完成《昌平区水污染防治工作方案》和《昌平区水污染防治工作方案2016年重点任务分解》，分解87项重点任务，涉及56家单位。建立调度机制，定期召开调度会协调解决难点问题，推动措施落实。水污染防治重点任务全部纳入区政府绩效管理，实施按月督察机制。编制完成《昌平区实施河湖生态环境管理“河长制”工作方案》。投入450.9万元专项资金开展昌平区入河排污口调查及溯源，能够全面、系统掌握区内河流入河排污口基本情况，建立入河排污口与污染源对应关系及信息数据库。根据全区5个考核断面周边水质现状，编制《昌平区不达标水体污染防治方案》。

【噪声污染防治】 2016年，开展中高考期间噪声污染专项整治行动。制定《2016年中高考期间环境噪声污染专项整治行动工作方案》，对考点周边餐馆、企业、施工工地进行重点巡查，中高考期间共处理噪声类信访195件。

【土壤污染防治】 2016年，开展全土壤污染重点行业企业空间位置遥感核实，完成核实企业359家，其中核实完成清单55家（含核实新增企业6家），存疑304家。

【危险废物监管】 2016年，开展危险废物及危险化学品单位环境安全隐患排查专项执法活动，加强对危险废物的产生、贮存、处置等环节的执法检查。查处违法单位48家，罚款76万元。监督110家单位进行环境突发事件应急预案的备案。

【辐射安全监管】 2016年，全区共有12家涉源单位、143家射线装置单位、2426台射线装置。做好辐射安全许可管理，共办结Ⅲ类射线装置核技术应用项目环境影响评价审批25件、登记表备案10件，验收15件，辐射安全许可证35件，放射性同位素备案14件。

【农村环境保护】 2016年，划定畜禽养殖禁养区516平方公里，禁养区关闭13家规模化畜禽养殖场；结合禁养区相关政策和中央环保督察组意见，相继关闭禁养区周边的其他养殖场（小区）6家；完成12家规模化畜禽养殖场的粪污治理与资源化利用；完成306家建制村实施环境综合整治工作。

【生态区创建】 2016年，昌平区9个国家生态镇、7个市级生态村通过市环保局专家组的复查，获得奖励资金450万元。截至2016年，全区13个镇获得市级环境优美镇命名，198个村获得市级文明生态村命名，9个镇获得国家生态镇命名。

【污染减排】 2016年，严把总量前置审批关，完成总量指标前置审核164件，建设项目主要污染物排放增量实现零增长。在水污染减排方面，马池口再生水厂、阳坊再生水厂已投入使用；在大气污染减排方面，永安热力水库路供热厂80蒸吨/小时、天阳供暖509.1蒸吨/小时项目完成改造任务。组织2家企业开展强制性清洁生产审核。

【环境监测】 2016年，强化环境监测能力建设，在小汤山镇、阳坊镇、科技园区新建3个空气质量自动监测站点，通过专家组验收并正式投入运行；协助市环保局在21个镇（街）完成便携式$PM_{2.5}$监测设施的建设。共上报7658个监测数据，完成建设项目环保设施验收监测121家、信访监测361次、应急监测11次。编制完成《2011—2015年北京市昌平区环境质量报告书》。

【行政执法】 年内，开展“大气污染执法年”活动；全年共检查各类污染源1100余家次，建立“一厂一档”企业6649家。开展燃煤锅炉、工业固废等29项环保专项行动，共检查各类企业9000余家，处罚违法企业408家、罚金4361万元，处罚金额全市第一。制定《昌平区环境保护网格化管理实施方案》，形成“城市管理网格全面对接，环保专职网格全面覆盖”的网格化监管格局，共受理办结环境违法案件线索189件。

【信息化建设】 2016年，昌平区政府投资865万元建立昌平区环境监察综合化平台项目，该项目借助大数据、云计算、“互联网+”等新技术，是集环保业务监管、办公自动化和决策一体化的平台。2016年8月5日，区环保局与项目单位签订项目合同；8月12日，项目正式启动，共涉及14个子系统（空气质量在线监测、餐饮油烟监测、污染源在线监测、环境质量监测、“12369”信访投诉、环境网格化管理、环境应急指挥调度、机动车及油气监督管理、环境地理信息、环保数据中心、污染防控总量减排、放射源监督管理、办公自动化及移动办公、权限管理）。项目定于2017年2月13日正式开始试运行。

【排污征收】 2016年，昌平区环保局按照排污费“应收尽收”的基本原则，提高排污收费力度，共对657家单位征收排污费4003.37万元，其中污水排污费258.90万元、废气排污费3744.47万元（含扬尘排污费1923.69万元）。

【环境应急】 印发实施《北京市昌平区突发环境事件应急预案（2016年修订）》（昌应急委发〔2016〕2号）。严格防范环境风险，开展环境安全隐患排查和整治。妥善处置11起环境应急事件。严格执行重大节日、重大活动期间应急值守制度。

【环境宣传】 2016年，昌平区通过区环保局官方网站、“昌平环保”微信公众号、昌平手机报、区电视台、报纸等媒体宣传环保政策法规、发布空气质量、宣传解读昌平区清洁空气行动计划进展等内容。集中组织六五世界环境日主题系列宣传活动。联系各级新闻媒体宣传环保信息动态，在北京卫视《北京新闻》及《北京时间》栏目、《北京日报》、《北京晚报》、《新京报》、《京华时报》、《北京青年报》、《北京晨报》、《北京商报》、《法制晚报》、《劳动午报》、《信报》、《京郊日报》、千龙网等媒体刊登相关稿件17条。全年累计播出环保节目52期、制发环保手机报12期，微信微博宣传环保723条，制作发放宣传材料9万份，条幅64余条，展出各类展板100余块。

（张莹莹）

平谷区环境保护

【概况】 平谷区环境保护工作紧紧围绕“打造京津冀协同发展桥头堡和建设北京城市副中心后花园”的发展定位，将生态立区作为一条主线贯穿到全区各行各业各部门工作当中，以落实清洁空气行动计划和水污染防治措施为重点，积极推进重点减排工程的实施，强化各项环境监督管理，充分利用新媒体和传统媒体等开展环保宣传教育活动，大力引导公众参与环境保护，圆满完成中央环保督察迎检工作。2016年，平谷区空气质量有效提升，水环境得到较大改善，环境整治力度不断加大，生态环境建设得到了进一步加强，环境安全得到有效保障。

【环境质量】 2016年，平谷区空气中细颗粒物（$PM_{2.5}$）年均浓度为70微克/米^3，同比下降11.4%，较2013年下降17.6%，超额完成年度任务目标。达标天数共191天，同比增加了17天，一级（优）天数78天，同比增加了26天，共发生空气重污染34天，同比减少了15天，空气质量整体好于2015年同期；东店断面水质指标初步改善。依据海河管理委员会的监测数据，2016年东店断面水质化学需氧量、氨氮、总磷浓度均值分别为33毫克/升、1.4毫克/升、0.54毫克/升。与2015年相比，氨氮和总磷指标均呈下降趋势（2015年氨氮、总磷年均值分别为1.78毫克/升、0.81毫克/升），特别是2016年下半年，各项措施逐步发挥效用，初步显示出了治理成果。

【中央环保督察迎检】 2016年中央环保督察期间，平谷区共收到中央环保督察组北京市协调联络组信访组交办信访案件27件，其中来电23件、来信4件。已办结27件，其中属实21件、不属实6件、重复访案件3件。实施责令整改8家。实施立案处罚41家，拟处罚金额15.889万元。约谈3人。

【环境信访】 2016年，受理环境污染投诉来信来访1502件次，其中大气类1066件次，占全部信访总量的70.9%，全部及时办理，调查处理率达100%，办结率达100%。

【环保审批】 2016年，严格落实污染物排放总量控制制度，把总量指标作为建设项目环评审批的前置条件。对排放含二氧化硫、氮氧化物、烟粉尘、挥发性有机物、化学需氧量和氨氮六项主要污染物的建设项目执行2倍削减替代。同时，对工艺复杂、存在环境风险隐患的建设项目实行集体决策制度，对污染严重并涉及环境安全的建设项目坚决执行"一票否决"制度。2016年共审批建设项目531个，其中报告书类5个，报告表类119个，登记表类407个，对不符合产业政策及环保要求的13个项目实施了禁批，提前办结率达到100%。

【大气污染防治】 2016年，平谷区积极推进清洁空气行动，第一时间发布实施2016年度清洁空气行动计划及两年强化措施。及时组织各责任单位严格按照要求，分别逐项建立项目管理责任，各项任务均明确了时间表、路线图和责任人，对重点项目进行摸排造册，清洁空气行动计划建立项目管理责任制371个、重点项目台账13个，并与相关单位签订目标责任书，大气污染防治强化措施建立项目管理责任制443个、重点项目台账4个，形成了牵头单位负责、责任单位配合、大气污染综合治理领导小组办公室统一组织调度的管理机制。在原有市级空气质量自动监测站点的基础上，全面建成乡镇（街道）考核、污染监控、城区趋势监控、清洁环境等监测站点，为对各乡镇（街道）空气质量改善情况考评，推动乡镇（街道）一级落实大气环境管理职责，及时发现并解决区域大气环境问题，实施精准治理提供更有力的技术支持。制定更加科学、更加有针对性的治理措施，联合北京市环境保护科学研究院在建立污染源排放清单基础上，深入开展大气细颗粒物达标方案研究，2016年，已完成$PM_{2.5}$样品采集和污染源核查工作。

【燃煤污染治理】 2016年，完成燃煤锅炉清洁能源改造总容量171蒸吨/小时；工业领域累计削减燃煤12.61万吨，提前完成"2013—2017年工业领域累计削减燃煤12万吨"的任务目标。完成新城地区6个社区508户居民"煤改气"，农村地区5个村517户村民"煤改气"，21个村6132户村民"煤改电"；完成山区半山区8个乡镇1500户残疾人户电暖气片安装；完成优质煤配送3.66112万吨；农村住宅抗震节能改造6780户；拆除违建243处，74928.8平方米。淘汰燃煤茶浴炉50台，共计总容量9.04蒸吨/小时。加强煤炭市场监管，共开展专项执法16次，出动执法人员3318人次，检查可疑车辆187辆，查处流动无照售煤及未按规定运输4起，罚款0.4万元，清理煤炭销售点70家。实现二氧化硫减排481吨，氮氧化物减排174吨。

【机动车污染防治】 2016年，平谷区淘汰老旧机动车10410辆，完成任务量3860辆的269.7%。检查机动车58.5万辆次，完成全年任务量的166%。巡查两家检测场568场次，完成全年任务量的126%。巡检加油站1329座次，完成全年任务量的103%。加强重型柴油车监管。进京口进行24小时检查，严控进京外埠柴油车。同时，加大本市重型柴油车检查频次和查处力度，并定期开展专项执法检查。全年共计路查重型柴油车7403辆次，处罚超标柴油车378辆。鼓励和推广清洁能源车辆置换，19家叉车企业共计69辆叉车，其中49辆叉车加装完净化装置，其余20辆叉车全部修理达标。新购38辆电动叉车，圆满完成辖区内叉车环保改造工作。3家公交公司置换了330辆电动公交车和215辆燃气公交车，并报废、停用柴油公交车505辆，并力争2017年辖区新增175辆电动公交车，淘汰所有柴油公交车。

【治污减排】 2016年，加强混凝土搅拌站绿色生产管理，保留的5家混凝土搅拌站已全部通过2016年度绿色生产达标和资质核查，并安装视频监控系统。调整退出不符合首都功能定位企业4家。清理整顿违法违规排污及生产经营行为，累计销账11家。开展环保技改工程，已完成环保技改项目4个。实施重点行业挥发性治理工程，预计可削减挥发性有机物17.89吨。组织马坊工业园区、兴谷经济开发区开展生态化建设验收准备工作，马坊工业园区再生水管线设计工作已完成，兴谷经济开发区生态化建设工程已完工，报请市经信委验收。开展清洁能源审核，已完成强制审核1家。加强监管，减少餐饮、烧烤等面源污染排放，共检查餐饮业100家次，查处违法餐饮业3家，罚款2万元，查处露天焚烧22起，罚款0.945万元，查处露天烧烤5起，罚款0.505万元。

【空气重污染应急】 2016年，平谷区编制《平谷区空气重污染应急预案（2016年修订）》（京平政〔2016〕33号），并于11月29日发布执行，并报市空气重污染指挥部办公室备案。全年共启动空气重污染预警17次计36天，各成员单位积极响应，严格执行预警措施，较好完成了降尘减排任务。

【饮用水水源保护】 2016年，组织开展集中式饮用水水源地保护区划定工作，共划定一级保护区5.70平方公里，二级保护区8.06平方公里，并依照技术规范制作安装了保护区标识牌。

【水污染防治】 2016年，发布《平谷区水污染防治工作方案》及年度重点任务分解，牵头编制《平谷区水体达标方案》；针对泃河污水处理厂存在的除磷加药不精确、膜组器老化等问题，多方筹措资金，实施水质改善工程。在泃河下段增设了11个监测点位，每周取样监测，及时反映水质变化，协同区政府督查室对各单位按计划推进各项工作，包含周村等5处应急工程进行督察，每周汇总上报进度；开展联合执法，严厉打击工业企业和畜禽养殖场非法排污。

【辐射环境安全监管】 2016年，监督性检查辖区内29家辐射工作单位累计进行58次，2016年4月7日、8月11日和12月7日，联合市放废中心对北京金海鑫压力容器制造有限公司、区医院、北京广厦大鑫石化设备有限公司、北京马坊物流基础设施开发建设有限公司和北京市平谷县金属结构厂进行常规检查，对检查中发现的突出问题，依法要求整改。全年共收到移动基站类信访投诉共21件，全部及时办理，调查处理率、办结率均达100%。

【总量减排】 2016年，完成北京星宇昊经济技术发展中心燃煤锅炉等清洁能源改造11家，淘汰华恒建材等高污染企业5家，再生水利用项目1项，农村散煤治理11138户。化学需氧量、氨氮、二氧化硫和氮氧化物四项排放总量分别为：二氧化硫排放量3952吨；氮氧化物排放量4272吨，其中机动车源排放量为2368吨；化学需氧量排放量为4635吨；氨氮排放量为1267吨。与2015年年底基数相比完成二氧化硫净削减比例为5.53%；氮氧化物净削减比例为5.75%；化学需氧量净削减比例为0.34%；氨氮净削减比例为0.08%。

【环境质量监测】 2016年，对13个地表水监测断面共获取有效监测数据2030个，监测质控数据699个，监测数据质控率25.5%、准确度控制率48.6%。地下水监测共获取有效监测数据92个，监测质控数据184个，监测数据质控率66.7%、准确度控制率50.0%。顺利完成了城区3个大气降尘点位、101个区域噪声网格和25个路段交通噪声的监测工作。

【环境监察】 2016年，将351家污染源单位纳入“双随机”污染源库，共建立“一厂一档”1122家，健全完善500余家，结合日常监管及时动态更新，作为实施“双随机抽查”等日常监管工作的基础，超额完成稽查考核任务，已开展随机抽查507家次；同时，通过开展“大气执法年”和排入地表水污染源专项执法等行动，加大执法处罚力度，严厉查处各类环境违法行为。2016年共出动执法人员5000余人次，检查各类固定污染源2300余家次，依法行政处罚违法行为100起，已对其中64起罚款200.8万元，分别同比增长33.3%和145%，拟对其余36起罚款153.2万元，实现了处罚起数和处罚金额双增长。制定《平谷区清理整顿违法违规建设项目工作方案》，按照“规范一批”“备案一批”“淘汰一批”的分类处理原则，全面清查“未批先建、批建不符、未验先投”等违法项目，共出动执法人员1529人次，检查建设项目658个次，立案查处违法违规建设项目8个，罚款7.4万元，并按照既定时间节点，整顿规范项目22个、完善备案项目18个、淘汰关闭项目9个，全面完成建设项目清理工作。

【网格化建设】 2016年，制定《平谷区网格化环境监管工作方案（试行）》，在全区范围内以村、社区为单元划分基础网格304个，确定兼职环保网格员367人，明确网格员监管职责与工作程序，建立巡查发现问题、分类分级处理和及时上报反馈等制度，健全网格化环境监管长效机制，实现了区、街乡镇、村居委会三级网格体系。

【环境应急】 编制《平谷区集中式饮用水水源地突发环境事件应急预案》(含集中式饮用水水源地101个保护区现场处置预案）并报市环保局备案。编制《平谷区突发环境事件应急预案》(京平应急委发〔2016〕1号)，区应急委于2016年10月8日颁布执行，并报市环保局备案。2016年12月区政府颁布《北京市平谷区突发水环境事件应急预案》。

【排污申报】 2016年，排污申报企业1066家，超额完成稽查考核任务，共征收排污费1117.8万元，同比增长50.5%，其中征收废气排污费1026.2万元，立案查处2起未按规定进行排污申报登记违法行为，拟处罚款2万元。

【环境宣传教育】 2016年，平谷区环保局通过平谷电视台、《平谷报》《平谷新闻网》、政务微博、微信公众号等媒体全方位立体化开展环保宣传。积极开展六五世界环境日环保宣传周、环保骑行、中小学生环保演讲比赛、环保徒步等活动。联合市委宣传部、市大气办、团区委、区文明办开展“清洁空气在行动”和“爱护母亲河，我们在行动”等主题宣传，全面宣传平谷区大气和水污染防治工作进展情况及取得的成效，广泛发动群众关注全区生态环境建设，引导全区群众积极参与环境质量改善工作。全年共计发放环保宣传册、文化衫、环保袋等宣传材料18000份，出动环保宣传人员460人次；发布微博354条、微信120条、网站信息624条，报送工作信息289条。

（秦秋艳）

怀柔区环境保护

【概况】 2016年，怀柔区空气质量改善趋势明显，空气中主要污染物累计浓度同比均明显下降。细颗粒物（$PM_{2.5}$）年均浓度为61微克/米^3，全市排名第二，空气质量改善明显。

【农村环境综合整治】 2016年，推进实施3个农村环境综合整治项目工程（九渡河西水峪、石湖峪、琉璃庙老公营），工作中做到工程进度有安排、工程监督有重点、质量监督有计划，确保手续完备，进度合理。及时协调解决项目进行中的矛盾问题，保证项目按期完工交付使用。

【环境信访】 2016年环境举报信访数量较2015年呈上升趋势，全年接待信访729件，截至12月底，办结712件，办结率为96%，正在办理中的信访17件，占4%。建立环保信访台账，对信访过程中存在的重点、难点、热点问题进行梳理，分类编排，分清主次和轻重缓急，对重点信访进行跟踪督办，从严、从速办理，确保全区环境安全。

【环评审批】 将服务全区重点项目与认真履行环保审批职责紧密结合，在严格依法行政和源头控制污染的同时，全面提高行政审批效能。2016年审批建设项目163个，其中报告书项目2个，报告表项目63个，登记表项目98个（2016年9月1日后登记表项目施行备案管理）。

【重点环境保护规划编制工作】 印发《怀柔区2013—2017年清洁空气行动计划重点任务分解2016年工作措施》《怀柔区贯彻落实京津冀大气污染防治强化措施（2016—2017年）实施方案》《怀柔区空气重污染应急预案》等多项工作方案。

【燃煤污染防治】 加快推进辖区内镇村产业集聚区综合整治，2016年完成3个镇村产业集聚区工业企业整治工作，继2015年完成3个产业集聚区整治之后，两年累计完成6个产业集聚区整治，超额完成两年累计4个的任务；全年退出工业企业14家，超额完成调整退出不符合首都功能定位的污染企业2家的年度任务；实施重点行业挥发性有机物治理工程，已完成挥发性有机物减排125.04吨，超额完成年度100吨任务。农村“减煤换煤”已实施28个村“煤改电”、3个村“煤改气”，共减煤换煤104916吨，其中减煤40416吨，换煤64500吨；已完成市压煤办下达压减燃煤4万吨的任务目标。已拆除各类茶炉大灶200台，同时督促在用茶炉使用单位加快改造进度。2016年完成清洁能源改造单位25家，拆除燃煤锅炉47台，共计总容量233.4蒸吨/小时，申请市级补助资金1195.2万元。

【机动车污染防治】 2016年，怀柔区淘汰高排放老旧机动车5899辆，超额完成市级下达的3500辆全年任务；通过加强进京路口入境车辆抽查，共发放环保进京凭证17.8万份，劝返外埠黑烟车275辆，巡检检测场220次，抽检1.73万辆次，共检查各类机动车47.99万辆次，超额完成33.88万辆次的年度任务。

【空气重污染应急】 2016年，怀柔区重新制定空气重污染应急预案，全年启动蓝色预警6次共6天；黄色预警7次共16天；橙色预警3次共8天；红色预警1次6天。

【饮用水水源保护】 2016年，按要求依法对怀柔区应急备用水源地（市级水源地）进行管理，组织水务主管部门执法人员对市、区级水源地重点地区庙城、杨宋、桥梓和怀柔镇地区重点巡查，发现水污染隐患及时处置，保证水源地安全；为防治地下水源污染，按照《埋地油罐防渗漏技术规范》要求，对区内26家加油站情况进行检查汇总，对其中12家未合格的加油站进行督促整治。利用市环保局水源保护专项资金建设完成了2个区级、4个乡镇级的饮用水水源保护区标志设置施工工程。

【水环境治理】 制定《北京市怀柔区进一步加快污水处理和再生水利用三年行动方案（2016年7月—2019年6月）》《怀柔区水污染防治工作方案（2016—2020年）》《怀柔区水污染防治方案2016年重点任务分解》三个方案，对全区的污水治理进行了全面规划。加强污水处理设施建设，确保农村污水排放达标，开工建设小泉河干线工程，新建污水管线9.3公里，再生水管线12公里；实施30处污水处理厂站的升级改造，污水处理规模1000吨/日；对农村污水处理站进行维修、改造37座，重建4座；启动怀柔新城南部地区污水干线工程项目，新建污水管线总长度11277米；启动怀柔区小城镇污水处理市场化建设配套管网工程，新建污水收集管网126公里、新建再生水管网3.4公里；启动新建和改造农村污水处理设施41处；农业源项目治理完成7个，已完成3个村的农村污水处理站的建设，氨氮、化学需氧量指标顺利完成。

【辐射环境安全监管】 2016年，开展对辖区内涉源、射线装置单位和医废、废水产生单位的检查，出动执法检查129人次，检查射线装置单位62家次、医疗卫生机构16家次，填写现场检查笔录124份，有效保障了怀柔区辐射环境安全。2016年，怀柔区产生医疗废物约261.44吨，城区18家、山区7家卫生院所产生的医疗废物由怀柔区环境卫生服务中心统一清运收集至北京润泰环保科技有限公司安全处置，执行转移联单制度，目前怀柔区无一自行焚烧处置单位。2016年辐射类建设项目环境保护审批退回46件，办结7家次；验收退回22件，办结6家次；辐射安全许可证申领退回24家次，办结8家次；辐射安全许可证延续退回29件，办结3家次；办理许可证变更退回23家次，办结5家次；辐射安全许可证注销办结1家次；辐射安全许可证部分终止退回2件次。2016年9月1日至2016年12月31日市环保局辐射类建设项目登记表备案试运行期间，办理登记表备案项目4件次。

【中央环保督察迎检】 2016年中央环保督察组驻京督察检查期间，怀柔区环保局积极配合区委、区政府做好迎检督办工作，抽调专人负责接访办件工作，共处理转办信访案件29件，涉及砂石堆放点扬尘及遗撒、垃圾堆放、气味排放、“煤改电”、违法建设、滥伐林木、盗采等问题。发现问题立行立改，对环境违法行为严肃处理，同时采取复查、现场监督等方式，全程追踪督察整改情况，确保各项整改措施落到实处、抓出实效，圆满完成了各项任务，中央环保督察组对怀柔区工作给予了高度评价。

【畜禽养殖综合整治】 编制《怀柔区畜牧业综合整治三年行动计划》《怀柔区禁养区内规模化畜禽养殖场（小区）综合整治实施方案》；同时，为规范禁养区外规模化畜禽养殖场，实现全区畜牧业标准化、生态化，特制订《怀柔区畜牧业规范化管理标准》，达不到标准的低端养殖、高污染养殖、高耗水养殖予以关闭；2016年关闭养殖场（小区）61个，包含鸡舍80栋，超额完成年度任务。

【环境监测】 2016年共取得地表水环境质量数据4216个；大气降尘量数据30个；共监测北京福田戴姆勒汽车有限公司、北京宏怀热力有限公司等重点污染源废气46台次；监测北京北排京怀水务有限公司怀柔厂、北京福田戴姆勒汽车有限公司等重点废水排放企业117家次。通过了土壤、底质及固废中重金属含量的监测合格证考核，监测能力增加了27项；新购置1台气相色谱仪，投入使用后将新增监测能力11项。

【监察执法】 2016年完成10次“双随机”抽查，共计抽查企业444家，完成检查并及时上传了执法信息，同时完善了抽查企业的“一厂一档”。2016年，怀柔区环保局组织参加各类联合执法300余次，进行立案调查43家次并进行了移交；对环境违法企业进行严厉查处，共完成处罚40家，处罚63.5万元，查封违法企业26家。根据《北京市怀柔区社会信用体系建设联席会议办公室关于行政许可和行政处罚“双公示”落实工作的通知》要求，怀柔区环保局按要求在局网站发布公示行政处罚决定书40件次。根据市环保局关于《清理整顿违法建设项目》《加强建设项目事中事后监管》《清理整顿违法违规排污企业》《无证无照餐饮企业集中整治》等文件要求，结合怀柔区政府2016年重点工程的要求，依托属地职责，多部门联合监管，联合执法55次。清理违法违规企业50家。

【网格化环境监管】依托现有社会化网格监管运行体系，进一步推进和增强了区基层环境保护监管工作和监管能力，已经确立了284个村和35个社区的环境监管网格巡查员，开展了集中的业务培训并印发了网格巡查员工作手册，环境监管网格化进一步得到有效实施。

【环境应急】2016年完成应急预案备案企业28家，《怀柔区突发水环境污染事件应急预案》已编制完成。对怀柔区重点企业进行现场排查，查找环境风险源，检查企业是否编制应急预案，经排查43家企业需要编制应急预案，已列入2017年工作计划。

【排污收费】严格按照新排污费征收标准征收排污费，2016年完成外网申报登记154家，收缴排污费932万元。

【环境宣传教育】2016年，怀柔区环保局通过在学校、社区、企业等场所开展世界环境日、世界水日、地球日的宣传活动，发放保护饮用水水源、防治大气污染、加强生态建设、节约用水等各类材料、图片及环保宣传品1.2万份，制作$PM_{2.5}$专题宣传展板60余块，受教育群众达10万人次。

（周淼）

密云区环境保护

【概述】2016年，密云区细颗粒物（$PM_{2.5}$）年均浓度为61微克／米^3，同比下降10.3%；区域内细颗粒物、可吸入颗粒物、二氧化硫、二氧化氮四项污染物年均浓度平均同比下降16.1%；空气质量达标天数213天，同比增加5天。重污染天数30天，同比减少16天；功能区降尘监测平均值为4.6吨/（平方公里·月）；主要污染物二氧化硫、氮氧化物、化学需氧量、氨氮四项指标减排均超额完成市政府下达的指标；圆满完成区政府绩效考核跨区县水体断面水质综合达标率指标；密云水库水质符合《地表水环境质量标准》的Ⅱ类标准。

【中央环保督察反馈意见整改工作】以中央环保督察为契机，加大环境综合整治力度。根据中央督察组对北京市的督察反馈意见，密云区环保局积极协调落实整改任务，确保中央环保督察有序推进，有效落实。

【政务信息公开】以公开透明为基本原则，将信息公开工作不断规范化、制度化、常态化，2016年公开环境信息共851条。

【环境信访】2016年，接待处理各类环境信访828件，所受理的信访案件全部在规定的时限内结案。

【环评文件审批审查】2016年，共受理及办结建设项目审批事项591件，办结环保审批验收项目311件，不予受理项目58件。

【推进环保专项资金项目】2016年，监督考核中央农村环保专项资金项目，传统村落古北口镇古北口村污水处理项目、传统村落吉家营村环境综合整治项目以及东邵渠镇西邵渠村污水治理管道建设项目已全部完工。

【机动车污染防治】2016年，加大路检、夜查、入户、抽查力度，依托遥感检测技术手段，严格控制流动污染源，共检测车辆67.32万辆次，完成全年任务的183.5%，处罚尾气超标车辆315辆；检查和抽检加油站1488站次，处罚违章作业的加油站4家；巡查年检场520场次，抽检车辆29792辆次，处罚检测场1家；淘汰高排放老旧机动车5536辆；投入运行纯电动公交车100辆；天然气公交车11辆；公共自行车2500辆；建成电动车充电桩1000余个。

【工业污染防治】 2016年，完成燃煤锅炉清洁能源改造总容量500余蒸吨/小时，压减燃煤13万吨；完成6家工业企业淘汰退出；累计完成4家镇村产业集聚区整治。加强燃煤锅炉监管，2015—2016年采暖季，共检查燃煤使用单位136家，对未达标的单位要求限期整改。加强对城区内6家常年在用燃煤锅炉企业的监督管理，确保排放物稳定达标。

【扬尘污染控制】 2016年，加强施工工地规范化管理，积极推进绿色施工管理模式，工地达标率达92%；区域内新开工工地全部按要求使用高效洗轮机；新城道路清扫保洁新工艺作业覆盖率达到87.5%。

【空气重污染应急】 2016年，北京市共发布空气重污染预警17次，密云区均按程序及时启动应急预案，并认真抓好落实。

【饮用水水源保护】 2016年，重组优化密云水库联合执法队，成立密云水库保水总队；查处密云水库一级区及上游河道堆存垃圾8处；对密云水库一级区内84座污水处理站污水处理设施运行情况进行监督检查；与密云水库一级区内12家单位签订《水源保护责任书》，对12家单位排放中水进行取样监测，对其中3家超标排放中水单位依法进行了处罚；配合相关镇政府拆除密云水库一级保护区内违法建设3起；查处密云水库一级保护区内155米以下违法种植7起520亩，发出限期清除通知书7份；加强区域内企业污染源监管，保障群众健康；划定北京市密云区集中式饮用水水源地保护区。

【水污染防治】 2016年，密云区环保局每月对3家国控污水处理厂进行监督性监测，对在线监控设施运行情况进行现场监察；每季度对12座乡镇污水处理厂进行检查；启动了重点污染源在线监测系统，对排放情况进行实时监控；建立、完善排污单位“一厂一档”企业信息，对确定排入地表污染源的31家企业进行现场监察；对43家加油站防渗漏措施落实情况进行全面检查，对未达到要求的企业依法责令整改；联合多部门对建成区内潮河、白河入水口、34处河道排水口及河道附近22家单位排污情况进行摸排，确保主要河流断面水质稳定和安全；严格控制农业面源污染，配合密云区农委划定规模化畜禽养殖场（小区）禁养区；完成了水源保护区内规模化畜禽养殖场（小区）的认定；对太师屯镇、北庄镇禁养区规模化畜禽养殖场（小区）关停退出进行督导；配合密云水库周边乡镇，关停退出密云水库一级保护区内畜禽养殖散养户；配合区农业局治理禁养区外10家以上规模化畜禽养殖场（小区）。

【污染减排】 2016年，密云区二氧化硫减排445吨，削减率7.63%；氮氧化物减排361吨，削减率9.15%；化学需氧量减排633吨，削减率5.57%；氨氮减排116吨，削减率9.18%，均完成全年任务指标。

【环境监测】 2016年，完成环境质量监测、污染源监督性监测和应急监测。全年累计出具有效监测数据6300余个，通过了25个水有机项目合格证考核。完成密云镇空气子站扩建工程，新建贾峪大气自动监测站、冶仙塔大气自动监测站；在20个镇街安装$PM_{2.5}$小型监测设施。

【行政执法】 2016年，持续加强环境执法监管和查处力度，共查处环境违法行为384起，累计处罚金额285.57万元。开展固定污染源专项执法，共计出动执法人员606人次，检查企业235家次，处罚违法企业11家；对区域内10家涉氨、涉氯及危险化学品企业进行现场检查，要求企业进一步完善应急预案，落实环境安全防范措施；对2家违规产废单位进行了立案调查；清理整顿违法违规建设项目，制定《密云区清理整顿违法违规建设项目工作方案》，对建设项目领域存在的未批先建、边批边建、擅自重大变更等违法行为进行清理，对违法单位依法高限处罚；监督检查区域内5家铁矿尾矿库，要求5家铁矿尾矿库加强管理，建立健全环境应急响应机制。

【排污征收】 2016年，以申报登记为“抓手”，排污收费为目标，加强排污费征收力度，做到全面征收，应收尽收。共征收排污费4639.6万余元，同比增长452.9%。

【环保宣传】 2016年，密云区环保局积极开展环保新闻宣传报道，向上级信息部门报送各类环保信息稿件193篇，其中被上级信息刊物采用84篇。在穆家峪镇庄头峪村2016年“科技之春”宣传活动中，向农民发放宣传材料共450份。在密云经济开发区开展“美丽密云我的家，清洁空气靠大家”知识讲座，向入区企业宣传普及大气污染环保知识，发放宣传材料800份。举办六五世界环境日主题宣传活动，向居民群众讲解“绿色出行”等内容，并开展了环保知识有奖问答，发放各类宣传品1500余份，参与群众100余人，区电视台进行了宣传报道。

（辛思行）

延庆区环境保护

【概况】 2016年，延庆区大气主要污染物二氧化硫、二氧化氮、可吸入颗粒物、细颗粒物平均浓度分别为9.6微克/米^3、33.6微克/米^3、74.2微克/米^3、60微克/米^3。二氧化硫浓度同比下降17.9%，二氧化氮浓度同比上升9.1%，可吸入颗粒物浓度同比下降7.6%，细颗粒物浓度同比下降1.6%。

【冬奥环境保障】 2016年，制定《北京2022年冬奥会和冬残奥会延庆赛区筹办工作领导小组生态环保组工作方案》，完成大气环境治理、延庆赛区调水、延庆赛区及场馆周边绿化美化等12大项25小项工作任务。

【生态文明建设】 2016年，对《延庆县生态文明建设规划（2013—2020年）》进行中期评估和修编，落实年度任务和建设指标。制定《2016年生态文明体制改革工作方案》，初步完成《延庆区创建国际一流生态文明示范区指标体系》，确定《北京市延庆区绿色GDP和生态环境资产核算体系研究工作方案》。

【环境信访】 2016年，接待各类环境信访472件，其中涉及水方面66件、大气方面242件、噪声方面117件、固废方面13件、辐射方面1件、其他33件。处理率100%，未发生集体上访案件。

【环境管理体系建设】 2016年，对60个部门内审员进行新版标准培训，全部通过考试取得资格证书。修订ISO 14001环境管理体系文件。进行环境管理体系内部审核，认证中心年度监督审核通过，延庆区继续保持环境管理体系认证资格。

【建设项目清理整治】 2016年，清理整治13个环保违法违规建设项目，其中淘汰关闭项目数7个，整顿规范项目数3个，完善备案项目数3个。全年环境影响评价审批279项，环境影响登记表备案207项。

【大气污染防治】 2016年，制定《延庆区2013—2017年清洁空气行动计划重点任务分解2016年工作措施》。完成总容量247蒸吨/小时燃煤锅炉清洁能源改造；完成城区04、05街区禁燃区建设；以外埠过境大货车、新城周边柴油货车、老旧机动车为监管重点，防治机动车污染。配合区公安部门开展治理大货车和农用车“百日行动”，检查各类机动车61.25万辆，劝返外埠超标机动车1713辆，处罚超标机动车1933辆，处罚金额58.35万元，淘汰老旧机动车6266辆。城区5000平方米以上施工工地全部安装摄像头，监控扬尘污染；18家工地采取围挡、苫盖、运输车辆清洗和路面硬化等措施抑制扬尘。新购置大型天然气洗地车4

辆、天然气洒水车4辆、纯电动洗地车3辆，清洁能源环卫车已达61辆，新城保洁新工艺作业覆盖率75%。实施北京玻钢院车间废气治理工程，减排挥发性有机物217吨。

【水污染防治】 2016年，开展饮用水水源地专项执法行动。对辖区内的饮用水水源地企业进行地毯式环境安全隐患排查，启动妫水河流域、黑河白河流域污染源排查等工作重点。开展规模化畜禽养殖场专项执法行动，排查是否存在违法建筑物、排污口、畜禽养殖、网箱养殖等面源污染问题，以及其他可能影响饮用水水源安全的因素，共检查企事业单位27家。

【噪声污染防治】 2016年7月至10月，开展餐饮单位噪声、中高考期间噪声专项整治行动，向重点商户普及噪声污染相关法律知识。出动执法人员250人次，检查噪声单位120家次，制止噪声污染行为8起。

【固体废物管理】 2016年，对辖区内工业固体废物、生活垃圾、医院危险废物统一监管、统一收集、集中清运、安全处置。机关、学校产生的电子废物交与北京市危废处置中心进行安全处置，共收集废旧灯管（泡）6337根、电池12204节、硒鼓4259个、墨盒2215个以及电脑等电子废弃物283件。

【化学品调查】 2016年，根据国家公布的优先控制化学品名录，对高风险化学品生产、使用进行严格限制，并逐步淘汰替代。调查妫水河、黑河、白河、白河堡水库、两个工业园评估环境和健康风险，落实防控措施。

【辐射环境监管】 2016年，对辖区内31家使用射线装置单位及12家医疗单位的医疗废物和医疗废水处置情况进行全面检查，检查射线装置单位55家次、产生危险废物单位65家次、产生医疗废物和废水单位62家次。

【主要污染物减排】 2016年，制定《延庆区2016年主要污染物减排计划》《主要污染物减排任务分解表》。完成18家企业燃煤锅炉清洁能源改造项目。完成8家企业畜禽粪便治理工程。通过环境保护部、市政府污染减排和绩效考核现场检查核查，全年削减氮氧化物、二氧化硫、化学需氧量、氨氮四项污染物分别为77吨、126吨、383吨、22吨；减排比例分别为3.12%、3.33%、7.33%、3.42%；超额完成市政府制定的2%、3%、2%、2%减排任务。

【环境监测】 2016年，编写《延庆县环境质量报告书（2011—2015年）》《2015年延庆县环境状况公报》《延庆县污染源监测年报（2015年）》。开展国家重点生态功能区县域生态环境质量监测、评价和考核。开展北京市、河北省地表水跨界断面联合监测工作。配合妫水河治理，对白河调水后妫水水质变化情况及妫水西湖富营养化情况开展高密度监测。2016年完成27个环境水质监测点位294次监测、216个大气降尘监测、193个环境和道路交通噪声监测、67家次污染源废气监测、200余家次污染源废水监测、5家重点污染源的14次在线自动监测设备的比对监测。全年报出监测数据9769个，同比增长30%。

【环保执法检查】 2016年，出动执法人员8500人次，检查各类排污企业6322家次，开展联合执法行动11次。完成“一厂一档”任务1608家，消除污染隐患113处，行政处罚40家，罚款160万元，征收排污费442万元。

【环境应急】 2016年，编制《延庆区突发水环境事故应急预案》《延庆区集中式饮用水水源地突发环境事故应急预案》。修订《延庆区突发环境事故应急预案》，完成50家企业环境应急预案备案。

【环保宣传】 2016年，结合六五世界环境日、世界地球日等主题日，深入机关、企业、社区、学校、农村开展环境主题日宣传、环保大讲堂活动，发放环保资料3万份、宣讲72场，受众2万人。

（桂文荣）

北京经济技术开发区环境保护

【概况】2016年，北京经济技术开发区（以下简称开发区）通过环境保护部污染减排核查工作，完成2015年度和“十二五”时期污染减排任务，完成《北京市“十二五”主要污染物总量削减目标责任书》中的减排项目任务。化学需氧量、氨氮、二氧化硫、氮氧化物4项主要污染物零增长，实现挥发性有机物减排970吨。促成3家单位分别与北京京东方显示技术有限公司进行氮氧化物交易，交易金额73万余元。年内，开发区环保局行政服务窗口接收来件来函467件，处理企业咨询700余件。行政服务工作零投诉，被开发区行政服务中心评选为年度“红旗窗口”。

（王君丽　梁超　姚静）

【环境质量】2016年发布《2015年北京经济技术开发区环境状况公报》。完成《北京经济技术开发区2011—2015年环境质量报告书》（以下简称《报告书》）。《报告书》总结和分析开发区五年的环境质量情况，对区域内的水、气、噪声、土壤等环境要素进行全面系统的评价，并分析辖区内的环境质量现状和变化趋势、规律。

（杜洁　姚静）

【“十三五”规划】2016年11月9日，开发区环保局召开《北京经济技术开发区“十三五”时期创新发展规划环境影响篇章》（以下简称《篇章》）专家咨询会，就《篇章》进行讨论和审议。与会专家认为《篇章》资料数据详实、评价内容全面，重点突出，采用的技术路线与评价方法适当；提出的规划优化调整建议和减缓不良环境影响的对策措施总体可行，评价结论总体可信。2016年11月21日，《北京市大兴区和北京经济技术开发区“十三五”时期环境保护与生态建设发展规划》（以下简称《规划》）印发实施。《规划》在总结“十二五”时期新区环境保护与生态建设的主要成就的基础上，提出新区“十三五”时期的环境保护与生态发展的理念，从环境质量、污染物减排、环境安全和生态文明4个方面明确约束性发展指标。

（梁超　姚静）

【环评文件审查审批】2016年9月1日，开发区环保局按照新修订的《中华人民共和国环境影响评价法》要求，进一步完善和梳理开发区建设项目环境影响评价审批程序。对建设项目环境影响评价分类管理名录为环境影响登记表的建设项目实施备案制，并严格执行《北京经济技术开发区新增产业的禁止和限制目录（2016年）》，进一步从源头开展做好区域的环境保护工作。2016年，开发区环保局完成一般类审批项目291项，其中报告书项目3项、报告表项目149项、登记表项目139项。办结登记表备案项目119项、受理项目38件、办结验收项目139项。办结辐射审批项目15件，辐射项目备案12件，辐射验收4件，辐射安全许可证18件。办结项目变更批复22件。组织召开项目专家评审6次，参加项目入区专题会议20次。

（梁超　姚静）

【大气污染防治】2016年3月23日，《北京经济技术开发区2016年清洁空气行动计划》印发实施，包括压减燃煤、控车减油、治污减排、清洁降尘、综合保障5个方面31项39条具体措施。2016年，开发区空气质量中细颗粒物（$PM_{2.5}$）年均浓度为81微克/米3，比2015年下降13.8%。

（王猛　姚静）

【空气重污染应急】2016年共启动空气重污染应急17次，其中蓝色预警6次、黄色预警7次、橙色预警3次、红色预警1次。按照《开发区空气重污染应急预案》，空气重污染期间，区领导多次带队深入一线督导检查，开发区环保局与各部门配合，全区各单位、各街镇严格按照应急预案要求，第一时间启动应急响应，最大限度发挥了“削峰”“降速”作用，落实土方工地停工、部分企业限产等各项应对措施，完成空气重污染应急保障工作，有效缓解了空气重污染带来的不利影响。

（王猛　姚静）

【水污染防治】 2016年4月6日，《北京经济技术开发区水污染防治工作方案》正式实施。方案明确14项具体水环境质量的改善任务。根据方案安排，开发区环保局组织开展城镇污水处理厂、加油站埋地油罐防渗漏改造工作、重金属和科研单位实验室等专项执法检查，2016年共查处水环境违法行为2起，罚款64.25万元。

（赵荦荦　姚静）

【污染减排】 设立促进污染物减排环保专项资金。发布实施《2016年度新区环境保护资金项目申报指南》。开发区环保局共收到申报项目100项，其中开发区49项、大兴区51项。审批扶持奖励资金1.21亿元，其中开发区3400万元、大兴区8700万元，带动企业环保治理投入资金6.23亿元。超额完成挥发性有机物减排任务。2016年，开发区环保局重点督促安姆科软包装（北京）有限公司、北京奔驰汽车有限公司实施挥发性有机物治理，共实现挥发性有机物减排970吨，完成全年372吨减排任务。

（王君丽　王猛　姚静）

【氮氧化物排污交易】 2016年7月22日、9月14日，开发区环保局促成开发区内3家企业分别与北京京东方显示技术有限公司进行氮氧化物交易，累计交易金额73万余元。开发区环保局本着“政府引导、企业自愿”的原则，解决高精尖项目入区总量指标的问题的同时，严格控制氮氧化物总量的排放，增强企业“环境资源有价意识”，提高污染企业减排治理的积极性。

（宋陈超　姚静）

【排污许可证】 2016年开发区环保局经过培训、调研、现场踏勘、企业编报等环节，完成北京奔驰汽车有限公司等10家重点企业排污许可证的编制工作，形成《开发区排污许可审核结题报告》。

（黄建琨　姚静）

【行政执法】 2016年，开发区环保局共出动执法人员2227人次，检查污染企业2171家次。查处各类环境违法行为51起，处罚51家企业、处罚金274.3万元，查封7家企业。排污申报登记企业409家，收费218家，征收排污费4356.3万元。受理信访368件。参加应急演练2次，处理突发环境事件1次。

（赵荦荦　姚静）

【环境应急】 2016年《北京经济技术开发区环境保护局突发环境事件应急预案》《北京经济技术开发区环境保护局辐射事故应急预案》印发实施。按照“预防为主、常备不懈、统一指挥、大力协同、保护公众、保护环境”的总体方针，建立健全开发区管委会统一领导、分级管理、职责明确、反应快速、指挥有序、保障及时、防范有力、协调一致、快速高效的突发环境事件预警和应急机制。

（赵荦荦　姚静）

【环境宣传】 2016年开发区环保局开展主题为“向污染宣战，从生活开始”的系列宣传活动。活动依托基层志愿服务和开发区内、外媒体资源，开展随手拍、环保知识竞赛、环保微网站、环保主题演讲、健步走等互动活动，做好环保宣传教育。利用“亦庄环保”公众微信号开展环保知识竞答和“生态亦庄，美不可言”环保随手拍活动，上万人次参与。举办健步走活动，开发区内20家单位近500人参与，“亦庄环保”微信头条号入驻“今日头条”。

（姚静）

2016 年北京市环保大事记

1 月 4 日　中共中央政治局常委、国务院副总理张高丽在北京市调研大气污染防治工作并主持召开座谈会，中共中央政治局委员、市委书记郭金龙出席并讲话，中央国家机关、北京市有关领导、北京市有关部门和各区主要负责人 90 人参加会议。

同日　市环保局副局长方力主持召开“北京市 2015 年空气质量状况新闻通报会”。

1 月 25 日　环境保护部确认北京市 2015 年总量减排核算结果：SO_2、NO_x、COD、NH_3-N 2015 年减排率分别为 9.80%、8.83%、4.33%、12.98%，全面超额完成年度任务；“十二五”累计削减率分别为 31.81%、30.39%、19.34%、24.96%。

1 月 26 日上午　方力主持召开 2016 年全市环保工作会议，传达学习中央领导和市委、市政府领导对环境保护工作的重要指示批示和全国环保工作会议精神，研究分析当前形势，部署 2016 年重点工作任务。

2 月 29 日　市委常委、秘书长、副市长张工主持召开 2016 年全市大气污染防治工作暨“大气污染执法年”专项行动工作会议。

3 月 1 日上午　市环保局党组书记、局长陈添主持召开市委第七巡视组巡视市环保局工作动员会，巡视组组长周京生就巡视工作作说明。
同日　北京市发布实施《污染场地挥发性有机物调查与风险评估技术导则》《污染场地修复工程环境监理技术导则》《污染场地修复技术方案编制导则》和《污染场地修复后土壤再利用环境评估导则》等 4 项地方标准。

3 月 4 日　环境保护部副部长翟青主持召开新车排放执法座谈会，研讨北京市机动车排放执法经验。

3 月 18 日　市环保局印发《北京市环境保护局对举报环境违法行为实行奖励有关规定（暂行）》。

4 月 12 日　首都生态文明和城乡环境建设动员大会召开。

5 月 20 日　京津冀及周边地区大气污染防治协作小组组长、中共中央政治局委员、北京市委书记郭金龙主持召开京津冀及周边地区大气污染防治协作小组第六次会议暨水污染防治协作小组第一次会议，张高丽出席并作重要讲话。张高丽要求，一是认真学习，深刻领会，把思想和行动统一到党中央、国务院重大决策部署上来；二是重点突破、强化措施，扎实做好下一步大气和水污染防治工作；三是精心组织，狠抓落实，不折不扣将各项措施落到实处。郭金龙表示，坚决贯彻落实张高丽副总理重要讲话精神，进一步深化大气和水污染防治工作，努力取得更大成效。

5 月 24 日　联合国环境规划署（UNEP）发布

《北京空气污染治理历程：1998—2013年》评估报告。报告指出：1998—2013年，北京持续采取的大气污染治理措施对改善北京市的空气质量发挥了积极作用，15年间，二氧化硫（SO_2）、二氧化氮（NO_2）和可吸入颗粒物（PM_{10}）的年均浓度分别下降了78%、24%和43%，初步形成了经济社会与环境保护协调发展的局面，为全球其他经济体创造了值得借鉴的经验。市环保局副局长李晓华等应邀出席发布会。

5月26日　市政协组织召开雾霾治理问题提案办理协商会，方力汇报市环保局提案办理情况。

6月1日上午　由市环保局、市委宣传部等16家单位联合主办的第三届北京环境文化周暨北京绿色传播大会在市环保宣传中心开幕，方力向奥运冠军杨扬颁发第四届北京环保公益大使聘书。

6月16日　郭金龙率团前往意大利环境、领土与海洋部，与部长詹卢卡·盖拉蒂进行了友好会晤，并出席合作协议签署仪式。

6月17日　市长王安顺率团赴唐山参加"第三次中国－中东欧地方领导人"会议活动，副市长王宁在"环境保护和清洁能源"论坛上作题为"发展清洁能源、改善空气质量、加快建设国际一流的和谐宜居之都"主旨发言。

6月22日　全国人大法工委副主任王超英带队到市环保局调研"费改税"工作。

6月27日　市政协、市委统战部联合召开市政协第十二届委员会第七次"空气重污染防治与应对"专题议政会。市政协主席吉林主持会议，市委副书记苟仲文出席会议并讲话。

7月15日　市委第七巡视组组长周京生向市环保局党组反馈专项巡视情况，陈添主持会议并作表态发言。

同日　陈添参加《市民对话"一把手"》访谈节目，以"携手共治　清洁蓝天"为主题，就本市大气污染治理、京津冀大气污染治理联防联控、空气质量实时查询途径、臭氧的来源与防护等公众关心的问题展开访谈。

7月20日　陈添主持召开全市环保工作会议，传达相关会议精神，总结交流上半年环保工作，部署下半年工作任务。

8月15日　市环保局和市公安局联合印发《关于联合开展打击涉危险废物环境违法犯罪行为专项行动的通知》。

8月17日　市环境监察总队荣获北京市"人民满意的公务员集体"荣誉称号。

8月30—31日　京津冀及周边地区大气污染防治协作小组办公室组织召开"京津冀区域大气污染控制技术培训研讨会"。

9月6日　市环保局与中央军委后勤保障部军事设施建设局共同组织召开协调对接会，重点研究推进门头沟区、大兴区、通州区、怀柔区、平谷区、顺义区、密云区、延庆区8个郊区部队单位燃煤锅炉清洁能源改造工作。

9月13日　张工在市十四届人大常委会第二十九次会议上报告"大力推进公共治理，科学防治大气污染"议案办理情况。

9月18日　市环保局联合市城市管理委，就环境问题约谈阿苏卫循环经济园相关企业。

9月23日　张工围绕"两学一做"学习教育活动主题，到市环保局为党员干部讲党课，并对下一步环保重点工作提出要求。

9月25日　环境保护部副部长李干杰率国务院

督察组到通州区实地督察“煤改气”工作进展和污水处理厂改扩建情况。市领导张工、市环保局副局长姚辉参加督察

10 月 20 日　郭金龙主持召开京津冀及周边地区大气污染防治协作小组第七次会议。会议要求，一是锲而不舍推进大气污染防治，多出人民群众看得见、摸得着、能受益的成果，不辜负中央的期望，让人民群众满意。二是狠抓各项治理任务落实。三是切实做好重污染天气应对工作。

同日，北京市强制性地方标准《车用汽油》（DB 11/238—2016）、《车用柴油》（DB 11/239—2016）发布，于 2017 年 1 月 1 日起实施。

10 月 25 日　市生态文明体制改革专项小组召开全体会议，审议《北京市环境保护督察方案（试行）》和《北京市环境保护工作职责分工（试行）》两份改革文件。

11 月 1 日　市环保局与意大利环境、领土与海洋部联合召开 2016 年中意—北京环保合作项目交流会，陈添参加会谈，李晓华与意方签署 2017 年、2018 年中意培训执行协议。

11 月 2 日　市人大常委会副主任牛有成带队调研本市危险废物处置和资源化利用情况，陈添汇报相关工作情况，市人大代表、市政协委员就依法科学监管、绿色发展利用、鼓励回收机制等问题提出意见建议。

同日　中国人民解放军陆军副司令员尤海涛一行到北京市城市放射性废物库调研，军地双方就放废库安全管理工作进行会商，市环保局副局长方力、副巡视员徐庆参加上述活动。

11 月 3 日　市委副书记、代市长蔡奇主持召开会议，听取本市大气污染防治工作情况汇报。
同日　市环保局组织召开重型柴油车排放专项整治行动工作部署会，从 2016 年 11 月 3 日起至 2017 年年初，将在全市范围内严厉打击重型柴油车排放超标等违法行为。

11 月 8 日　蔡奇主持召开第 133 次市政府常务会议，审议通过《北京市“十三五”时期环境保护和生态建设规划》和《北京市环境保护督察方案（试行）》，陈添汇报相关情况。

同日　牛有成赴通州区调研清洁能源改造工作，市环保局总工程师于建华参加调研。

11 月 18 日　市环保局、市交通委和市公安局公安交通管理局联合发布《关于对国Ⅰ及国Ⅱ排放标准轻型汽油车采取交通管理措施的通告》。

11 月 21 日　市政府新闻办会同市环保局组织市交通委、市法制办、市财政局和市公安交管局等相关部门共同召开“北京市空气重污染应急预案修订及相关大气治理政策新闻发布会”。方力参加会议并做主发布，中央电视台、《人民日报》等 30 多家媒体参加。

11 月 23 日　张工组织召开迎接中央环保督察工作动员部署会，陈添介绍迎检保障工作方案，并就督察组进驻前的主要任务进行分解。
同日　市委召开十一届市委常委会第 245 次会议，审议《北京市党政领导干部生态环境损害责任追究实施细则（试行）》、《北京市环境保护工作职责分工》和《北京市环境保护督察方案（试行）》等。

11 月 24 日　蔡奇围绕“首都功能定位和加快产业结构调整升级、生态文明建设”主题，赴房山区调研。方力随行汇报“煤改清洁能源”和大气污染防治工作进展情况。

11 月 25 日　市十四届人大常委会第三十一次会议决定任命方力为市环境保护局局长，免去陈添的市环境保护局局长职务。

11月29日　中央第一环境保护督察组督察北京市工作动员会在京召开，蔡奇主持。督察组组长马馼要求：认真学习领会中央决策部署精神，坚持实事求是原则，客观公正反映问题，按照“三严三实”的要求，重点督察市委、市政府贯彻落实国家环境保护决策部署、解决突出环境问题、落实环境保护主体责任的情况，强化环境保护党政同责和一岗双责要求，推动北京市生态文明建设和环境保护工作，促进绿色发展。郭金龙强调：1. 要深刻认识开展环保督察工作的重大意义，牢固树立和贯彻落实创新、协调、绿色、开放、共享的发展理念。2. 要严格按照督察组要求，认真查摆问题、剖析原因，抓好督察整改，精心做好服务保障。3. 要以中央环保督察为契机，进一步落实环境保护党政同责，加大环境突出问题治理力度，切实提高本市生态文明建设和环境保护工作水平，自觉落实城市战略定位，努力推动京津冀协同发展。

同日　郭金龙主持召开中央环境保护督察组听取市委、市政府工作汇报会，并围绕督察主要内容，汇报了党的十八大以来，特别是近两年来本市环保工作开展情况，取得的成绩和存在问题。

同日　蔡奇主持召开第135次市政府常务会议，审议通过《北京市土壤污染防治工作方案》。

11月30日　市政府组织召开空气重污染应急预警工作部署视频会

12月1—28日　中央环保督察组对北京市开展环保督察。

同日8时　北京市提前向社会发布空气重污染橙色预警，橙色预警应急措施于12月2日0时起实施，于4日24时解除。

12月4日　市环保局“京环之声”微信公众号获得中国绿色公号榜2016年度致敬“最具创意绿色公号”奖。

12月5日　蔡奇实地调研检查城区水环境治理重点工程并召开座谈会。他强调，进一步提高认识，聚焦管网建设、雨污分流等重点任务，打好消除黑臭水体、改善河湖水质攻坚战，推进首都水环境治理取得新进展。

12月7日　召开市十四届人大常委会第九十七次主任会议，同意《北京市危险废物污染环境防治条例》立项。

同日　市政府督查室会同市环保局组成5个明查核验小组，分赴东城、西城、朝阳、海淀、丰台、石景山、通州7个区，对中央环保督察组交办的信访案件调查处理情况进行明查核验。

12月8—9日　京津冀及周边地区大气污染防治协作小组办公室和世界银行共同召开“京津冀及周边地区空气质量管理政策国际研讨会”。

12月15日12时　北京市提前32小时向社会发布空气重污染预警信息：北京市12月16日20时启动空气重污染红色预警。12月21日时，空气重污染红色预警解除。

12月17日　蔡奇、张工带队检查空气重污染红色预警应对措施落实情况，重点检查企业停工、公交保障、机动车限行和尾气检查工作情况，并到市环保局调研。蔡奇要求：各区、各部门高度重视，认真组织做好红色预警应急工作，优化服务水平，将启动预警对市民出行的影响降至最低，加强宣传报道，推动全社会理解、支持和参与重污染应对工作。

12月17—27日　市环保局周扬胜（副局级）带队赴天津港、唐山港、张家口火车站、呼和浩特铁路局调研煤炭集港“公转铁”可行性问题。

12月27日　蔡奇主持召开第138次市政府常

务会议，审议《关于本市环境状况和环境保护目标完成情况的报告》。

12 月 28 日　市环保局被授予“2011—2015 年市法治宣传教育先进集体”荣誉称号。

12 月 29 日　市应急委组织召开 2017 年一季度公共安全形势分析会暨空气重污染橙色预警应急工作部署会。

12 月 30 日　张工来市环保局宣布市委关于陈添、方力职务调整决定。市委组织部常务副部长贾沫微主持会议，张工讲话，并对做好下一步工作提出要求。全体局领导，各处室处长（主任）、副处长（副主任），各直属单位党政主要负责人参加会议。

同日 0 时　本市启动空气重污染橙色预警。

12 月 31 日　环境保护部部长陈吉宁到昌平区视察并慰问战斗在橙色预警一线的全体执法人员。

（注：重要文件印发情况未包括在大事记中，请参见本年鉴相应栏目。）

（高志强）

北京市环保局重要文件目录

编号	名　　称	文号
1	北京市环境保护局关于规范危险废物经营许可证审批事项的通知	京环发〔2016〕2号
2	北京市环境保护局关于规范固体（危险）废物跨省转移审批事项的通知	京环发〔2016〕3号
3	北京市环境保护局关于规范贮存危险废物超过一年审批事项的通知	京环发〔2016〕4号
4	北京市环境保护局关于规范拆除或者闲置防治污染设施审批事项的通知	京环发〔2016〕5号
5	北京市环境保护局关于排污费征收核定有关工作事项的通知	京环发〔2016〕6号
6	北京市环境保护局关于印发《北京市环境保护局对举报环境违法行为实行奖励有关规定（暂行）》的通知	京环发〔2016〕7号
7	北京市环境保护局关于依照法定途径分类处理信访问题的意见	京环发〔2016〕9号
8	北京市环境保护局关于开展从事含氢氯氟烃等消耗臭氧层物质经营活动备案管理的通知	京环发〔2016〕10号
9	北京市环境保护局　北京市住房与建设委员会关于加强非道路移动机械排放管理有关工作的通知	京环发〔2016〕15号
10	北京市环境保护局　北京市经济和信息化委员会关于进一步加快工业企业燃煤锅炉清洁能源改造工作的通知	京环发〔2016〕17号
11	北京市环境保护局　北京市教育委员会共青团北京市委员会关于组织申报第三批北京市环境教育基地的通知	京环发〔2016〕18号
12	北京市环境保护局关于加强北京市建设项目环境影响评价机构考核管理的通知	京环发〔2016〕19号
13	北京市环境保护局关于印发《北京市环境影响评价技术审查专家库管理办法（试行）》的通知	京环发〔2016〕21号
14	北京市环境保护局　北京市公安局关于联合开展打击涉危险废物环境违法犯罪行为专项行动的通知	京环发〔2016〕22号

续表

编号	名　称	文号
15	北京市环境保护局关于建设项目主要污染物排放总量指标审核及管理的补充通知	京环发〔2016〕24 号
16	北京市环境保护局　北京市水务局关于印发《北京市应当安装水污染物排放自动监测设备的重点排污单位名录》的通知	京环发〔2016〕26 号
17	北京市环境保护局　北京市交通委员会关于开展机动车定期检测检验机构和维修企业联合检查工作的通知	京环发〔2016〕27 号
18	北京市环境保护局　北京市交通委　北京市公安局公安交通管理局关于对国Ⅰ及国Ⅱ排放标准轻型汽油车采取交通管理措施的通告	京环发〔2016〕29 号
19	北京市环境保护局办公室关于转发《2016 年国家重点监控企业名单》的通知	京环办〔2016〕3 号
20	北京市环境保护局办公室关于加强春节和全国“两会”期间辐射安全管理的通知	京环办〔2016〕6 号
21	北京市环境保护局办公室关于认真贯彻规划环境影响评价加强空间管制、总量管控和环境准入的指导意见（试行）的通知	京环办〔2016〕14 号
22	北京市环境保护局办公室关于表扬 2015 年度“辐射安全规范单位”的通知	京环办〔2016〕41 号
23	北京市环境保护局办公室关于进一步加强危险废物环境管理工作的通知	京环办〔2016〕45 号
24	北京市环境保护局办公室关于贯彻落实环境保护部《建设项目环境影响评价资质管理办法》的通知	京环办〔2016〕90 号
25	北京市环境保护局关于开展第一批、第二批市级环境教育基地复核工作的通知	京环办〔2016〕98 号
26	北京市环境保护局办公室关于加强 2016 年国庆期间危险废物经营活动环保管理的通知	京环办〔2016〕118 号
27	北京市环境保护局办公室关于开展全市放射源安全检查专项行动的通知	京环办〔2016〕125 号

索 引

本索引采取主题索引法编纂。主题词以《北京环境年鉴 2017》正文中出现的专业名次、名次词组为主。

特辑、重要文件、公报、各区环境保护、大事记、统计表等栏目内容不在标引范围内。

本索引基本按汉语拼音音序排列。按首字的音序音调依次排列，首字相同时，则以第二字排序，依次类推。

本索引的文字部分为标目，标目之后的阿拉伯数字表示该标目所在正文中的页码（地址项），其后的小写英文字母（a、b）表示正文中的栏别（从左至右）。部分标目后面有若干个页码或栏别，则表示该标目均在这些地方出现。